江苏省高等学校重点教材

统计计算与智能分析理论及其 Python 实践

燕雪峰　张德平　编著

電子工業出版社·
Publishing House of Electronics Industry
北京·BEIJING

内 容 简 介

本书基于理论与实践相结合的方法，针对智能分析过程中常用的统计计算方法理论与实践问题，以大数据分析过程中各个阶段的统计分析关键技术为主线，介绍了随机数生成技术、探索性数据分析、特征提取与选择方法、最大期望算法、马尔可夫链蒙特卡罗方法、重采样技术、非参数概率密度估计与回归分析，以及树模型理论与概率图模型等核心内容。

本书可作为理工科院校概率统计、数学应用数学、计算机科学等相关专业本科生的教材，也可作为教师、研究生及从事统计、信息处理领域工作的工程技术人员的参考书。

图书在版编目（CIP）数据

统计计算与智能分析理论及其 Python 实践/燕雪峰，张德平编著.
—北京：电子工业出版社，2022.1
ISBN 978-7-121-42608-7
I. ① 统… II. ① 燕… ② 张… III. ① 人工智能-计算
IV. ①TP183
中国版本图书馆 CIP 数据核字（2022）第 016897 号

责任编辑：张正梅
文字编辑：赵　娜
印　　刷：天津千鹤文化传播有限公司
装　　订：天津千鹤文化传播有限公司
出版发行：电子工业出版社
　　　　　北京市海淀区万寿路 173 信箱　　　邮编：100036
开　　本：787×1092　1/16　　印张：25.5　　字数：605 千字　　彩插：2
版　　次：2022 年 1 月第 1 版
印　　次：2024 年 7 月第 4 次印刷
定　　价：159.00 元

凡所购买电子工业出版社图书有缺损问题，请向购买书店调换。若书店售缺，请与本社发行部联系，联系及邮购电话：（010）88254888，88258888。

质量投诉请发邮件至 zlts@phei.com.cn，盗版侵权举报请发邮件至 dbqq@phei.com.cn。

本书咨询联系方式：zhangzm@phei.com.cn

前　言

随着大数据时代的到来，人们对数据价值的认知不断提升，大数据得到了广泛的重视。在人工智能、机器学习等前沿技术的推动下，大数据相关技术的发展速度不断加快。大数据领域的关键问题是如何科学有效地分析大数据，因此结合智能计算的数据分析成为研究热点。大数据分析的核心是从数据中获取价值，价值体现在从大数据中获取更准确、更深层次的知识，而非对数据的简单统计分析。要达到这一目标，需要提升对数据的认知计算能力，让计算系统具备对数据的理解、推理、发现和决策能力，其背后的核心技术就是人工智能。近些年，人工智能的研究和应用又掀起新高潮，这一方面得益于计算机硬件性能的突破，另一方面则依靠以云计算、大数据为代表的计算技术的快速发展，使得信息处理速度和质量大为提高，使快速、并行处理海量数据成为现实。

在大数据时代，许多学科表面上研究的方向大不相同，但是从数据的视角来看，其实是相通的。随着社会的数字化程度逐步加深，越来越多的学科在数据层面趋于一致，可以采用相似的思想来进行统一研究。数据科学作为一个与大数据相关的新兴学科出现，其带动了多学科融合，但是数据科学作为新兴的学科，其学科基础体系尚不明确，真正支撑大数据发展的学科还没有出现。在大数据处理的理论研究方面，统计计算学中新型的概率和统计模型将是主要的研究工具，人工智能学科基础理论的突破还待进一步研究。

随着统计计算、随机模拟在统计学中的研究和应用越来越多，统计模型从线性模型发展到非线性模型，从单变量模型发展到多变量的高维模型，从参数方法发展到非参数和半参数方法，在统计学中出现了一类被称为集约统计计算、密集统计计算的方法。这些统计方法与支持这些方法的理论逐渐构成了一门新兴学科——计算统计学。计算统计学主要包括非参数统计推断、蒙特卡罗方法、EM 方法、重采样方法、重要抽样方法、非参数概率密度估计、非参数方法，以及半参数方法和局部建模方法、典型相关分析、主成分分析、因子分析、判别分析和聚类分析等多元统计方法，树模型、概率图模型及数据挖掘和统计学中的应用方法，包括探索性分析、特征提取与选择方法和模型性能评价技术等。这些方法缩小了大数据分析应用与通用的统计计算分析技术之间的鸿沟，促进了跨学科和跨领域的统计计算分析应用。在本书编撰过程中，周勇、康达周对书稿进行了细致的审校工作。

本书可作为理工科院校概率统计、数学与应用数学、计算机科学等相关专业的教材，也可作为教师、研究生及从事统计、信息处理工作的相关工程技术人员的参考用书。

本书由"十三五"装发共用技术预研仿真领域仿真支撑平台项目（项目编号：4140010 20401）资助出版。

作　者

2021 年 10 月

目　　录

第 1 章　随机数生成技术

1.1　标准分布的随机数生成

标准分布的随机数可以通过直接调用 Python 编程语言提供的随机数生成模块来仿真生成，Python 编程语言的 numpy.random 模块提供了生成各种分布随机数的 API，见表 1.1。

表 1.1　numpy.random 模块提供的生成各种分布随机数的 API

分布名称	函数名称	函数说明
Beta 分布	beta(a, b[, size])	Beta 分布样本，在 [0, 1] 内
二项分布	binomial(n, p[, size])	二项分布样本
卡方分布	chisquare(df[, size])	卡方分布样本
狄利克雷分布	dirichlet(alpha[, size])	狄利克雷分布样本
指数分布	exponential([scale, size])	指数分布样本
F 分布	f(dfnum, dfden[, size])	F 分布样本
Gamma 分布	gamma(shape[, scale, size])	Gamma 分布样本
几何分布	geometric(p[, size])	几何分布样本
耿贝尔分布	gumbel([loc, scale, size])	耿贝尔分布样本
超几何分布	hypergeometric(ngood, nbad, nsample[, size])	超几何分布样本
Laplace 分布	laplace([loc, scale, size])	Laplace 或双指数分布样本
Logistic 分布	logistic([loc, scale, size])	Logistic 分布样本
对数级数分布	logseries(p[, size])	对数级数分布样本
多项分布	multinomial(n, pvals[, size])	多项分布样本
多元正态分布	multivariate_normal(mean, cov[, size])	多元正态分布样本
负二项分布	negative_binomial(n, p[, size])	负二项分布样本
非中心卡方分布	noncentral_chisquare(df, nonc[, size])	非中心卡方分布样本
非中心 F 分布	noncentral_f(dfnum, dfden, nonc[, size])	非中心 F 分布样本
正态分布	normal([loc, scale, size])	正态 (高斯) 分布样本
帕累托分布	pareto(a[, size])	帕累托（Lomax）分布样本
泊松分布	poisson([lam, size])	泊松分布样本
幂律分布	power(a[, size])	幂律分布样本
Rayleigh 分布	rayleigh([scale, size])	Rayleigh 分布样本
标准柯西分布	standard_cauchy([size])	标准柯西分布样本
标准正态分布	standard_normal([size])	标准正态分布样本
均匀分布	uniform([low, high, size])	均匀分布样本
Weibull 分布	weibull(a[, size])	Weibull 分布样本
标准 t 分布	standard_t(df[, size])	自由度为 df 的标准 t 分布样本

下面将分别对表 1.1 中一些常用分布随机数的定义及其仿真生成进行简单介绍。

1.1.1　连续型随机变量仿真生成

1. 均匀分布

若连续型随机变量 X 的概率密度函数为

$$f(x) = \begin{cases} \dfrac{1}{b-a} & a < x < b \\ 0 & \text{其他} \end{cases} \tag{1.1}$$

则称 X 在区间 (a,b) 上服从均匀分布，记为 $X \sim U(a,b)$。均匀分布的概率密度函数 $f(x)$ 和分布函数 $F(x)$ 如图 1.1 所示。

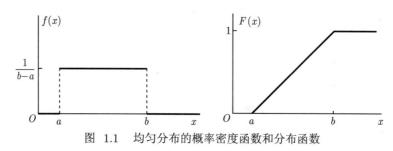

图　1.1　均匀分布的概率密度函数和分布函数

均匀分布是一种最简单的分布。在计算机中生成 $[0,1]$ 的伪随机数序列就可以看作是一种均匀分布。随机数生成的方法有很多，比较简单的一种方式为

$$x_{n+1} = (ax_n + c) \bmod m \tag{1.2}$$

当然，计算机中产生的随机数一般都是伪随机数，不过在绝大多数情况下也够用了。

2. 正态分布

正态分布或高斯分布是最为重要的分布之一，广泛应用于机器学习的模型中。例如，深度学习算法中的权重用高斯分布初始化，隐藏向量用高斯分布进行归一化等。

若连续型随机变量 X 的概率密度函数为

$$f(x) = \frac{1}{\sqrt{2\pi}} \mathrm{e}^{-\frac{(x-\mu)^2}{2\sigma^2}} \qquad -\infty < x < +\infty \tag{1.3}$$

其中，$\mu, \sigma(\sigma > 0)$ 为常数，则称 X 服从参数为 μ, σ^2 的正态分布或高斯分布，记为 $X \sim N(\mu, \sigma^2)$。

正态分布随机数生成代码如下：

```
1    mean = 1 # 数学期望
2    standard = 3 # 标准差
3
4    '''根据正态分布公式画图'''
5    x = np.linspace(-10, 10, 1000) # 生成-10到10之间，样本数为1000的等差数列
6    y = normal_distribution(x, mean, standard)
7    plt.plot(x, y, color='r') # 画条形图。横轴为x，纵轴为y
```

```
8    plt.title('Normal distribution 1')
9    plt.show()
10
11   '''通过生成服从正态分布的随机数，画直方图'''
12   rand_data = np.random.normal(mean, standard, 10000)# 生成服从正态分布(mean, standard)
         的随机数
13   _, bins, _ = plt.hist(rand_data, 30, normed=True)
14   plt.plot(bins, normal_distribution(bins, mean, standard), linewidth=2, color='r') #
         根据直方图画线
15   plt.title('Normal distribution 2')
16   plt.show()
```

正态分布随机数仿真输出结果如图 1.2 所示。

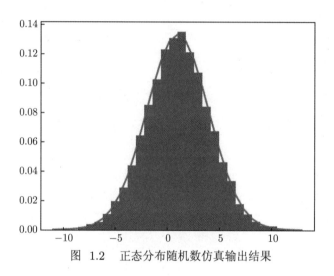

图 1.2 正态分布随机数仿真输出结果

3. 指数分布

若连续型随机变量 X 的概率密度函数为

$$f(x) = \begin{cases} \lambda e^{-\lambda x} & x > 0 \\ 0 & \text{其他} \end{cases} \tag{1.4}$$

其中，$\lambda > 0$ 为常数，则称 X 服从参数为 λ 的指数分布，记作 $X \sim \text{Exp}(\lambda)$。

指数函数的一个重要特征是无记忆性（Memoryless Property，又称遗失记忆性）。这表示如果一个随机变量呈指数分布，当 $s, t \geqslant 0$ 时，有

$$P(T > s + t | T > t) = P(T > s) \tag{1.5}$$

即如果 T 是某一元件的寿命，已知元件使用了 t 小时，它至少使用 $s+t$ 小时的条件概率，与从开始使用时算起它至少使用 s 小时的概率相等。

证明过程如下：因为 $T \sim \text{Exp}(\lambda)$, 其分布函数为 $F(t) = P(T \leqslant t) = 1 - \text{e}^{-\lambda t}$, 所以有：

$$
\begin{aligned}
P(T > s + t | T > t) &= \frac{P(T > s + t, T > t)}{P(T > t)} \\
&= \frac{P(T > s + t)}{P(T > t)} \\
&= \frac{\text{e}^{-\lambda(s+t)}}{\text{e}^{-\lambda t}} \\
&= \text{e}^{-\lambda s} \\
&= P(T > s)
\end{aligned}
\tag{1.6}
$$

由此得出结论。

指数分布随机数生成代码如下：

```
import numpy as np
import matplotlib.pyplot as plt
import math

lambd = 0.5
x = np.arange(0, 15, 0.1)
y = lambd * np.exp(-lambd * x)
plt.plot(x, y)
plt.show()
```

指数分布仿真输出结果如图 1.3 所示。

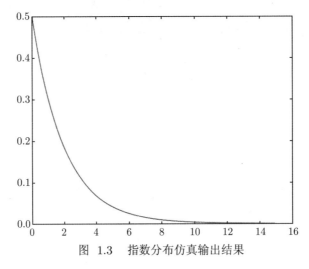

图 1.3   指数分布仿真输出结果

4. Gamma 分布

Gamma 分布是统计学的一种连续概率函数，其定义如下：

若连续型随机变量 X 的概率密度函数为

$$
f(x) = \begin{cases} \dfrac{\lambda^{\alpha}}{\Gamma(\alpha)} x^{\alpha-1} \text{e}^{-\lambda x} & x \geqslant 0 \\ 0 & x < 0 \end{cases}
\tag{1.7}
$$

则称 X 服从 Gamma 分布，记为 $X \sim \mathrm{Ga}(\alpha, \lambda)$，其中，$\Gamma(\alpha) = \int_0^{+\infty} x^{\alpha-1}\mathrm{e}^{-x}\mathrm{d}x$ 为伽马函数，参数 α 称为形状参数（Shape Parameter），λ 称为尺度参数（Scale Parameter）。

Gamma 分布与泊松分布、指数分布的关系：若一段时间内，事件 A 发生的次数服从参数为 λ 的泊松分布，则两次事件发生的时间间隔将服从参数为 λ 的指数分布，n 次事件发生的时间间隔服从 Gamma 分布。

Gamma 分布是统计学中常见的连续型分布，指数分布、卡方分布和 Erlang 分布都是它的特例。如果 $Y_1 \sim \mathrm{Ga}(a, 1), Y_2 \sim \mathrm{Ga}(b, 1)$ 且 Y_1 和 Y_2 独立，则 $X = Y_1/(Y_2 + Y_1) \sim \mathrm{Beta}(a, b)$。

Gamma 分布随机数生成代码如下：

```python
import numpy as np
import matplotlib.pyplot as plt
import scipy.stats as st

fig=plt.figure(figsize=(18,6)) #确定绘图区域尺寸
ax1=fig.add_subplot(1,2,1) # 将绘图区域分为左右两块
ax2=fig.add_subplot(1,2,2) # 整个画布的总行数、总列数，当前子图的标号
x=np.arange(0.01,15,0.01) #生成数列

# 形状参数alpha>1,=1,<1对比图
z1=st.gamma.pdf(x,0.9,scale=2) #gamma(0.9,2)密度函数对应参数
z2=st.gamma.pdf(x,1,scale=2)
z3=st.gamma.pdf(x,2,scale=2)
ax1.plot(x,z1,label="a<1")
ax1.plot(x,z2,label="a=1")
ax1.plot(x,z3,label="a>1")
ax1.legend(loc="best") #绘制图例并指定其位置
ax1.set_xlabel('x')
ax1.set_ylabel('P(x)')
ax1.set_title("Gamma Distribution lamda=2")

# 形状参数alpha>1对比图
y1=st.gamma.pdf(x,1.5,scale=2)
y2=st.gamma.pdf(x,2,scale=2)
y3=st.gamma.pdf(x,2.5,scale=2)
y4=st.gamma.pdf(x,3,scale=2)

ax2.plot(x,y1,label="a=1.5")
ax2.plot(x,y2,label="a=2")
ax2.plot(x,y3,label="a=2.5")
ax2.plot(x,y4,label="a=3")
ax2.set_xlabel("x")
ax2.set_ylabel("P(x)")
ax2.set_title("Gamma Distribution lamda=2")
ax2.legend(loc="upper right")

plt.show() #绘制
```

Gamma 分布仿真输出结果如图 1.4 所示。

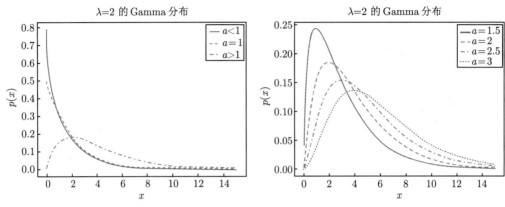

图 1.4　Gamma 分布仿真输出结果

5. Beta 分布

Beta 分布（Beta Distribution) 是一个定义区间上的连续概率分布族，它有两个正值参数，称为形状参数，一般用 α 和 β 表示。在贝叶斯推断中，Beta 分布是伯努利分布、二项分布、负二项分布和几何分布的共轭先验分布。Beta 分布的概率密度函数为

$$f(x;\alpha,\beta) = \frac{\Gamma(\alpha+\beta)}{\Gamma(\alpha)\Gamma(\beta)} x^{\alpha-1}(1-x)^{\beta-1} \tag{1.8}$$

这里的 $\Gamma(\cdot)$ 为伽马函数。

Beta 分布是一个伯努利分布和二项分布的共轭先验分布，它指一组定义在 $[0,1]$ 区间的连续概率分布。均匀分布是 Beta 分布的一个特例，即对应 $\alpha=1,\beta=1$ 的 Beta 分布。

注：在贝叶斯理论中，如果后验分布 $p(\theta|x)$ 与先验分布 $p(\theta)$ 是相同的概率分布族，则后验分布可以称为共轭分布，先验分布可以称为似然函数的共轭先验分布。

Beta 分布随机数生成代码如下：

```
1  import numpy as np
2  from matplotlib import pyplot as plt
3
4  '''伽马函数"公式"，由其性质推导出来，并非原公式。只能接受正整数参数'''
5  def gamma(x):
6      ans = 1
7      for i in range(1, x):
8          ans *= i
9      return ans
10
11 def beta(x, m, n):
12     return gamma(m+n) / (gamma(m)*gamma(n)) * x**(m-1) * (1-x)**(n-1)
13
14     # Beta分布的参数
15     m_n_values = [(1,2), (2,2), (2,5), (1,3), (5,1)]
16
17     # 根据Beta分布函数画图。x的值并不服从Beta分布
18     x = np.linspace(0, 1, 1000) # 生成0到1之间，样本数为1000的等差数列
19     for m_n in m_n_values:
```

```
20        y = beta(x, m_n[0], m_n[1])
21        plt.plot(x, y, label=str(m_n))
22    plt.legend()
23    plt.title('Beta distribution 1')
24    plt.show()
25
26    # 通过生成服从Beta分布的随机变量画直方图
27    m_n_values.append((0.5, 0.5))
28    for m_n in m_n_values:
29        x = np.random.beta(m_n[0], m_n[1], 10000)
30        # print(x)
31        plt.hist(x, 60, normed=True)
32        plt.title('Beta'+str(m_n))
33        plt.show()
```

Beta 分布仿真输出结果如图 1.5 所示。

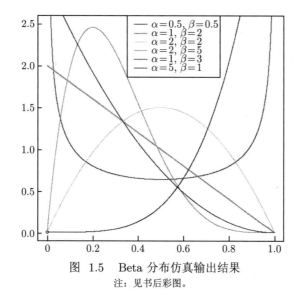

图 1.5   Beta 分布仿真输出结果
注：见书后彩图。

6. Weibull 分布

Weibull 分布（Weibull Distribution），又称韦伯分布或韦布尔分布，是可靠性分析和寿命检验的理论基础。它在可靠性工程中被广泛应用，尤其适用于机电类产品磨损累计失效的分布形式。利用概率值可以很容易地推断出其分布参数，因此 Weibull 分布被广泛应用于各种寿命试验的数据处理。

Weibull 分布的概率密度函数为

$$f(x; \lambda, k) = \begin{cases} \dfrac{k}{\lambda} \left(\dfrac{x}{\lambda}\right)^{k-1} \mathrm{e}^{-(x/\lambda)^k} & x \geqslant 0 \\ 0 & x < 0 \end{cases} \tag{1.9}$$

其中，$k > 0$ 是形状参数（Shape parameter），$\lambda > 0$ 是尺度参数（Scale parameter）。

由 Weibull 分布的概率密度函数可知，Weibull 分布与很多分布都有关系。例如，当 $k=1$ 时，它是指数分布；当 $k=2$ 时，它是瑞利分布。

Weibull 分布随机数生成代码如下：

```
1  import numpy as np
2  import matplotlib.pyplot as plt
3  from scipy.stats import weibull_min
4
5  kList = [0.5, 1, 1.5, 5]
6  lam = 1
7  #x = weibull_min.rvs(k, loc=0, scale=lam, size=n) // 随机数生成方法
8  for k in kList:
9      x = np.arange(0, 2.5, 0.01)
10     y = weibull_min.pdf(x, k, loc=0, scale=lam)
11     plt.plot(x, y, label=" = {}, k = {}".format(lam, k))
12 plt.legend()
13 plt.show()
```

Weibull 分布仿真输出结果如图 1.6 所示。

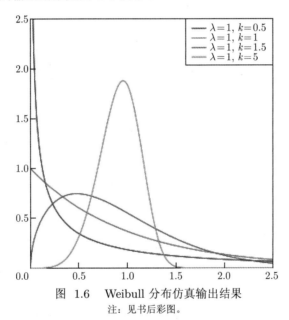

图 1.6   Weibull 分布仿真输出结果
注：见书后彩图。

7. 狄利克雷分布（连续型）

狄利克雷分布（Dirichlet Distribution）是一类在实数域以正单纯形（Standard Simplex）为支撑集的高维连续概率分布，是 Beta 分布在高维情形的推广。其概率密度函数为

$$
\begin{aligned}
\mathrm{Dir}(\vec{p}|\vec{\alpha}) &= \frac{\Gamma\left(\sum_{k=1}^{K}\alpha_k\right)}{\prod_{k=1}^{K}\Gamma(\alpha_k)}\prod_{k=1}^{K}p_k^{\alpha_k-1} \\
&= \frac{1}{\mathrm{B}(\vec{\alpha})}\prod_{k=1}^{K}p_k^{\alpha_k-1}
\end{aligned}
\tag{1.10}
$$

其中，$\vec{\alpha} = (\alpha_1, \alpha_2, \cdots, \alpha_k,)$，$\vec{p} = (p_1, p_2, \cdots, p_k)$，$\mathrm{B}(\vec{\alpha}) = \dfrac{\prod\limits_{k=1}^{K} \Gamma(\alpha_k)}{\Gamma\left(\sum_{k=1}^{K} \alpha_k\right)} = \displaystyle\int_0^1 \prod_{k=1}^{K} p_k^{\alpha_k - 1} \mathrm{d}\vec{p}$。

由于狄利克雷分布描述的是多个定义于区间 $[0,1]$ 的随机变量的概率分布，因此通常将其用作多项分布参数 $\vec{p} = (p_1, p_2, \cdots, p_k)$ 的概率分布。

狄利克雷分布随机数生成代码如下：

```python
from random import randint
import numpy as np
from matplotlib import pyplot as plt

def normalization(x, s):
    return [(i * s) / sum(x) for i in x]

def sampling():
    return normalization([randint(1, 100),
            randint(1, 100), randint(1, 100)], s=1)

def gamma_function(n):
    cal = 1
    for i in range(2, n):
        cal *= i
    return cal

def beta_function(alpha):
    numerator = 1
    for a in alpha:
        numerator *= gamma_function(a)
    denominator = gamma_function(sum(alpha))
    return numerator / denominator

def dirichlet(x, a, n):

    c = (1 / beta_function(a))
    y = [c * (xn[0] ** (a[0] - 1)) * (xn[1] ** (a[1] - 1))
        * (xn[2] ** (a[2] - 1)) for xn in x]
    x = np.arange(n)
    return x, y, np.mean(y), np.std(y)

n_experiment = 1200
for ls in [(6, 2, 2), (3, 7, 5), (6, 2, 6), (2, 3, 4)]:
    alpha = list(ls)

    x = [sampling() for _ in range(1, n_experiment + 1)]

    x, y, u, s = dirichlet(x, alpha, n=n_experiment)
    plt.plot(x, y, label=r'$\alpha=(%d,%d,%d)$' % (ls[0], ls[1], ls[2]))

plt.legend()
plt.show()
```

狄利克雷分布仿真输出结果如图 1.7 所示。

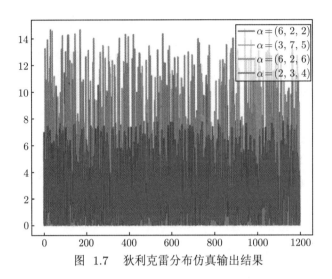

图 1.7   狄利克雷分布仿真输出结果

在贝叶斯推断中, 狄利克雷分布作为多项分布的共轭先验得到应用。在机器学习中, 狄利克雷分布被用于构建狄利克雷混合模型, 如用自然语言处理的 LDA 主题模型等。

1.1.2   离散型随机变量仿真生成

1. 给定分布律的随机数生成

离散均匀分布是比连续均匀分布稍微复杂一点的情况。给定离散随机数 $X \sim p(x)$, 其分布律见表 1.2。

表 1.2   离散随机数 $X \sim p(x)$ 的分布律

X	x_1	x_2	x_3	$\cdots$	x_n
p_i	p_1	p_2	p_3	$\cdots$	p_n

首先, 利用累积分布函数 $F(x_i) = P(X \leqslant x_i) = \sum\limits_{x \leqslant x_i} p_i$, 把 X 的概率分布向量转化为一个 $[0,1]$ 的区间段, 即 $[0, F(x_1)], (F(x_1), F(x_2)], \cdots, (F(x_n), 1]$; 然后, 从连续均匀分布中采样 $x \sim U(0,1)$, 判断 x 落在哪个区间内, 如果 $x \in (F(x_{i-1}), F(x_i)]$, 则得到相应的随机数 x_i。

假设 $p(x) = [0.1, 0.2, 0.3, 0.4]$, 分别为 "hello" "java" "python" "scala" 四个词出现的概率。按照上面的算法, Python 实现如下:

```
1  import numpy as np
2  from collections import defaultdict
3
4  dic = defaultdict(int)
5
6  def sample():
7      u = np.random.rand()
```

```
8       if u <= 0.1:
9           dic["hello"] += 1
10      elif u <= 0.3:
11          dic["java"] += 1
12      elif u <= 0.6:
13          dic["python"] += 1
14      else:
15          dic["scala"] += 1
16
17  def sampleNtimes():
18      for i in range(10000):
19          sample()
20      for k,v in dic.items():
21          print(k,v)
22
23  sampleNtimes()
```

伯努利试验是概率论中常见的一种试验方法，是常见离散随机变量分布的基础，其定义如下：若试验 E 只有两个可能结果，即 A 和 $\bar{A}$，则称 E 为伯努利试验。设 $P(A) = p(0 < p < 1)$，此时 $P(\bar{A}) = 1 - p$。将 E 独立重复地进行 n 次，则称这一串重复的独立试验为 n 重伯努利试验。

2. 0-1 分布

设随机变量 X 只可能取 0 与 1 两个值，其分布律是

$$P\{X = k\} = p^k (1-p)^{1-k} \qquad k = 0, 1; 0 < p < 1 \tag{1.11}$$

0-1 分布又称伯努利分布，它重复几次就是二项分布，如果再扩展到多类别，就成为多项分布。伯努利分布并不考虑先验概率 $P(X)$，是单个二值随机变量的分布。它由单个参数 $p \in [0,1]$ 控制，p 给出了随机变量等于 1 的概率。我们使用二元交叉熵函数实现二元分类，其形式与对伯努利分布取负对数是一致的。

3. 二项分布

对于 n 重伯努利试验，事件 A 在 n 次试验中发生 k 次的概率为

$$P\{X = k\} = C_n^k p^k q^{n-k} \qquad k = 0, 1, \cdots, n \tag{1.12}$$

我们称随机变量 X 服从参数为 n, p 的二项分布，记为 $X \sim b(n, p)$。

二项分布随机数生成代码如下：

```
1  # -*- coding: utf-8 -*-
2  from scipy.stats import binom
3  import numpy as np
4  import matplotlib.pyplot as plt
5
6  binom_sim = data = binom.rvs(n=10,p=0.3,size=1000)
7  print('Mean:%g' % np.mean(binom_sim))
8  print('SD:%g' % np.std(binom_sim, ddof=1))
```

```
9    plt.hist(binom_sim, bins=10, normed=True)
10   plt.xlabel('x')
11   plt.ylabel('概率密度')
12   plt.show()
```

二项分布仿真输出结果如图 1.8 所示。

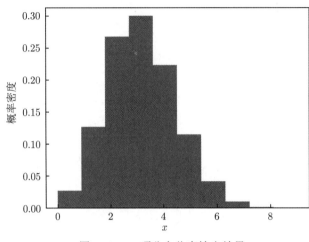

图 1.8   二项分布仿真输出结果

4. 多项分布

多项分布（Multinomial Distribution）是二项分布的推广，二项分布是 n 次伯努利试验，但规定了每次的试验结果只有两个。还是做 n 次试验，只不过每次试验的结果变成了 k 个，并且 k 个结果发生的概率互斥且和为 1，则试验结果 $\boldsymbol{x} = (x_1, x_2, \cdots, x_k)$ 发生次数的概率就是多项分布。

将试验进行 n 次，记第 i 种可能 x_i 发生的次数为 m_i，且 $\sum\limits_{i=1}^{k} m_i = n$，则多项分布的概率分布为

$$P\{x_1, x_2, \cdots, x_k\} = \frac{n!}{m_1! m_2! \cdots m_k!} \prod_{i=1}^{n} p_i^{m_i} \qquad \sum_{i=1}^{n} p_i = 1 \tag{1.13}$$

5. 几何分布

在伯努利试验中，记每次试验中事件 A 发生的概率为 p，试验进行到事件 A 出现时停止，此时所进行的试验次数为 X，其分布列为

$$P\{X = k\} = (1-p)^{k-1} p \qquad k = 1, 2, \cdots \tag{1.14}$$

分布列是几何数列的一般项，因此称 X 服从参数为 p 的几何分布，记为 $X \sim \mathrm{Geo}(p)$。

6. 超几何分布

超几何分布是一种重要的离散型概率分布, 其概率分布定义: 假设有限总体包含 N 个样本, 其中质量合格的为 m 个, 剩余的 $N-m$ 个为不合格样本, 如果从该有限总体中抽取 n 个样本, 则其中 k 个质量合格的概率为

$$P\{X=k\} = \frac{C_m^k \times C_{N-m}^{n-k}}{C_N^n} \tag{1.15}$$

其中, C_N^n 表示从 N 个总体样本中抽取 n 个样本的方法数; C_m^k 表示从 m 个质量合格样本中抽取 k 个样本的方法数; C_{N-m}^{n-k} 表示从 $N-m$ 个质量不合格样本中抽取 $n-k$ 个样本的方法数。

由式 (1.15) 可知, 超几何分布由样本总量 N、质量合格的样本数 m 和抽取数 n 决定, 记为 $X \sim H(N,m,n)$。

7. 泊松分布

设随机变量 X 所有可能取的值为 $0, 1, 2, \cdots$, 而取各值的概率为

$$P\{X=k\} = \frac{\lambda^k \mathrm{e}^{-\lambda}}{k!} \qquad k=1,2,\cdots \tag{1.16}$$

其中, $\lambda > 0$ 是常数, 则称 X 服从参数为 λ 的泊松分布, 记为 $X \sim \pi(\lambda)$。

泊松分布随机数生成代码如下:

```
import numpy as np
from matplotlib import pyplot as plt

def poisson_distribution(x, lam):
    ans = []
    for i in x:
        sum = 1
        # print(i)
        for j in range(1, i+1):
            sum *= j
        ans.append((lam**i * np.exp(-lam)) / sum)
    return np.array(ans)

# 泊松分布的参数λ
lam = 5
# 根据泊松分布函数画图
x = list(range(1, 50)) # 生成1、2、3、…、50的x值
y = poisson_distribution(x, lam) # 计算y值
print('y:', y)
plt.bar(x, y, color='r') # 画条形图
plt.show()

# 通过生成服从泊松分布的随机变量，画直方图
x = np.random.poisson(lam=lam, size=10000) # 生成服从泊松分布的数
value, bins, count = plt.hist(x, bins=15, normed=True) # 画频数直方图
print(value, bins, count)
```

```
27    plt.plot(bins[0:15], value)
28    plt.show()
```

泊松分布仿真输出结果如图 1.9 所示。

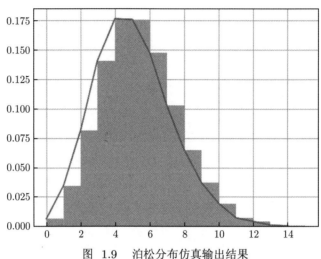

图 1.9　泊松分布仿真输出结果

1.2　非标准分布的随机数生成

1.2.1　逆变换法

逆变换法（Inverse Transform Method, ITM）主要利用概率论中的一个重要结论实现。

性质：设随机变量 X 的概率分布函数 $F(x)$ 为连续函数，而 U 是在 $(0,1)$ 上均匀分布的随机变量，设 $Z = F^{-1}(U)$，则 Z 与 X 有相同的分布。

证明：

$$F_Z(a) = P(Z \leqslant a) = P(F^{-1}(U) \leqslant a) = P(U \leqslant F(a)) = F(a) \tag{1.17}$$

即 F_Z 与 X 相同，得证。

因此，理论上，我们可以用 $(0,1)$ 上的均匀分布得到任意分布的随机数。

设随机变量 Y 的概率密度函数为 $f(y)$，则可以按照下面的步骤来获得满足其分布的随机数。

算法 1.1 逆变换法 (ITM)

（1）根据给定的概率密度函数 (PDF) $f(y)$，通过积分算出概率分布函数 $F(y)$；

（2）计算概率分布函数 $F(y)$ 的逆函数 $F^{-1}(Y)$；

（3）生成一个在 $(0,1)$ 上均匀分布的随机数变量 U；

（4）$Z = F^{-1}(U)$ 就是满足要求的分布随机数。

例 1：使用均匀分布生成参数为 λ 的指数分布。

已知指数分布的概率密度函数为

$$f(x) = \begin{cases} \lambda e^{-\lambda x} & x \geqslant 0 \\ 0 & \text{其他} \end{cases} \tag{1.18}$$

通过计算可以得到指数分布的概率分布函数为

$$F(x) = \begin{cases} 1 - e^{-\lambda x} & x \geqslant 0 \\ 0 & \text{其他} \end{cases} \tag{1.19}$$

指数分布的概率分布函数的逆函数为

$$F^{-1}(x) = -\frac{1}{\lambda} \ln(1-x) \tag{1.20}$$

只要获得一个在 $(0,1)$ 均匀分布的随机数 x，通过下面的式子计算得到的 y 就满足指数分布

$$y = -\frac{1}{\lambda} \ln(1-x) \tag{1.21}$$

逆变换法算法的 Python 实现如下：

```
import numpy as np
import matplotlib.pyplot as plt

def ITMExp(Lambda = 2,maxCnt = 50000):
    ys = []
    standardXaxis = []
    standardExp = []
    for i in range(maxCnt):
        u = np.random.random()
        y = -1/Lambda*np.log(1-u) #F-1(X)
        ys.append(y)
    for i in range(1000):
        t = Lambda * np.exp(-Lambda*i/100)
        standardXaxis.append(i/100)
        standardExp.append(t)
    plt.plot(standardXaxis,standardExp,'r')
    plt.hist(ys,1000,normed=True)
    plt.show()

ITMExp()
```

采用逆变换法的指数分布仿真结果如图 1.10 所示。

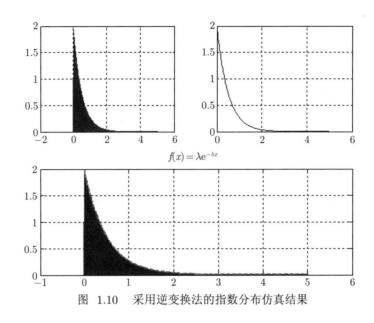

$$f(x) = \lambda e^{-\lambda x}$$

图　1.10　采用逆变换法的指数分布仿真结果

1.2.2　接受-拒绝法与自适应拒绝法

从理论上讲，对于任意分布的随机数，都是可以用逆分布函数的方法得到的，因为分布函数都是单调函数，即是可逆的（除了一些非常极端的情况）。例如，函数虽然是递增的，但在某一段为常数，这时求逆函数的话会面临一对多的情况。不过这里需要与离散的情况分开，对于离散的情况，分布函数是阶梯函数，此时其逆函数就会出现一对多的情况，但由于已经知道了它取的是离散值，此时只需要取多个值中的一个（如区间的左端点或右端点）。

一般来说逆变换法是一种很好的算法，简单且高效，如果可以使用的话，是第一选择。但逆变换法有其自身的局限性，就是要求必须能给出分布函数 F 逆函数的解析表达式，某些情况下要做到这点比较困难，这限制了逆变换法的适用范围。

当无法给出分布函数 F 逆函数的解析表达式时，接受-拒绝法是另一种选择。接受-拒绝法的适用范围比逆变换法要广，并且只要给出概率密度函数的解析表达式即可，而多数常用分布的概率密度函数是可以查到的。

1. 接受-拒绝法

蒙特卡罗方法（Monte Carlo Method）也称统计模拟方法，是一种随机模拟方法，在物理、化学、经济学和信息技术等领域均具有广泛应用。接受-拒绝法（Acceptance-Rejection Method）就是针对复杂问题的一种随机采样方法。

下面举一个简单的例子介绍蒙特卡罗方法的思想。假设要估计圆周率 π 的值，选取一个边长为 1 的正方形，在正方形内作一个内切圆，可以计算得出圆的面积与正方形面积之比为 $\pi/4$。在正方形内随机生成大量的点，如图 1.11 所示，落在圆形区域内的点标记为红色，在圆形区域之外的点标记为蓝色。那么圆形区域内点的个数与所有点的个数之比，可以认为近似等于 $\pi/4$，即在一个 1×1 的正方形范围内随机采样一个点，如果它到圆心的距离小于 1/2，说明它在圆内，则接受它，最后通过接受点数的占比来计算圆的面积，从而根据公式反算出预估值 $\hat{\pi}$，随着采样点的增多，得到的 $\hat{\pi}$ 值也更精确。

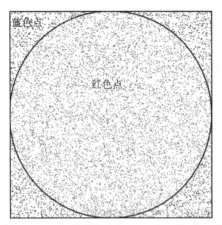

图 1.11　利用蒙特卡罗方法仿真计算 π 值

上面这个例子说明一个问题，我们想求一个空间里均匀分布的几何形状的面积，可以尝试在更大范围内按照均匀分布随机采样。如果采样点在几何形状中，则接受，否则拒绝。最后根据接受概率（集合在更大范围的面积占比）来计算该几何形状的面积。

接下来，我们来形象化地说明接受-拒绝法的基本思想。

要对概率分布 $p(x)$ 进行拒绝采样，首先需要借用一个简单的建议分布（Proposal Distribution），记为 $q(x)$，该分布的采样易于实现，如均匀分布、高斯分布。然后引入常数 M，使得对所有的 x，均满足 $Mq(x) \geqslant p(x)$，如图 1.12 所示，即 $Mq(x)$ 将 $p(x)$ 完全"罩住"。

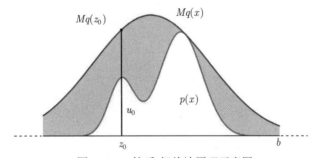

图 1.12　接受-拒绝法原理示意图

在每次采样中，首先从 $q(x)$ 采样一个数值 z_0，然后在区间 $[0, Mq(z_0)]$ 进行均匀采样得到 u_0，如果 $u_0 \leqslant p(z_0)$，则保留该采样值，否则舍弃该采样值，最后得到的数据就是对 $p(x)$ 分布的一个近似采样。

结合图 1.12，拒绝采样问题可以这样理解，$p(x)$ 与 x 轴之间的区域可视为要估计的问题，类似于图 1.11 中的圆形区域，$Mq(x)$ 与 x 轴之间的区域为参考区域，类似于图 1.11 中的正方形区域。由于 $q(x)$ 为概率密度函数，其与 x 轴之间的面积为 1，现在扩大了 M 倍，故面积为 $M \times 1$，即 $Mq(x)$ 与 x 轴之间的区域面积为 M，所以，$p(x)$ 与 x 轴之间的

区域面积除以 M 即对 $p(x)$ 的估计。对于每个采样点，以 $[0, Mq(z_0)]$ 为界限，落在 $p(x)$ 曲线以下的点就是服从 $p(x)$ 分布的点。

算法 1.2 接受-拒绝法

重复如下步骤，直到获得 m 个被接受的采样点。

（1）从 $q(x)$ 中获得一个随机采样点 x_i。

（2）对于 x_i 计算: $\alpha = \dfrac{p(x_i)}{Mq(x_i)}$。

（3）从 Uniform(0, 1) 中随机生成一个值，用 u 表示；如果 $\alpha \geqslant u$，则接受 x_i 作为一个来自 $p(x)$ 的采样值，否则就拒绝 x_i 并回到第一步。

接受-拒绝法计算过程等价于：

（1）生成随机样本 $x_i \sim q(x)$ 和 $u \sim \text{Uniform}(0, 1)$；

（2）记 $Y = Mq(x_i)u$，若 $Y \leqslant p(x_i)$，则接受 x_i。

理论推导：

结论： 由接受-拒绝法生成的随机样本服从 $p(x)$ 分布。

分析： 易知 X 抽样的概率分布为 $q(x)$，即 $p_X(x) = q(x), x \in [a, b]$，则 Y 的概率密度为

$$F_Y(y) = P(Y \leqslant y) = P(Mq(x)U \leqslant y) = P\left(U \leqslant \frac{y}{Mq(x)}\right) \tag{1.22}$$

$$= \int_0^{\frac{y}{Mq(x)}} 1\mathrm{d}u = \frac{y}{Mq(x)}$$

$$p_Y(y) = F_Y'(y) = \frac{1}{Mq(x)} \tag{1.23}$$

则 X 和 Y 的联合概率密度为

$$p(x, y) = p_X(x)p_Y(y) = p_X(x) \cdot \frac{1}{Mq(x)} = q(x) \cdot \frac{1}{Mq(x)} = \frac{1}{M} \tag{1.24}$$

则按接受-拒绝法抽样得到的随机数 x_i 的分布函数为

$$
\begin{aligned}
F(x_i|\text{接受}) &= P(X \leqslant x_i | Y \leqslant p(x_i)) \\
&= \frac{P(X \leqslant x_i, Y \leqslant p(x_i))}{P(Y \leqslant p(x_i))} \\
&= \frac{\displaystyle\int_a^{x_i} \int_0^{p(x_i)} p(x, y)\mathrm{d}x\mathrm{d}y}{\displaystyle\int_0^{p(x_i)} \left(\int_a^b p(x, y)\mathrm{d}x\right)\mathrm{d}y} \\
&= \int_a^{x_i} p(x_i)\mathrm{d}x \\
&= F_X(x_i)
\end{aligned}
\tag{1.25}
$$

即 X 的概率密度函数为 $F'_X(x_i) = p(x_i)$。

结论得证。

例 2： 假定需要抽样的分布为 $p(x) = 0.3\exp[-(x-0.3)^2] + 0.7\exp[-(x-2)^2/0.3]$，试用接受-拒绝法进行抽样。

接受-拒绝法算法的 Python 实现如下：

```python
'''zhangdeping 2020-01-10'''
import numpy as np
import matplotlib.pyplot as plt

def f1(x):
    return (0.3*np.exp(-(x-0.3)**2) + 0.7*np.exp(-(x-2)**2/0.3))
x = np.arange(-4,6,0.01)
plt.plot(x,f1(x),color='red')

size = int(1e+07)
sigma = 1.2
z = np.random.normal(loc=1.4, scale=sigma, size=size)
qz = 1/(np.sqrt(2*np.pi)*sigma)*np.exp(-0.5*(z-1.4)**2/sigma**2)
k = 2.5
u = np.random.uniform(low=0, high=k*qz, size=size)
pz = 0.3*np.exp(-(z-0.3)**2) + 0.7*np.exp(-(z-2)**2/0.3)

sample = z[pz>=u]
plt.hist(sample, bins=150, normed=True, edgecolor='gray')
plt.show()
```

拒绝采样输出结果如图 1.13 所示。

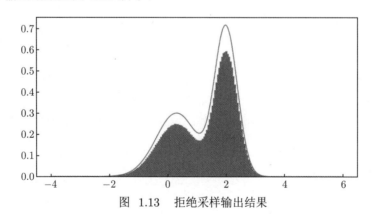

图 1.13 拒绝采样输出结果

每次采样的接受概率计算如下：

$$p(接受) = \int \frac{p(x)}{Mq(x)}q(x)\mathrm{d}x = \frac{1}{M}\int p(x)\mathrm{d}x \tag{1.26}$$

所以，为了提高接受概率，防止舍弃过多的采样值而导致采样效率低下，M 的选取应该在满足 $Mq(x) \geqslant p(x)$ 的基础上尽可能小，即 $Mq(x)$ 要尽可能地接近 $p(x)$。

2. 自适应拒绝法

接受-拒绝法确实可以解决任意形式分布的随机数生成问题，但它采样效率低。就例 2 中的例子而言，我们也可以采用一维正态分布来作为建议分布，但其效率远不如采用混合高斯分布作为建议分布。尽管都采用正态分布来作为建议分布，但一维正态分布离目标分布还有一定距离，这样在采用过程中被拒绝的点就会更多。而利用混合高斯分布作为建议分布时，我们选择了离目标函数最近的参考函数，对混合高斯分布而言，已经没有比它更好的方法了。但即使这样，在这个类似两模态的钟形图形局部最高点两侧仍然会拒绝掉很多采样点，这相当浪费。在最理想的情况下，参考分布跟目标分布越接近越好，从图形上来看就是包裹得越紧实越好。但这种情况下的参考分布往往又不容易得到。当满足某些条件时确实可以采用所谓的改进方法，即自适应拒绝法。

在介绍自适应拒绝法之前，先引入 log-convex 函数和 log-concave 函数的概念。

定义一个函数 $f: R^n \to R$，称其为 log-convex 函数，当且仅当它满足

$$\log f(\theta x + (1-\theta)y) \leqslant \theta \log f(x) + (1-\theta) \log f(y) \tag{1.27}$$

或满足 $f(\theta x + (1-\theta)y) \leqslant f(x)^\theta f(y)^{1-\theta}$。

定义一个函数 $f: R^n \to R$，称其为 log-concave 函数，当且仅当它满足

$$\log f(\theta x + (1-\theta)y) \geqslant \theta \log f(x) + (1-\theta) \log f(y) \tag{1.28}$$

或满足 $f(\theta x + (1-\theta)y) \geqslant f(x)^\theta f(y)^{1-\theta}$。

通过保凸运算的复合函数法则可知，如果函数 f 是凸函数，则 e^f 也是凸函数，因此 log-convex 函数一定是一个凸函数。

拒绝采样的弱点在于当被拒绝的点很多时，采样的效率会非常不理想。如果能够找到一个跟目标分布函数非常接近的参考函数，就可以保证被接受的点占大多数（被拒绝的点很少）。这样一来便克服了拒绝采样效率不高的弱点。如果参考函数是 log-concave 函数，就可以采用自适应的拒绝抽样算法。回到前面介绍过的 Beta 分布的概率密度函数，用下面的代码来绘制 Beta(2, 3) 的概率密度函数图像及将 Beta(2, 3) 的概率密度函数取对数之后的图像。

```python
import numpy as np
from matplotlib import pyplot as plt
'''Gamma函数"公式"，由其性质推导出来，并非原公式。只能接受正整数参数'''
def gamma(x):
    ans = 1
    for i in range(1, x):
        ans *= i
    return ans

def beta(x, m, n):
    return gamma(m+n) / (gamma(m)*gamma(n)) * x**(m-1) * (1-x)**(n-1)

x = np.linspace(0, 1, 1000) # 生成0到1之间，样本数为1000的等差数列
```

```
14  y = beta(x, 2, 3)
15  plt.plot(x, y)
16  plt.legend()
17  plt.title('Beta(2,3)')
18  plt.show()
```

图 1.14（a）是 Beta(2, 3) 的概率密度函数图像，图 1.14（b）是将 Beta(2, 3) 的概率密度函数取对数之后的图像，可以发现，结果是一个凸函数（Concave）。那么 Beta(2, 3) 就满足 log-concave 函数的要求。

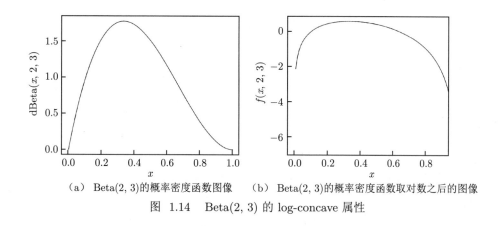

（a）Beta(2,3)的概率密度函数图像　　　（b）Beta(2,3)的概率密度函数取对数之后的图像

图　1.14　Beta(2, 3) 的 log-concave 属性

我们在图 1.14（b）的图像上找一些点做图像的切线，如图 1.15 所示。因为对数图像是凸函数，所以每个切线都相当于一个超平面，而且对数图像只会位于超平面的一侧。

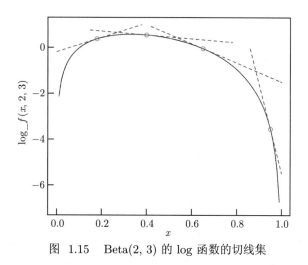

图　1.15　Beta(2, 3) 的 log 函数的切线集

再把这些切线转换回原始的 Beta(2, 3) 图像中，显然原来的线性函数会变成指数函数，它们将对应图 1.16 中的一些曲线，这些曲线会被原函数的图形紧紧包裹住。特别是当这些指数函数变得很稠密时，以彼此的交点作为分界线，其实相当于得到了一个分段函数。这

个分段函数是原函数的一个逼近。用这个分段函数作为参考函数来执行拒绝抽样算法，自然就解决了之前的问题。

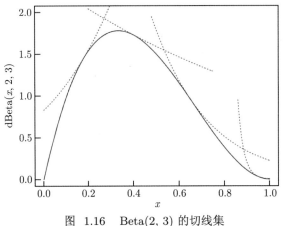

图 1.16　Beta(2, 3) 的切线集

　　这无疑是一种绝妙的想法，而且这种想法在前面已经暗示过。在上节最后一个例子中，其实就可以选择一个与原函数相切的 uniform 函数来作为参考函数。当然可以选择更多与原函数相切的函数，并用这个函数的集合来作为新的参考函数。只是由于原函数的凹凸性无法保证，所以直线并不是一种好的选择。而 ARS（Adaptive Rejection Sampling，自适应拒绝采样）所采用的策略则非常巧妙地解决了采样效率低的问题。当然函数是 log-concave 函数的条件必须满足，否则就不能使用 ARS。

　　图 1.17 给出了利用 ARS 对 Beta(2, 3) 分布抽样仿真的结果。

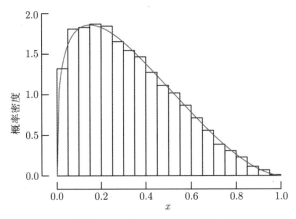

图 1.17　利用 ARS 对 Beta(2, 3) 分布抽样仿真结果

1.2.3　组合法

　　当目标分布可以用其他分布经过四则运算表示时，可以使用组合算法生成对应随机数。此部分仅以几个例子简要介绍。

1. 正态分布（Box Muller 算法）

正态分布随机数的产生，除前面提到的方法外，最经典的就是 Box Muller 算法，所有正态分布均可由标准正态分布演变得出。

定理（Box Muller 变换）：如果随机变量 U_1 和 U_2 是独立同分布的，且 $U_1, U_2 \sim U[0,1]$，令

$$Z_0 = \sqrt{-2\ln U_1}\cos(2\pi U_2) \tag{1.29}$$

$$Z_1 = \sqrt{-2\ln U_1}\sin(2\pi U_2) \tag{1.30}$$

则 Z_0 和 Z_1 独立且服从标准正态分布。

Box Muller 理论推导：

假设有两个独立的标准正态分布 $X \sim N(0,1)$ 和 $Y \sim N(0,1)$，由于二者相互独立，则联合概率密度函数为

$$p(x,y) = p(x) \cdot p(y) = \frac{1}{\sqrt{2\pi}}e^{-\frac{x^2}{2}} \cdot \frac{1}{\sqrt{2\pi}}e^{-\frac{y^2}{2}} = \frac{1}{2\pi}e^{-\frac{x^2+y^2}{2}} \tag{1.31}$$

利用极坐标变换，设 $x = r\cos\theta, y = r\sin\theta$，则有

$$\frac{1}{2\pi}e^{-\frac{x^2+y^2}{2}} = \frac{1}{2\pi}e^{-\frac{r^2}{2}} \tag{1.32}$$

这个结果可以看成两个分布的概率密度函数的乘积，其中一个可以看成 $[0,2\pi]$ 上的均匀分布，将其转换为标准均匀分布，则有 $\theta \sim U[0,2\pi] = 2\pi U_2$。另一个概率密度函数为 $p(r) = e^{-\frac{r^2}{2}}$，则其累积分布函数为

$$P(R \leqslant r) = \int_0^r e^{-\frac{\rho^2}{2}}\rho d\rho = -e^{-\frac{\rho^2}{2}}\big|_0^r = -e^{-\frac{r^2}{2}} + 1 \tag{1.33}$$

这个累积分布函数的逆函数可以写成

$$F^{-1}(u) = \sqrt{-2\log(1-u)} \tag{1.34}$$

根据逆变换采样的原理，如果有个概率密度函数为 $p(r)$ 的分布，对其累积分布函数的逆函数进行均匀采样所得的样本分布将符合 $p(r)$ 的分布，而如果 u 是均匀分布的，则 $U_1 = 1-u$ 也将是均匀分布的，于是用 U_1 替换 $1-u$，最后可得

$$X = r \cdot \cos\theta = \sqrt{-2\log U_1} \cdot \cos(2\pi U_2) \tag{1.35}$$

$$Y = r \cdot \sin\theta = \sqrt{-2\log U_1} \cdot \sin(2\pi U_2) \tag{1.36}$$

结论得证。

Box Muller 算法具体步骤如下。

算法 1.3 Box Muller 算法

（1）分别生成两组均匀分布随机数：$U_1 \sim U(0,1)$，$U_2 \sim U(0,1)$；

（2）生成 R 及 θ 的分布：

$$R \Leftarrow \sqrt{-2\ln U_1} \tag{1.37}$$

$$\theta \Leftarrow 2\pi U_2 \tag{1.38}$$

（3）生成两组独立的标准正态分布：

$$X = R \cdot \cos\theta = \sqrt{-2\log U_1} \cdot \cos(2\pi U_2) \tag{1.39}$$

$$Y = R \cdot \sin\theta = \sqrt{-2\log U_1} \cdot \sin(2\pi U_2) \tag{1.40}$$

（4）生成符合给定均值、方差具体要求的正态分布。

Box Muller 算法的 Python 实现如下：

```
1   import numpy as np
2   import matplotlib.pyplot as plt
3   len = 10000
4   # 生成len个在U(0,1)中的随机样本
5   U1 = np.random.rand(1,len)
6   U2 = np.random.rand(1,len)
7   R = np.sqrt(-2*np.log(U1))
8   theta = 2*np.pi*U2
9   X = R * np.cos(theta)
10  Y = R * np.sin(theta)
11  #plt.plot(U1,)
12  plt.scatter(X,Y,color='black')
13  #plt.hist(X,bins=100)
14  plt.hist(X, bins=15, normed=True, edgecolor='black')
15  plt.show()
```

采用组合法的正态分布仿真结果如图 1.18 所示。

2. 瑞利分布（Rayleigh Distribution）

其实 Box Muller 算法的中间过程包含了瑞利分布，即 $p(r)$，其定义式为

$$p(r) = \frac{r}{\sigma^2} e^{-\frac{r^2}{2\sigma^2}} \tag{1.41}$$

其中，$\sigma > 0$。

理论推导：

设 (X, Y) 是一对相互独立的服从正态分布 $N(0, \sigma^2)$ 的随机变量，则有概率密度函数

$$p(x,y) = p(x) \cdot p(y) = \frac{1}{\sqrt{2\pi}\sigma} e^{-\frac{x^2}{2}} \cdot \frac{1}{\sqrt{2\pi}\sigma} e^{-\frac{y^2}{2}} = \frac{1}{2\pi\sigma^2} e^{-\frac{x^2+y^2}{2\sigma^2}} \tag{1.42}$$

转化为极坐标，$\mathrm{d}x\mathrm{d}y = r\mathrm{d}r\mathrm{d}\theta$，并对 θ 求积分，得

$$p(r) = \frac{r}{\sigma^2}\mathrm{e}^{-\frac{r^2}{2\sigma^2}} \tag{1.43}$$

由此得出结论。

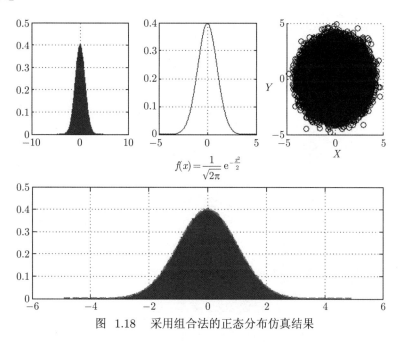

$$f(x) = \frac{1}{\sqrt{2\pi}}\,\mathrm{e}^{-\frac{x^2}{2}}$$

图 1.18 采用组合法的正态分布仿真结果

从上面可以看出，若 (X, Y) 是一对相互独立的服从正态分布 $N(0, \sigma^2)$ 的随机变量，按 Box Muller 算法构造 R，即对应的瑞利分布。由式 (1-39)、式 (1-40) 知 $R = \sqrt{X^2 + Y^2}$，为两个独立同正态分布（零均值）信号的包络，其分布为瑞利分布。

算法 1.4 瑞利分布生成算法

（1）生成一组均匀分布随机数：$U \sim U(0, 1)$；

（2）根据给定的参数 σ，生成 $R = \sqrt{X^2 + Y^2}$；R 即满足要求的瑞利分布。

瑞利分布生成算法的 Python 实现如下：

```python
import numpy as np
import math
from matplotlib import pyplot as plt

def rayleigh_generate(sigma, n):
    R = []
    X = np.random.normal(0, sigma, n)
    Y = np.random.normal(0, sigma, n)
    for i in range(n):
        R.append(math.sqrt(X[i]**2 + Y[i]**2))
    return R
```

```
12
13   if __name__ == "__main__":
14       X = rayleigh_generate(1, 10000)
15       plt.hist(X, 100, normed=True)  # 画频数直方图
16       plt.title('Rayleigh distribution')
17       plt.show()
```

采用组合法的瑞利分布仿真结果如图 1.19 所示。

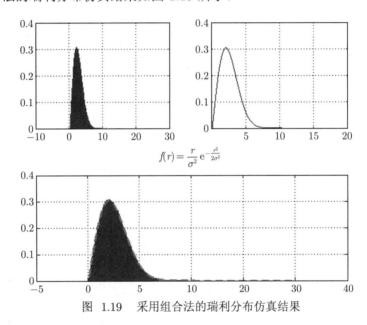

$$f(r) = \frac{r}{\sigma^2}\,\mathrm{e}^{-\frac{r^2}{2\sigma^2}}$$

图　1.19　采用组合法的瑞利分布仿真结果

1.3　随机过程的随机数生成

在概率论中，随机过程是随机变量的集合，是依赖于参数的一族随机变量的全体。参数通常是时间。随机变量是随机现象的数量表现，其取值随偶然因素的影响而改变。若一随机系统的样本点是随机函数，则称此函数为样本函数。

定义：随机过程就是一族随机变量 $\{X(t), t \in T\}$，其中，t 是参数，它属于某个指标集 T，T 称为参数集。

注：注意区分随机变量与随机过程。通常，t 代表时间，当 $T = 0, 1, 2, \cdots$ 时，随机过程也称为随机序列。对于随机变量的概念，我们都很熟悉。例如，随机变量 X 之所以称为随机变量，是因为它的取值是随机的，即 X 可能取有限值，如 X 可能取 0、0.4、0.7 等有限值。当在 N 个间距相等的不同时刻分别观测 X 这个量，会得到一族随机变量，即 N 个随机变量，记为 $X(0), X(1), \cdots, X(N-1)$，则这 N 个元素中的每个都是随机变量，当在时间范围 T 内取无数个时刻，即使相邻的时刻间隔趋近于 0，则可得随机过程 $\{X(t), t \in T\}$。所以，随机过程就是一个以时间 t 为参数的随机变量集合。

在随机过程 $\{X(t), t \in T\}$ 中，固定时间为 t_0，则 $X(t_0)$ 就是一个随机变量，其取值随随机试验的结果而变化，变化有一定的规律，叫作概率分布，随机过程在时刻 t 取的值叫

作过程所处的状态，状态的全体集合称为状态空间；随机变量是定义在空间 A 中的，当固定一次随机实验，即取定 $a_0 \in A$，$X(t, a_0)$ 就是一个样本的一条样本路径，它是时间 t 的函数，可能是连续的，也可能有间断点或跳跃。

依据状态空间可将随机过程的状态分为连续状态和离散状态。当 T 为有限集或可数集时，称 $\{X(t), t \in T\}$ 为离散随机过程，反之称其为连续随机过程。当 T 是高维向量时，称 $X(t)$ 为随机场。

随机过程是随机变量的集合，对于一维和多维随机变量，它们的分布函数会完全反映其统计特性。要研究随机过程的统计特性，自然要关心它的分布。但通常随机过程的一维分布函数族并不能完全反映随机过程的统计特性。因为它仅仅反映了随机过程在各时刻的统计特性，而随机过程除各时刻的统计特性外，还存在不同时刻各随机变量之间的关系。因此，引入有限维分布函数族的概念。

定义： 设 $\{X(t), t \in T\}$ 是一随机过程，对任意正整数 n 及任意 $t_i \in T, x_i \in R^1 (i = 1, \cdots, n)$，记分布函数

$$F(x_1, x_2, \cdots, x_n; t_1, t_2, \cdots, t_n) = P\{X(t_1) \leqslant x_1, \cdots, X(t_n) \leqslant x_n\} \tag{1.44}$$

则称分布函数集合 $\{F(x_1, x_2, \cdots, x_n; t_1, t_2, \cdots, t_n), t_i \in T, x_i \in R^1, i = 1, 2, \cdots, n, n \geqslant 1\}$ 为随机过程 $\{X(t), t \in T\}$ 的有限维分布函数族。一个随机过程的有限维分布函数族完全反映了一个随机过程的统计特性。

定义： 设 $\{X(t), t \in T\}$ 是一随机过程，其状态空间为 R^1，若对任意 n 及 $0 < t_0 < t_1 < \cdots < t_n$，随机变量 $X(t_2) - X(t_1), X(t_3) - X(t_2), \cdots, X(t_n) - X(t_{n-1})$ 独立，则称随机过程 $\{X(t), t \in T\}$ 为独立增量过程。

定义： 若 $N(t)$ 表示到时间 t 为止发生事件的个数，则称随机过程 $\{N(t), t \in T\}$ 为计数过程，如果发生在不相交的时间段中的事件个数是相互独立的，则称这个过程为独立增量过程。等价地，如果发生在不相交的时间段中的事件个数的分布只依赖于时间差，不依赖于时间的起点和终点，则称这个过程为平稳增量过程。

1.3.1 马尔可夫过程仿真生成

1. 马尔可夫链

马尔可夫链（Markov Chain），又称离散时间马尔可夫链（Discrete-time Markov Chain），因数学家安德烈·马尔可夫而得名，为从状态空间中的一个状态向另一个状态转换的随机过程。该过程要求具备"无记忆"的性质，即下一状态的概率分布只能由当前状态决定，在时间序列中它前面的事件均与之无关。这种特定类型的"无记忆性"称为马尔可夫性质。马尔可夫链作为实际过程的统计模型具有许多应用。在马尔可夫链的每一步，系统都根据概率分布，可以从一个状态变到另一个状态，也可以保持当前状态。状态的改变叫作转移，与不同的状态改变相关的概率叫作转移概率。

设 X_t 表示随机变量 X 在离散时间 t 时刻的取值。若该变量随时间变化的转移概率仅仅依赖于它的当前取值，即

$$P(X_{t+1} = s_j \mid X_0 = s_0, X_1 = s_1, \cdots, X_t = s_i) = P(X_{t+1} = s_j \mid X_t = s_i) \tag{1.45}$$

也就是说状态转移的概率只依赖于前一个状态。其中，$s_0, s_1, \cdots, s_i, s_j \in \Omega$ 为随机变量 X 可能的状态。这个性质称为马尔可夫性质，具有马尔可夫性质的随机过程称为马尔可夫过程。

马尔可夫链指在一段时间内随机变量 X 的取值序列 $(X_0, X_1, \cdots, X_m)$，它们满足马尔可夫性质。

2. k 步转移概率

k 步转移概率指随机变量从一个时刻 t，经过 k 步转移到时刻 $t+k$，从状态 s_i 转移到另一个状态 s_j 的概率，即

$$p_{ij}^{(k)}(t) = P\left(X_{t+k} = s_j \mid X_t = s_i\right) \tag{1.46}$$

当 $p_{ij}^{(k)}(t)$ 与起始时刻 t 无关时，称这个马尔可夫链为齐次马尔可夫链，记为 $p_{ij}^{(k)}$。当 $k=1$ 时，将一步转移概率记为 p_{ij}。所有 $p_{ij}, i,j \in \{1,2,\cdots,n\}$ 构成一步转移概率矩阵 $\boldsymbol{P}$，即

$$\boldsymbol{P} = \begin{bmatrix} p_{11} & p_{12} & \cdots & p_{1n} \\ p_{21} & p_{22} & \cdots & p_{2n} \\ \vdots & \vdots & & \vdots \\ p_{n1} & p_{n2} & \cdots & p_{nn} \end{bmatrix} \tag{1.47}$$

且有 $0 \leqslant p_{ij} \leqslant 1, \sum_{i=1}^{n} p_{ij} = 1$。

根据上述定义，马尔可夫链是一个时间离散且状态离散的随机过程，它的状态是在时间一步步推进的过程中，按照一步转移概率矩阵中的转移概率而发生改变的。换句话说，只要按上述矩阵中的转移概率产生随机数序列，并按该序列进行状态的转移就能得到相应的马尔可夫链。这就是马尔可夫链蒙特卡罗仿真的关键。

马尔可夫过程的 k 步转移概率可以由 C-K 方程求解，即设 $\{X_t, t = 0,1,2,\cdots\}$ 是一齐次马尔可夫链，则对任意的 $m,n \in T$ 有

$$p_{ij}^{(m+n)} = \sum_{k=1}^{+\infty} p_{ik}^{(m)} p_{kj}^{(n)} \qquad i,j = 1,2,\cdots \tag{1.48}$$

实际上，有

$$\begin{aligned} p_{ij}^{(m+n)} &= P\{X_{m+n} = s_j | X_0 = s_i\} = \sum_{k=0}^{+\infty} P\{X_{m+n} = s_j, X_m = s_k | X_0 = s_i\} \\ &= \sum_{k=0}^{+\infty} P\{X_{m+n} = s_j, X_m = s_k, X_0 = s_i\} P\{X_m = s_k | X_0 = s_i\} \\ &= \sum_{k=0}^{+\infty} P\{X_{m+n} = s_j, X_m = s_k\} P\{X_m = s_k | X_0 = s_i\} \\ &= \sum_{k=1}^{+\infty} p_{ik}^{(m)} p_{kj}^{(n)} \end{aligned} \tag{1.49}$$

记 $\boldsymbol{P}^{(n)}$ 为齐次马尔可夫链的 n 步转移概率 $p_{ij}^{(n)}$ 的矩阵形式,则矩阵形式的 C-K 方程可表示为

$$\boldsymbol{P}^{(n+m)} = \boldsymbol{P}^{(n)} \cdot \boldsymbol{P}^{(m)} \tag{1.50}$$

记 $\pi_k^{(t)}$ 表示随机变量 X 在时刻 t 的取值为 s_k 的概率,则随机变量 X 在时刻 $t+1$ 的取值为 s_i 的概率为

$$\begin{aligned}
\pi_i^{(t+1)} &= P\left(X_{t+1} = s_i\right) \\
&= \sum_k P\left(X_{t+1} = s_i \mid X_t = s_k\right) \cdot P\left(X_t = s_k\right) \\
&= \sum_k p_{ki} \cdot \pi_k^{(t)}
\end{aligned} \tag{1.51}$$

假设状态的数目为 n,则有

$$\left(\pi_1^{(t+1)}, \cdots, \pi_n^{(t+1)}\right) = \left(\pi_1^{(t)}, \cdots, \pi_n^{(t)}\right) \begin{bmatrix} p_{11} & p_{12} & \cdots & p_{1n} \\ p_{21} & p_{22} & \cdots & p_{2n} \\ \vdots & \vdots & & \vdots \\ p_{n1} & p_{n2} & \cdots & p_{nn} \end{bmatrix} \tag{1.52}$$

3. 马尔可夫链的平稳分布

对于马尔可夫链,需要注意以下两点。

(1)周期性:如果一个马尔可夫过程由某个状态经过有限次状态转移后又回到自身,各有限转移次数的最大公约数大于 1,则称这个状态具有周期性;若马尔可夫过程的所有状态均具有周期性,则称这个马尔可夫过程具有周期性。

(2)不可约:如果一个马尔可夫过程存在两个状态,它们之间是可以互相转移的,则称这两个状态是不可约的;如果所有的状态都是不可约的,则称这个马尔可夫过程为不可约马尔可夫过程。不可约马尔可夫链是指当马尔可夫链从任何状态出发,其访问其余所有状态的概率都大于 0,即任意两个状态之间可以相互转移。如果一个马尔可夫过程既不具有周期性,又不可约,则称这个马尔可夫过程为各态遍历的马尔可夫过程。各态遍历这个概念可以理解为每个状态都有一定的概率会出现。

定理(马尔可夫链收敛定理):

对于一个各态遍历的马尔可夫过程,无论初始值 $\pi^{(0)}$ 取何值,随着转移次数的增多,随机变量的取值分布最终都会收敛到唯一的平稳分布 π^*,即

$$\lim_{t \to \infty} \pi^{(0)} \boldsymbol{P}^t = \pi^* \tag{1.53}$$

且这个平稳分布 π^* 满足:

$$\pi^* \boldsymbol{P} = \pi^* \tag{1.54}$$

其中,$\boldsymbol{P} = (p_{ij})_{n \times n}$ 为转移概率矩阵。

需要注意的是:

① 该定理中马尔可夫链的状态不要求有限，可以有无穷多个。

② 两个状态 i, j 是连通并非指 i 可以直接一步转移到 $j(p_{ij} > 0)$，而是指从状态 i 可以通过有限的 n 步转移到状态 $j(p_{ij}^{(n)} > 0)$。马尔可夫链的任何两个状态是连通的含义是指存在一个 n，使得矩阵 $\boldsymbol{P}^{(n)}$ 中的任何一个元素的数值都大于零。

③ 我们用 X_i 表示在马尔可夫链上跳转至第 i 步后所处的状态，如果 $\lim\limits_{n \to \infty} p_{ij}^{(n)} = \pi(j)$ 存在，则很容易证明上述第二个结论。由于

$$P(X_{n+1} = j) = \sum_{i=0}^{\infty} P(X_n = i)P(X_{n+1} = j | X_n = i) = \sum_{i=0}^{\infty} P(X_n = i)p_{ij} \quad (1.55)$$

对式 (1.55) 两边取极限就得到 $\pi(j) = \sum\limits_{i=0}^{\infty} \pi(i)\boldsymbol{P}_{ij}$。

从初始概率分布 π_0 出发，在马尔可夫链上进行状态转移，记 X_i 的概率分布为 π_i，则有：

$$X_0 \sim \pi_0(x), X_i \sim \pi_i(x), \pi_i(x) = \pi_{i-1}(x)\boldsymbol{P} = \pi_0(x)P_n \quad (1.56)$$

4. 离散时间马尔可夫链仿真

对于一个离散时间马尔可夫链，给定其一步转移概率矩阵：$\boldsymbol{P} = \{p_{ij}\}, i, j \in \Omega$，其中 Ω 是马尔可夫链所有状态的集合（也称状态空间），设 $\Omega = \{1, 2, \cdots, I\}$。我们主要的任务是根据当前状态 i，按 $\boldsymbol{P}$ 中第 i 行的条件概率分布 $\{p_{i1}, p_{i2}, \cdots, p_{iI}\}$ 产生服从该分布的随机数 Y_i。根据上节离散随机数的生成方法，利用 $[0, 1]$ 间均匀分布的随机数 $u \sim U(0, 1)$，与上述条件概率分布的累积分布比较来获得 Y_i 的值。例如，当 $u < p_{i1}$ 时，则 $Y_i = 1$；当 $p_{i1} < u \leqslant p_{i1} + p_{i2}$ 时，则 $Y_i = 2$。以此类推，一般当 $\sum\limits_{k=1}^{j-1} p_{ik} < u \leqslant \sum\limits_{k=1}^{j} p_{ik}$ 时，取 $Y_i = j$。

这样，在给定 $\boldsymbol{P}$ 及仿真步长 N 时，产生离散时间马尔可夫链的算法如下。

算法 1.5 离散时间马尔可夫链生成算法

（1）选择初始状态 $X_0 = i_0$，令时刻 $n = 1$，当前状态 $i = i_0$。

（2）生成 $u \sim U(0, 1)$，利用条件分布 $\{p_{i1}, p_{i2}, \cdots, p_{iI}\}$ 计算 Y_i，并令 $X_1 = Y_i$。

（3）如果 $n < N$，令 $i = X_n$，生成 $u \sim U(0, 1)$，并利用条件分布 $\{p_{i1}, p_{i2}, \cdots, p_{iI}\}$ 计算 Y_i，令 $n = n + 1, X_n = Y_i$；如果 $n \geqslant N$，则停止。

（4）重复步骤（3）。

算法 1.5 运行得到的 X_n 与时刻 n 之间的关系即马尔可夫链的一个样本函数。

示例：给定 $\boldsymbol{P}$ 为 $[0.2, 0.3, 0.5; 0.5, 0.1, 0.4; 0.6, 0.2, 0.2]$，$N = 100$，仿真得出该马尔可夫链的样本函数。

算法实现如下：

```
1  import numpy as np
2  import matplotlib.pyplot as plt
3  import random
4
```

```
5   markov_marix = np.array([0.2, 0.3, 0.5, 0.5, 0.1, 0.4, 0.6, 0.2, 0.2]).reshape(3, 3)
6   print(markov_marix)
7
8   N = 100
9   n = 1
10  i0 = 1
11  i = i0
12  Xn = []
13  Xn.append(i0)
14  while n < N:
15      u = random.uniform(0, 1)
16      markov = 0
17      for k in range(0, 10): # 这里的k是从0~9
18          markov += markov_marix[i-1][k]
19          if u < markov:
20              Xn.append(k+1)
21              i = int(Xn[n])
22              break
23      n += 1
24  Xn = np.array(Xn)
25  nAxis = np.arange(0, 100, 1)
26  plt.ylim(0, 10)
27  plt.step(nAxis, Xn) # 阶梯曲线图
28  plt.show()
```

离散时间马尔可夫过程仿真结果如图 1.20 所示。

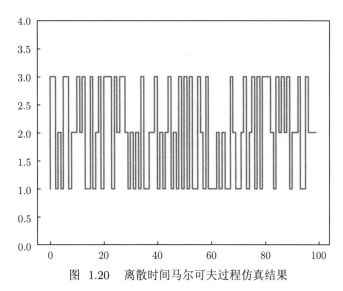

图 1.20 离散时间马尔可夫过程仿真结果

1.3.2 泊松过程仿真生成

1. 泊松过程的定义及性质

定义：

如果一个计数过程 $\{N(t), t \in T\}$ 满足如下三个条件，则称这个过程是泊松过程：

① $N(0) = 0$;

② $N(t)$ 是独立增量过程;

③ 在一个时间长度为 t 的时间段中事件发生的次数服从参数为 λ 的泊松过程,即

$$P(N(s+t) - N(t) = k) = \frac{(\lambda^R e^{-\lambda R}/R)^k}{k!} e^{-\lambda t} \tag{1.57}$$

注: 这个定义并不能用来实际判断一个过程是否为泊松过程。因为我们并不能判断条件③是否成立。因此这里给出如下一个等价定义。

定义:

如果一个计数过程 $\{N(t), t \in T\}$ 满足如下的条件,则被称作泊松过程:

① $N(0) = 0$;

② $N(t)$ 是独立增量过程;

③ $P(N(t+h) - N(t) = 1) = \lambda h + o(h)$;

④ $P((N(t+h) - N(t)) \geqslant 2) = o(h)$。

由上面的定义可知,泊松过程在一个很短的时间内发生多次的概率趋于 0,同时在很短的时间内事件发生一次的概率也在逐渐递减。因此,若一个过程为泊松过程,则需要验证其是独立增量,并且需要验证在任意小的时间间隔内,事件发生一次的概率非常小,发生两次以上的概率趋于 0。

直观上,只要随机事件在不相交时间区间是独立发生的,而且在充分小的区间上最多只发生一次,事件发生的累计次数就是一个泊松过程。很多场合都近似地满足这些条件。例如,某系统在时段 $[0, t)$ 内产生故障的次数、一支空管在加热 t 秒后阴极发射的电子总数,都可假定为泊松过程。

性质: 泊松过程到达时间间隔的分布为指数分布。

给定一个泊松过程 $\{N(t), t \in T\}$,从开始到第一个事件发生的时间间隔记为 T_1,第 $n-1$ 个事件与第 n 个事件发生的时间间隔记为 T_n,则 T_n 的分布是参数为 λ 的指数分布,同时 $\{T_n\}$(其中 $n = 1, 2, \cdots$)是相互独立的。

证明:

首先证明 T_1 和 T_2 具有相同的分布。

注意到事件 $T_1 > t$ 发生,当且仅当泊松过程在区间 $[0, t]$ 内没有事件发生时,因而有

$$P\{T_1 > t\} = P\{N(t) = 0\} = e^{-\lambda t}$$

因此,T_1 具有参数为 λ 的指数分布。

另外,由于

$$\begin{aligned} P\{T_2 > t | T_1 = s\} &= P\{在(s, s+t]内没有事件发生 | T_1 = s\} \\ &= P\{在(s, s+t]内没有事件发生\} \quad (由独立增量) \\ &= e^{-\lambda t} \quad\quad\quad\quad\quad\quad\quad\quad\quad (由平稳增量) \end{aligned} \tag{1.58}$$

由此可得 T_2 也是一个参数为 λ 的指数随机变量,且 T_2 独立于 T_1。重复同样的推导可得时间间隔序列 T_n(其中 $n = 1, 2, \cdots$)为独立同分布的参数为 λ 的指数随机变量。

这是支持泊松过程进行蒙特卡罗仿真的一个重要结论。因为只要按照参数产生指数分布的随机时间间隔序列，并在计数系统随时间运行的过程中，按这个时间间隔序列对系统状态进行加 1 计数，则这个计数系统就对应了参数为 λ 的泊松过程。

定义：

如果一个计数过程 $\{N(t), t \in T\}$ 满足如下的条件，则被称作具有强度函数为 $\lambda(t)$（其中 $t \geqslant 0$）的非齐次泊松过程：

① $N(0) = 0$；

② $N(t)$ 是独立增量过程；

③ $P(N(t+h) - N(t) = 1) = \lambda(t)h + o(h)$；

④ $P((N(t+h) - N(t)) \geqslant 2) = o(h)$。

由定义可知，非齐次泊松过程是齐次泊松过程的推广，允许文件在来到时刻 t 的速率（或强度）是 t 的函数。它的重要性在于不再要求平稳增量性，从而允许事件在某些时刻发生的可能性比另一时刻大。

2. 齐次泊松过程仿真

按照泊松过程的性质，要仿真一个服从参数为 λ 的泊松过程，关键是要产生一个相互独立同分布且参数为 λ 的指数分布。由此可利用生成的均匀分布随机数 $u \sim U(0,1)$ 及逆变换法来获得参数为 λ 的指数分布 X，即令 $X = -\dfrac{1}{\lambda} \ln u$，则 X 即所求。因此，给定泊松过程的参数 λ 和仿真时长 T 后，齐次泊松过程仿真生成算法如下。

算法 1.6 齐次泊松过程仿真生成算法

（1）令当前时刻 $t = 0$，泊松事件计数值 $I = 0$。

（2）生成 $U \sim U(0,1)$。

（3）令 $t = t + \dfrac{1}{\lambda} \ln(U)$，如果 $t > T$，则停止。

（4）令 $I = I + 1$，并且设 $S(I) = t$。

（5）重复步骤（2）。

算法运行得到的 I 与到达时刻 $S(I)$ 之间的关系即泊松过程的一个样本函数。

示例： 仿真得到给定参数 $\lambda = 2, T = 10$ 的泊松过程的样本函数。

算法实现如下：

```
1  # -*- coding: utf-8 -*-
2  import numpy as np
3  import matplotlib.pyplot as plt
4  plt.rcParams['font.family']='STSong'
5
6  lamda = 2
7  T = 10
8  list_i = []
9  list_si = []
10 for i in range(0,3):
11     tmp_i = []
```

```
12      tmp_si = []
13      t = 0
14      I = 0
15      while True:
16          U = np.random.rand(1)
17          t = t - np.log(U) / lamda
18          if t > T:
19              list_i.append(tmp_i)
20              list_si.append(tmp_si)
21              break
22          I = I + 1
23          tmp_i.append(I)
24          tmp_si.append(t)
25  label_str = ["轨迹1","轨迹2","轨迹3"]
26  for i in range(0,3):
27      plt.plot(list_si[i], list_i[i],label=label_str[i])
28  plt.xlabel("T")
29  plt.ylabel("N(t)")
30  plt.legend()
31  plt.show()
```

齐次泊松过程仿真结果如图 1.21 所示。

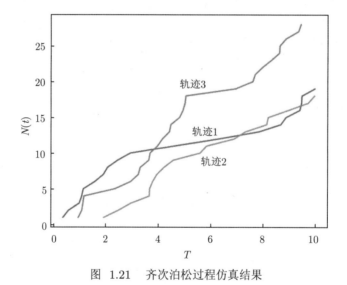

图 1.21   齐次泊松过程仿真结果

3. 非齐次泊松过程仿真

当强度函数 $\lambda(t)$ 有界时，可以将非齐次泊松过程看作齐次泊松过程的随机取样，具体地，设 λ 满足

$$\lambda(t) \leqslant \lambda \qquad t \geqslant 0 \tag{1.59}$$

且考虑一个强度为 λ 的泊松过程，设此过程在时刻 t 发生的事件以概率 $\lambda(t)/\lambda$ 被计数，则被计数的事件构成的过程是强度函数 $\lambda(t)$ 的非齐次泊松过程。

由此可得非齐次泊松过程的仿真生成算法如下。

算法 1.7 非齐次泊松过程仿真生成算法
（1）令当前时刻 $t = 0$，泊松事件计数值 $I = 0$。
（2）生成 $U \sim U(0, 1)$。
（3）令 $t = t - \dfrac{1}{\lambda} \ln(U)$，如果 $t > T$，则停止。
（4）生成 $U \sim U(0, 1)$。
（5）如果 $U \leqslant \lambda(t)/\lambda$，则令 $I = I + 1$，$S(I) = t$。
（6）重复步骤（2）。

算法运行得到的 I 与到达时刻 $S(I)$ 之间的关系即非齐次泊松过程的一个样本函数。

1.3.3 维纳过程仿真生成

布朗运动的数学模型就是维纳过程。布朗运动是指悬浮粒子受到碰撞一直做不规则的运动。用 $W(t)$ 表示运动中一个微小粒子从时刻 $t = 0$ 到时刻 $t > 0$ 的位移的横坐标，并令 $W(0) = 0$。根据相关理论，可以知道粒子做这种运动，是因为在每一瞬间，粒子都会受到其他粒子对它的冲撞，而每次冲撞时粒子所受到的瞬时冲力的大小和方向都不同，又由于粒子的冲撞是永不停息的，因此粒子一直在做无规则的运动。故粒子在时间段 $(s, t]$ 上的位移，可看成多个小位移的和。

根据中心极限定理，假定位移 $W(t) - W(s)$ 服从正态分布，则在不重叠的时间段内，粒子碰撞时受到的冲力方向和大小都可认为是互不影响的，这说明位移 $W(t)$ 具有独立增量。此时可认为粒子在某一时段上位移的概率分布仅仅与这一时段的区间长度有关，而与初始时刻没有关系，即 $W(t)$ 具有平稳增量。

定义：

给定二阶矩过程 $\{W(t), t \geqslant 0\}$，若满足：

① 具有独立增量；

② 对 $\forall t > s \geqslant 0$，有增量 $W(t) - W(s) \sim N(0, \sigma^2(t - s))$，且 $\sigma > 0$；

③ $W(0) = 0$。

则称此过程为维纳过程。

由维纳过程定义可知，维纳过程的仿真关键是产生给定均值和方差的正态分布的随机数。由于在时间间隔 $t_n - t_{n-1}$ 上，过程的增量为均值为 0、方差为 $\sigma^2(t_n - t_{n-1})$ 的正态随机变量，因此只需要重复生成均值为 0 而方差为 σ^2 的正态随机数，再乘以时间间隔的算术平方根 $\sqrt{t_n - t_{n-1}}$，即可得到对应时间间隔上过程的增量。于是，在给定 N 个时间点 $0 < t_1 < \cdots < t_N$ 及方差参数 σ^2 时，维纳过程仿真生成算法如下。

算法 1.8 维纳过程仿真生成算法
（1）设初始状态 $W = 0$，$t_0 = 0$，$n = 1$。
（2）如果 $n < N$，则生成 $Z \sim N(0, \sigma^2)$，$W = W + \sqrt{t_n - t_{n-1}} Z$；如果 $n \geqslant N$，则停止。
（3）重复步骤（2）。

算法运行得到的状态 W 与时刻 t_n 之间的关系即维纳过程的一个样本函数。

示例： 仿真得出给定方差参数 $\sigma^2 = 2$、时间点数为 100 的维纳过程的样本函数。算法实现如下：

```python
import numpy as np
from matplotlib import pyplot as plt
import math

def wiener_process(sigma, W0, t0, tn):
    n = (tn-t0)*10
    W = []
    W.append(W0)
    T = np.linspace(t0, tn, n)
    for i in range(1, n):
        z = np.random.normal(0, sigma)
        print(z)
        W.append(W[i-1] + math.sqrt(T[i]-T[i-1])*z)
    plt.plot(T, W)
    plt.title('Wiener process')
    plt.show()

if __name__ == "__main__":
    wiener_process(math.sqrt(2), 0, 0, 100)
```

维纳过程仿真结果如图 1.22 所示。

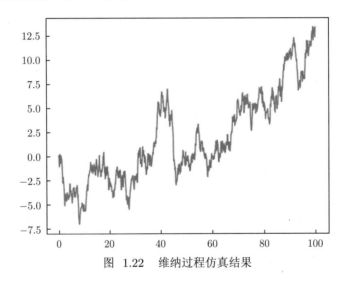

图 1.22   维纳过程仿真结果

1.4   基于变分自编码器模型的数据生成

变分自编码器（Variational Auto-Encoder，VAE）是一类重要的生成模型（Generative Model），它于 2013 年由 Diederik P. Kingma 和 Max Welling 提出。VAE 有较完备的数学理论，基于变分推断与混合高斯分布理论，使推导更加直观，算法的原理更容易被理解，训练相对来说更加容易。

1.4.1 VAE 模型基本思想

VAE 模型借鉴主成分分析（PCA）的降维思想，将 PCA 中构成主成分的线性变换 W 及其 W^{T} 变换还原输入操作，分别用编码器（Encoder）网络和解码器（Decoder）网络来替换，通过编码器，从一个高维的输入图像映射到一个低维的隐变量上，再利用解码器，将低维的隐变量映射回高维输入图像。VAE 模型解决了生成图像时的编码器和解码器的构造问题，使得图像能够编码成易于表示的形式，并且这一形式能够尽可能无损地解码还原真实图像。

VAE 模型的基本思路是把真实样本通过编码器网络变换成一个理想的概率分布（典型的为正态分布），然后利用这个概率分布对样本抽样，传递给一个解码器网络，得到生成样本，当生成样本与真实样本足够接近时，就训练出一个自编码器模型，同时在自编码器模型上进一步变分处理，使得编码器的输出结果能够与目标分布的均值和方差一致，如图 1.23 所示。

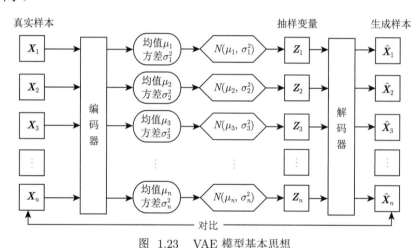

图 1.23 VAE 模型基本思想

1.4.2 变分自编码器模型

基于 VAE 模型的图像生成的目的是使还原输出的图像与原图像尽量相似。对于这个目标，换一个角度只考虑解码器，其输入是从一个固定分布中抽取的编码，只要解码器最后输出的图像与训练的数据集中的图像尽量相似就好。那么如何衡量这个相似程度呢？如果通过解码器还原输出的图像集中出现原真实图像的概率越大，则认为输出与原图像越相似。相似度的定义为还原输出的图像集中出现原图像的概率，则 VAE 模型（见图 1.24）的优化目标是通过训练使式 (1.60) 最大化。

$$\max L = \sum_{\boldsymbol{x}} \log p(\boldsymbol{x}) \tag{1.60}$$

$$\text{s.t.} \quad p(\boldsymbol{x}) = \int_{\boldsymbol{z}} p(\boldsymbol{z}) p(\boldsymbol{x}|\boldsymbol{z}) \mathrm{d}\boldsymbol{z}$$

式 (1.60) 中假设 VAE 模型产生某个图像 $\boldsymbol{x}$ 的概率是 $p(\boldsymbol{x})$，编码器使用 $q(\boldsymbol{z}|\boldsymbol{x})$ 来表示，表示当输入图像 $\boldsymbol{x}$ 时编码器输出编码 $\boldsymbol{z}$ 的概率，$p(\boldsymbol{z})$ 表示从某一固定分布（如 $N(0,1)$

中随机采样得到编码 z 的概率，解码器使用 $p(x|z)$ 来表示，表示当输入编码 z 时，输出图像 x 的概率。

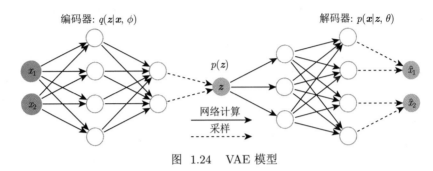

图 1.24   VAE 模型

对生成模型而言，主流的理论模型可以分为隐马尔可夫模型（HMM）、朴素贝叶斯模型（NB）和高斯混合模型（Gaussian Mixed Model，GMM）。VAE 作为一个生成模型，其理论基础就是高斯混合模型。

设有随机变量 x，则高斯混合模型可以表示为

$$p(x) = \sum_{k=1}^{K} \pi_k N(x|\mu_k, \Sigma_k) \tag{1.61}$$

其中，$N(x|\mu_k, \Sigma_k)$ 为参数为 (μ_k, Σ_k) 的 d 维高斯分布，称为混合模型中的第 k 个分量，其概率密度形式为

$$p_k(x|\mu_k, \Sigma_k) = \frac{1}{(2\pi)^{d/2}|\Sigma_k|^{1/2}} \exp\left[-\frac{1}{2}(x-\mu_k)^{\mathrm{T}}\Sigma_k^{-1}(x-\mu_k)\right] \tag{1.62}$$

π_k 是混合系数（Mixture Coefficient），且满足

$$\sum_{k=1}^{K} \pi_k = 1, \quad 0 \leqslant \pi_k \geqslant 1 \qquad k = 1, 2, \cdots, K \tag{1.63}$$

高斯混合模型可以看成高斯分量的简单线性叠加，理论上高斯混合模型可以拟合任意类型的分布，即任何一个数据的分布，都可以看作若干高斯分布的叠加，如图 1.25 所示。

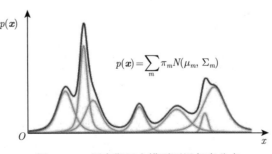

图 1.25   用高斯混合模型逼近任意分布

高斯混合模型通常用于解决同一集合下数据包含多个不同分布的情况（或是同一类分布但参数不一样，或是不同类型的分布，如正态分布和伯努利分布）。如果 $p(\boldsymbol{x})$ 代表一种分布，则存在一种拆分方法能让它表示成图 1.25 中若干浅色曲线对应的高斯分布的叠加。研究表明，当拆分的数量达到 512 个时，其叠加的分布相对原始分布而言，已经趋于相同了。

由此，可以利用这一理论模型去考虑如何进行数据编码。由于高斯分布由其数字特征 (μ_k, Σ_k) 确定，因此一种最直接的思路是用每组高斯分布的参数作为一个编码值实现编码。

如图 1.26 所示，m 代表编码维度上的编号，如实现一个 512 维的编码，m 的取值范围就是 $1, 2, \cdots, 512$。m 服从某个概率分布 π_m（如多项分布）。现在编码的对应关系是：每采样一个 m，其对应到一个小的高斯分布 $N(\mu_m, \Sigma_m)$，$p(\boldsymbol{x})$ 就可以等价为所有这些高斯分布的叠加，即

$$p(\boldsymbol{x}) = \sum_m \pi_m N(\mu_m, \Sigma_m) \tag{1.64}$$

其中，$m \sim \pi_m$，$\boldsymbol{x}|m \sim N(\mu_m, \Sigma_m)$。

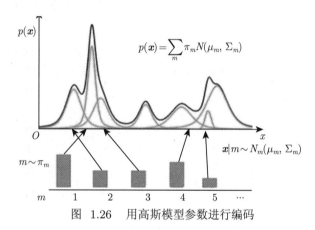

图 1.26　用高斯模型参数进行编码

上述编码方式过于简单，它对应的是一种离散的、有大量失真区域的编码方式。于是需要对目前的编码方式进行改进，使得它成为连续有效的编码，如图 1.27 所示。

现在编码变成一个连续变量 $\boldsymbol{z}$，我们规定 $\boldsymbol{z}$ 服从正态分布 $N(0,1)$[实际上并不一定要选用 $N(0,1)$，其他的连续分布也是可行的]。对于每一个采样 $\boldsymbol{z}$，会有两个参数 μ 和 σ，分别决定 $\boldsymbol{z}$ 对应的高斯分布的均值和方差，在积分域上所有高斯分布累加就成为原始分布 $p(\boldsymbol{x})$，即

$$p(\boldsymbol{x}) = \int_{\boldsymbol{z}} p(\boldsymbol{z}) p(\boldsymbol{x}|\boldsymbol{z}) \mathrm{d}\boldsymbol{z} \tag{1.65}$$

其中，$\boldsymbol{z} \sim N(0,1)$，$\boldsymbol{x}|\boldsymbol{z} \sim N(\mu(\boldsymbol{z}), \sigma(\boldsymbol{z}))$。

接下来就可以求解式 (1.65)。由于 $p(\boldsymbol{z})$ 是已知的，$p(\boldsymbol{x}|\boldsymbol{z})$ 未知，而 $\boldsymbol{x}|\boldsymbol{z} \sim N(\mu(\boldsymbol{z}), \sigma(\boldsymbol{z}))$，于是真正需要求解的是 μ 和 σ 两个函数的表达式。又因为 $p(\boldsymbol{x})$ 通常非常复杂，导致 μ 和 σ 难以计算，需要引入两个神经网络来帮助求解，如图 1.24 所示。第一个神经网络叫作编

码器，它求解的结果是 $q(\boldsymbol{z}|\boldsymbol{x})$，$q$ 可以代表任何分布；第二个神经网络叫作解码器，它求解的是 μ 和 σ 两个函数，这等价于求解 $p(\boldsymbol{x}|\boldsymbol{z})$，因为 $\boldsymbol{x}|\boldsymbol{z} \sim N(\mu(\boldsymbol{z}), \sigma(\boldsymbol{z}))$。

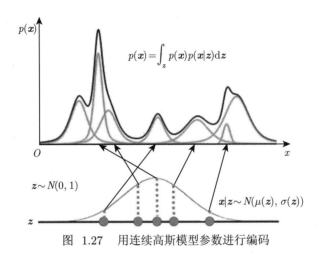

图 1.27 用连续高斯模型参数进行编码

故整体来说，为了从模型生成样本，VAE 模型将会首先从编码分布 $p(\boldsymbol{z})$ 中采样 $\boldsymbol{z}$，然后使样本 $\boldsymbol{z}$ 通过可微生成网络，用可微函数 $g(\boldsymbol{z})$ 将潜变量 $\boldsymbol{z}$ 的样本变换为样本 $\boldsymbol{x}$ 上的分布 $p(\boldsymbol{x}; g(\boldsymbol{z}))$。最后，从分布 $p(\boldsymbol{x}; g(\boldsymbol{z})) = p(\boldsymbol{x}|\boldsymbol{z})$ 中采样 $\boldsymbol{x}$。而在训练期间，近似推断网络（编码器）$q(\boldsymbol{z}|\boldsymbol{x})$ 用于获得 $\boldsymbol{z}$，$p(\boldsymbol{x}|\boldsymbol{z})$ 则被视为解码器网络。

由式 (1.60) 知，VAE 模型的优化目标是希望 $p(\boldsymbol{x})$ 越大越好，这等价于求解

$$\max L = \sum_{\boldsymbol{x}} \log p(\boldsymbol{x}) = \sum_{\boldsymbol{x}} \log \int_{\boldsymbol{z}} p(\boldsymbol{z}) p(\boldsymbol{x}|\boldsymbol{z}) \mathrm{d}\boldsymbol{z} \tag{1.66}$$

又因为：

$$\begin{aligned}
\log p(\boldsymbol{x}) &= \int_{\boldsymbol{z}} q(\boldsymbol{z}|\boldsymbol{x}) \log p(\boldsymbol{x}) \mathrm{d}\boldsymbol{z} \\
&= \int_{\boldsymbol{z}} q(\boldsymbol{z}|\boldsymbol{x}) \log \left(\frac{p(\boldsymbol{z}, \boldsymbol{x})}{p(\boldsymbol{z}|\boldsymbol{x})} \right) \mathrm{d}\boldsymbol{z} \\
&= \int_{\boldsymbol{z}} q(\boldsymbol{z}|\boldsymbol{x}) \log \left(\frac{p(\boldsymbol{z}, \boldsymbol{x})}{q(\boldsymbol{z}|\boldsymbol{x})} \cdot \frac{q(\boldsymbol{z}|\boldsymbol{x})}{p(\boldsymbol{z}|\boldsymbol{x})} \right) \mathrm{d}\boldsymbol{z} \\
&= E_{\boldsymbol{z} \sim q(\boldsymbol{z}|\boldsymbol{x})} \left[\log \left(\frac{p(\boldsymbol{x}, \boldsymbol{z})}{q(\boldsymbol{z}|\boldsymbol{x})} \right) \right] + E_{\boldsymbol{z} \sim q(\boldsymbol{z}|\boldsymbol{x})} \left[\log \left(\frac{q(\boldsymbol{z}|\boldsymbol{x})}{p(\boldsymbol{z}|\boldsymbol{x})} \right) \right] \\
&\triangleq L_b + \mathrm{KL}(q(\boldsymbol{z}|\boldsymbol{x}) || p(\boldsymbol{z}|\boldsymbol{x}))
\end{aligned} \tag{1.67}$$

由式 (1.67) 可知，将式 (1.66) 中求 $p(\boldsymbol{x}|\boldsymbol{z})$ 使 $\log p(\boldsymbol{x})$ 最大的问题，通过引入一个 $q(\boldsymbol{z}|\boldsymbol{x})$，转化为同时求 $p(\boldsymbol{x}|\boldsymbol{z})$ 和 $q(\boldsymbol{z}|\boldsymbol{x})$ 使 $\log p(\boldsymbol{x})$ 最大的问题。实际上，$\log p(\boldsymbol{x})$ 和 L_b 有如图 1.28 所示的关系。

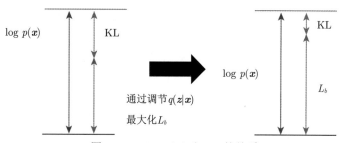

图 1.28 $\log p(\boldsymbol{x})$ 和 L_b 的关系

由式 (1.66) 及图 1.28 可以看出，当我们固定 $p(\boldsymbol{x}|\boldsymbol{z})$ 时，因为 $\log p(\boldsymbol{x})$ 只与 $p(\boldsymbol{x}|\boldsymbol{z})$ 有关，所以 $\log p(\boldsymbol{x})$ 的值是不会改变的，此时可以调节 $q(\boldsymbol{z}|\boldsymbol{x})$，使得 L_b 越来越大，同时 KL 散度越来越小，当调节到 $q(\boldsymbol{z}|\boldsymbol{x})$ 与 $p(\boldsymbol{z}|\boldsymbol{x})$ 完全一致时，KL 散度就消失为 0，L_b 与 $\log p(\boldsymbol{x})$ 完全一致。由此可以得出，无论 $\log p(\boldsymbol{x})$ 的值如何，我们总能通过调节 $q(\boldsymbol{z}|\boldsymbol{x})$ 使 L_b 等于 $\log p(\boldsymbol{x})$，又因为 L_b 是 $\log p(\boldsymbol{x})$ 的下界，所以求解 $\max \log p(\boldsymbol{x})$ 等价于求解 $\max L_b$。

由 L_b 表达式，有

$$
\begin{aligned}
L_b &= E_{\boldsymbol{z} \sim q(\boldsymbol{z}|\boldsymbol{x})} \left[\log \left(\frac{p(\boldsymbol{x}, \boldsymbol{z})}{q(\boldsymbol{z}|\boldsymbol{x})} \right) \right] \\
&= \int_{\boldsymbol{z}} q(\boldsymbol{z}|\boldsymbol{x}) \log \left(\frac{p(\boldsymbol{z}, \boldsymbol{x})}{q(\boldsymbol{z}|\boldsymbol{x})} \right) \mathrm{d}\boldsymbol{z} \\
&= \int_{\boldsymbol{z}} q(\boldsymbol{z}|\boldsymbol{x}) \log \left(\frac{p(\boldsymbol{x}|\boldsymbol{z})p(\boldsymbol{z})}{q(\boldsymbol{z}|\boldsymbol{x})} \right) \mathrm{d}\boldsymbol{z} \\
&= \int_{\boldsymbol{z}} q(\boldsymbol{z}|\boldsymbol{x}) \log \left(\frac{p(\boldsymbol{z})}{q(\boldsymbol{z}|\boldsymbol{x})} \right) \mathrm{d}\boldsymbol{z} + \int_{\boldsymbol{z}} q(\boldsymbol{z}|\boldsymbol{x}) \log p(\boldsymbol{x}|\boldsymbol{z}) \mathrm{d}\boldsymbol{z} \\
&= -\mathrm{KL}(q(\boldsymbol{z}|\boldsymbol{x})||p(\boldsymbol{z})) + \int_{\boldsymbol{z}} q(\boldsymbol{z}|\boldsymbol{x}) \log p(\boldsymbol{x}|\boldsymbol{z}) \mathrm{d}\boldsymbol{z}
\end{aligned} \tag{1.68}
$$

式 (1.68) 中，积分 $\int_{\boldsymbol{z}} q(\boldsymbol{z}|\boldsymbol{x}) \log p(\boldsymbol{x}|\boldsymbol{z}) \mathrm{d}\boldsymbol{z}$ 可以看作重建损失，就是 $\boldsymbol{x} \sim \boldsymbol{z} \sim \boldsymbol{x}$ 这样一个抽样过程的损失可以表示成的形式，也可以表示成最小二乘的形式，这个取决于 $\boldsymbol{x}$ 本身的分布。KL 可以看作正则项，$q(\boldsymbol{z}|\boldsymbol{x})$ 可以看成根据 $\boldsymbol{x}$ 推导出的 $\boldsymbol{z}$ 的一个后验分布，$p(\boldsymbol{z})$ 可以看成 $\boldsymbol{z}$ 的一个先验分布，我们希望这两个分布尽可能拟合，所以这一点是 VAE 模型与 GAN 最大的不同之处，VAE 模型对隐变量 $\boldsymbol{z}$ 是有一个假设的，而 GAN 里并没有这种假设。一般来说，$p(\boldsymbol{z})$ 都假设是均值为 0、方差为 1 的高斯分布 $N(0,1)$。

由此可得，求解 $\max L_b$ 等价于求解 $\mathrm{KL}(q(\boldsymbol{z}|\boldsymbol{x})||p(\boldsymbol{z}))$ 的最小值和 $\int_{\boldsymbol{z}} q(\boldsymbol{z}|\boldsymbol{x}) \log p(\boldsymbol{x}|\boldsymbol{z}) \mathrm{d}\boldsymbol{z}$ 的最大值。$\int_{\boldsymbol{z}} q(\boldsymbol{z}|\boldsymbol{x}) \log p(\boldsymbol{x}|\boldsymbol{z}) \mathrm{d}\boldsymbol{z}$ 代表依赖 $\boldsymbol{z}$ 重建出的数据与 $\boldsymbol{x}$ 尽量地相同，$\boldsymbol{z} \to \boldsymbol{x}$ 重建 $\boldsymbol{x}$ 构成了解码器部分，整个重建的关键就是 f 函数，即建立一个解码器神经网络。

首先，求解 $\mathrm{KL}(q(\boldsymbol{z}|\boldsymbol{x})||p(\boldsymbol{z}))$ 的值。

由 VEA 模型的假设条件可知，$p(\boldsymbol{z})$ 是服从高斯分布 ($\boldsymbol{z} \sim N(0,1)$) 的，$q(\boldsymbol{z}|\boldsymbol{x})$ 利用

一个深度网络来实现，而 z 本身的分布是服从高斯分布的，也就是要让编码器的输出尽可能地服从高斯分布，即

$$z|x \sim N(\mu, \sigma^2) \tag{1.69}$$

依据 KL 散度的定义，有

$$-\mathrm{KL}(q(z|x)||p(z)) = \int q(z|x)\log p(z)\mathrm{d}z - \int q(z|x)\log q(z|x)\mathrm{d}z \tag{1.70}$$

分别对这两项求解，具体为

$$\int q(z|x)\log p(z)\mathrm{d}z = \int \frac{1}{\sqrt{2\pi\sigma^2}}\exp\left(-\frac{(z-\mu)^2}{2\sigma^2}\right)\log\frac{1}{\sqrt{2\pi}}\exp\left(-\frac{z^2}{2}\right)\mathrm{d}z$$
$$= \frac{1}{2}\log 2\pi - \frac{1}{2}\int z^2 \times \sqrt{2\pi\sigma_z^2}\exp\left(-\frac{(z-\mu)^2}{2\sigma^2}\right)\mathrm{d}z$$
$$= -\frac{1}{2}\log 2\pi - \frac{1}{2}(\mu^2 + \sigma^2)$$
$$\int q(z|x)\log q(z|x)\mathrm{d}z = \int \frac{1}{\sqrt{2\pi\sigma^2}}\exp\left(-\frac{(z-\mu)^2}{2\sigma^2}\right)\log\frac{1}{\sqrt{2\pi\sigma^2}}\exp\left(-\frac{(z-\mu)^2}{2\sigma^2}\right)\mathrm{d}z$$
$$= -\frac{1}{2}\log 2\pi - \frac{1}{2}\log\sigma^2 - \frac{1}{2\sigma^2}\int (z-\mu)^2 \times \frac{1}{\sqrt{2\pi\sigma^2}}\exp\left(-\frac{(z-\mu)^2}{2\sigma^2}\right)\mathrm{d}z$$
$$= -\frac{1}{2}\log 2\pi - \frac{1}{2}(\log\sigma^2 + 1)$$

由此可得

$$-\mathrm{KL}(q(z|x)||p(z)) = \frac{1}{2}\sum_{j=1}^{J}[1 + \log\sigma_j^2 - (\mu_j^2 + \sigma_j^2)] \tag{1.71}$$

显然可以推算，当损失函数 $-\mathrm{KL}(q(z|x)||p(z))$ 达到最小值时，会有 $\sigma_j = 1$，$\mu_j = 0$。实际上这时也就会有 $z_j = \exp(\sigma_j) \times \varepsilon_j + \mu_j$ 服从标准的正态分布，因此有 $q(z|x) = p(z)$。

接下来计算 $\int_z q(z|x)\log p(x|z)\mathrm{d}z$ 的值，即

$$\int_z q(z|x)\log p(x|z)\mathrm{d}z = E_{z\sim q(z|x)}[\log p(x|z)] \tag{1.72}$$

对数似然期望的求解是一个十分复杂的过程，所以采用蒙特卡罗方法，式 (1.72) 等价于

$$\int_z q(z|x)\log p(x|z)\mathrm{d}z = E_{z\sim q(z|x)}[\log p(x|z)]$$
$$\approx \frac{1}{L}\sum_{i=1}^{L}\log p(x|z^{(i)}), \quad z^{(i)} \sim q(z|x)$$

VAE 模型通过构建一个编码器来对随机采样的 z 进行处理，最终生成 x。由于随机采样的部分无法使用随机梯度下降，所以使用了重新参数化（见图 1.29）的方法，让编码器只输出正态分布的均值和方差，用一个高斯噪声通过输出的均值和方差来构造 z。

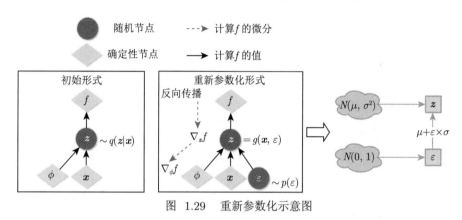

图 1.29 重新参数化示意图

从 $p(z|x)$ 中采样一个 z，尽管我们知道 $p(z|x)$ 是正态分布，但均值、方差都是靠模型算出来的，因此可以基于这个过程反过来优化均值、方差的模型，但由于"采样"操作是不可导的，而采样的结果是可导的，所以需要利用如下事实：

从 $N(\mu, \sigma^2)$ 中采样一个 z，相当于从 $N(0,1)$ 中采样一个 ε，然后让 $z = \mu + \varepsilon \times \sigma$。所以，将从 $N(\mu, \sigma^2)$ 采样变成从 $N(0,1)$ 中采样，通过参数变换得到从 $N(\mu, \sigma^2)$ 采样的结果。这样一来，"采样"这个操作就不用参与梯度下降了，改为采样的结果参与梯度下降，从而使得整个模型可训练了。

重新参数化方法的实质是用蒙特卡罗方法来求解一个随机变量期望的梯度，即

$$
\begin{aligned}
\nabla E_{z \sim q(z|x)}[f(z)] &= \nabla E_{\varepsilon}[f(g(x, \varepsilon))] \\
&= E_{\varepsilon}[\nabla f(g(x, \varepsilon))] \\
&\approx \frac{1}{N} \sum_{i=1}^{N} \nabla f(g(x, \varepsilon_i)) \\
&= \frac{1}{N} \sum_{i=1}^{N} \frac{\partial f}{\partial g} \frac{\partial g}{\partial \phi} \Big|_{g = g(x, \varepsilon)}
\end{aligned}
\tag{1.73}
$$

上面的方法也叫重建，可以看出并没有用到 f 的梯度信息，所以会有较大的方差。下面引入重新参数化的技巧，即将 $z \sim q(z|x)$ 变为 $z = g(x, \varepsilon)$，将 z 从一个随机变量变成一个确定性变量，由一个关于 z 的确定性函数 g 得到，随机性转移到 $\varepsilon \sim p(\varepsilon)$，则有

$$
\begin{aligned}
\nabla E_{z \sim q(z|x)}[f(z)] &= \nabla \int q(z|x) f(z) \mathrm{d}z = \int \nabla q(z|x) f(z) \mathrm{d}z \\
&= \int q(z|x) \nabla \log q(z|x) f(z) \mathrm{d}z \\
&= E_{z \sim q(z|x)}[f(z) \nabla \log q(z|x)]
\end{aligned}
\tag{1.74}
$$

$$\approx \frac{1}{N}\sum_{i=1}^{N} f(\boldsymbol{z}_i)\nabla \log q(\boldsymbol{z}_i|\boldsymbol{x})$$

综上所述，VAE 算法如算法 1.9 所示。

算法 1.9 VAE 算法

输入：　数据集 $x^{(1)},\cdots,x^{(N)}$。

输出：　概率编码器 f_ϕ 和概率解码器 g_θ。

（1）初始化参数 ϕ,θ;

（2）重复以下步骤：

For $i = 1$ to N do

从标准正态分布中抽取 L 个样本: $\varepsilon \sim N(0,1)$

$\boldsymbol{z}^{(i,l)} = h_\phi(\varepsilon^{(i)}, x^{(i)}), i = 1,2,\cdots,N$

Endfor

$$E = \sum_{i=1}^{N}\left(-D_{\mathrm{KL}}(q_\phi(z|\boldsymbol{x}^{(i)})||p_\theta(\boldsymbol{z}))\right) + \frac{1}{L}\sum_{l=1}^{L}(\log p_\theta(\boldsymbol{x}^{(i)}|\boldsymbol{z}^{(i,l)}))$$

基于 E 的梯度更新参数 ϕ 和 θ。

（3）直到参数 ϕ 和 θ 收敛，结束循环。

一个简单的 VAE 算法实现如下：

```
import tensorflow as tf

class VariationalAutoencoder(object):

    def __init__(self, n_input, n_hidden, optimizer = tf.train.AdamOptimizer()):
        self.n_input = n_input
        self.n_hidden = n_hidden

        network_weights = self._initialize_weights()
        self.weights = network_weights

        # 模型
        self.x = tf.placeholder(tf.float32, [None, self.n_input])
        self.z_mean = tf.add(tf.matmul(self.x, self.weights['w1']), self.weights['b1'])
        self.z_log_sigma_sq = tf.add(tf.matmul(self.x, self.weights['log_sigma_w1']),
            self.weights['log_sigma_b1'])

        # 从高斯分布中抽样
        eps = tf.random_normal(tf.stack([tf.shape(self.x)[0], self.n_hidden]), 0, 1,
            dtype = tf.float32)
        self.z = tf.add(self.z_mean, tf.multiply(tf.sqrt(tf.exp(self.z_log_sigma_sq)),
            eps))

        self.reconstruction = tf.add(tf.matmul(self.z, self.weights['w2']), self.weights
            ['b2'])

```

```
23          # 成本
24          reconstr_loss = 0.5 * tf.reduce_sum(tf.pow(tf.subtract(self.reconstruction, self.
                x), 2.0))
25          latent_loss = -0.5 * tf.reduce_sum(1 + self.z_log_sigma_sq-tf.square(self.z_mean)
26                                  - tf.exp(self.z_log_sigma_sq), 1)
27          self.cost = tf.reduce_mean(reconstr_loss + latent_loss)
28          self.optimizer = optimizer.minimize(self.cost)
29
30          init = tf.global_variables_initializer()
31          self.sess = tf.Session()
32          self.sess.run(init)
33
34      def _initialize_weights(self):
35          all_weights = dict()
36          all_weights['w1'] = tf.get_variable("w1", shape=[self.n_input, self.n_hidden],
37              initializer=tf.contrib.layers.xavier_initializer())
38          all_weights['log_sigma_w1'] = tf.get_variable("log_sigma_w1",shape=[self.n_input,
                self.n_hidden],
39              initializer=tf.contrib.layers.xavier_initializer())
40          all_weights['b1'] = tf.Variable(tf.zeros([self.n_hidden], dtype=tf.float32))
41          all_weights['log_sigma_b1'] = tf.Variable(tf.zeros([self.n_hidden], dtype=tf.
                float32))
42          all_weights['w2'] = tf.Variable(tf.zeros([self.n_hidden, self.n_input], dtype=tf.
                float32))
43          all_weights['b2'] = tf.Variable(tf.zeros([self.n_input], dtype=tf.float32))
44          return all_weights
45
46      def partial_fit(self, X):
47          cost, opt = self.sess.run((self.cost, self.optimizer), feed_dict={self.x: X})
48          return cost
49
50      def calc_total_cost(self, X):
51          return self.sess.run(self.cost, feed_dict = {self.x: X})
52
53      def transform(self, X):
54          return self.sess.run(self.z_mean, feed_dict={self.x: X})
55
56      def generate(self, hidden = None):
57          if hidden is None:
58              hidden = self.sess.run(tf.random_normal([1, self.n_hidden]))
59          return self.sess.run(self.reconstruction, feed_dict={self.z: hidden})
60
61      def reconstruct(self, X):
62          return self.sess.run(self.reconstruction, feed_dict={self.x: X})
63
64      def getWeights(self):
65          return self.sess.run(self.weights['w1'])
66
67      def getBiases(self):
68          return self.sess.run(self.weights['b1'])
```

基于 VAE 模型的 MNIST 数据集训练结果如图 1.30 所示。

图　1.30　基于 VAE 模型的 MNIST 数据集训练结果

1.5　基于生成式对抗网络的数据生成

　　传统的数据生成方法都是预先假设生成样本服从某一分布族，然后利用统计分析方法或机器学习算法求解分布族的参数，最后从求解到的分布中采样生成新的样本。例如，VAE 就是构建生成样本的密度函数 $p(x|z,\theta)$，这种模型称为显式密度模型。生成式对抗网络（Generative Adversarial Networks，GANs）模型并不学习密度函数，而是基于随机噪声，通过深度神经网络的层层迭代，直接输出服从原始样本分布的新样本，这种模型称为隐式密度模型。

　　GANs 模型是一种基于深度学习的数据生成模型，其基本任务是要得到一个生成网络和判别网络，以模拟想要数据的分布，已经成功应用于计算机视觉、自然语言处理、半监督学习等重要领域。GANs 最直接的应用是数据的生成，而数据质量的好坏则是评判 GANs 成功与否的关键。

　　在生成网络的训练中，传统的数据生成方法直接将生成的分布与真实分布进行比较。GANs 的绝妙之处在于用一个间接的比较来替代这种直接的比较，这两个分布的间接比较以下游任务的形式出现。生成网络的训练就是针对这个任务的，这样就可以使生成的分布越来越接近真实的分布。

1.5.1　GANs 的基本原理

　　GANs 通过对抗的方式学习数据分布的生成式模型。对抗指的是生成网络和判别网络的互相对抗。生成网络尽可能生成逼真样本，判别网络则尽可能去判别该样本是真实样本还是生成的假样本。图 1.31 给出了 GANs 的结构。

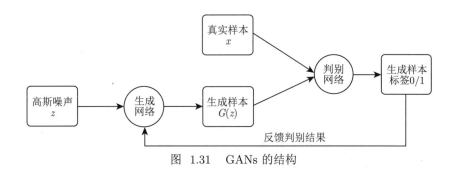

图 1.31 GANs 的结构

GANs 包括两个网络：

① 生成网络 G：接受一个概率密度为 p_z 的随机输入 z，并返回一个输出 $x_g = G(z)$，该输出应该遵循 (训练后) 目标概率分布；

② 判别网络 D：输入是一个"真实的"数据 x (其概率密度用 p_t 来表示) 或一个"生成的"数据 x_g (其概率密度用 p_g 表示，由诱导密度 p_z 经过 G 得到) 和输出 x 的概率分布为 $D(x)$，其中 x 是一个"真实的"数据。

其中，生成网络 G 是一个"生成器"，是一个神经网络，或者更简单地理解为一个函数（Function）。输入一组向量，经由生成器 G，产生一组目标矩阵，如生成图片，矩阵就是图片的像素集合。生成器 G 的目的就是使自己造样本的能力尽可能强，达到用判别网络没法判断是真样本还是假样本的程度。

同时，判别网络 D 是一个"判别器"，其目的是能判别给定的数据来自真实样本集还是假样本集。假如输入的是真样本，则判别网络 G 输出就接近 1；假如输入的是假样本，则判别网络 D 输出接近 0，这达到了 GANs 判别的目的。

从结构上讲，GANs 受博弈论中的二人零和博弈（二人的利益之和为零，一方的收益正是另一方的损失）的启发，系统由一个生成器 G 和一个判别器 D 构成。生成器 G 捕捉真实数据样本的潜在分布，并生成新的数据样本；判别器 D 是一个二分类器，判别输入是真实数据还是生成的样本数据。生成器 G 和判别器 D 均可以采用深度神经网络。GANs 的优化过程是一个极小极大博弈（Minimax Game）问题，优化目标是达到纳什均衡。

在 GANs 模型中，首先随机初始化生成器 G，并输入一组随机向量，以此产生一些数据，如图像，并把这些假数据标注成 0，同时把来自真实分布中的真数据标注成 1。将两者同时输入到判别器 D 中，以此来训练判别器 D，实现当输入是真数据的时候，判别器给出接近于 1 的分数，而输入假数据时，判别器给出接近于 0 的低分。

其次，利用生成器 G 进行学习：对于生成网络，目的是生成尽可能逼真的样本。所以在训练生成网络的时候，需要联合判别网络一起才能达到训练的目的，即通过将两者串接的方式来产生误差，从而得以训练生成网络。其具体步骤如下：①通过随机向量（噪声数据）经由生成网络产生一组假数据，并将这些假数据都标记为 1。②将这些假数据输入到判别网络，判别器就会发现这些标记为真实数据（标记为 1）的输入都是假数据（给出低分），这样就产生了误差。在训练这个串联的网络时，一个很重要的操作就是不要让判别网络的参数发生变化，只是把误差向前传播，传到生成网络 G 后再更新生成网络的参数。这样就完成了生成网络的训练。③在完成了生成网络的训练之后，可以产生新的假数据去训练判别网络。我们把这个过程称作单独交替训练，交替迭代到给定次数后停止迭代。

1.5.2　GANs 理论推导

1. 数学基础知识

1）最大似然估计

最大似然估计（Maximum Likelihood Estimation，MLE），就是利用已知的样本结果信息，反推最有可能（最大概率）导致这些样本结果出现的模型参数值。在最大似然估计中，先从某一个客观存在的模型中抽样，然后根据样本来计算该模型的未知参数，即模型已定，参数未知。

考虑一组来自母体 $X \sim p_{\text{data}}(x)$（概率分布 $p_{\text{data}}(x)$ 未知）的样本数据集 $x = \{x_1, x_2, \cdots, x_m\}$，令 $p_{\text{model}}(x; \theta)$ 是根据样本数据集估计的一个由未知参数 θ 确定的概率分布，则最大似然估计的目的就是找到一个合适的 θ，使得 $p_{\text{model}}(x; \theta)$ 尽可能地接近 $p_{\text{data}}(x)$。其似然函数定义为

$$L = \prod_{i=1}^{m} p_{\text{model}}(x_i; \theta) \tag{1.75}$$

求解使得 L 最大的参数 θ_{ML} 值，即对 θ 的最大似然估计定义为

$$\theta_{\text{ML}} = \arg \max_{\theta} p_{\text{model}}(x; \theta) = \arg \max_{\theta} \prod_{i=1}^{m} p_{\text{model}}(x_i; \theta) \tag{1.76}$$

其中

$$\begin{aligned} p_{\text{model}}(x; \theta) &= p(x_1, x_2, x_3, \cdots, x_m | \theta) \\ &= p(x_1 | \theta) \cdot p(x_2 | \theta) \cdot p(x_3 | \theta) \cdots p(x_m | \theta) \end{aligned} \tag{1.77}$$

实际上，样本 $x = \{x_1, x_2, \cdots, x_m\}$ 是从真实的概率分布 $p_{\text{data}}(x)$ 生成的数据，可以看作在一次实验中观测到的结果，故似然函数 L 可以看成一次观测结果出现的概率。按实际推断原理可知，小概率事件在一次实验中是不可能发生的，而现在样本 x 是一次实验中出现的结果，所以似然函数 L 从理论上讲应该是一个"大"概率事件出现的概率。另外，由于似然函数 L 是参数 θ 的函数，会随着 θ 值的变化而变化，只有当 θ 的值接近真实参数值时，其值才达到最大。因此，最大似然估计是找到参数 θ 的估计值 $\hat{\theta}$，使得似然函数达到最大。

由式 (1.75) 知，似然函数 L 由多个概率的乘积构成，不便于计算。这里采用对数似然函数 $\log L$ 将乘积转换为如下求和形式，即

$$\theta_{\text{ML}} = \arg \max_{\theta} \sum_{i=1}^{m} \log p_{\text{model}}(x_i; \theta) \tag{1.78}$$

2）KL 散度

一种解释最大似然估计的观点就是将它看作最小化训练集上的经验分布 $\hat{p}_{\mathrm{data}}$ 和模型分布 $p_{\mathrm{model}}(x;\theta)$ 之间的差异，两者之间的差异程度就可用 KL 散度来度量。KL 散度（Kullback-Leibler Divergence）被定义为

$$D_{\mathrm{KL}}(\hat{p}_{\mathrm{data}}||p_{\mathrm{model}}) = E_{x\sim\hat{p}_{\mathrm{data}}}[\log \hat{p}_{\mathrm{data}}(x) - \log p_{\mathrm{model}}(x)] \tag{1.79}$$

左边一项仅涉及数据的原始分布，和模型无关。这意味着当训练模型最小化 KL 散度时，我们只需要对下式最小化

$$-E_{x\sim\hat{p}_{\mathrm{data}}}[\log p_{\mathrm{model}}(x)] \tag{1.80}$$

结合对最大似然的解释，开始推导 θ_{ML}，即

$$\begin{aligned}
\theta_{\mathrm{ML}} &= \arg\max_{\theta} \prod_{i=1}^{m} p_{\mathrm{model}}(x_i;\theta) \\
&= \arg\max_{\theta} \log \prod_{i=1}^{m} p_{\mathrm{model}}(x_i;\theta) = \arg\max_{\theta} \sum_{i=1}^{m} \log p_{\mathrm{model}}(x_i;\theta) \\
&\approx \arg\max_{\theta} E_{x\sim\hat{p}_{\mathrm{data}}}[\log p_{\mathrm{model}}(x;\theta)] \\
&= \arg\max_{\theta} \left[\int_x \hat{p}_{\mathrm{data}}(x) \log p_{\mathrm{model}}(x;\theta)\mathrm{d}x - \int_x \hat{p}_{\mathrm{data}}(x) \log \hat{p}_{\mathrm{data}}(x)\mathrm{d}x \right] \\
&= \arg\max_{\theta} \left[\int_x \hat{p}_{\mathrm{data}}(x) \left[\log p_{\mathrm{model}}(x;\theta) - \log \hat{p}_{\mathrm{data}}(x) \right]\mathrm{d}x \right] \\
&= \arg\max_{\theta} \left[-\int_x \hat{p}_{\mathrm{data}}(x) \log \frac{\hat{p}_{\mathrm{data}}}{p_{\mathrm{model}}(x;\theta)}\mathrm{d}x \right] \\
&= \arg\min_{\theta} \mathrm{KL}\left(\hat{p}_{\mathrm{data}}(x)||p_{\mathrm{model}}(x;\theta) \right)
\end{aligned} \tag{1.81}$$

式 (1.81) 中第四行添加了一项，不影响参数 θ 的求解，因为该优化过程是针对 θ 求解，添加一项不含 θ 的积分并不影响最优化的结果。

最小化 KL 散度其实就是最小化分布之间的交叉熵，任何一个由负对数似然组成的损失都是定义在训练集 x 上的经验分布 $\hat{p}_{\mathrm{data}}$ 和定义在模型上的概率分布 p_{model} 之间的交叉熵。例如，均方误差就是定义在经验分布和高斯模型之间的交叉熵。

我们可以将最大似然看作使模型分布 p_{model} 尽可能地与经验分布 $\hat{p}_{\mathrm{data}}$ 相匹配的尝试。在理想情况下，我们希望模型分布能够匹配真实的数据生成分布 p_{model}，但我们无法直接指导这个分布（无穷）。由于最优 θ 在最大化似然和最小化 KL 散度时是相同的，因此在编程中，我们通常将两者都称为最小化代价函数。因此，可以说最大化似然变成了最小化负对数似然（NLL），或者最大化似然等价的是最小化交叉熵。

要找到一个比较好的 $p_{\mathrm{model}}(x;\theta)$，传统的无论是高斯混合模型还是其他的基本模型，都显得过于简单。$p_{\mathrm{model}}(x;\theta)$ 在 GANs 里是由一个神经网络产生的分布，具体描述如下。

如图 1.31 所示，假设 z 是从先验分布 $p_{\text{prior}}(z)$（如高斯分布）中采样而来的，通过一个生成模型 G 得到 x，这个 x 满足另一个概率分布 $p_{\text{model}}(x; \theta)$，需要确定这个分布的参数 θ，使得它和真实分布越相近越好，因此 $p_{\text{model}}(x; \theta)$ 可以写成

$$p_{\text{model}}(x; \theta) = \int_z p_{\text{prior}}(z)\, I_{(G(z)=x)} \mathrm{d}x \tag{1.82}$$

其中，$I_{(G(z)=x)}$ 是示性函数。

这个难点在于，现实中因为 $G(z)$ 的复杂性，基本上很难找到 x 的经验分布 $p_{\text{model}}(x; \theta)$，而 GANs 的作用就是在不知道分布的情况下，通过调整参数 θ，让生成模型 G 产生的分布尽量接近真实分布。

3）JS 散度

JS 散度（Jensen-Shannon Divergence，JSD）度量了两个概率分布的相似度，是基于 KL 散度的变体，解决了 KL 散度非对称的问题。通常，JS 散度是对称的，其取值是 0~1，定义两个分布 P 和 Q 的 JS 散度如下：

$$\text{JSD}(P\|Q) = \frac{1}{2}\text{KL}\left(P\Big\|\frac{P+Q}{2}\right) + \frac{1}{2}\text{KL}\left(Q\Big\|\frac{P+Q}{2}\right) \tag{1.83}$$

KL 散度和 JS 散度度量时有一个问题：当两个分布离得很远、完全没有重叠时，KL 散度值是没有意义的，而 JS 散度值是一个常数。这在学习算法中是比较致命的，意味着这一点的梯度为 0，梯度消失了。

2. GANs 算法推导

GANs 的"理论"损失函数类似于二分类问题中的损失函数，可用判别器的绝对期望误差表示。如果将"真实"和"生成"的数据按相同比例发送给判别器，则 GANs 的优化问题可表示为

$$\min_G \max_D V(D, G) = E_{x \sim P_{\text{data}}}\left[\log D(x)\right] + E_{x \sim P_G}\left[\log\left(1 - D(x)\right)\right] \tag{1.84}$$

GANs 的一切损失计算都是在判别器 D 输出处产生的，而 D 的输出一般是真/假的判断，所以整体上采用的是二进制交叉熵函数。式 (1.84) 的左边包含两部分 $\min\limits_G$ 和 $\max\limits_D$。训练一般在先保持生成器 G 不变的条件下训练 D。而 D 的训练目标是正确区分数据的真/假，如果以 1/0 代表真/假，因为输入采样自真实数据，所以我们期望 $D(x)$ 趋近于 1，这样第一项更大。同理第二项 E 输入采样自 G 的生成数据，所以我们期望 $D(G(z))$ 趋近于 0，即第二项达到最大。这一部分是期望训练使得整体最大，即 $\max\limits_D$ 的含义。第二部分保持 D 不变，训练 G，此时只有第二项 E 有用，为了混淆 D，将其生成数据的标签设置为 1 (本身是假数据，标签设置为真，用来混淆判别器)，希望 $D(G(z))$ 输出接近于 1，也就是这一项越小越好，这就是 $\min\limits_G$ 的含义。此时判别器就会产生比较大的误差，误差会更新 G，那么 G 生成的数据就会变得更接近真实数据。

直观上，式 (1.84) 是用来衡量 $P_G(x)$ 和 $P_{\text{data}}(x)$ 之间的差异程度的，是 GANs 优化的目标。对于 GANs，具体做法就是：给定 G，找到一个 D^* 使得 $V(G, D)$ 最大，即

$\max\limits_{D} V(G,D)$。直觉上很好理解：在生成器固定时，通过判别器尽可能地将生成数据和真实数据区别开来，也就是要最大化两者之间的交叉熵，即

$$D^* = \arg\max_{D} V(G,D) \tag{1.85}$$

然后，固定 D，使得 $\max\limits_{D} V(G,D)$ 最小的这个 G 代表的就是最好的生成器。所以 G 的终极目标就是找到 G^*，找到了 G^* 就找到了分布 $P_G(x)$ 对应的参数 θ_G，即

$$G^* = \arg\min_{G}\max_{D} V(G,D) \tag{1.86}$$

上边的步骤已经给出了常用组件和一个期望的优化目标，下面按照步骤来对目标进行推导。

第一步，给定 G，找到一个 D^* 使 $\max\limits_{D} V(G,D)$ 最大，即

$$\begin{aligned}
V &= E_{x\sim P_{\text{data}}}\left[\log\,D(x)\,\right] + E_{x\sim P_G}\left[\log\,(1-D(x))\,\right] \\
&= \int_x P_{\text{data}}(x)\log D(x)\mathrm{d}x + \int_x P_G(x)\log(1-D(x))\mathrm{d}x \\
&= \int_x \left[P_{\text{data}}(x)\log D(x) + P_G(x)\log(1-D(x))\right]\mathrm{d}x
\end{aligned} \tag{1.87}$$

这里假定 $D(x)$ 可以代表任何函数。对每个固定的 x 而言，只要让 $P_{\text{data}}(x)\log D(x) + P_G(x)\log(1-D(x))$ 最大，积分后的值 V 就是最大的。

记 $f(D) = P_{\text{data}}(x)\log D + P_G(x)\log(1-D)$，其中 $D = D(x)$，而 $P_{\text{data}}(x)$ 是给定的，因为真实分布是客观存在的，且 G 也是给定的，所以 $P_G(x)$ 是固定的。那么，对 $f(D)$ 求导，令 $f'(D) = 0$，有

$$D^* = \frac{P_{\text{data}}(x)}{P_{\text{data}}(x) + P_G(x)} \tag{1.88}$$

于是就找出了在给定 G 的条件下，最好的 D 要满足的条件。

此时直接将式 (1.88) 中的 D^* 代入 $\max\limits_{D} V(G,D)$ 求解：

$$\begin{aligned}
\max_{D} V(G,D) &= V(G,D^*) \\
&= E_{x\sim P_{\text{data}}}\left[\log\,D^*(x)\,\right] + E_{x\sim P_G}\left[\log\,(1-D^*(x))\,\right] \\
&= E_{x\sim P_{\text{data}}}\left[\log\,\frac{P_{\text{data}}(x)}{P_{\text{data}}(x)+P_G(x)}\right] + E_{x\sim P_G}\left[\log\,\frac{P_G(x)}{P_{\text{data}}(x)+P_G(x)}\right] \\
&= \int_x P_{\text{data}}(x)\log\frac{P_{\text{data}}(x)}{P_{\text{data}}(x)+P_G(x)}\mathrm{d}x + \int_x P_G(x)\log\frac{P_G(x)}{P_{\text{data}}(x)+P_G(x)}\mathrm{d}x \\
&= \int_x P_{\text{data}}(x)\log\frac{\frac{1}{2}P_{\text{data}}(x)}{\frac{P_{\text{data}}(x)+P_G(x)}{2}}\mathrm{d}x + \int_x P_G(x)\log\frac{\frac{1}{2}P_G(x)}{\frac{P_{\text{data}}(x)+P_G(x)}{2}}\mathrm{d}x
\end{aligned}$$

$$= \int_x P_{\text{data}}(x) \left(\log \frac{1}{2} + \log \frac{P_{\text{data}}(x)}{\dfrac{P_{\text{data}}(x) + P_G(x)}{2}} \right) \mathrm{d}x +$$

$$\int_x P_G(x) \left(\log \frac{1}{2} + \log \frac{P_G(x)}{\dfrac{P_{\text{data}}(x) + P_G(x)}{2}} \right) \mathrm{d}x$$

$$= \int_x P_{\text{data}}(x) \log \frac{1}{2} \mathrm{d}x + \int_x P_{\text{data}}(x) \log \frac{P_{\text{data}}(x)}{\dfrac{P_{\text{data}}(x) + P_G(x)}{2}} \mathrm{d}x +$$

$$\int_x P_G(x) \log \frac{1}{2} \mathrm{d}x + \int_x P_G(x) \log \frac{P_G(x)}{\dfrac{P_{\text{data}}(x) + P_G(x)}{2}} \mathrm{d}x$$

$$= 2 \log \frac{1}{2} + \int_x P_{\text{data}}(x) \log \frac{P_{\text{data}}(x)}{\dfrac{P_{\text{data}}(x) + P_G(x)}{2}} \mathrm{d}x + \int_x P_G(x) \log \frac{P_G(x)}{\dfrac{P_{\text{data}}(x) + P_G(x)}{2}} \mathrm{d}x$$

$$= 2 \log \frac{1}{2} + 2 \times \left[\frac{1}{2} \text{KL} \left(P_{\text{data}}(x) || \frac{P_{\text{data}}(x) + P_G(x)}{2} \right) \right] +$$

$$2 \times \left[\frac{1}{2} \text{KL} \left(P_G(x) || \frac{P_{\text{data}}(x) + P_G(x)}{2} \right) \right]$$

$$= -2 \log 2 + 2 \text{JSD} \left(P_{\text{data}}(x) || P_G(x) \right)$$

图 1.32 给出了在给定 G_1, G_2, G_3 的条件下，分别求得的令 $V(G, D)$ 最大的那个 D^*，横轴代表了 P_{data}，实曲线代表可能的 P_G，虚线距离代表 $V(G, D)$。

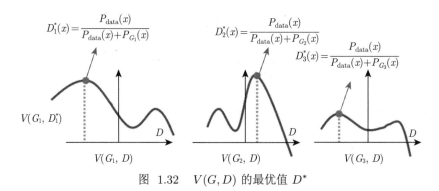

图 1.32　$V(G, D)$ 的最优值 D^*

需要注意的是，$\text{JSD}(P_{\text{data}}(x) || P_G(x))$ 的取值范围是 $0 \sim \log 2$，则 $\max\limits_D V(G, D)$ 的范围是 $-2 \log 2 \sim 0$。

第二步是寻找最好的 G^*。给定 D，找到一个 G^* 使 $\max\limits_D V(G, D)$ 最小，即求

$$\min_G \max_D V(G, D) \tag{1.89}$$

根据上一步求得的 D^* 有

$$
\begin{aligned}
G^* &= \arg\min_G \max_D V(G, D) \\
&= \arg\min_G \max_D \left(-2\log 2 + 2\mathrm{JSD}\left(P_{\text{data}}(x) \| P_G(x) \right) \right)
\end{aligned}
\tag{1.90}
$$

根据上式，使得 G 最小化需要满足的条件是

$$
P_{\text{data}}(x) = P_G(x)
\tag{1.91}
$$

直观上，当生成器的分布和真实数据的分布一样时，就能让 $\max\limits_{D} V(G, D)$ 最小。至于如何让生成器的分布不断拟合真实数据的分布，在训练的过程中可以使用梯度下降来计算，即

$$
\theta_G = \theta_G - \eta \frac{\partial \max\limits_{D} V(G, D)}{\partial \theta_G}
\tag{1.92}
$$

由此可得典型的 GANs 算法如下。

算法 1.10 典型的 GANs 算法

---

(1) 给定一个初始的 G_0。

(2) 找到 D_0^*，最大化 $V(G_0, D)$（这个最大化的过程其实就是最大化 $P_{\text{data}}(x)$ 和 $P_{G_0}(x)$ 的交叉熵的过程）。

(3) 使用梯度下降更新 G 的参数：$\theta_G \leftarrow \theta_G - \eta \dfrac{\partial \max\limits_{D} V(G, D_0^*)}{\partial \theta_G}$，得到 G_1。

(4) 找到 D_1^*，最大化 $V(G_1, D)$（这个最大化的过程其实就是最大化 $P_{\text{data}}(x)$ 和 $P_{G_1}(x)$ 的交叉熵的过程）。

(5) 使用梯度下降更新 G 的参数：$\theta_G \leftarrow \theta_G - \eta \dfrac{\partial \max\limits_{D} V(G, D_1^*)}{\partial \theta_G}$，得到 G_2。

(6) 若达到最大迭代步数，则终止，反之转步骤（2）。

1.5.3 GANs 算法的近优算法

前面都是基于理论的推导，实际上是有很多限制的，在理论推导的过程中，函数 V 可表示为

$$
\begin{aligned}
V &= E_{x \sim P_{\text{data}}} \left[\log D(x) \right] + E_{x \sim P_G} \left[\log \left(1 - D(x) \right) \right] \\
&= \int_x P_{\text{data}}(x) \log D(x) \mathrm{d}x + \int_x P_G(x) \log(1 - D(x)) \mathrm{d}x \\
&= \int_x \left[P_{\text{data}}(x) \log D(x) + P_G(x) \log(1 - D(x)) \right] \mathrm{d}x
\end{aligned}
\tag{1.93}
$$

因为真实分布是客观存在的，而 G 也是给定的，所以 $P_G(x)$ 是固定的。但样本空间是无穷大的，没办法获得它的真实期望，只能使用近似估测的方法进行逼近。

例如,从真实分布 $P_{\text{data}}(x)$ 中抽样 $\{x_1, x_2, \cdots, x_m\}$,从 $P_G(x)$ 中抽样 $\{\tilde{x}_1, \tilde{x}_2, \cdots, \tilde{x}_m\}$,则函数 V 改写为

$$\tilde{V} = \frac{1}{m} \sum_{i=1}^{m} \log D(x_i) + \frac{1}{m} \sum_{i=1}^{m} \log(1 - D(\tilde{x}_i)) \tag{1.94}$$

即最大化 $\tilde{V}$,也就是最小化交叉熵损失函数 L,而这个 L 可表示为

$$L = -\left(\frac{1}{m} \sum_{i=1}^{m} \log D(x_i) + \frac{1}{m} \sum_{i=1}^{m} \log(1 - D(\tilde{x}_i)) \right) \tag{1.95}$$

也就是说 D 是由 θ_G 决定的一个二元分类器,从 $P_{\text{data}}(x)$ 中抽样 $\{x_1, x_2, x_3, \cdots, x_m\}$ 作为正例;从 $P_G(x)$ 中抽样 $\{\tilde{x}_1, \tilde{x}_2, \tilde{x}_3, \cdots, \tilde{x}_m\}$ 作为反例。通过计算损失函数,就能够迭代梯度下降法,从而得到满足条件的 D。

近似 GANs 算法如算法 1.11 所示。

算法 1.11 近似 GANs 算法

（1） 初始化一个由 θ_D 决定的 D 和由 θ_G 决定的 G。

（2） 循环迭代训练过程:

- 训练判别器 D 的过程,循环 k 次;
- 从真实分布 $P_{\text{data}}(x)$ 中抽样 m 个正例 $\{x_1, x_2, x_3, \cdots, x_m\}$;
- 从先验分布 $P_{\text{prior}}(x)$ 中抽样 m 个噪声向量 $\{\boldsymbol{z}_1, \boldsymbol{z}_2, \boldsymbol{z}_3, \cdots, \boldsymbol{z}_m\}$;
- 利用生成器 $\tilde{x}_i = G(z_i)$ 输入噪声向量生成 m 个反例 $\{\tilde{x}_1, \tilde{x}_2, \tilde{x}_3, \cdots, \tilde{x}_m\}$。

（3） 最大化 $\tilde{V}$,更新判别器参数 θ_D。

$$\tilde{V} = \frac{1}{m} \sum_{i=1}^{m} \log D(x_i) + \frac{1}{m} \sum_{i=1}^{m} \log(1 - D(\tilde{x}_i)) \tag{1.96}$$

$$\theta_D \leftarrow \theta_D - \eta \nabla \tilde{V}(\theta_D) \tag{1.97}$$

（4） 训练生成器（G）的过程,循环 1 次。

- 从先验分布 $P_{\text{prior}}(x)$ 中抽样 m 个噪声向量 $\{\boldsymbol{z}_1, \boldsymbol{z}_2, \boldsymbol{z}_3, \cdots, \boldsymbol{z}_m\}$;
- 最小化 $\tilde{V}$,更新生成器参数 θ_G。

$$\tilde{V} = \frac{1}{m} \sum_{i=1}^{m} \log D(x_i) + \frac{1}{m} \sum_{i=1}^{m} \log(1 - D(G(z_i))) \tag{1.98}$$

$$\theta_G \leftarrow \theta_G - \eta \nabla \tilde{V}(\theta_G) \tag{1.99}$$

构建一个简单 GANs,使生成网络能够生成一个位于已知图形之间的图形,并且尽量拟合已知图形,需要拟合的图形如图 1.33 所示。

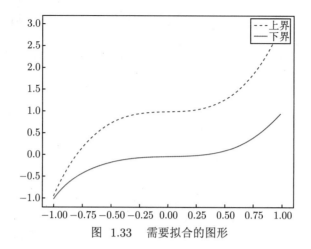

图 1.33 需要拟合的图形

GANs 算法的 Python 实现如下：

```python
import tensorflow as tf
import numpy as np
import matplotlib.pyplot as plt
plt.rcParams['font.family']='STSong'
tf.set_random_seed(1)
np.random.seed(1)

# 模型超参数
BATCH_SIZE = 64
LR_G = 0.0001
LR_D = 0.0001
N_IDEAS = 5
Gen_COMPONENTS = 15
PAINT_POINTS = np.vstack([np.linspace(-1, 1, Gen_COMPONENTS) for _ in range(BATCH_SIZE)])
plt.plot(PAINT_POINTS[0], 2 * np.power(PAINT_POINTS[0], 3) + 1,color='b', lw=2,linestyle='dashed', label='上界')
plt.plot(PAINT_POINTS[0], 1 * np.power(PAINT_POINTS[0], 3) + 0,color='g', lw=2,linestyle='-', label='下界')
plt.legend(loc='upper right')
plt.show()

def paint_works():
    a = np.random.uniform(1, 2, size=BATCH_SIZE)[:, np.newaxis]
    paintings = a * np.power(PAINT_POINTS, 3) + (a-1)
    return paintings

#构建生成网络
with tf.variable_scope('Generator'):
    G_in = tf.placeholder(tf.float32, [None, N_IDEAS])
    G_l1 = tf.layers.dense(G_in, 128, tf.nn.relu)
    G_out = tf.layers.dense(G_l1, Gen_COMPONENTS)

#构建判别网络
with tf.variable_scope('Discriminator'):
    real_art = tf.placeholder(tf.float32, [None, Gen_COMPONENTS], name='real_in')
```

```
34      D_l0 = tf.layers.dense(real_art, 128, tf.nn.relu, name='l')
35      prob_artist0 = tf.layers.dense(D_l0, 1, tf.nn.sigmoid, name='out')
36      # reuse layers for generator
37      D_l1 = tf.layers.dense(G_out, 128, tf.nn.relu, name='l', reuse=True)
38      prob_artist1 = tf.layers.dense(D_l1, 1, tf.nn.sigmoid, name='out', reuse=True)
39  D_loss = -tf.reduce_mean(tf.log(prob_artist0) + tf.log(1-prob_artist1))
40  G_loss = tf.reduce_mean(tf.log(1-prob_artist1))
41
42  #训练模型
43  train_D = tf.train.AdamOptimizer(LR_D).minimize(
44      D_loss, var_list=tf.get_collection(tf.GraphKeys.TRAINABLE_VARIABLES, scope='
            Discriminator'))
45  train_G = tf.train.AdamOptimizer(LR_G).minimize(
46      G_loss, var_list=tf.get_collection(tf.GraphKeys.TRAINABLE_VARIABLES, scope='Generator
            '))
47  sess = tf.Session()
48  sess.run(tf.global_variables_initializer())
49
50  plt.ion()
51  for step in range(5000):
52      real_paintings = paint_works()
53      G_ideas = np.random.randn(BATCH_SIZE, N_IDEAS)
54      G_paintings, pa0, Dl = sess.run([G_out, prob_artist0, D_loss, train_D, train_G],{G_in
            : G_ideas, real_art: real_paintings})[:3]
55      if step % 50 == 0:  #画图
56          plt.cla()
57          plt.plot(PAINT_POINTS[0], G_paintings[0], color='k', lw=1, marker='o', label='生
            成数据',)
58          plt.plot(PAINT_POINTS[0], 2 * np.power(PAINT_POINTS[0], 3) + 1, color='y', lw=2,
            linestyle='dashed',label='上界')
59          plt.plot(PAINT_POINTS[0], 1 * np.power(PAINT_POINTS[0], 3) + 0, color='g', lw=2,
            linestyle='-',label='下界')
60          plt.text(-.5, 2.3, 'D Accuracy=%.2f( D 的收敛值为0.5)' % pa0.mean(), fontdict={'
            size': 12})
61          plt.text(-.5, 2, 'D Score= %.2f( G 的收敛值为-1.38)' % -Dl, fontdict={'size': 12})
62          plt.ylim((0, 3)); plt.legend(loc='upper right', fontsize=12); plt.draw(); plt.
            pause(0.01)
63  plt.show()
```

图 1.34 给出了迭代数分别为 50 次、500 次和 5000 次的模型训练生成数据效果图。

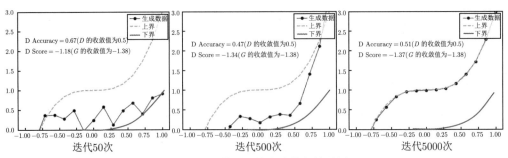

图   1.34   模型训练生成数据效果图

1.6　习　　题

1. Weibull 分布 $W(\alpha,\beta)$ 的概率密度函数为

$$f(x)=\frac{\alpha}{\beta}x^{\alpha-1}\exp\left(-\frac{x^\alpha}{\beta}\right), x>0, \alpha>0, \beta>0$$

其分布函数 $F(x)=1-\exp\left(-\dfrac{x^\alpha}{\beta}\right)$ $(x>0)$，试用逆变换法产生随机数。

2. 某均匀分布的概率密度函数为

$$f(x)=\begin{cases} \dfrac{1}{b-a}, a\leqslant x\leqslant b \\ 0,其他 \end{cases}$$

其中，$a=2, b=5$。用逆变换法生成符合该分布的随机数（包括相关的步骤、公式和结果）。

3. 柯西 (Cauchy) 分布的概率密度函数为

$$f(x)=\frac{1}{\pi(1+x^2)}, -\infty<x<+\infty$$

分布函数 $F(x)=\dfrac{1}{\pi}\arctan x+\dfrac{1}{2}$，试用逆变换法产生随机数。

4. （次序统计量的分布）设 $X_1,X_2,\cdots,X_n$ 是来自 $F(x)$ 的一组样本，令 $Y=\min(X_1, X_2,\cdots,X_n)$，试用逆变换法产生 Y 的随机数。

5. 假设容易产生分布函数为 $F_i, i=1,2,\cdots,n$ 的随机变量，如何产生分布函数为 $F(x)=\sum_{i=1}^{n}P_iF_i(x)$ 的随机变量？其中 $P_i\geqslant 0$，且 $\sum_{i=1}^{i}P_i=1$。

6. 参数为 (r,p) 的负二项分布的分布律如下：

$$P_j=\frac{(j-1)!}{(j-r)!(r-1)!}p^r(1-p)^{j-r}, j=r,r+1,\cdots$$

其中 r 为正整数，$0<p<1$。

（1）利用负二项分布与几何分布的关系，给出模拟负二项分布随机数的方法及步骤。

（2）验证 $P_{j+1}=\dfrac{j(1-p)}{j+1-r}P_j$，并利用该递归关系，给出模拟负二项分布随机数的方法及步骤。

7. 写出一个使用接受-拒绝法生成大小为 n、服从 Beta(a,b) 分布的随机样本的函数、生成一个大小为 1000、服从 Beta(3, 2) 分布的随机样本，画出样本的直方图并叠加绘制 Beta(3, 2) 密度曲线。

8. 利用 Python 编程语言实现一个使用某种变换法生成服从参数为 (μ,σ^2) 的对数正态分布的随机变量的函数，生成一个大小为 1000 的随机样本，比较直方图和对数正态密度曲线。

9. 生在一个大小为 1000、服从正态混合分布的随机样本，混合变量的分量分别服从 $N(0,1)$ 和 $N(3,1)$，混合密度为 $p_1, p_2=1-p_1$，对于 $p_1=0.5$，画出叠加了密度曲线的直

方图。对不同的 p_1 值进行重复，并观察混合变量的经验分布是否是双峰的，推测能够生成使混合变量为双峰的 p_1 的值。

10. 现已利用 Box-Muller 算法产生了标准正态分布随机数 0.8082，需要生成模拟随机利率的随机数 $Y=\sqrt{X}$ 服从参数为 $\mu=5,\sigma^2=4$ 的对数正态分布，则得到的随机数为多少？

11. 设随机变量 X 的概率密度函数为 $f(x)$，且 $f(x)=af_1(x)+(1-a)f_2(x),a\in(0,1)$，其中，

$$f_1(x)=\frac{1}{\sqrt{2\pi}\sigma_1}\exp\left[-\frac{(x-\mu_1)^2}{2\sigma_1^2}\right]$$
$$f_2(x)=\frac{1}{\sqrt{2\pi}\sigma_2}\exp\left[-\frac{(x-\mu_2)^2}{2\sigma_2^2}\right]$$

请给利用组合法产生 X 的随机数的方法及步骤。

12. 设随机变量 X 的分布函数为 $G(x)$，密度函数为 $g(x)$，对于 $a<b$，令

$$F(x)=\frac{G(x)-G(a)}{G(b)-G(a)},a\leqslant x\leqslant b$$

（1）$F(x)$ 是一个分布函数，其对应的分布是 X 在什么条件下的条件分布？

（2）证明可以用如下方法生成 $F(x)$ 的随机数：反复生成 $X\sim G(x)$，直到 $X\in(a,b)$，输出 X 的值为 $F(x)$ 的随机数。

13. 设马尔可夫链 $\{X_n,n\geqslant 0\}$ 的状态空间 $I=\{1,2,3\}$，初始分布为 $P(0)=(1/4,1/2,1/4)$，转移概率矩阵为

$$\boldsymbol{P}=\begin{bmatrix}\frac{1}{4}&\frac{3}{4}&0\\\frac{1}{3}&\frac{1}{3}&\frac{1}{3}\\0&\frac{1}{4}&\frac{3}{4}\end{bmatrix}$$

（1）计算 $P\{X_0=1,X_1=2,X_2=2\}$；

（2）证明 $P\{X_1=2,X_2=2|X_0=1\}=p_{12}p_{22}$；

（3）计算 $p_{12}(2)=p\{X_2=2|X_0=1\}$；

（3）计算 $p_2(2)=p\{X_2=2\}$。

14. 设齐次马尔可夫链的一步转移概率矩阵为

$$\begin{bmatrix}q&p&0\\q&0&p\\0&q&p\end{bmatrix},q=1-p,0<p<1$$

试证明此链具有遍历性，并求其平稳分布。

15. 证明：若齐次马尔可夫链具有遍历性，则其 n 步转移概率矩阵（n 趋近于无穷大）每列中的元素都相同。

16. 证明：当具有遍历性的齐次马尔可夫链处于平稳状态时，经过一次转移后仍处于平稳状态。

17. 证明：若 $\{x_1, x_2, \cdots, x_N\}$ 是一个在有限状态空间上的不可约且非周期的马尔可夫链，其平稳分布为 π。设 $\xi: \Omega \to R$ 为任意映射，则

$$\lim_{N \to \infty} \frac{1}{N} \sum_{i=1}^{N} \xi(x_i) = E_\pi(\xi)$$

其中 E_π 指相对于分布 π 的期望。

18. 设某银行仅有一个柜员，并简单假设银行不休息。顾客到来间隔的时间服从独立的指数分布 $\mathrm{Exp}(\lambda)$（$1/\lambda$ 为间隔时间的期望值），如果柜员正在为先前的顾客服务，则新到的顾客就排队等候，柜员为顾客服务的时间服从均值为 $1/\mu$ 的指数分布，设 X_t 表示 t 时刻在银行内的顾客数，试用泊松过程仿真方法仿真估计平均滞留时间 ER。

19. 利用 Python 编程语言实现上题中的算法。考虑如下变化情形：

（1）银行 8: 00 开门，17: 00 关门，关门后不再允许顾客进入，但已进入的顾客会服务完；

（2）顾客到来服从非齐次的泊松分布，其速率函数 $\lambda(t)$ 为阶梯函数；

（3）如果顾客到来后发现队太长，则有一定的概率离开；如果顾客等待了太长时间，则有一定的概率离开，求这些离开顾客的平均人数。

20. 设计模拟如下离散事件的算法。设某商场每天开放 L_0 时间，有扒手在该商场出没，扒手的出现服从强度为 λ_1 的齐次泊松过程，作案 X 时间后离开，设 X 服从对数正态分布，即 $\ln X \sim N(\mu_2, \sigma_2^2)$。设有一个警察每隔 L_1 时间在商场巡逻 Y 时间，Y 服从 $\mathrm{Exp}(\lambda_2)$ 分布，只要扒手和警察同时出现在商场内，扒手就会被抓获，模拟估计一天内扒手被抓获的概率。

21. 设 $\{B(t), t \geqslant 0\}$ 是标准的布朗运动，试求 $B(t)$ 与 $\int_0^1 B(u)\mathrm{d}u$ 的相关系数，其中，$0 \leqslant t \leqslant 1$。

22. 已知 $\{B(t), t \geqslant 0\}$ 是初值为零的标准布朗运动，令 $\xi(t) = \sqrt{a}B(t) + b, \eta(t) = B(at) + b$，其中常数 $a > 0, b > 0, t \geqslant 0$。试分析两个随机过程的前二阶矩是否相同？两个过程是否同分布？说明理由。

23. 假设玩家 A 和 B 各以 10 元开始赌局，每次掷硬币赌 1 元，当有一方输光赌资时赌局结束。S_n 代表玩家 A 在 n 时刻拥有的赌资，那么 $\{S_n, n \geqslant 0\}$ 是一个具有吸收壁 0 和 20 的对称随机游动。模拟随机过程 $\{S_n, n \geqslant 0\}$ 并画图比较 S_n 从 0 开始直到被吸收的时间指标。

24. 假设 $\{N_t, t \geqslant 0\}$ 是一个泊松过程，$Y_1, Y_2, \cdots$ 独立同分布且和 $\{N_t, t \geqslant 0\}$ 相互独立，如果随机过程 $\{X_t, t \geqslant 0\}$ 可以表示成随机和 $X_t = \sum_{i=1}^{N(t)} Y_i, t \geqslant 0$ 的形式，那么称其为混合泊松过程。写出一个模拟混合 Poisson(λ)-Gamma 过程的算法（Y 服从 Gamma 分布）。对不同的参数选择估计 X_{10} 的均值和方差，并与理论值进行比较。

25. 一个非齐次泊松过程具有均值函数 $m(t) = t^2 + 2t, t \geqslant 0$。给出该过程的密度函数 $\lambda(t)$。利用 Python 编写程序，以便在区间 $[4,5]$ 上模拟该随机过程。计算 $N(5) - N(4)$ 的

概率分布，并把它和重复模拟过程得到的经验估计进行比较。

26. 简述 GANs 的原理。

27. 写出 GANs 的训练目标函数。

28. 写出 GANs 的训练算法。

29. GANs 模型中判别器的目标是最小化关于 $\theta(D)$ 的以下方程式：

$$J^{(D)}(\theta^{(D)}, \theta^{(G)}) = -\frac{1}{2}E_{\boldsymbol{x} \sim P_{\text{data}}} \log D(\boldsymbol{x}) - \frac{1}{2}E_{\boldsymbol{z}} \log(1 - D(G(\boldsymbol{z}))) \tag{1.100}$$

假设判别器可以在函数空间被优化，$D(\boldsymbol{x})$ 的值对于每个 $\boldsymbol{x}$ 的值是独立的。求解 D 的最优策略？为了获得这个结果需要什么样的假设？

30. 在基于（近似）最大似然估计的 GANs 架构中，GANs 模型的目标函数可设计为 $J^{(G)}$，当假设判别器是最优的情况时满足：$J^{(G)}$ 的期望梯度将与 $D_{\text{KL}}(p_{\text{data}} \| p_{\text{model}})$ 的期望梯度一致。求解这个问题可对 $J^{(G)}$ 采用如下表达形式：

$$J^{(G)} = E_{\boldsymbol{x} \sim P_g} f(\boldsymbol{x}) \tag{1.101}$$

试确定函数 f 的具体形式。

31. GANs 训练时的目标函数为

$$\min_G \max_D V(D, G) = E_{\boldsymbol{x} \sim p_{\text{data}}}[\log D(\boldsymbol{x})] + E_{\boldsymbol{z} \sim p_{\boldsymbol{z}}(\boldsymbol{z})}[\log(1 - D(G(\boldsymbol{z})))]$$

（1）证明：如果生成模型固定不变，则使得目标函数取得最优值的判别模型为

$$D_G^*(\boldsymbol{x}) = \frac{p_{\text{data}}(\boldsymbol{x})}{p_{\text{data}}(\boldsymbol{x}) + p_g(\boldsymbol{x})}$$

（2）证明：当且仅当 $p_g = p_{\text{data}}$ 时，这个目标函数取得最小值，且最小值为 $-\log 4$。

32. GANs 的训练目标函数与 Logistic 回归有何不同？

第 2 章　探索性数据分析

探索性数据分析（Exploratory Data Analysis，EDA）是指对已有的数据（特别是调查或观察得来的原始数据）在尽量少的先验假定条件下进行探索，通过作图、制表、方程拟合、计算特征量等手段探索数据的结构和规律的一种数据分析方法。该方法在 20 世纪 70 年代由美国统计学家 J. K. Tukey 提出。

传统的统计分析方法常常先假设数据符合一种统计模型，然后依据数据样本来估计模型的一些参数及统计量，以此了解数据的特征，但实际中往往有很多数据并不符合假设的统计模型分布，这导致数据分析结果不理想。EDA 则是一种更加贴合实际情况的分析方法，它强调让数据自己"说话"，通过 EDA 可以最真实、最直接地观察到数据的结构及特征，特别是当对数据中的信息没有足够经验，不知道该用何种传统统计方法进行分析时，使用 EDA 就会非常有效。

EDA 出现之后，数据分析过程一般可分为两个阶段：探索阶段和验证阶段。探索阶段侧重于发现数据中包含的模式或模型，验证阶段侧重于评估所发现的模式或模型，很多机器学习算法（分为训练和测试两步）都遵循这种思想。探索性分析技术可以分为基于图像的探索性分析和基于定量方法的探索性分析。EDA 常用来探索在数据分析初期遇到的一些问题：

- 数据的典型值是多少（均值，中位数、分位数等）；
- 典型值的不确定性是什么，数据是否有离群值；
- 一个因子是否有影响，最重要的因素是什么，什么是最好的因子设置；
- 响应变量与一组因子变量相关联的最佳函数是什么，一组数据的良好分布拟合是什么；
- 可以将时间相关数据中的信号与噪声分离吗，可以从多变量数据中提取何种结构等。

一般地，我们需要根据任务来决定采用 EDA 方法来解决哪些问题，哪些问题对任务来说是最重要的，当决定好需要解决哪些问题时，就可以选择合适的 EDA 技术去探索分析这些问题。

2.1　一维探索性数据分析

探索性分析一般表现为直方图、茎叶图、箱线图和正态概率图等。探索性数据分析的基本工具是作图、制表和汇总统计量。一般来说，探索性数据分析是一种系统性分析数据的方法，它展示了随机变量、时间序列数据和变换变量的分布情况，利用散列矩阵图展示变量两两之间的关系，并且得到所有的汇总统计量。即计算数据的均值、最大值、最小值、上下四分位数及确定数据中的异常值。

2.1.1 汇总统计量

汇总统计是用单个数和数据的小集合来捕获数据集特征进行量化的汇总统计过程，从统计学的观点看，这里所提的汇总统计过程就是对统计量的估计过程。

1. 集中趋势的度量

（1）频率：频率可以简单定义为属于一个类别对象的样本数占总样本的比例，这里的类别对象可以是分类模型中不同的类，也可以是一个区间或一个集合。

频率可以帮助查看数据在不同类别对象上的分布情况，众数可以让我们获知数据主要集中在哪个类别对象上，不过要注意的是，可能有多个类别对象上的频率与众数对象上的频率相差不大，此时就要权衡众数的重要性。

（2）均值：均值又称为平均数，是指数据中各观测值的总和除以观测值个数所得的商。为克服离群点对均值的影响，有时使用截断均值。截断均值有一个参数 p，计算截断均值时去除高端 $(p/2)\%$ 和低端 $(p/2)\%$ 的数据，剩下数据的均值即为 p 截断均值。

均值、中位数和百分位数一样，都是用来观察数据值大小分布情况的。

（3）众数：众数（Mode）是一组数据中出现次数最多的数值。有时众数在一组数中有好几个，用 M 表示。

（4）中位数：中位数（Median）是指将数据 $x_1, x_2, \cdots, x_n$ 按大小顺序排列起来，形成一个数列，居于数列中间位置的数据。中位数用 M_e 表示，计算公式为

$$M_e = \begin{cases} x_{\frac{n+1}{2}} & n\ \text{为奇数} \\ x_{\frac{n}{2}} & n\ \text{为偶数} \end{cases} \tag{2.1}$$

（5）四分位数：在有序数据上，分位数是一个重要的统计量，通过分位数可以了解数据的大小分布情况。给定一组数据，p 分位数 $x_{(p)}$ 是这样的数：这组数中有 $p\%$ 的数据小于 $x_{(p)}$。四分位数（Quartile）把所有数值由小到大排列并分成四等份，处于三个分割点位置的数值就是四分位数。$Q_L=$ 下四分位数，即 25% 分位数（$n/4$）；$Q_U=$ 上四分位数，即 75% 分位数（$3n/4$）。

2. 离散趋势的度量

（1）方差：方差（Variance）（样本方差）是各个数据分别与其平均数之差的平方和的平均数，通常用 σ^2 表示，方差的计算公式为

$$\sigma^2 = \frac{1}{N}\sum_{i=1}^{N}(X_i - \bar{X})^2 \tag{2.2}$$

期望和方差计算的 Python 实现算法如下：

```
1  import matplotlib.pyplot as plt
2  import math
3  import numpy as np
4
5  def calc(data):
```

```
6     n=len(data) # 10000个数
7     niu=0.0 # niu表示平均值，即期望
8     niu2=0.0 # niu2表示平方的平均值
9     niu3=0.0 # niu3表示三次方的平均值
10    for a in data:
11        niu += a
12        niu2 += a**2
13        niu3 += a**3
14    niu /= n
15    niu2 /= n
16    niu3 /= n
17    sigma = math.sqrt(niu2 - niu*niu)
18    return [niu,sigma,niu3]
```

（2）标准差：标准差（Standard Deviation）也称均方差（Mean Square Error），计算公式为

$$\sigma = \sqrt{\frac{1}{N}\sum_{i=1}^{N}(X_i - \bar{X})^2} \tag{2.3}$$

（3）变异系数：变异系数（Coefficient of Variance，CV）又称离散系数，即标准差与均值的比值：

$$CV = \frac{\sigma}{\bar{X}} \tag{2.4}$$

变异系数越小，数据的离散程度就越小；反之，亦然。

（4）四分位差：四分位差（Quartile Deviation）也称内距或四分间距（Inter-quartile Range，IQR），是上四分位数（Q_U，即位于 75%）与下四分位数（Q_L，即位于 25%）的差，即

$$IQR = Q_U - Q_L \tag{2.5}$$

四分位差 IQR 将极端的前 1/4 和后 1/4 的数据去除，而利用 3/4 分位数 Q_U 与 1/4 分位数 Q_L 的差距来表示数据的分散情况，因此避免了极端值的影响，但它需要将数据由小到大排列，且没有利用全部数据。

（5）极差：全距（Range）又称极差，用来表示统计资料中的变异量数（Measures of Variation）最大值与最小值之间的差距。它表示数据的最大散布度，但若大部分数值集中在较窄的范围内，极差反而会引起误解，此时需要结合方差来认识数据。

极差和方差对离群点非常敏感，因此有时除四分位差（IQR）外，也使用绝对平均偏差（Absolute Average Deviation，AAD）和中位数绝对偏差（Median Absolute Deviation，MAD），分别定义为

$$AAD = \frac{1}{m}\sum_{i=1}^{m}|x_i - \bar{x}| \tag{2.6}$$

$$MAD = \text{median}\{|x_1 - \bar{x}|, |x_2 - \bar{x}|, \cdots, |x_m - \bar{x}|\} \tag{2.7}$$

3. 偏度与峰度的度量

1）峰度

峰度（Peakedness；Kurtosis）又称峰态系数，是表征概率密度分布曲线在平均值处峰值高低的特征数。直观地看，峰度反映了峰部的尖度。随机变量的峰度为随机变量的四阶中心矩与方差平方的比值，即

$$\text{Kurt}(X) = E\left[\left(\frac{X-\mu}{\sigma}\right)^4\right] = \frac{E[(X-\mu)^4]}{\{E[(X-\mu)^2]\}^2} \tag{2.8}$$

峰度是用于描述数据分布高度的指标，正态分布的峰度为 3。如果数据的峰度大于 3，则该数据的分布就会比正态分布高耸且狭窄，此时数据比正态分布集中于平均数附近；反之，若峰度小于 3，数据的分布就比正态分布平坦且宽阔，此时数据比正态分布分散，如图 2.1 所示。

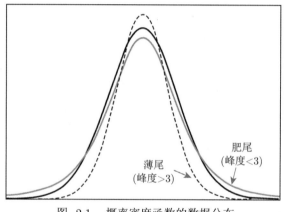

图　2.1　概率密度函数的数据分布

2）偏度

偏度（Skewness），是统计数据分布偏斜方向和程度的度量，是统计数据分布非对称程度的数字特征。定义上偏度是样本的三阶标准化矩，即

$$\text{Skew}(X) = E\left[\left(\frac{X-\mu}{\sigma}\right)^3\right] = \frac{k_3}{\sigma^3} = \frac{k_3}{k_2^{3/2}} \tag{2.9}$$

偏度是用于描述数据分布左右对称性的指标，正态分布的偏度等于 0。如果数据的直方图向右延伸，即大部分的数据集中于左边，则偏度大于 0，称为正偏态或右偏态。如果数据的直方图向左延伸，即大部分的数据集中于右边，则偏度小于 0，称为负偏态或左偏态。注意，数据分布的左偏态或右偏态，指的是数值拖尾的方向，而不是峰的位置。图 2.2 给出这三种情形。

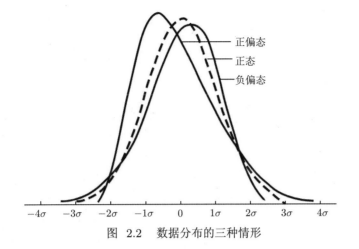

图 2.2 数据分布的三种情形

偏度和峰度的 Python 实现算法如下:

```
1  def calc_stat(data):
2      [niu, sigma, niu3]=calc(data)
3      n=len(data)
4      niu4=0.0 # niu4计算峰度计算公式的分子
5      for a in data:
6          a -= niu
7          niu4 += a**4
8          niu4 /= n
9      skew =(niu3 -3*niu*sigma**2-niu**3)/(sigma**3) # 偏度计算公式
10     kurt=niu4/(sigma**4) # 峰度计算公式:下方为方差的平方即为标准差的四次方
11     return [niu, sigma,skew,kurt]
```

2.1.2 直方图

直方图可以理解为由一系列高度不等的纵向条柱来表示数据分布特征的统计报告图,是对原始数据进行压缩的结果,其生成步骤如下:

算法 2.1 直方图生成算法

(1) 找出原始数据集的最大值和最小值;

(2) 根据最大值和最小值将原始数据大致划分成若干组;

(3) 确定各组的代表值,称为组值;

(4) 确定每组值的数据个数,称为频数;

(5) 计算每组频数的累计值,称为累计频数;

(6) 在横轴上等间距放置组值;

(7) 在纵轴上做出柱状图,高度为该组值对应分组的频数。

直方图的 Python 实现算法如下:

```
1  import numpy as np
2  import random
```

```
3   import matplotlib.pyplot as plt
4
5   datas = []
6   for i in range(0, 200):
7       datas.append(int(random.uniform(40, 300)))
8   max = max(datas)
9   min = min(datas)
10
11  plt.hist(datas, bins=40, label="Histogram")
12  plt.legend()
13  plt.show()
```

图 2.3 为直方图的一个示例，通过直方图可以直观地看出数据的分布情况。

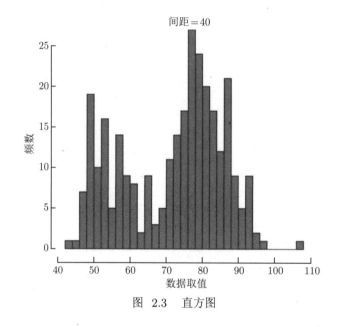

图 2.3   直方图

2.1.3 茎叶图

茎叶图（Stem-and-Leaf Display）又称"枝叶图"，由统计学家约翰托奇（Arthur Bowley）设计。它的思路是将数组中的数按位数进行比较，将数的大小基本不变或变化不大的位作为一个主干（茎），将变化大的位的数作为分枝（叶），列在主干的后面，这样就可以清楚地看到每个主干后面的几个数，每个数具体是多少。

茎叶图是一个与直方图类似的特殊工具，但又与直方图不同，茎叶图保留原始资料的信息，直方图则失去原始资料的信息。将茎叶图茎和叶逆时针方向旋转 90°，实际上就是一个直方图，可以从中统计出次数，计算出各数据段的频率或百分比。从而可以看出分布是否与正态分布或单峰偏态分布逼近。

举例： 下面有 30 个数据：

89, 79, 57, 46, 1, 24, 71, 5, 6, 9, 10, 15, 16, 19, 22, 31, 40, 41, 52, 55, 60, 61, 65, 69, 70, 75, 85, 91, 92, 94。

茎叶图的 Python 实现算法如下:

```
from itertools import groupby
data = '89 79 57 46 1 24 71 5 6 9 10 15 16 19 22 31 40 41 52 55 60 61 65 69 70 75 85 91
    92 94'

for k, g in groupby(sorted(data.split()), key=lambda x: int(x) // 10):
    lst = map(str, [int(_) % 10 for _ in list(g)])
    print (k, '|', ' '.join(lst))
```

画出的茎叶图如图 2.4 所示。

茎	叶			
0	1	5	6	9
1	0	5	6	9
2	2	4		
3	1			
4	0	1	6	
5	2	5	7	
6	0	1	5	9
7	0	1	5	9
8	5	9		
9	1	2	4	

图 2.4 茎叶图

在图 2.4 中,如第二行的数字为 1 | 0 5 6 9 代表数据集中有 10, 15, 16, 19 四个数,可以这样理解茎 + 叶 = 实际的数值,如 1 | 0 5 6 9 中茎值为 1,叶值为 0, 5, 6, 9 共四个叶值,其真实数值计算方式为茎值连接叶值。茎值 1 和叶值 0 连接起来就是 10。一个茎可以有很多叶也可以不出现叶。

茎叶图的特征如下。

(1)用茎叶图表示数据,从统计图上没有原始数据信息的损失,所有数据信息都可以从茎叶图中得到;茎叶图中的数据可以随时记录、添加,方便记录与表示。

(2)茎叶图只便于表示最多三位有效数字的数据,对位数多的数据不太容易操作;茎叶图只方便记录两组数据,两组以上的数据虽然能够记录,但没有那么直观和清晰。

(3)茎叶图能让重复出现的数据重复记录,不遗漏。

2.1.4　箱线图

箱线图（Boxplot）也称箱须图（Box-whisker Plot）、箱形图、盒图（见图 2.5），是利用数据中的五个统计量：最小值、上四分位数、中位数、下四分位数与最大值来描述数据的一种方法，不仅能够分析不同类别数据各层次水平的差异，还能揭示数据间离散程度、异常值、分布差异等。特别是可以用于对几个样本的比较。在箱线图中，箱子的中间有一条线，代表了数据的中位数。箱子的上下底，分别是数据的上四分位数（Q_U）和下四分位数（Q_L），这意味着箱体包含了 50% 的数据。因此，箱子的高度在一定程度上反映了数据的波动程度。上下边缘则代表了该组数据的最大值和最小值。有时箱子外部会有一些点，可以理解为数据中的"异常值"。

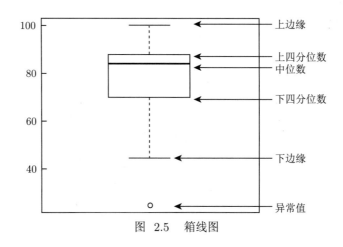

图 2.5　箱线图

1. 箱线图的绘制

箱线图绘制算法如下：

算法 2.2 箱线图生成算法

（1）　画数轴。

（2）　画矩形盒两端边的位置分别对应数据的上下四分位数矩形盒：端边的位置分别对应数据的上下四分位数（Q_U 和 Q_L）。在矩形盒内部中位数位置画一条线段，作为中位线。

（3）　在 $Q_U + 1.5\text{IQR}$（四分位距 $\text{IQR} = Q_U - Q_L$）和 $Q_L - 1.5\text{IQR}$ 处画两条与中位线一样的线段，这两条线段为异常值截断点，称其为内限；在 $Q_U + 3\text{IQR}$ 和 $Q_L - 3\text{IQR}$ 处画两条线段，称为外限。处于内限以外位置的点表示的数据都是异常值，其中在内限与外限之间的异常值为温和的异常值（Mild Outliers），在外限以外的为极端异常值。

（4）　从矩形盒两端边向外各画一条线段直到不是异常值的最远点，表示该批数据正常值的分布区间。

（5）　用"○"标出温和的异常值，用"∗"标出极端的异常值。

箱线图的 Python 实现算法如下：

```
1   import numpy as np
2   import matplotlib.pyplot as plt
3   import math
4
5   lambd = 0.5
6   datas = np.random.RandomState(52)
7   datasA = datas.randn(100)
8
9   x = np.arange(0, 15, 0.1)
10  datasB = lambd * np.exp(-lambd * x)
11  plt.boxplot(datasA)
12  plt.xlabel("Normal")
13  plt.ylabel("Box")
14  plt.legend()
15  plt.show()
16  plt.boxplot(datasB)
17  plt.xlabel("Exponent")
18  plt.ylabel("Box")
19  plt.legend()
20  plt.show()
```

正态分布与指数分布的箱线图比较如图 2.6 所示。

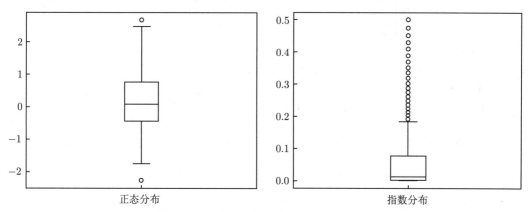

图 2.6 正态分布与指数分布的箱线图比较

2. 箱线图的主要作用

箱线图包含的元素虽然有点复杂，但它拥有许多独特的功能。

（1）可以直观明了地识别数据集中的异常值。

箱线图可以用来观察数据整体的分布情况，利用中位数、25% 分位数、75% 分位数、上边界、下边界等统计量来描述数据的整体分布情况。通过计算这些统计量，生成一个箱体图，箱体包含了大部分的正常数据，而在箱体上边界和下边界之外的就是异常数据。

（2）判断数据的偏态和尾重。

对于标准正态分布的大样本，中位数位于上下四分位数的中央，箱线图的方盒关于中位线对称。中位数越偏离上下四分位数的中心位置，分布偏态性越强。异常值集中在较大值一侧，则分布呈现右偏态；异常值集中在较小值一侧，则分布呈现左偏态。

（3）比较多批数据的散布度。

箱体的上下限，分别是数据的上四分位数和下四分位数。这意味着箱体包含了 50% 的数据。因此，箱体的宽度在一定程度上反映了数据的波动程度。箱体越扁说明数据越集中，端线（须）越短也说明数据越集中。

2.1.5　正态概率图

尽管做直方图能马上知道数据的分布，但它却不是判断这些数据是否来自同一特定分布的好办法。由于人眼不能很好地判别曲线，其他的分布也可能形成相似的形状，而且用服从正态分布的少量数据集制成的直方图可能看起来不是正态的。因此，正态概率图是判断数据分布的较好方法。

正态概率图用于检查一组数据是否服从正态分布，是实数与正态分布数据之间函数的散点图，如果这组实数服从正态分布，生成的点会很好依附在 $y = x$ 的直线上，如图 2.7 所示。通常，概率图也可用于确定一组数据是否服从任一已知分布，如二项分布或泊松分布等。

适用场合：①所采用的工具或方法需要使用正态分布的数据时；②当有 50 个或更多的数据点，为了获得更好的结果时。

正态概率图生成方法如下：

算法 2.3 正态概率图绘制算法

（1）将数据从小到大排列，并从 $1 \sim n$ 标号，为 $x_1, x_2, \cdots, x_j, \cdots, x_n$。

（2）求出样本观测值的标准正态分位数 z_i，使得 z_i 满足

$$1 - \alpha = (j - 0.5)/n = P(Z \leqslant z_i) = \Phi(z_i)$$

例如，如果 $(j - 0.5)/n = 0.95$，即 $\Phi(z_i) = 0.95$，也就意味着 $z_i = 1.645$。$F(z_\alpha) = 1 - \alpha$，上侧分位数 $P\{U \geqslant z_\alpha\} = \alpha$。

（3）将 z_i 作为纵轴，x_j 作为横轴，绘图得到标准正态概率图。即排序后的第 j 个数据 x_j 对应 z_i，这里 j 和 i 取不同值是为了说明数据不一定完全符合正态分布，z_i 中的 i 表示 z 的序列中第 i 个对应 x_j。

（4）最后画一条拟合大多数点的直线。如果数据严格意义上服从正态分布，点将形成一条直线。将点形成的图形与画的直线相比较，判断数据拟合正态分布的好坏。$1 - \alpha$ 的分子减 0.5 是为了保证所有的 α 值处在 $(0, 1)$ 区间，两个数相差 1，所以取 0.5 这个中间值，覆盖所有 $n + 1$ 个数的中间位置。

正态概率图的 Python 实现算法如下：

```
import numpy as np
import matplotlib.pyplot as plt
import math
plt.rcParams['font.family']='STSong'

```

```
6   datas = np.random.seed(80)
7   datas = np.random.normal(3, 5, 100)
8   datas.sort()
9   y = []
10  for i in range(0, datas.shape[0]):
11      z = (i+1-0.5)/datas.shape[0] * 100
12      y.append(np.percentile(datas, z))
13  plt.scatter(datas, y)
14
15  u = 3
16  sig = math.sqrt(5)
17  x = np.linspace(u - 5 * sig, u + 5 * sig, 100)
18  y_sig = np.exp(-(x - u)**2 / (2 * sig**2)) / (math.sqrt(2 * math.pi) * sig)
19  y = []
20  for i in range(0, len(y_sig)):
21      z = (i+1-0.5)/len(y_sig) * 100
22      y.append(np.percentile(x, z))
23  plt.title('概率图')
24  plt.ylabel('理论分位数')
25  plt.xlabel('次序值')
26  plt.plot(x, y,'g-', linewidth=0.5)
27  plt.show()
```

正态概率图运行结果如图 2.7 所示。

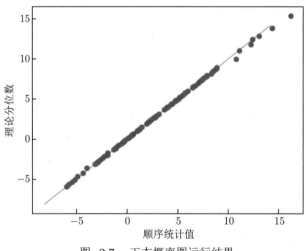

图 2.7 正态概率图运行结果

正态概率图展示的是样本的累积概率分布与理论正态分布的累积概率分布之间的关系。如果图中各点为直线或接近直线，则样本的正态分布假设可以接受。图 2.8 给出了正态概率图中的常见情形。

短尾分布：如果尾部比正常的分布短，则点所形成的图形左边朝直线上方弯曲，右边朝直线下方弯曲——如果倾斜向右看，图形呈现 S 形，表明数据比标准正态分布更加集中靠近均值。

　　长尾分布：如果尾部比正常长，则点所形成的图形左边朝直线下方弯曲，右边朝直线上方弯曲——如果倾斜向右看，图形呈现倒 S 形，表明数据比标准正态分布有更多偏离的数据。

　　右偏态分布：右偏态分布左边尾部短，右边尾部长。因此，点所形成的图形与直线相比向上弯曲，或者说呈 U 形。把正态分布左边截去，也会是这种形状。

　　左偏态分布：左偏态分布左边尾部长，右边尾部短。因此，点所形成的图形与直线相比向下弯曲。把正态分布右边截去，也会是这种形状。

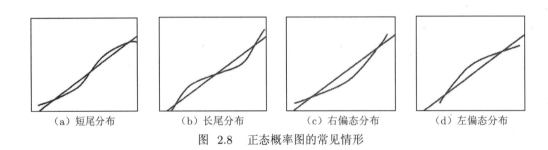

(a) 短尾分布　　　　　(b) 长尾分布　　　　　(c) 右偏态分布　　　　　(d) 左偏态分布

图 2.8　正态概率图的常见情形

2.1.6　Q-Q 图

　　Q-Q 图是一种散点图，通过把测试样本数据的分位数与已知分布相比较，来检验数据的分布情况。

1. 正态 Q-Q 图

　　正态分布的 Q-Q 图，就是以标准正态分布的分位数为横坐标，将 $(x - \bar{x})/s$ 作为纵坐标，正态分布得到的散点图是直线，即 $y = x$。要利用 Q-Q 图鉴别样本数据是否近似于正态分布，只需看 Q-Q 图上的点是否近似地在一条直线附近，若图形是直线说明是正态分布，且该直线的斜率为标准差，截距为均值，用 Q-Q 图还可获得样本偏度和峰度的粗略信息。

　　如果样本是正态分布的，$f(x)$ 即一个正态分布的概率密度函数。根据正态分布的特性，又可以推导出其对应的标准正态分布的概率密度函数，即

$$y = f[(x - \bar{x})/s] \tag{2.10}$$

其中，$\bar{x} = \dfrac{1}{n}\sum\limits_{i=1}^{n} x_i$ 为样本均值；s 为样本标准差，满足 $s^2 = \dfrac{1}{n-1}\sum\limits_{i=1}^{n}(x_i - \bar{x})^2$。

　　设标准正态分布的概率密度函数为 $y = f(n)$，由于 y 与 n 一一对应，则有

$$(x - \bar{x})/s = n \tag{2.11}$$

即，$x = n * s + \bar{x}$ 是一条斜率为样本标准差，截距为 $\bar{x}$ 的直线，即在 Q-Q 图中代表着正态分布的直线。

算法 2.4 正态 Q-Q 图绘制算法

（1） 首先，数据值经过排序；

（2） 累积分布值按照 $(i - 0.5)/n$ 计算，其中字母 i 表示总数为 n 的值中的第 i 个值（累积分布值给出了某个特定值以下的值所占的数据比例）；

（3） 通过比较方式绘制有序数据和累积分布值得到累积分布图（见图 2.9 中左上角的图）；

（4） 标准正态分布（均值为 0 标准方差为 1 的高斯分布，见图 2.9 中右上角的图）的绘制过程与此相同；

（5） 生成这两个累积分布图后，对与指定分位数相对应的数据值进行配对并绘制在 Q-Q 图中（见图 2.9 中的下图）。

正态 Q-Q 图绘制过程如图 2.9 所示。

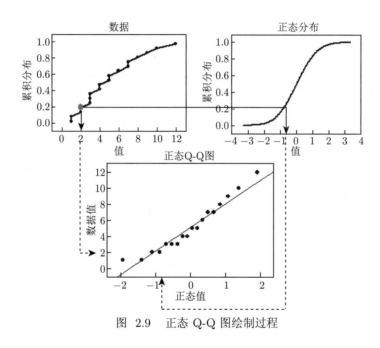

图 2.9 正态 Q-Q 图绘制过程

正态 Q-Q 图的 Python 实现算法如下：

```
1   #Q-Q图
2
3   import matplotlib.pyplot as plt
4   from scipy import stats
5   import numpy as np
6   import pandas as pd
7
8   #测试数据的累积分布图(使用UCI机器学习数据库中的churn数据集)
9   churn_raw_data = pd.read_csv('churn.txt')
10  day_minute = churn_raw_data['Day Mins']
11  sorted_ = np.sort(day_minute)
12  yvals = np.arange(len(sorted_)/float(len(sorted_)))
```

```
13  plt.plot(sorted_, yvals)
14
15  #标准正态分布的累积分布图
16  x=np.arange(-5,5,0.1)
17  y=stats.norm.cdf(x,0,1)
18  plt.plot(x,y)
19
20  #二者构建Q-Q图
21  x_label=stats.norm.ppf(yvals)
22  plt.scatter(x_label,sorted_)
23  stats.probplot(day_minute,dist="norm",plot=plt)
24  plt.show()
```

2. 普通 Q-Q 图构建

Q-Q 图通过把测试样本数据的分位数与已知分布进行比较，来检验数据的分布情况。Q-Q 图是一种散点图，对应正态分布的 Q-Q 图就是以标准正态分布的分位数为横坐标，样本值为纵坐标的散点图。普通 Q-Q 图用于评估两个数据集分布的相似程度。这些图的创建和所述的正态 Q-Q 图的过程类似，不同之处在于第二个数据集不一定要服从正态分布，使用任何数据集均可。普通 Q-Q 图绘制过程如图 2.10 所示。如果两个数据集具有相同的分布，普通 Q-Q 图中的点将落在 45° 直线上。

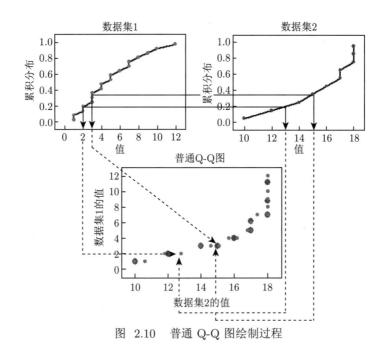

图　2.10　普通 Q-Q 图绘制过程

要利用 Q-Q 图鉴别样本数据是否近似于正态分布，只需看 Q-Q 图上的点是否近似地在一条直线附近，图形是直线说明是正态分布，而且该直线的斜率为标准差，截距为均值，用 Q-Q 图还可获得样本偏度和峰度的粗略信息。图形中有一段是直线，在两端存在弧度，则可说明峰度的情况。图形是曲线，说明不对称。如果 Q-Q 图是直线，当该直线成 45° 角并穿过原点时，说明分布与给定的正态分布完全一样；如果是成 45° 角但不穿过原点，说明均值与给定的正态分布不同；如果是直线但不成 45° 角，说明均值与方差都与给定的分布不同。如果 Q-Q 图中间部分是直线，右边在直线下面，左边在直线上面，说明分布的峰度大于 3，反之说明峰度小于 3。

3. Q-Q 图的应用

（1）若检验一组数据是否来自某个分布函数 $F(x)$，Q-Q 图的纵坐标为排好序的实际数据 [次序统计量：$x(1) < x(2) < \cdots < x(n)$]，可以称之为经验分位点。横坐标为这些数据的理论分位点，先算出各个排好序的数据对应的百分比 $p(i)$，即第 i 个数据 $x(i)$ 为 $p(i)$ 分位数，其中 $p(i) = (i - 0.5)/n$。这里 $p(i)$ 有很多种算法，有的定义为 $i/(n+1)$，则 $x(i)$ 对应的理论分位点为 $F^{-1}(p(i)) = F^{-1}[(i - 0.5)/n]$，这就是横坐标的值。

为什么不把 $p(i)$ 定义为 i/n 呢？若这样定义，则最大的那个数对应的 $p(n) = 1$，这样很多分布函数的 $F^{-1} = -\infty$，就无法在坐标上表示出来，所以稍做修改。Q-Q 图的横纵坐标定义好后，就可在图上做出散点图来，再在图上添加一条直线，这条直线就是用作参考的，看散点是否落在这条线的附近。直线由四分之一分位点和四分之三分位点确定，四分之一分位点的坐标中横坐标为实际数据的四分之一分位点 [quantile(data,0.25)]，纵坐标为理论分布的四分之一分位点 [$q_F(0.25)$]，四分之三分位点与之类似，这两点就确定了 Q-Q 图中的直线。

（2）若检验两组数据是否来自同一个分布函数 $F(x)$，则直接将两组数据各自的理论分位点当作横纵坐标，然后看是否在一条直线的附近。此种方法对于两组数据数量不一致的情况，需要用插值法，将数据少的那组数据通过插值的方法补齐。或者将两个 Q-Q 图放在一起，将两组数据用不同的颜色标识，看两组数据是否离得很近。

2.2 多维探索性数据分析

2.2.1 多属性统计量

1. 协方差

多个属性数据间常用的统计量有协方差、相关系数。设属性 X、属性 Y 均有多个数据，X_i 和 Y_i 分别为属性 X、属性 Y 的第 i 个数值，μ_x 和 μ_y 分别为属性 X、属性 Y 的均值，则属性 X 和属性 Y 的协方差定义为

$$\text{Cov} = E[(X - \mu_x)(Y - \mu_y)] \tag{2.12}$$

协方差越接近于 0，越表明两个属性值间不具有（线性）关系，但协方差越大并不表示两个属性值越相关，因为协方差的定义中没有考虑属性值本身大小的影响。

如果两个变量的变化趋势一致，其中一个大于自身的期望值时另外一个也大于自身的期望值，则两个变量之间的协方差就是正值；如果两个变量的变化趋势相反，即其中一个

变量大于自身的期望值时另外一个却小于自身的期望值，则两个变量之间的协方差就是负值。

若两个变量是同向变化的，这时协方差就是正的；若两个变量是反向变化的，协方差就是负的；从数值来看，协方差的数值越大，两个变量同向程度也就越大。反之亦然。

2. 相关系数

相关系数是反映变量之间相关关系密切程度的统计指标。相关系数也可以看成协方差：一种剔除了两个变量量纲影响、标准化后的特殊协方差，消除了两个变量变化幅度的影响，而只是单纯地反映两个变量之间的相似程度，定义

$$\rho_{xy} = \frac{\mathrm{COV}(X,Y)}{\sqrt{D(X)}\sqrt{D(Y)}} = \frac{\sigma_{xy}}{\sigma_x \sigma_y} \tag{2.13}$$

ρ_{xy} 为变量 X 和 Y 的相关系数，也称 Pearson 相关系数。若相关系数 $\rho_{xy} = 0$，则称 X 与 Y 不相关。相关系数越大，相关性越大，但肯定小于或等于 1.0。相关系数的取值在 $[-1,1]$，-1 表示负相关，即变化方向相反，1 表示正相关，0 则表示不相关。相关系数是序数型的，只能比较相关程度大小（绝对值比较），并不能做四则运算。

3. 相关系数矩阵

相关矩阵也称相关系数矩阵，是由矩阵各列间的相关系数构成的。也就是说，相关矩阵第 i 行第 j 列的元素是原矩阵第 i 列和第 j 列的相关系数。

设 $(X_1, X_2, X_3, \cdots, X_n)$ 是一个 n 维随机变量，任意 X_i 与 X_j 的相关系数 $\rho_{ij}(i,j = 1,2,\cdots,n)$ 存在，则以 ρ_{ij} 为元素的 n 阶矩阵称为该维随机向量的相关矩阵，记作 $\boldsymbol{R}$，即

$$\boldsymbol{R} = \begin{bmatrix} \rho_{11} & \rho_{12} & \cdots & \rho_{1n} \\ \rho_{21} & \rho_{22} & \cdots & \rho_{2n} \\ \vdots & \vdots & & \vdots \\ \rho_{n1} & \rho_{n2} & \cdots & \rho_{nn} \end{bmatrix} \tag{2.14}$$

相关矩阵的 Python 实现算法如下：

```python
import pandas as pd
import seaborn as sns
import matplotlib.pyplot as plt

train=pd.read_csv("d:/train.csv")

def showcov(df):
    dfData=df.corr()
    plt.subplots(figsize=(9,9))#设置画面大小
    sns.heatmap(dfData,annot=True,vmax=1,square=True,cmap="Blues")
    plt.savefig('./corr.png')
    plt.show()

showcov(train)
```

相关矩阵仿真结果如图 2.11 所示。

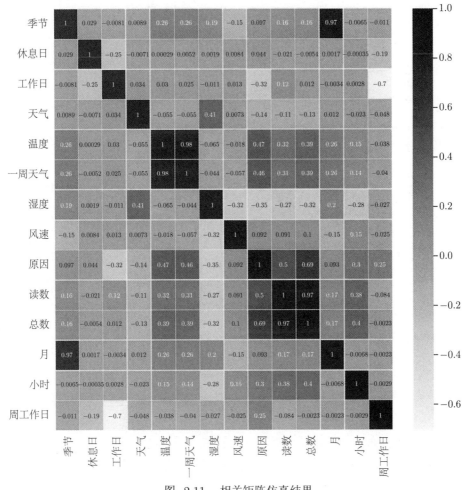

图 2.11 相关矩阵仿真结果

由相关系数矩阵可以很清楚地看到特征值之间的相关关系,对角线上为自相关系数,取值均为 1。

2.2.2 散点图

散点图是指在回归分析中,数据点在直角坐标系平面上的分布图。散点图表示因变量随自变量而变化的大致趋势,据此可以选择合适的函数对数据点进行拟合。用两组数据构成多个坐标点,考察坐标点的分布,判断两变量之间是否存在某种关联。散点图将序列显示为一组点,值由点在图表中的位置表示,类别由图表中的不同标记表示。散点图通常用于比较跨类别的聚合数据。

随机数据散点图的 Python 实现算法如下:

```
1  import numpy as np
2  import matplotlib.pyplot as plt
```

```
3  len = 100 # 数据个数
4  plt.title("散点图")
5  plt.xlabel("X")
6  plt.ylabel("Y")
7
8  # 随机数散点图分布
9  X_rand = np.random.rand(1,len) # 生成len个随机数
10 Y_rand = np.random.rand(1,len)
11 plt.scatter(X_rand, Y_rand)
12 plt.show()
```

随机数据散点图运行结果如图 2.12 所示。

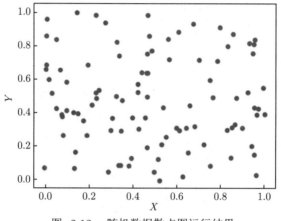

图 2.12　随机数据散点图运行结果

线性相关数据散点图的 Python 实现算法如下：

```
1  import numpy as np
2  import matplotlib.pyplot as plt
3  plt.rcParams['font.family']='STSong'
4
5  len = 100 # 数据个数
6  plt.title("散点图")
7  plt.xlabel("X")
8  plt.ylabel("Y")
9
10 # 线性相关数据
11 X_linear = np.arange(1, 100, 3)
12 Y_linear = 2*X_linear + 1
13 plt.plot(X_linear, Y_linear, color="red")
14 Y_real = Y_linear # 生成扰动数据
15 Y_real[::5] += np.random.randint(-5,10) * 2 +1
16 Y_real[::4] += np.random.randint(-5,10) * 2 +1
17 plt.scatter(X_linear, Y_real, marker='+', c='blue')
18 plt.show()
```

线性相关数据散点图如图 2.13 所示。

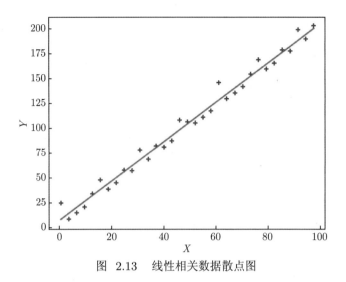

图 2.13 线性相关数据散点图

二次曲线数据散点图的 Python 实现算法如下：

```python
import numpy as np
import matplotlib.pyplot as plt
plt.rcParams['font.family']='STSong'

len = 100 # 数据个数
plt.title("散点图")
plt.xlabel("X")
plt.ylabel("Y")

#   二次曲线数据散点图
X_curve = np.arange(1, 100, 3)
Y_curve = X_curve * X_curve + 2 * X_curve + 3
plt.plot(X_curve, Y_curve, color="red")
Y_curve_real = Y_curve
Y_curve_real[::5] += np.random.randint(-5,5) * 200 + 1
Y_curve_real[::3] += np.random.randint(-5,5) * 200 + 1
plt.scatter(X_curve, Y_curve_real, marker='X', color="blue")
plt.show()
```

二次曲线数据散点图如图 2.14 所示。

指数关系数据散点图的 Python 实现算法如下：

```python
import numpy as np
import matplotlib.pyplot as plt
plt.rcParams['font.family']='STSong'

plt.title("散点图")
plt.xlabel("X")
plt.ylabel("Y")

# 指数关系数据散点图
```

```
10   X_exp = np.arange(1, 6, 0.1)
11   Y_exp= 2 * np.exp(-X_exp+1)
12   plt.plot(X_exp, Y_exp, color="red")
13   Y_exp_real = Y_exp
14   Y_exp_real[::5] += np.random.randint(-1,1) / 10
15   Y_exp_real[::3] += np.random.randint(-1,1) / 10
16   plt.scatter(X_exp, Y_exp_real, marker='X', color="blue")
17   plt.show()
```

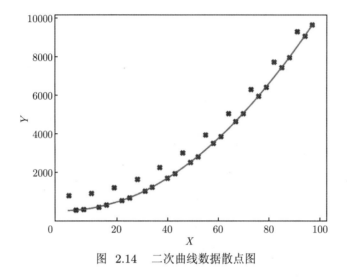

图 2.14　二次曲线数据散点图

指数关系数据散点图如图 2.15 所示。

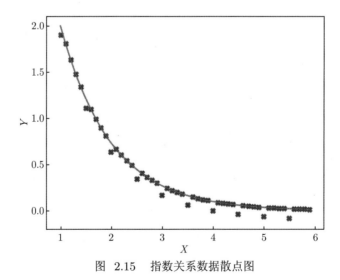

图 2.15　指数关系数据散点图

正弦数据散点图的 Python 实现算法如下：

```
1   import numpy as np
```

```
2   import matplotlib.pyplot as plt
3   plt.rcParams['font.family']='STSong'
4
5   plt.title("散点图")
6   plt.xlabel("X")
7   plt.ylabel("Y")
8
9   #正弦数据散点图
10  X_sin = np.arange(1, 10, 0.1)
11  Y_sin= 2 * np.sin(X_sin)
12  plt.plot(X_sin, Y_sin, color="red")
13  Y_sin_real = Y_sin
14  Y_sin_real[::5] += np.random.randint(-1,1) / 5
15  Y_sin_real[::3] += np.random.randint(-1,1) / 5
16  plt.scatter(X_sin, Y_sin_real, marker='X', color="blue")
17  plt.show()
```

正弦数据散点图如图 2.16 所示。

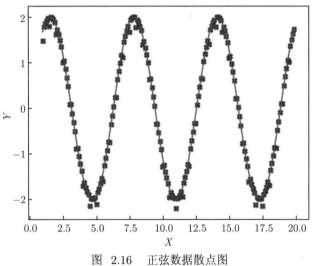

图 2.16   正弦数据散点图

与 X 独立的同方差扰动数据散点图的 Python 实现算法如下：

```
1   import numpy as np
2   import matplotlib.pyplot as plt
3   plt.rcParams['font.family']='STSong'
4
5   plt.title("散点图")
6   plt.xlabel("X")
7   plt.ylabel("Y")
8
9   # 同方差扰动数据散点图
10  X_homo = np.arange(1, 6, 0.1)
11  Y_homo= 2 * (X_homo+1)
12  plt.plot(X_homo, Y_homo, color="red")
13  Y_homo_real = Y_homo
```

```
14   Y_homo_real[::5] += np.random.randint(-1,1)+2
15   Y_homo_real[::3] += np.random.randint(-1,1)
16   plt.scatter(X_homo, Y_homo_real, marker='X', color="blue")
17   plt.show()
```

同方差扰动数据散点图如图 2.17 所示。

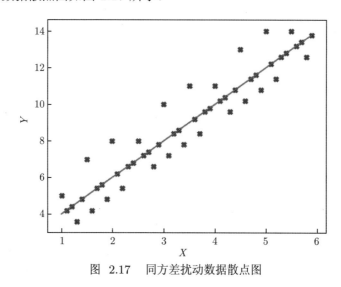

图 2.17   同方差扰动数据散点图

与 X 不独立的异方差扰动数据（随着 X 增大噪声的方差也增大）散点图的 Python 实现算法如下：

```
1    import numpy as np
2    import matplotlib.pyplot as plt
3    plt.rcParams['font.family']='STSong'
4
5    plt.title("散点图")
6    plt.xlabel("X")
7    plt.ylabel("Y")
8
9    # 异方差扰动数据散点图
10   X_hetero = np.arange(1, 6, 0.1)
11   Y_hetero= 2 * (X_hetero+1)
12
13   Y_hetero_real = Y_hetero
14   for i in range(X_hetero.size):
15       Y_hetero_real[i] += np.exp(i/10) / 10
16   Y_hetero_real[:20:6] += np.random.randint(1,5)
17   Y_hetero_real[20::5] += np.random.randint(10,20)
18   Y_hetero_real[:20:3] += np.random.randint(-2,1)
19   Y_hetero_real[20::3] += np.random.randint(-10,-5)
20   plt.scatter(X_hetero, Y_hetero_real, marker='X', color="blue")
21   plt.show()
```

异方差扰动数据散点图如图 2.18 所示。

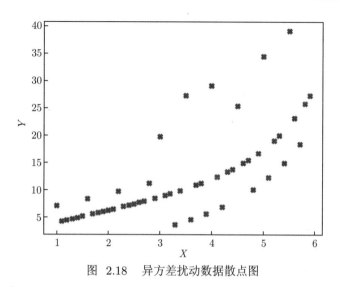

图 2.18 异方差扰动数据散点图

通过散点图，如果发现所分析的数据具有异方差数据，可以通过加权最小二乘法、Box-Cox 变换、对数变换等方法，将异方差变成具有相同方差的数据来解决因异方差带来的问题。

2.2.3 边缘直方图

边缘直方图（Marginal Histogram）是具有沿 X 和 Y 轴变量的直方图，其用于可视化 X 和 Y 之间的关系及单独的 X 和 Y 的单变量分布，经常用于探索性数据分析（EDA）。

边缘直方图的 Python 实现算法如下：

```
import pandas as pd
import matplotlib.pyplot as plt
import warnings; warnings.filterwarnings(action='once')
plt.rcParams['font.family']='STSong'

# 导入数据
df = pd.read_csv("https://raw.githubusercontent.com/selva86/datasets/master/mpg_ggplot2.
    csv")

# 创建图形区域
fig = plt.figure(figsize=(16, 10), dpi= 80)
grid = plt.GridSpec(4, 4, hspace=0.5, wspace=0.2)

# 定义坐标轴
ax_main = fig.add_subplot(grid[:-1, :-1])
ax_right = fig.add_subplot(grid[:-1, -1], xticklabels=[], yticklabels=[])
ax_bottom = fig.add_subplot(grid[-1, 0:-1], xticklabels=[], yticklabels=[])

# 定义散点图
ax_main.scatter('displ', 'hwy', s=df.cty*4, c=df.manufacturer.astype('category').cat.
    codes, alpha=.9, data=df, cmap="tab10", edgecolors='gray', linewidths=.5)

#定义右边的直方图
```

```
22  ax_bottom.hist(df.displ, 40, histtype='stepfilled', orientation='vertical', color='
       deeppink')
23  ax_bottom.invert_yaxis()
24
25  # 定义下边的直方图
26  ax_right.hist(df.hwy, 40, histtype='stepfilled', orientation='horizontal', color='
       deeppink')
27
28  # Decorations
29  ax_main.set(title='边缘箱形图', xlabel='displ', ylabel='hwy')
30  ax_main.title.set_fontsize(20)
31  for item in ([ax_main.xaxis.label, ax_main.yaxis.label] + ax_main.get_xticklabels() +
       ax_main.get_yticklabels()):
32      item.set_fontsize(14)
33
34  xlabels = ax_main.get_xticks().tolist()
35  ax_main.set_xticklabels(xlabels)
36  plt.show()
```

边缘直方图运行结果如图 2.19 所示。

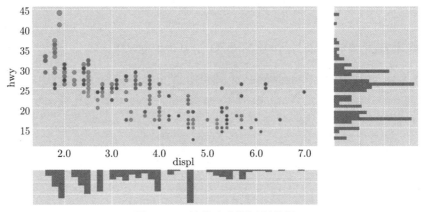

图　2.19　边缘直方图运行结果

2.2.4　边缘箱形图

边缘箱形图（Marginal Boxplot）与边缘直方图具有类似的用途。但箱形图有助于精确定位 X 和 Y 的中位数、第 25 个和第 75 个百分位数。具体的 Python 实现算法如下：

```
1  import numpy as np
2  import pandas as pd
3  import matplotlib as mpl
4  import matplotlib.pyplot as plt
5  import seaborn as sns
6  import warnings; warnings.filterwarnings(action='once')
7
8  # 导入数据
9  df = pd.read_csv("https://raw.githubusercontent.com/selva86/datasets/master/mpg_ggplot2.
       csv")
```

```
10
11   # 创建图形区域
12   fig = plt.figure(figsize=(16, 10), dpi= 80)
13   grid = plt.GridSpec(4, 4, hspace=0.5, wspace=0.2)
14
15   # 定义坐标轴
16   ax_main = fig.add_subplot(grid[:-1, :-1])
17   ax_right = fig.add_subplot(grid[:-1, -1], xticklabels=[], yticklabels=[])
18   ax_bottom = fig.add_subplot(grid[-1, 0:-1], xticklabels=[], yticklabels=[])
19
20   # 定义散点图
21   ax_main.scatter('displ', 'hwy', s=df.cty*5, c=df.manufacturer.astype('category').cat.
         codes, alpha=.9, data=df, cmap="Set1", edgecolors='black', linewidths=.5)
22
23   # 增加箱形图
24   sns.boxplot(df.hwy, ax=ax_right, orient="v")
25   sns.boxplot(df.displ, ax=ax_bottom, orient="h")
26
27   # 图形定义 ------------------
28   # 移除箱形图横坐标标签
29   ax_bottom.set(xlabel='')
30   ax_right.set(ylabel='')
31
32   # 定义标题、横纵坐标
33   ax_main.set(title='边缘箱形图', xlabel='displ', ylabel='hwy')
34
35   # Set font size of different components
36   ax_main.title.set_fontsize(20)
37   for item in ([ax_main.xaxis.label, ax_main.yaxis.label] + ax_main.get_xticklabels() +
         ax_main.get_yticklabels()):
38       item.set_fontsize(14)
39
40   plt.show()
```

边缘箱形图如图 2.20 所示。

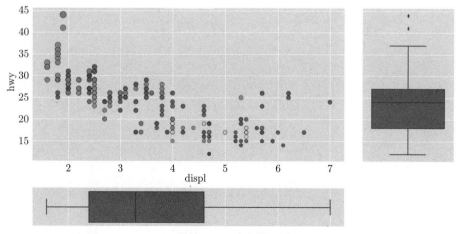

图 2.20 边缘箱形图

2.2.5　成对图

成对图（Pairwise Plot）是探索性分析的最爱，用于理解所有可能的数值变量对之间的关系。它是双变量分析的必备工具。成对图将产生 X 的列之间两两相对的成对散点图阵列（Pairwise Scatterplot Matrix）。也就是说，X 的每一列相对 X 的所有其他列而产生 $n(n-1)$ 个图，且把这些图以阵列个形式显示在图区，这个图形阵列的行列图形尺度一致。

成对图的 Python 实现算法如下：

```
1   import numpy as np
2   import pandas as pd
3   import matplotlib as mpl
4   import matplotlib.pyplot as plt
5   import seaborn as sns
6   import warnings; warnings.filterwarnings(action='once')
7
8   # 导入数据集
9   df = sns.load_dataset('iris')
10
11  # 画图
12  plt.figure(figsize=(10,8), dpi= 80)
13  sns.pairplot(df, kind="reg", hue="species")
14  plt.show()
```

成对图运行结果如图 2.21 所示。

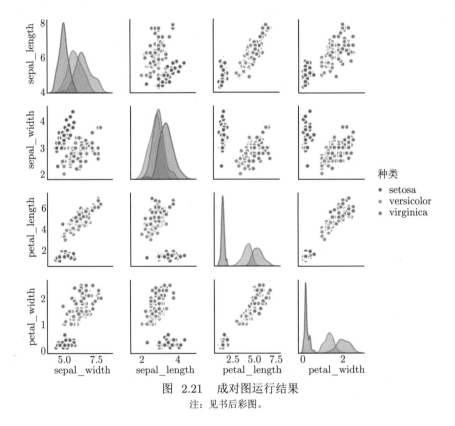

图　2.21　成对图运行结果

注：见书后彩图。

2.2.6 Box-Cox 线性变换图

Box-Cox 线性变换用来消除偏斜和其他分布特征，使得数据能够向正态分布靠拢。这样做是因为大部分模型或检验都需要对变量的分布进行正态性假设，如果变量不满足正态分布，就有可能导致模型不准确，做一个 Box-Cox 变换或许是个不错的选择。

Box 和 Cox 于 1964 年提出了一种基于极大似然法的幂转换模型。Box-Cox 幂分布族是一种十分有用的连续分布族，其转换模型为

$$y^{(\lambda)} = \begin{cases} \dfrac{y^\lambda - 1}{\lambda} & \lambda \neq 0 \\[2mm] \ln y & \lambda = 0 \end{cases} \tag{2.15}$$

这里 λ 是一个待定的变换参数。对不同的 λ，所做的变换自然不同，就是一个变换族，它包括平方根变换 $\lambda = 0.5$，对数变换 $\lambda = 0$ 和倒数变换 $\lambda = -1$ 等常用变换。对因变量的观察值 $y_1, \cdots, y_n$ 应用上述变换，得到

$$y^{(\lambda)} = (y_1^{(\lambda)}, \cdots, y_n^{(\lambda)}) \tag{2.16}$$

通过因变量的变换，使得变换后的 $y^{(\lambda)}$ 与自变量具有线性相关关系。因此，Box-Cox 线性变换是通过参数的适当选择，达到对原来数据的"综合治理"，使其满足一个线性模型条件。

对于 λ 值的选择，可以通过极大似然法来估计。由于 $y^{(\lambda)} \sim N(\boldsymbol{X}\beta, \sigma^2 \boldsymbol{I})$，故对固定的 λ、β 和 σ^2 的似然函数为

$$L(\beta, \sigma^2) = \frac{1}{(\sqrt{2\pi}\sigma)^n} \exp\left\{ -\frac{1}{2\sigma^2} \left(y^{(\lambda)} - \boldsymbol{X}\beta\right)' \left(y^{(\lambda)} - \boldsymbol{X}\beta\right) \right\} J \tag{2.17}$$

其中，J 为变换的 Jacobi 行列式

$$J = \prod_{i=1}^{n} \left| \frac{\mathrm{d}y_i^{(\lambda)}}{\mathrm{d}y_i} \right| = \prod_{i=1}^{n} y_i^{\lambda-1} \tag{2.18}$$

当 λ 固定时，J 是不依赖于参数 β 和 σ^2 的常数因子，$L(\beta, \sigma^2)$ 的其余部分关于 β 和 σ^2 求导数，令其等于 0，可求得 β 和 σ^2 的极大似然估计：

$$\hat{\beta}(\lambda) = (\boldsymbol{X}'\boldsymbol{X})^{-1}\boldsymbol{X}'y^{(\lambda)} \tag{2.19}$$

$$\hat{\sigma}^2 = \frac{1}{n}y^{(\lambda)}[\boldsymbol{I} - \boldsymbol{X}(\boldsymbol{X}'\boldsymbol{X})^{-1}\boldsymbol{X}'y^{(\lambda)}] = \frac{1}{n}Q_{\mathrm{e}}(\lambda, y^{(\lambda)}) \tag{2.20}$$

残差平方和为

$$Q_{\mathrm{e}}(\lambda, y^{(\lambda)}) = y^{(\lambda)'}(\boldsymbol{I} - \boldsymbol{X}(\boldsymbol{X}'\boldsymbol{X})^{-1}\boldsymbol{X}')y^{(\lambda)} \tag{2.21}$$

对应的似然最大值为

$$L_{\max}(\lambda) = L(\hat{\beta}(\lambda), \hat{\sigma}^2(\lambda)) = (2\pi\mathrm{e}) \cdot J \cdot \left[\frac{Q_{\mathrm{e}}(\lambda, y^{(\lambda)})}{n} \right]^{n/2} \tag{2.22}$$

上式为 λ 的一元函数，通过求它的最大值来确定 λ，因为 $\ln x$ 是 x 的单调函数，问题可转化为求 $\ln L_{\max}(\lambda)$ 的最大值，对式 (2.22) 求对数，略去与 λ 无关的常数项，得

$$
\begin{aligned}
\ln L_{\max}(\lambda) &= -\frac{n}{2}\ln Q_{\mathrm{e}}(\lambda, y^{(\lambda)}) + \ln J \\
&= -\frac{n}{2}\ln\left[\frac{y^{(\lambda)'}}{J^{1/n}}(\boldsymbol{I} - \boldsymbol{X}(\boldsymbol{X}'\boldsymbol{X})^{-1}\boldsymbol{X}')\frac{y^{(\lambda)}}{J^{1/n}}\right] \\
&= -\frac{n}{2}\ln Q_{\mathrm{e}}(\lambda, \boldsymbol{z}^{(\lambda)})
\end{aligned}
\tag{2.23}
$$

其中：

$$
\ln Q_{\mathrm{e}}(\lambda, \boldsymbol{z}^{(\lambda)}) = \boldsymbol{z}^{(\lambda)'}(\boldsymbol{I} - \boldsymbol{X}(\boldsymbol{X}'\boldsymbol{X})^{(-1)}\boldsymbol{X}')\boldsymbol{z}^{(\lambda)}
\tag{2.24}
$$

$$
\boldsymbol{z}^{(\lambda)} = (\boldsymbol{z}_1^{(\lambda)}, \boldsymbol{z}_2^{(\lambda)}, \cdots, \boldsymbol{z}_n^{(\lambda)})' = \frac{y^{(\lambda)}}{J^{1/n}}
\tag{2.25}
$$

$$
\boldsymbol{z}_i^{(\lambda)} = \begin{cases} \dfrac{y_i^{\lambda}}{(\prod_{i=1}^n y_i)^{(\lambda-1)/n}} & \lambda \neq 0 \\[3mm] (\ln y_i)\left(\prod_{i=1}^n y_i\right)^{1/n} & \lambda = 0 \end{cases}
\tag{2.26}
$$

式 (2.24) 对 Box-Cox 线性变换在计算机上的实现带来了很大的方便，因为只要求出残差平方和 $Q_{\mathrm{e}}(\lambda, \boldsymbol{z}^{(\lambda)})$ 的最小值，就可以求出 $\ln L_{\max}(\lambda)$ 的最大值。虽然很难找出使 $Q_{\mathrm{e}}(\lambda, \boldsymbol{z}^{(\lambda)})$ 达到最小值的 λ 的解析表达式，但对一系列的 λ 给定值，通过最小二乘法估计，很容易计算出对应的 $Q_{\mathrm{e}}(\lambda, \boldsymbol{z}^{(\lambda)})$，画出 $Q_{\mathrm{e}}(\lambda, \boldsymbol{z}^{(\lambda)})$ 关于 λ 的曲线，可在图上近似地找出 $Q_{\mathrm{e}}(\lambda, \boldsymbol{z}^{(\lambda)})$ 达到最小值时的 $\hat{\lambda}$。

Box-Cox 线性变换的具体步骤如下：

算法 2.5 Box-Cox 线性变换步骤

（1）对给定的 λ 值，用式 (2.26) 计算 $\boldsymbol{z}_i^{(\lambda)}$；

（2）利用式 (2.24) 计算残差平方和 $Q_{\mathrm{e}}(\lambda, \boldsymbol{z}^{(\lambda)})$；

（3）对一系列的 λ 值，重复上述步骤，得到相应的残差平方和 $Q_{\mathrm{e}}(\lambda, \boldsymbol{z}^{(\lambda)})$ 的一串值，以 λ 为横轴，作出相应的曲线，用直观的方法，找出使 $Q_{\mathrm{e}}(\lambda, \boldsymbol{z}^{(\lambda)})$ 达到最小值的点 $\hat{\lambda}$；

（4）利用式 (2.19) 求出 $\hat{\beta}(\hat{\lambda})$。

Box-Cox 线性变换求解 λ 的 Python 实现算法如下：

```
1  # -*- coding: utf-8 -*-
2  import pandas as pd
3  import numpy as np
4  from scipy import stats, special
5  import matplotlib.pyplot as plt
6
7  train = pd.read_csv(r'D:\train.csv')
8  y = train['SalePrice']
9  print(y.shape)
10
```

```
11  lam_range = np.linspace(-2, 5, 100)  # default nums=50
12  llf = np.zeros(lam_range.shape, dtype=float)
13
14  # lambda estimate:
15  for i, lam in enumerate(lam_range):
16      llf[i] = stats.boxcox_llf(lam, y)  # y 必须大于0
17
18  # find the max lgo-likelihood(llf) index and decide the lambda
19  lam_best = lam_range[llf.argmax()]
20  print('Suitable lam is: ', round(lam_best, 2))
21  print('Max llf is: ', round(llf.max(), 2))
22
23  plt.figure()
24  plt.axvline(round(lam_best, 2), ls="--", color="r")
25  plt.plot(lam_range, llf)
26  plt.show()
27  plt.savefig('boxcox.jpg')
28
29  # boxcox convert:
30  print('before convert: ', '\n', y.head())
31
32  y_boxcox = special.boxcox1p(y, lam_best)
33  print('after convert: ', '\n', pd.DataFrame(y_boxcox).head())
34
35  # inverse boxcox convert:
36  y_invboxcox = special.inv_boxcox1p(y_boxcox, lam_best)
37  print('after inverse: ', '\n', pd.DataFrame(y_invboxcox).head())
```

运行程序输出最佳 $\lambda^* = -0.09$，Box-Cox 线性变换求解 λ 的过程如图 2.22 所示。

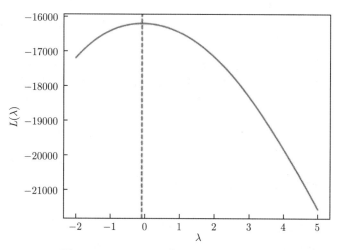

图 2.22 Box-Cox 线性变换求解 λ 的过程

图 2.23 给出了原始数据直方图、Q-Q 图与通过 Box-Cox 线性变换后的 Q-Q 图的对比关系。在图 2.23 中，第一列给出了原数据的总体分布、样本频率直方图和 Q-Q 图；第二列是将样本进行 Box-Cox 线性变换后，新样本的频率直方图和 Q-Q 图（总体分布略）。

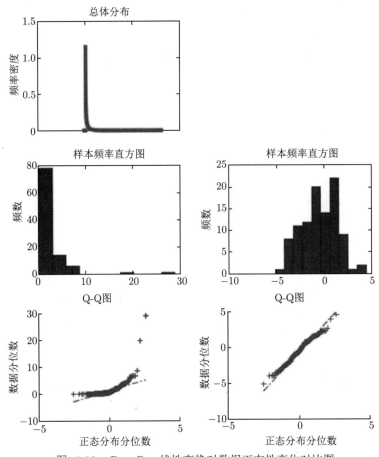

图　2.23　Box-Cox 线性变换对数据正态性变化对比图

Box-Cox 线性变换的一个显著优点是通过求变换参数 λ 来确定变换形式，这个过程完全基于数据本身而无须任何先验信息，这无疑比凭经验或通过尝试而选用对数、平方根等变换方式要客观和精确。Box-Cox 线性变换方法具有如下优势：

① 保持原始数据中数据的大小次序；

② 转换函数连续；

③ 转换函数可导；

④ 函数族各函数之间随参数改变平滑过渡，且都经过一个公共点，以增强不同函数之间的可比性；

⑤ 函数族内每个函数在公共点两边的变化趋势有一定的对称性；

⑥ 函数族的曲线是按 P 值大小排序的，较大的 P 值对应的函数曲线位于较小 P 值的上方。

2.2.7　自相关图和偏自相关图

自相关和偏自相关主要用于测量当前序列值和过去序列值之间的相关性，并指示预测将来值时最有用的过去序列值。自相关图和偏自相关图是一种常见的检验数据集随机性的技术。它通过计算不同时滞下的自相关系数来描述。

定义：自相关函数

自相关函数（ACF）R_k 定义当延迟为 k 时相距 k 个时间间隔的序列值之间的相关性，即

$$R_k = \frac{C_k}{C_0} \tag{2.27}$$

其中，C_k 是自协方差，即

$$C_k = \frac{1}{n-k} \sum_{t=1}^{n-k} (Y_t - \overline{Y})(Y_{t+k} - \overline{Y}) \tag{2.28}$$

$$C_0 = \frac{1}{n-1} \sum_{t=1}^{n} (Y_t - \overline{Y})^2 \tag{2.29}$$

从形式上看自协方差 C_k 有点像协方差，但它与传统协方差的定义不太一样，而 C_0 则是序列的样本方差。自相关图描述了不同时滞下时间序列的自相关性，所以自相关图还常常用来对 AR 模型进行定阶。

定义：滞后 k 偏相关系数 (PACF)

滞后 k 偏相关系数（PACF）是指在给定中间 $k-1$ 个随机变量 $X_{t-1}, X_{t-2}, \cdots, X_{t-k+1}$ 的条件下，或者说，在剔除了中间 $k-1$ 个随机变量的干扰后，X_{t-k} 对 X_t 影响的相关度量。用数学语言可以描述为

$$\rho_{X_t, X_{t-k}|X_{t-1}, \cdots, X_{t-k+1}} = \frac{E[(X_t - \hat{E}X_t)(X_{t-k} - \hat{E}X_{t-k})]}{E[(X_{t-k} - \hat{E}X_{t-k})]^2} \tag{2.30}$$

其中，$\hat{E}X_t = E[X_t|X_{t-1}, \cdots, X_{t-k+1}]$，$\hat{E}X_{t-k} = E[X_{t-k}|X_{t-1}, \cdots, X_{t-k+1}]$。

偏自相关函数定义为当延迟为 k 时，相距 k 个时间间隔的序列值之间的相关性，同时考虑了间隔之间的值。自相关和偏自相关用于测量当前序列值和过去序列值之间的相关性，并指示预测将来值时最有用的过去序列值。

自回归移动平均模型 [ARMA(p,q)] 是时间序列中最重要的模型之一，它主要由两部分组成：AR 代表 p 阶自回归过程，MA 代表 q 阶移动平均过程，其表达式为

$$z_t = \varphi_1 z_{t-1} + \varphi_2 z_{t-2} + \cdots + \varphi_p z_{t-p} + \alpha_t - \theta_1 \alpha_{t-1} - \cdots - \theta_p \alpha_{t-p} \tag{2.31}$$

模型的简化形式为

$$\varphi_p(B) z_t = \theta_q(B) \alpha_t \tag{2.32}$$

其中，

$$\varphi_p(B) = 1 - \varphi_1 B - \varphi_2 B^2 - \cdots - \varphi_p B^p \tag{2.33}$$

$$\theta_q(B) = 1 - \theta_1 B - \theta_2 B^2 - \cdots - \theta_q B^q \tag{2.34}$$

考虑由自回归（AR）过程产生的滞后时间为 k 的时间序列。ACF 描述了一个观测值与另一个观测值之间的自相关，包括直接和间接的相关性信息。这意味着我们可以预期 AR(k) 时间序列的自相关性强大到可以影响其后的 k 步滞后，并且这种关系的惯性将持续到之后的滞后值，随着效应被削弱而最终在某个点上缩小到没有。PACF 只描述观测值与其滞后（Lag）之间的直接关系。这说明，超过 k 的滞后值（Lag Value）不会再有相关性。这正是 ACF 和 PACF 图对 AR(k) 过程的预期。

考虑由滑动平均（MA）过程产生的滞后（Lag）时间为 k 的时间序列。滑动平均过程是先前预测残留偏差时间序列的自回归模型，也可根据最近预测的错误来修正未来的预测。我们期望 MA(k) 过程的 ACF 与最近的 Lag 值之间的关系显示出强烈的相关性，然后急剧下降到弱相关性或无相关性。对于 PACF，预测图会显示与滞后（Lag）的关系，以及与滞后（Lag）之前的相关，这正是 MA(k) 过程的 ACF 图和 PACF 图的预期。

依据模型的形式、特性及自相关和偏自相关函数的特征，总结见表 2.1。

表 2.1   自相关和偏自相关函数特征

	AR(p)	MA(q)	ARMA(p, q)
模型方程	$\varphi(B) = a_t$	$z_t = \theta(B)a_t$	$\varphi(B)z_t = \theta(B)a_t$
平稳条件	$\varphi(B) = 0$ 的根在单位圆外	无	$\varphi(B) = 0$ 的根在单位圆外
可逆性条件	无	$\theta(B) = 0$ 的根在单位圆外	$\theta(B) = 0$ 的根在单位圆外
自相关函数	拖尾	q 步截尾	拖尾
偏自相关函数	p 步截尾	拖尾	拖尾

表 2.1 中截尾是指时间序列的自相关函数（ACF）或偏自相关函数（PACF）在某阶后均为 0 的性质（如 AR 的 PACF），在大于某个常数 k 后快速趋于 0 为 k 阶截尾。拖尾是指 ACF 或 PACF 并不在某阶后均为 0 的性质（如 AR 的 ACF），始终有非零取值，不会在 k 大于某个常数后就恒等于零（或在 0 附近随机波动）。

实例说明：图 2.24 给出了原始数据的时序列图。

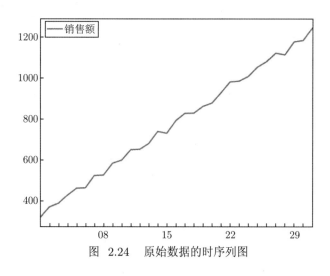

图 2.24   原始数据的时序列图

绘制自相关图与偏自相关图的 Python 实现算法如下：

```
1   from random import randrange
2   import numpy as np
3   import pandas as pd
4   import matplotlib.pyplot as plt
5   import matplotlib.font_manager as fm
6   from statsmodels.graphics.tsaplots import plot_acf, plot_pacf
7
8   def generateData(startDate, endDate):
9       df = pd.DataFrame([300+i*30+randrange(50) for i in range(31)],columns=['销售额'],
            index=pd.date_range(startDate, endDate, freq='D'))
10      return df
11
12  # 生成测试数据，模拟某企业销售额
13  data = generateData('20190401', '20190501')
14
15  # 绘制时序图
16  myfont = fm.FontProperties(fname=r'C:\Windows\Fonts\simfang.ttf')
17  data.plot()
18  plt.legend(prop=myfont)
19  plt.show()
20  # 绘制自相关图
21  plot_acf(data).show()
22  # 绘制偏自相关图
23  plot_pacf(data).show()
```

运行程序，生成的自相关图和偏自相关图如图 2.25 所示。

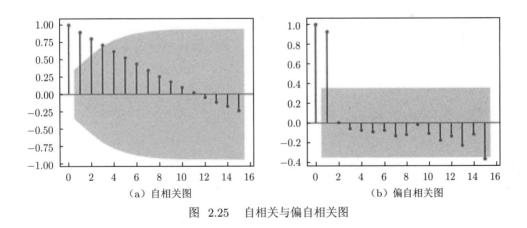

（a）自相关图　　　　　　　　　　（b）偏自相关图

图 2.25　自相关与偏自相关图

　　其中，图 2.25（a）为自相关图，从图中可以看出，自相关图既不是拖尾也不是截尾，这种自相关图是一个三角对称形式，这种趋势是单调趋势的典型图形。图 2.25（b）为偏自相关图，从图中可以看出，平稳序列的自相关图和偏自相关图不是拖尾就是截尾。截尾就是在某阶之后，系数都为 0，当阶数为 1 的时候，系数值还是很大（0.914），二阶的时候突然就变成了 0.050，后面的值都很小，可以认为是趋于 0，拖尾就是有一个衰减的趋势，但是不都为 0 。

2.2.8 交叉相关图

因果关系一般有这样的特点：当一个变量是原因，另一个变量是结果时，结果变量的变化总是滞后于原因变量，而且这两个变量存在着较高的相关性，所以分析变量间的相关性能够得到变量之间具有因果关系的结论。

在比较相关系数时，有一个基本假设：如果是一个变量 x 引起了另一个变量 y 的变化，即 x 是原因变量，y 是结果变量，那么第一次测量的 x 与第二次测量的 y 的相关性，应该远大于第一次测量的 y 与第二次测量的 x 之间的相关性，同时，因为原因变量相对稳定，x 的两次测量间的相关性也会大于 y 的两次测量间的相关性。

交叉相关（Cross Correlation）分析，或者称互相关分析，也称错位相关分析。一般为时间序列，两列数据有时差，根据时差进行错位移动，可找出两列数据的最大相关系数。

交叉滞后相关性分析就是要获得变量自身和变量间随时间变化的相关系数，然后依据这些相关系数确定哪一个是原因变量，哪一个是结果变量。

考虑到两个序列 $x(i), y(i), i = 0, 1, \cdots, N-1$，则滞后 k 阶的交叉相关系数定义为

$$r = \frac{\sum\limits_{i=0}^{N-1} [(x(i) - m_x)(y(i-k) - m_y]}{\sqrt{\sum\limits_{i=0}^{N-1} (x(i) - m_x)^2} \sqrt{\sum\limits_{i=0}^{N-1} (y(i-k) - m_y)^2}} \tag{2.35}$$

其中，m_x, m_y 分别为序列 $x(i)$ 和 $y(i)$ 的均值。

如果对上面的所有滞后 $k = 0, 1, \cdots, N-1$ 分别计算滞后 k 阶的交叉相关系数，便可得到序列 $x(i)$ 和 $y(i)$ 的滞后交叉相关系数序列 $r(d)$。

交叉相关图（Cross Correlation Plot）显示了两个时间序列相互之间的滞后，表示不同滞后和领先时间的相关系数，x 和 y 的一阶滞后，二阶滞后 $\cdots\cdots$ 的相关系数图。具体的 Python 实现算法如下：

```
import statsmodels.tsa.stattools as stattools

# 导入数据
df = pd.read_csv('https://github.com/selva86/datasets/raw/master/mortality.csv')
x = df['mdeaths']
y = df['fdeaths']

#计算交叉相关系数
ccs = stattools.ccf(x, y)[:100]
nlags = len(ccs)

#计算显著性水平
conf_level = 2 / np.sqrt(nlags)

# 画图
plt.figure(figsize=(12,7), dpi= 80)

plt.hlines(0, xmin=0, xmax=100, color='gray')  # 0 axis
```

```
19  plt.hlines(conf_level, xmin=0, xmax=100, color='gray')
20  plt.hlines(-conf_level, xmin=0, xmax=100, color='gray')
21
22  plt.bar(x=np.arange(len(ccs)), height=ccs, width=.3)
23
24  # 定 义 图
25  plt.title('交叉相关图:\; mdeaths\; vs\; fdeaths$', fontsize=22)
26  plt.xlim(0,len(ccs))
27  plt.show()
```

交叉相关图如图 2.26 所示。

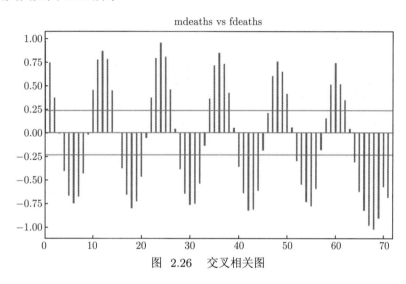

图 2.26 交叉相关图

2.2.9 滞后图

滞后图（Lag Plots）是描绘时间序列中当前值和滞后值之间的散点图，常用于时间序列的自相关性分析。它可以用来检查数据或时间序列是不是随机序列。如果是随机的，那么在滞后图中是看不出任何结构的，如图 2.27 所示。

滞后图就是简单地以 Y_{i-1} 作为横轴，Y_i 作为纵轴画出时间序列的散点图。对于给定的时间序列，其滞后图的 Python 实现算法如下：

```
1   import numpy as np
2   import matplotlib.pyplot as plt
3   plt.rcParams['font.family']='STSong'
4
5   plt.title("滞后图")
6   plt.xlabel("Yi-1")
7   plt.ylabel("Yi")
8
9   Y = np.arange(1, 10, 0.1)
10  for i in range(Y.size):
11      Y[i] += np.random.rand()
12  plt.scatter(Y[1:], Y[:-1], marker='x', color="red")
13  plt.show()
```

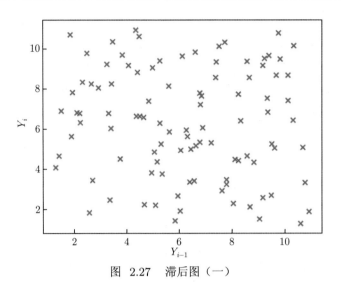

图 2.27 滞后图（一）

滞后图如图 2.28 所示。

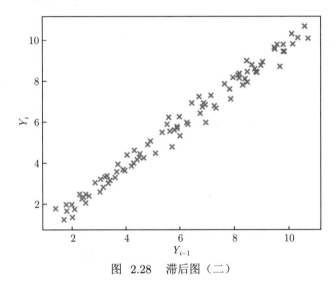

图 2.28 滞后图（二）

从图 2.28 可以看出 Y_{i-1} 和 Y_i 有着显著的线性关系。这个数据显然是非负的，也可以看出这个时间序列或许是满足自回归模型的。

同样可以使用滞后 2 期、3 期来画这个图，不过一般都设 lag = 1。

下面给出几种具有不同程度的自回归滞后图的例子，其 Python 实现算法如下：

```
import numpy as np
import matplotlib.pyplot as plt

# 中等程度自回归 Lag 图
Y = np.arange(1, 10, 0.1)
for i in range(Y.size):
```

```
8      bias = 20
9      if i > 20:
10         bias = 18
11     Y[i] += np.random.rand() + bias
12 plt.subplot(1,3,1).scatter(Y[1:], Y[:-1], marker='x', color="red")
13
14 # 强烈自回归Lag图
15 Y_mid = np.sort(np.random.rand(1, 100) * 10 + 1)
16 plt.subplot(1,3,2).scatter(Y_mid[0][1:], Y_mid[0][:-1], marker='x', color="red")
17
18 # 正弦模型Lag图
19 Y_sin = np.sin(np.arange(1, 100, 0.5))
20 plt.subplot(1,3,3).scatter(Y_sin[1:], Y_sin[:-1], marker='x', color="red")
21 plt.show()
```

几种不同程度自回归滞后图如图 2.29 所示。

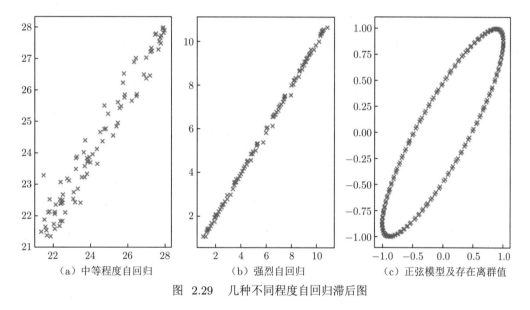

(a) 中等程度自回归　　　(b) 强烈自回归　　　(c) 正弦模型及存在离群值

图 2.29　几种不同程度自回归滞后图

其中，图 2.29（a）是具有适中程度的自回归滞后图，图 2.29（b）是具有强烈自回归的滞后图，图 2.29（c）是服从正弦模型及存在离群值数据的滞后图。

2.3　习　　题

1. 一家网吧想了解上网人员的年龄分布状况，随机抽取 30 人，得到他们的年龄数据如表 2.2 所示。

表 2.2　题 1 年龄数据

15	19	22	24	30	16	19	22	24	31
17	20	23	25	34	18	20	23	27	38
19	21	23	29	23	26	35	40	28	30

（1）画出该组数据的茎叶图；

（2）画出该组数据的箱线图；

（3）根据茎叶图和箱线图说明上网者年龄的分布特征。

2. 某航空公司为了解旅客对公司服务态度的满意程度，对 50 名旅客进行调查，要求他们写出对乘机服务、机上服务和到达机场服务的满意程度。满意程度的评分从 0 到 100，分数越大满意程度越高，收集到的数据如表 2.3 所示，要求：

表 2.3　　题 2 顾客满意度数据

乘机服务	机上服务	到达机场服务	乘机服务	机上服务	到达机场服务
71	49	58	72	76	37
84	53	63	71	25	74
84	74	37	69	47	16
87	66	49	90	56	23
72	59	79	84	28	62
72	37	86	86	37	59
72	57	40	70	38	54
63	48	78	86	72	72
84	60	29	87	51	57
90	62	66	77	90	51
72	56	55	71	36	55
94	60	52	75	53	92
84	42	66	74	59	82
85	56	64	76	51	54
88	55	52	95	66	52
74	70	51	89	66	62
71	45	68	85	57	67
88	49	42	65	42	68
90	27	67	82	37	54
85	89	46	82	60	56
79	59	41	89	80	64
72	60	45	74	47	63
88	36	47	82	49	91
77	60	75	90	76	70
64	43	61	78	52	72

（1）对 50 名旅客关于乘机服务的满意程度数据作描述性统计分析；

（2）对 50 名旅客关于机上服务的满意程度数据作描述性统计分析；

（3）对 50 名旅客关于到达机场服务的满意程度数据作描述性统计分析；

（4）对 50 名旅客关于这三方面服务的满意程度数据作描述性统计分析。

3. UCI 机器学习数据库中有一个关于玻璃鉴定的数据。数据由 214 个玻璃样本组成，分别被标记为 7 个分类中的 1 个。有 9 个预测变量，包括折射率和八种化学元素的百分比：Na, Mg, Al, Si, K,Ca, Ba 和 Fe。

（1）使用可视化展示预测变量分布以及预测变量间的关系（直方图、散点图等）。

（2）数据中是否存在离群值？有没有预测变量是有偏的？

（3）是否存在针对一个或多个预测变量的变换能改进分类模型？

4. 写一个 AR(1) 的模拟函数：

$$x_t = a + bx_{t-1} + \varepsilon_t, t = 1, 2, \cdots, n, \mathrm{Var}(\varepsilon_t) = \sigma^2$$

函数参数为 n, a, b, x_0 和 $\sigma, x_0 = x_{-1} = \cdots = x_{-p+1} = 0$，默认 $n = 100, a = 0, b = 1, \sigma = 1$。

5. 生成 200 个服从均值向量为 (0,1,2)、协方差矩阵为

$$\begin{bmatrix} 1.0 & -0.5 & 0.5 \\ -0.5 & 1.0 & -0.5 \\ 0.5 & -0.5 & 1.0 \end{bmatrix}$$

的多元正态分布的随机观测值。构造一个散点图矩阵并验证每一幅图的位置和相关系数与对应的二元分布的系数是吻合的。

6. 画出鸢尾花（"Iris"）数据中 Virginica 种的 4 个变量的散点图矩阵，并对每一个散点图添加一条拟合光滑曲线。

7. 随机变量 X 和 Y 独立同分布，且服从正态混合分布，混合变量的分量分别服从 $N(0,1)$ 和 $N(3,1)$ 的分布，混合概率分别为 p_1 和 $p_2 = 1 - p_1$。生成一个服从联合分布 (X, Y) 的二元随机样本并构造等高线图。调整等高线的水平位置使得第二众数等高线可见。

8. 对题 7 中的二元混合变量构造填充等高线图。

9. 对题 7 中的二元混合变量构造曲面图。

10. 对题 7 中的混合变量模型选择不同的参数，重复其过程，并通过等高线比较它们的分布。

第 3 章 特征提取与选择方法

数据特征可以直接用来分析建模，但对于一个多维的特征，如果其取值范围特别大，则很容易导致其他特征对结果的影响被忽略，同时随着维数的增加，会使分析需要的样本急剧增加，引发"维数灾难"。维数灾难通常是指在涉及向量的计算问题中，随着维数的增加，计算量呈指数倍增长的一种现象。当维度很大样本数量少时，无法通过它们学习到有价值的知识，所以需要降维，一方面在损失的信息量可以接受的情况下获得数据的低维表示，另一方面也可以达到去噪的目的。维数灾难涉及数值分析、抽样、组合、机器学习、数据挖掘和数据库等诸多领域。

特征对预测而言是相当重要的，在预测建模之前的大部分工作都是在寻找特征，没有合适特征的预测模型，就几乎等于瞎猜，对预测目标而言没有任何意义。特征通常是指输入数据中对因变量的影响比较明显的变量或属性。

常见的特征提取（Feature Extraction）、特征构建（Feature Construction）、特征选择（Feature Selection）三个概念有着本质区别。

（1）特征提取：是指通过函数映射从原始特征中提取新特征的过程，假设有 n 个原始特征（或属性）表示为 $x_1, x_2, \cdots, x_n$，通过特征提取可以得到另外一组特征，表示为 $y_1, y_2, \cdots, y_m, (m < n)$，其中 $y_i = f_i(x_1, x_2, \cdots, x_n), i \in [1, m]$，且 f 是对应的函数映射。这里用得到的新特征替代了原始特征，最终得到 m 个特征。

（2）特征构建：是从原始特征中挑选或将原有特征进行变形，组合形成新特征，是从原始特征中推断或构建额外特征的过程。对于原始的 n 个特征 $x_1, x_2, \cdots, x_n$，经过特征构建，得到 m 个额外的特征，表示为 $x_{n+1}, x_{n+2}, \cdots, x_{n+m}$，所得到的这些特征都是由原始特征定义的，最终得到 $n + m$ 个特征。

（3）特征选择：是指从原始的 n 个特征中选择 $m\,(m < n)$ 个子特征的过程，因此特征选择按照某个标准实现了最优简化，即实现了降维，最终得到 m 个特征。特征选择的方法是从原始特征数据集中选择出子集，是一种包含的关系，没有更改原始的特征空间。

常见的特征提取主要包括主成分分析、独立分量分析和线性判别法等，通过组合现有特征来达到降维的目的。

3.1 特征提取方法

3.1.1 主成分分析

主成分分析也称主分量分析，利用降维的思想，将多个指标特征转化为少数的几个综合指标特征，是一种用线性变化来简化数据集的技术。在减少维数的同时还尽可能多地保留数据集的特征。作用在于降低维数、弄清变量间关系、在低维可以图形化、构造回归模型，以及筛选回归变量等。主成分分析是寻找表示数据分布的最优子空间（降维，可以去相关）。其实质是取协方差矩阵前 s 个最大特征值对应的特征向量构成映射矩阵，对数据进行降维。

1. 特征值与特征向量

首先回顾特征值和特征向量的定义

$$Ax = \lambda x \tag{3.1}$$

其中，A 是一个 $n \times n$ 的矩阵，x 是一个 n 维向量，则 λ 是矩阵 A 的一个特征值，而 x 是矩阵 A 的特征值 λ 所对应的特征向量。

通过求出特征值和特征向量可以将矩阵 A 特征分解。如果求出了矩阵 A 的 n 个特征值 $\lambda_1 \leqslant \lambda_2 \leqslant \cdots \leqslant \lambda_n$ 及这 n 个特征值所对应的特征向量 $\{w_1, w_2, \cdots, w_n\}$，如果这 n 个特征向量线性无关，矩阵 A 就可以用如下的特征分解表示为

$$A = W \Sigma W^{-1} \tag{3.2}$$

其中，W 是这 n 个特征向量所构成的 $n \times n$ 维矩阵，而 Σ 为这 n 个特征值为主对角线的 $n \times n$ 维矩阵。

通常我们会把 W 的这 n 个特征向量标准化，即满足 $\|w_i\|_2 = 1$，或者说 $w_i^{\mathrm{T}} w_i = 1$，此时 W 的 n 个特征向量为标准正交基，满足 $W^{\mathrm{T}} W = I$，即 $W^{\mathrm{T}} = W^{-1}$，也就是说 W 为酉矩阵。

这样特征分解表达式可以写成

$$A = W \Sigma W^{\mathrm{T}} \tag{3.3}$$

注意到要进行特征分解，矩阵 A 必须为方阵。

2. 主成分分析

主成分分析（Principal Component Analysis，PCA）是一种常用的线性降维方式，如在人脸识别中的"特征脸"（Eigenfaces）。降维之后的每个"新"特征都称为主成分。这是一种无监督的降维方法，没有用到样本的标记信息。图 3.1 所示的是一个二维数据 PCA 主成分基底，图示的两个方向为两个主成分的基底，可以通过 PCA 将它降成一维，即只保留一个基底。

假定：样本矩阵 $X = (x_1, x_2, \cdots, x_N) = (x^{(1)^{\mathrm{T}}}; x^{(2)^{\mathrm{T}}}; \cdots; x^{(d)^{\mathrm{T}}}) \in \mathbb{R}^{d \times N}$，$N$ 是训练集的样本数，每个样本都表示成 $x_i = (x_i^{(1)}, x_i^{(2)}, \cdots, x_i^{(d)}) \in \mathbb{R}^d$ 的列向量，样本矩阵的每一列都是一个样本；如果出现了 x 这样没有上下标的记号就泛指任一样本，相当于省略下标；d 是特征的维数，每维特征都表示成 $x^{(j)} = (x_1^{(j)}, x_2^{(j)}, \cdots, x_N^{(j)}) \in \mathbb{R}^N$ 的列向量；如果出现了 $x^{(j)}$ 这样的记号就泛指任一样本的第 j 维特征，相当于省略下标；降维之后的样本矩阵 $Z \in \mathbb{R}^{k \times N}$，$k$ 是降维之后的特征维数，所以 $k \ll d$；每个样本被降维后都表示成 $z_i = (z_i^{(1)}, z_i^{(2)}, \cdots, z_i^{(d)}) \in \mathbb{R}^k$ 的列向量。

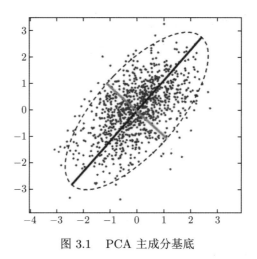

$$\text{图 3.1}\quad \text{PCA 主成分基底}$$

将原始数据 $\boldsymbol{X} \in \mathbb{R}^{d \times N}$ 通过变换矩阵 $\boldsymbol{W} = (\boldsymbol{w}_1, \boldsymbol{w}_2, \cdots, \boldsymbol{w}_k) \in \mathbb{R}^{d \times k}$ 投影到低维空间，得到变换后的数据 $\boldsymbol{Z} \in \mathbb{R}^{k \times N}$，则有

$$
\begin{aligned}
\boldsymbol{Z} &= \boldsymbol{W}^{\mathrm{T}} \boldsymbol{X} \\
&= (\boldsymbol{z}_1, \boldsymbol{z}_2, \cdots, \boldsymbol{z}_N) \\
&= (\boldsymbol{z}^{(1)^{\mathrm{T}}}; \boldsymbol{z}^{(2)^{\mathrm{T}}}; \cdots; \boldsymbol{z}^{(d)^{\mathrm{T}}})
\end{aligned}
\tag{3.4}
$$

样本 $\boldsymbol{x}_i$ 的经过映射后的得到的"新"样本 $\boldsymbol{z}_i$ 为

$$\boldsymbol{z}_i = \boldsymbol{W}^{\mathrm{T}} \boldsymbol{x}_i \tag{3.5}$$

其中，分量表示为 $z_i^{(j)} = \boldsymbol{w}_j^{\mathrm{T}} \boldsymbol{x}_i, j = 1, 2, \cdots, d$，可以直观看出，每个新的特征都是原先全部特征的线性组合。"新"特征 $\boldsymbol{z}^{(1)} = \boldsymbol{w}_1^{\mathrm{T}} X$ 称为第一主成分，随后是第二主成分 $\boldsymbol{z}^{(2)}$，第三主成分……只保留前 k 个主成分，构成样本 $\boldsymbol{x}_i$ 降维后的表示 $\boldsymbol{z}_i$。

将变换矩阵记成 $\boldsymbol{W} = (\boldsymbol{w}_1, \boldsymbol{w}_2, \cdots, \boldsymbol{w}_k)$，这是低维空间的一组标准正交基，每列 $\boldsymbol{w}_i \in \mathbb{R}^d$ 与其他列之间是互相正交的，而列本身的模为 1。换句话说，矩阵 $\boldsymbol{W}$ 需要满足正交约束（不能叫正交矩阵，因为只有方阵才谈得上是否为正交矩阵），即

$$\boldsymbol{W}^{\mathrm{T}} \boldsymbol{W} = I \tag{3.6}$$

可以看出 PCA 其实就是正交约束下的矩阵分解问题：$\boldsymbol{X} = \boldsymbol{W} \boldsymbol{Z}$，即 $\boldsymbol{x}_i = \boldsymbol{W} \boldsymbol{z}_i$。

上面的带约束的矩阵分解问题可采用如下方法进行求解。

要降维到一维，样本点在投影到一维之后，能够尽可能地"分开"——也就是投影后的方差最大。这时变换矩阵 $\boldsymbol{W}$ 退化为一个向量 $\boldsymbol{w}_1$，样本 $\boldsymbol{x}_i$ 投影的结果为 $\boldsymbol{z}_i = \boldsymbol{w}_1^{\mathrm{T}} \boldsymbol{x}_i \in \mathbb{R}$。投影后的方差为

$$C = \frac{1}{N-1} \sum_{i=1}^{N} \boldsymbol{z}_i \boldsymbol{z}_i^{\mathrm{T}}$$

$$= \frac{1}{N-1} \sum_{i=1}^{N} (\boldsymbol{w}_1^{\mathrm{T}} \boldsymbol{x}_i)(\boldsymbol{w}_1^{\mathrm{T}} \boldsymbol{x}_i)^{\mathrm{T}} \tag{3.7}$$

$$= \boldsymbol{w}_1^{\mathrm{T}} \Big(\frac{1}{N-1} \sum_{i=1}^{N} \boldsymbol{x}_i \boldsymbol{x}_i^{\mathrm{T}} \Big) \boldsymbol{w}_1$$

$$= \boldsymbol{w}_1^{\mathrm{T}} \boldsymbol{\Sigma_X} \boldsymbol{w}_1$$

为实现上面降维到一维后方差最大的这个目标，需要求解如下约束最优化问题：

$$\max_{\boldsymbol{w}_1} \quad \boldsymbol{w}_1^{\mathrm{T}} \boldsymbol{\Sigma_X} \boldsymbol{w}_1 \tag{3.8}$$

$$\mathrm{s.t.} \quad \|\boldsymbol{w}_1\| = 1 \tag{3.9}$$

使用拉格朗日乘数法，问题的解就是拉格朗日函数 L 的偏导数等于零这个方程的解：

$$L = \boldsymbol{w}_1^{\mathrm{T}} \boldsymbol{\Sigma_X} \boldsymbol{w}_1 - \lambda(\boldsymbol{w}_1^{\mathrm{T}} \boldsymbol{w}_1 - 1) \tag{3.10}$$

$$\frac{\partial L}{\partial \boldsymbol{w}_1} = 2\boldsymbol{\Sigma_X} \boldsymbol{w}_1 - 2\lambda \boldsymbol{w}_1 = 0 \tag{3.11}$$

$$\boldsymbol{\Sigma_X} \boldsymbol{w}_1 = \lambda \boldsymbol{w}_1 \tag{3.12}$$

所以问题的解需要是 $\boldsymbol{\Sigma_X}$ 的特征向量。优化目标 $\boldsymbol{w}_1^{\mathrm{T}} \boldsymbol{\Sigma_X} \boldsymbol{w}_1 = \boldsymbol{w}_1^{\mathrm{T}} \lambda \boldsymbol{w}_1 = \lambda$，若要使它最大化，便要使 λ 最大化。所以问题的解是 $\boldsymbol{\Sigma_X}$ 的最大特征值所对应的特征向量。

现在已经证明了第一主成分怎样得来。考虑到 k 个主成分的情况：如何证明，最大的 k 个特征值对应的特征向量所组成的矩阵 $\boldsymbol{W}$，满足投影后的各维方差都尽可能大？

由数学归纳法：现在 $k = 1$ 时成立（归纳基础），假设 $k = m$ 时成立，只要论证出 $k = m + 1$ 时仍成立，结论就是成立的。

现在已知 $\boldsymbol{w}_1, \boldsymbol{w}_2, \cdots, \boldsymbol{w}_m$ 是一组在新空间的维度为 m 下满足投影方差最大的基底。$\boldsymbol{w}_{m+1}$ 要满足的条件有：

① 模为 1，$\|\boldsymbol{w}_{m+1}\| = 1$；
② 与 $\boldsymbol{w}_1, \boldsymbol{w}_2, \cdots, \boldsymbol{w}_m$ 都正交，$\boldsymbol{w}_{m+1}^{\mathrm{T}} \boldsymbol{w}_j = 0$；
③ $\boldsymbol{w}_{m+1}^{\mathrm{T}} X$ 的方差最大。

写成约束最优化的形式，就是

$$\max_{\boldsymbol{W}} \quad \boldsymbol{w}_{m+1}^{\mathrm{T}} \boldsymbol{\Sigma_X} \boldsymbol{w}_{m+1} \tag{3.13}$$

$$\mathrm{s.t.} \quad \|\boldsymbol{w}_{m+1}\| = 1 \tag{3.14}$$

$$\boldsymbol{w}_{m+1}^{\mathrm{T}} \boldsymbol{w}_j = 0 \qquad j = 1, 2, \cdots, m \tag{3.15}$$

使用拉格朗日乘数，可得

$$L = \boldsymbol{w}_{m+1}^{\mathrm{T}} \boldsymbol{\Sigma_X} \boldsymbol{w}_{m+1} - \lambda(\boldsymbol{w}_{m+1}^{\mathrm{T}} \boldsymbol{w}_{m+1} - 1) - \sum_{j=1}^{m} \eta_j \boldsymbol{w}_{m+1}^{\mathrm{T}} \boldsymbol{w}_j \tag{3.16}$$

$$\frac{\partial L}{\partial \boldsymbol{w}_1} \;=\; 2\boldsymbol{\Sigma}_{\boldsymbol{X}}\boldsymbol{w}_{m+1} - 2\lambda\boldsymbol{w}_{m+1} - \sum_{j=1}^{m}\eta_j\boldsymbol{w}_j = 0 \tag{3.17}$$

将等式两边依次右乘 $\boldsymbol{w}_j, j = 1, 2, \cdots, m$，就可以依次得到 $\eta_j = 0, j = 1, 2, \cdots, m$，所以有

$$\boldsymbol{\Sigma}_{\boldsymbol{X}}\boldsymbol{w}_{m+1} = \lambda\boldsymbol{w}_{m+1} \tag{3.18}$$

这说明 $\boldsymbol{w}_{m+1}$ 为协方差矩阵第 $m+1$ 的特征值所对应的特征向量。

在原始数据 $\boldsymbol{X}$（要去均值，即中心化）的协方差矩阵 $\boldsymbol{\Sigma}_{\boldsymbol{X}}$ 做特征值分解（实对称矩阵一定能找到一个正交矩阵使其对角化。这个正交矩阵正是由其特征值对应的特征向量所组成的），将特征值从大到小排序，其中最大的特征值 λ_1 所对应的特征向量 $\boldsymbol{w}_1$ 作用在样本 $\boldsymbol{X}$ 所得到的"新"特征 $\boldsymbol{z}^{(1)} = \boldsymbol{w}_1^{\mathrm{T}}\boldsymbol{X}$ 称为第一主成分，随后是第二主成分 $\boldsymbol{z}^{(2)}$，第三主成分 $\cdots\cdots$ 只保留 k 个主成分，构成样本 $\boldsymbol{x}_i$ 降维后的表示 $\boldsymbol{z}_i$，k 的值可通过下式来确定：

$$\frac{\sum_{i=1}^{k}\lambda_i}{\sum_{j=1}^{d}\lambda_j} \geqslant 85\% \tag{3.19}$$

如果要从 $\boldsymbol{Z}$ 再重建到原先数据所在的空间中，需要做的变换是 $\boldsymbol{W}\boldsymbol{Z}$。最小均方重建误差的优化目标

$$\min_{\boldsymbol{W}} \quad \|\boldsymbol{X} - \boldsymbol{W}\boldsymbol{W}^{\mathrm{T}}\boldsymbol{X}\|^2 \tag{3.20}$$

$$\mathrm{s.t.} \quad \boldsymbol{W}^{\mathrm{T}}\boldsymbol{W} = I \tag{3.21}$$

可以推导出，优化目标等价于

$$\max_{\boldsymbol{W}} \quad \mathrm{tr}(\boldsymbol{W}^{\mathrm{T}}\boldsymbol{\Sigma}_{\boldsymbol{X}}\boldsymbol{W}) \tag{3.22}$$

由此可得这实际与最大投影方差的优化目标一致。

主成分分析（PCA）算法流程见算法 3.1。

算法 3.1 主成分分析算法

输入： N 个 D 维向量 $\boldsymbol{x}_1, \cdots, \boldsymbol{x}_N$，降维到 d 维。

输出： 投影矩阵 $\boldsymbol{W} = (\boldsymbol{w}_1, \cdots, \boldsymbol{w}_d)$，其中每个 $\boldsymbol{w}_i$ 都是 D 维列向量。

　目标： 投影降维后数据尽可能分开，$\max_{\boldsymbol{w}}\mathrm{tr}(\boldsymbol{W}^{\mathrm{T}}\boldsymbol{X}\boldsymbol{X}^{\mathrm{T}}\boldsymbol{W})$（这里的迹是因为非对角线元素都是 0，而对角线上的元素恰好都是每一维的方差）。

　假设： 降维后数据每一维方差尽可能大，并且每一维都正交。

（1）将输入的每一维均值都变为 0，去中心化；

（2）计算输入的协方差矩阵 $\boldsymbol{C} = \boldsymbol{X}\boldsymbol{X}^{\mathrm{T}}$；

（3）对协方差矩阵 $\boldsymbol{C}$ 做特征值分解；

（4）取最大的前 d 个特征值对应的特征向量 $\boldsymbol{w}_1, \cdots, \boldsymbol{w}_d$。

PCA 的 Python 实现算法如下：

```python
# -*- coding: utf-8 -*-
import numpy as np

def eigValPct(eigVals, percentage):
    sortArray = sort(eigVals)
    sortArray = sortArray[-1::-1]
    arraySum = sum(sortArray)
    tempSum = 0
    num = 0
    for i in sortArray:
        tempSum += i
        num += 1
        if tempsum >= arraySum * percentage:
            return num

def pca(dataMat, percentage = 0.9):
    meanVals = mean(dataMat, axis=0)
    meanRemoved = dataMat - meanVals
    covMat = cov(meanRemoved, rowvar=0)
    eigVals, eigVects = linalg.eig(mat(covMat))
    k = eigValPct(eigVals, percentage)
    eigValInd = argsort(eigVals)
    eigValInd = eigValInd[:-(k+1):-1]
    redEigVects = eigVects[:, eigValInd]
    lowDDataMat = meanRemoved * redEigVects
    reconMat = (lowDDataMat * redEigVects.T) + meanVals

    return lowDDataMat, reconMat
```

PCA 降维分析结果如图 3.2 所示。

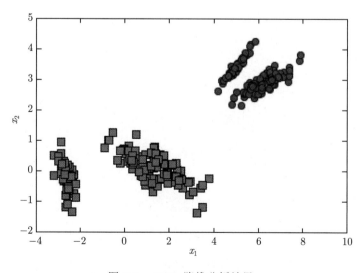

图 3.2　PCA 降维分析结果

3. 核主成分分析

在 PCA 中一般假定特征根的大小决定了我们感兴趣信息的多少，即小特征根往往代表噪声，而在实际中，向小一点的特征值方向投影也有可能包括我们感兴趣的数据；其次，PCA 中要求特征向量的方向是互相正交的，这种正交性使 PCA 容易受到 Outlier 的影响。

核主成分分析（KPCA）是对 PCA 算法的非线性扩展，可弥补主成分分析对非线性问题特征提取的不足。KPCA 的公式推导和 PCA 十分相似，基于核函数的主成分分析和主成分分析的步骤是一样的，只不过用核函数替代了原来的函数。它主要有以下两点创新：

① 为更好地处理非线性数据，引入非线性映射函数 $\phi(\cdot)$，将原空间中的数据映射到高维空间，$\phi(\cdot)$ 是隐性的，不知道其具体形式；

② 引入了一个定理：空间中的任一向量（哪怕是基向量），都可以由该空间中的所有样本线性表示。

类似于式 (3.7)，对于线性不可分的数据集，引入非线性映射函数 $\phi(\cdot)$，可以将其映射到高维上，再进行划分，即

$$\boldsymbol{C} = \frac{1}{N-1} \sum_{i=1}^{N} \phi(\boldsymbol{x}_i)\phi(\boldsymbol{x}_i)^{\mathrm{T}} = \frac{1}{N}[\phi(\boldsymbol{x}_1), \cdots, \phi(\boldsymbol{x}_N)] \begin{bmatrix} \phi(\boldsymbol{x}_1)^{\mathrm{T}} \\ \vdots \\ \phi(\boldsymbol{x}_N)^{\mathrm{T}} \end{bmatrix} \tag{3.23}$$

令 $\boldsymbol{X}^{\mathrm{T}} = [\phi(\boldsymbol{x}_1), \cdots, \phi(\boldsymbol{x}_N)]$，则

$$\boldsymbol{C} = \frac{1}{N-1} \boldsymbol{X}^{\mathrm{T}} \boldsymbol{X} \tag{3.24}$$

其中，$\phi(\boldsymbol{x})$ 未知，上式无法求解，即便 $\phi(\boldsymbol{x})$ 已知，其计算成本也太大。故引入核函数，由核函数理论有

$$\boldsymbol{K} = \boldsymbol{X}\boldsymbol{X}^{\mathrm{T}} = \begin{bmatrix} \phi(\boldsymbol{x}_1)^{\mathrm{T}} \\ \vdots \\ \phi(\boldsymbol{x}_N)^{\mathrm{T}} \end{bmatrix} [\phi(x_1), \cdots, \phi(x_N)] = \begin{bmatrix} \kappa(x_1, x_1) & \cdots & \kappa(x_1, x_N) \\ \vdots & \ddots & \vdots \\ \kappa(x_N, x_1) & \cdots & \kappa(x_N, x_N) \end{bmatrix} \tag{3.25}$$

上述的 $\boldsymbol{K}$ 可根据核函数性质计算出，下面重点研究 $\boldsymbol{K}$ 和 $\boldsymbol{C}$ 之间的关系。如果要求 $\boldsymbol{K}$ 的特征值和特征向量，则有

$$(\boldsymbol{X}\boldsymbol{X}^{\mathrm{T}})\boldsymbol{u} = \lambda\boldsymbol{u} \tag{3.26}$$

其中，$\boldsymbol{u}$ 为矩阵 $\boldsymbol{K}$ 的特征向量；λ 为矩阵 $\boldsymbol{K}$ 的特征值。

对式 (3.26) 两边同时乘 $\boldsymbol{X}^{\mathrm{T}}$，有

$$\boldsymbol{X}^{\mathrm{T}}(\boldsymbol{X}\boldsymbol{X}^{\mathrm{T}})\boldsymbol{u} = \lambda\boldsymbol{X}^{\mathrm{T}}\boldsymbol{u} \tag{3.27}$$

即 $(\boldsymbol{X}^{\mathrm{T}}\boldsymbol{X})(\boldsymbol{X}^{\mathrm{T}}\boldsymbol{u}) = \lambda(\boldsymbol{X}^{\mathrm{T}}\boldsymbol{u})$。

又由于 $(N-1) \cdot \boldsymbol{C} = \boldsymbol{X}^{\mathrm{T}}\boldsymbol{X}$，所以矩阵 $\boldsymbol{K}$ 和 $\boldsymbol{C}$ 的特征值是相同的，都为 λ，$\boldsymbol{C}$ 的特征向量为 $\boldsymbol{X}^{\mathrm{T}}\boldsymbol{u}$。由于计算中希望特征向量是单位向量，所以对其进行单位化，则有

$$v = \frac{1}{||\boldsymbol{X}^\mathrm{T}\boldsymbol{u}||}\boldsymbol{X}^\mathrm{T}\boldsymbol{u} = \frac{1}{\sqrt{\boldsymbol{u}^\mathrm{T}\boldsymbol{X}\boldsymbol{X}^\mathrm{T}\boldsymbol{u}}}\boldsymbol{X}^\mathrm{T}\boldsymbol{u} = \frac{1}{\sqrt{\boldsymbol{u}^\mathrm{T}\boldsymbol{K}\boldsymbol{u}}}\boldsymbol{X}^\mathrm{T}\boldsymbol{u}$$

$$= \frac{1}{\sqrt{\boldsymbol{u}^\mathrm{T}\lambda\boldsymbol{u}}}\boldsymbol{X}^\mathrm{T}\boldsymbol{u} = \frac{1}{\sqrt{\lambda}}\boldsymbol{X}^\mathrm{T}\boldsymbol{u} \tag{3.28}$$

在式 (3.28) 中，λ 和 $\boldsymbol{u}$ 可以通过矩阵 $\boldsymbol{K}$ 求得，但 $\boldsymbol{X}^\mathrm{T}$ 依然不可求解，$\boldsymbol{C}$ 的特征向量还是无法计算。实际上，只需求解出 x 在 v 上的投影即可。由

$$\boldsymbol{v}^\mathrm{T}\phi(\boldsymbol{x}_j) = (\frac{1}{\sqrt{\lambda}}\boldsymbol{X}^\mathrm{T}\boldsymbol{u})^\mathrm{T}\phi(\boldsymbol{x}_j) = \frac{1}{\sqrt{\lambda}}\boldsymbol{u}^\mathrm{T}\boldsymbol{X}\phi(\boldsymbol{x}_j)$$

$$= \frac{1}{\sqrt{\lambda}}\boldsymbol{u}^\mathrm{T}\begin{bmatrix}\phi(\boldsymbol{x}_1)^\mathrm{T}\\\vdots\\\phi(\boldsymbol{x}_N)^\mathrm{T}\end{bmatrix}\phi(\boldsymbol{x}_j) = \frac{1}{\sqrt{\lambda}}\boldsymbol{u}^\mathrm{T}\begin{bmatrix}\kappa(\boldsymbol{x}_1,\boldsymbol{x}_j)\\\vdots\\\kappa(\boldsymbol{x}_N,\boldsymbol{x}_j)\end{bmatrix} \tag{3.29}$$

可知，式 (3.29) 中所有的量都是可以求得的，即在没有求出特征向量的情况下，直接算出了样本在特征向量上的投影。

KPCA 处理流程见算法 3.2。

算法 3.2   核主成分分析算法

（1）将所获得的 n 个指标 (每个指标有 d 个样本) 的一批数据 X 写成一个 $d \times n$ 的数据矩阵。

（2）计算核矩阵，先确定高斯径向核函数中的参数，再由式 $k(\boldsymbol{x}_i,\boldsymbol{x}_i) = \phi^\mathrm{T}(\boldsymbol{x}_i)\cdot\phi(\boldsymbol{x}_i)$，计算核矩阵 $\boldsymbol{K}$。

（3）计算 $\boldsymbol{K}$ 的特征值 $(\lambda_1,\lambda_2,\cdots,\lambda_n)$ 及对应特征向量 $(\boldsymbol{u}_1,\boldsymbol{u}_2,\cdots,\boldsymbol{u}_n)$。

（4）特征值按降序排序（通过选择排序），并对特征向量进行相应调整。

（5）通过施密特正交化方法单位正交化得到的特征向量 $(\boldsymbol{u}_1,\boldsymbol{u}_2,\cdots,\boldsymbol{u}_n)$。

使用 sklearn 进行核主成分分析的具体算法如下：

```
from sklearn.datasets import make_circles
import matplotlib.pyplot as plt
import numpy as np
from sklearn.decomposition import PCA  # PCA模块
from sklearn.decomposition import KernelPCA  # 核PCA模块

# 生成一个变化非线性的数据集
np.random.seed(10)  # 定义一个随机种子号
x, y = make_circles(n_samples=400, factor=.2, noise=0.02)  # factor代表维度

plt.close('all')  # 关闭当前所有图
plt.figure(1)
plt.title('original space')
plt.scatter(x[:, 0], x[:, 1], c=y)
plt.xlabel('$x_1$')
plt.ylabel('$x_2$')
```

```
17
18  # 使用PCA降维
19  pca = PCA(n_components=2)
20  pca.fit(x)
21  x_pca = pca.transform(x)
22
23  # 绘制前两个主成分的图
24  plt.figure(2)
25  plt.title('pca')
26  plt.scatter(x_pca[:, 0], x_pca[:, 1], c=y)
27  plt.xlabel('$x_1$')
28  plt.ylabel('$x_2$')
29
30  # 将两个成分单独拎出来画，发现结果均映射在一条直线上，无法实现区分
31  class_1_index = np.where(y == 0)[0]
32  class_2_index = np.where(y == 1)[0]
33
34  plt.figure(3)
35  plt.title('pca-one component')
36  plt.scatter(x_pca[class_1_index, 0], np.zeros(len(class_1_index)), color='red')
37  plt.scatter(x_pca[class_2_index, 0], np.zeros(len(class_2_index)), color='blue')
38
39  # 使用kernal PCA
40  # 这里核PCA调用的核是径向基函数（Radial Basis Function，RBF）
41  # gamma值为10，gamma是一个核（用于处理非线性）参数——内核系数
42  kpca = KernelPCA(kernel='rbf', gamma=10)
43  x_kpca = kpca.fit_transform(x)
44
45  plt.figure(4)
46  plt.title('kernel pca')
47  plt.scatter(x_kpca[:, 0], x_kpca[:, 1], c=y)
48  plt.xlabel('$x_1$')
49  plt.ylabel('$x_2$')
50  plt.show()
```

核主成分分析仿真结果如图 3.3 所示。

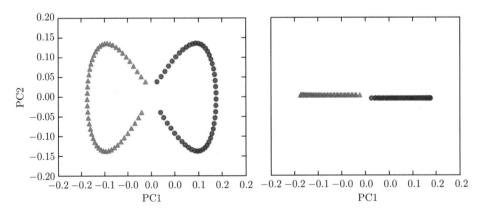

图 3.3　核主成分分析仿真结果

3.1.2 因子分析

因子分析和主成分分析相似，是主成分分析的一种拓展。从原理上说，主成分分析是试图寻找原有自变量的一个线性组合，取出对线性关系影响较大的原始数据，作为主要成分。

因子分析是假设所有的自变量可以通过若干个因子（中间量）被观察到。例如，一个学生的考试成绩：语文 80、数学 95、英语 79、物理 97、化学 94，我们认为这个学生理性思维较强，语言组织能力较弱。其中理性思维和语言组织能力就是因子。通过这两个因子，我们能观察到他偏理科的成绩较高，偏文科的成绩较低。这就是因子分析。

因子分析分为两种：一个是探索性因子分析（Exploratory Factor Analysis）。另一个是验证性因子分析（Confirmatory Factor Analysis）。探索性因子分析是不确定一堆自变量背后有几个因子，试图通过这种方法找到这几个因子。而验证性因子分析是已经假设自变量背后有几个因子，试图通过这种方法去验证这种假设是否正确。验证性因子分析又和结构方程模型有很大关系。本节重点介绍探索性因子分析。

1. 因子分析基本原理

在综合评价系统中，一般有定性指标和定量指标两种，而且各个指标值的单位和量级是不相同的，这样，各指标之间存在着不可公度性，因此在进行关联性分析之前，应先将指标进行标准化处理，将不可比的指标转化成为可比较的指标。对指标进行相关分析时，一般用相关系数表示指标之间的相关程度。

设有 n 个评价指标，形成的指标向量为 $\boldsymbol{X} = (\boldsymbol{X}_1, \boldsymbol{X}_2, \cdots, \boldsymbol{X}_n)^{\mathrm{T}}$，$\boldsymbol{X}$ 的均值向量为 $\boldsymbol{E}[\boldsymbol{X}] = (\boldsymbol{E}(\boldsymbol{X}_1), \boldsymbol{E}(\boldsymbol{X}_2), \cdots, \boldsymbol{E}(\boldsymbol{X}_n))^{\mathrm{T}}$，其协方差阵 $\boldsymbol{\Sigma}$ 为

$$
\begin{aligned}
\boldsymbol{\Sigma} = \mathbf{Cov}(\boldsymbol{X}, \boldsymbol{X}) &= \boldsymbol{E}[(\boldsymbol{X} - \boldsymbol{E}(\boldsymbol{X}))\boldsymbol{E}(\boldsymbol{X} - \boldsymbol{E}(\boldsymbol{X}))^{\mathrm{T}}] \\
&= \begin{bmatrix}
\mathbf{Cov}(\boldsymbol{X}_1, \boldsymbol{X}_1) & \mathbf{Cov}(\boldsymbol{X}_1, \boldsymbol{X}_2) & \cdots & \mathbf{Cov}(\boldsymbol{X}_1, \boldsymbol{X}_n) \\
\mathbf{Cov}(\boldsymbol{X}_2, \boldsymbol{X}_1) & \mathbf{Cov}(\boldsymbol{X}_2, \boldsymbol{X}_2) & \cdots & \mathbf{Cov}(\boldsymbol{X}_2, \boldsymbol{X}_n) \\
\vdots & \vdots & \ddots & \vdots \\
\mathbf{Cov}(\boldsymbol{X}_n, \boldsymbol{X}_1) & \mathbf{Cov}(\boldsymbol{X}_n, \boldsymbol{X}_2) & \cdots & \mathbf{Cov}(\boldsymbol{X}_n, \boldsymbol{X}_n)
\end{bmatrix} \\
&= (\boldsymbol{\sigma}_{ij})_{n \times n}
\end{aligned}
\tag{3.30}
$$

其中，$\mathbf{Cov}(\boldsymbol{X}_i, \boldsymbol{X}_j) = \sigma_{ij}$ 为 $\boldsymbol{X}$ 的第 i 个分量 $\boldsymbol{X}_i$ 和第 j 个分量 $\boldsymbol{X}_j$ 的协方差；协方差阵 $\boldsymbol{\Sigma}$ 为对称矩阵。

两个指标 $\boldsymbol{X}_i$ 与 $\boldsymbol{X}_j$ 的相关系数 r 的计算公式为

$$
r_{ij} = \frac{\mathbf{Cov}(\boldsymbol{X}_i, \boldsymbol{X}_j)}{\sigma_i \sigma_j}
\tag{3.31}
$$

其中，r_{ij} 表示两个指标 $\boldsymbol{X}_i$ 与 $\boldsymbol{X}_j$ 之间的相关系数；协方差 $\mathbf{Cov}(\boldsymbol{X}_i, \boldsymbol{X}_j)$ 表示两个指标的相关性强弱程度；标准差 $\sigma_i = \sqrt{\mathbf{Var}(\boldsymbol{X}_i)}$ 为指标 $\boldsymbol{X}_i$ 的标准方差，表示指标取值的离散程度。

相关系数的值介于 -1 与 1 之间，即 $-1 \leqslant r \leqslant 1$，其性质如下：

当 $r > 0$ 时，表示两变量正相关，$r < 0$ 时，两变量为负相关。

当 $|r| = 1$ 时，表示两变量为完全线性相关，即函数关系。

当 $r = 0$ 时，表示两变量间无线性相关关系。

当 $0 < |r| < 1$ 时，表示两变量存在一定程度的线性相关。

$|r|$ 越接近 1，两变量间线性关系越密切；$|r|$ 越接近于 0，表示两变量的线性相关越弱。一般可按三级划分：$|r| < 0.4$ 为低度线性相关；$0.4 \leqslant |r| < 0.7$ 为显著性相关；$0.7 \leqslant |r| < 1$ 为高度线性相关。

对于 n 个评价指标，可以分别计算出两两之间的相关系数，形成相关系数阵

$$\boldsymbol{R} = \begin{bmatrix} r_{11} & r_{12} & \cdots & r_{1n} \\ r_{21} & r_{22} & \cdots & r_{2n} \\ \vdots & \vdots & \ddots & \vdots \\ r_{n1} & r_{n2} & \cdots & r_{nn} \end{bmatrix} \tag{3.32}$$

因子分析是从众多的原始变量中重构少数几个具有代表意义的因子变量的过程。其潜在的要求：原有变量之间要具有比较强的相关性。因此，因子分析需要先进行相关性分析，计算原始变量之间的相关系数矩阵。在进行原始变量的相关分析之前，需要对输入的原始数据进行标准化计算。

设有 p 个原始变量 $\boldsymbol{X}_1, \boldsymbol{X}_2, \cdots, \boldsymbol{X}_p$，它们可能相关，也可能独立，将 X_i 标准化得到新变量 $\boldsymbol{Z}_i$，即

$$\boldsymbol{Z}_i = \frac{\boldsymbol{X}_i - \boldsymbol{E}(\boldsymbol{X}_i)}{\sqrt{\mathbf{Var}(\boldsymbol{X}_i)}} \tag{3.33}$$

其相关系数矩阵为 $\boldsymbol{R}$，求解相关系数阵的特征方程为 $|R - \lambda I_n| = 0$，得到 p 个特征值为 $\lambda_1, \lambda_2, \cdots, \lambda_p$ 及其对应的特征向量 $\boldsymbol{\beta}_1, \boldsymbol{\beta}_2, \cdots, \boldsymbol{\beta}_p$。

则可以建立因子分析模型，即

$$\boldsymbol{Z}_i = a_{i1}\boldsymbol{F}_1 + a_{i2}\boldsymbol{F}_2 + \cdots + a_{im}\boldsymbol{F}_m + \boldsymbol{\varepsilon}_i \qquad i = 1, 2, \cdots, p \tag{3.34}$$

其中，$\boldsymbol{F}_j\,(j = 1, 2, \cdots, m)$ 出现在每个变量的表达式中，称为公共因子，它们的含义要根据具体问题来解释；$\boldsymbol{\varepsilon}_i\,(i = 1, 2, \cdots, p)$ 仅与变量 $\boldsymbol{Z}_i$ 有关，称为特殊因子；系数 $a_{ij}\,(i = 1, 2, \cdots, m; j = 1, 2, \cdots, m)$ 称为载荷因子，$\boldsymbol{A} = (a_{ij})$ 称为载荷矩阵。

可以将式 (3.34) 表示成如下矩阵形式：

$$\boldsymbol{Z} = \boldsymbol{A}\boldsymbol{F} + \boldsymbol{\varepsilon} \tag{3.35}$$

其中，$\boldsymbol{Z} = (\boldsymbol{Z}_1, \boldsymbol{Z}_2, \cdots, \boldsymbol{Z}_p)^{\mathrm{T}}, \boldsymbol{F} = (\boldsymbol{F}_1, \boldsymbol{F}_2, \cdots, \boldsymbol{F}_m)^{\mathrm{T}}, \boldsymbol{\varepsilon} = (\boldsymbol{\varepsilon}_1, \boldsymbol{\varepsilon}_2, \cdots, \boldsymbol{\varepsilon}_p)^{\mathrm{T}}$，并且有

$$\boldsymbol{A} = (a_{ij})_{p \times m} \tag{3.36}$$

假定各特殊因子之间及特殊因子与所有公共因子之间均相互独立，即

$$\mathbf{Cov}(\boldsymbol{\varepsilon}, \boldsymbol{\varepsilon}) = \mathrm{diag}(\sigma_1^2, \sigma_2^2, \cdots, \sigma_p^2) \tag{3.37}$$

$$\mathbf{Cov}(\boldsymbol{F}, \boldsymbol{\varepsilon}) = 0 \tag{3.38}$$

进一步假定各公共因子均值都是 0，方差为 1 的独立正态随机变量，其协方差阵为单位矩阵 $\boldsymbol{I}_m$，即 $\boldsymbol{F} \sim \boldsymbol{N}(0, \boldsymbol{I}_m)$。当因子 $\boldsymbol{F}$ 的各个分量相关时，$\mathbf{Cov}(\boldsymbol{F}, \boldsymbol{F})$ 不再是对角阵，这种模型称为斜交因子模型，这里不考虑这种模型。

计算第 i 个因素贡献率及确定公共因素个数 m，因素贡献率定义为

$$\gamma_i = \lambda_i / \sum_{i=1}^{n} \lambda_i \tag{3.39}$$

选择特征值大于或等于 1 的个数 m 为公共因素个数或由因素贡献率大于或等于 85% 确定 m。

则 m 个公共因子对第 i 个变量方差的贡献称为第 i 个共同度，记为 h_i^2，则

$$h_i^2 = a_{i1}^2 + a_{i2}^2 + \cdots + a_{im}^2 \tag{3.40}$$

而特殊因子的方差称为特殊方差或特殊值，即式 (3.37) 中的 $\sigma_i^2, i = 1, 2, \cdots, p$，从而第 i 个变量的方差有如下分解式：

$$\mathbf{Var}(\boldsymbol{Z}_i) = h_i^2 + \sigma_i^2 \tag{3.41}$$

因子分析的一个基本问题是如何估计因子载荷，即如何求解式 (3.34) 给出的因子模型问题。

先尝试对式 (3.35) 作如下变形运算：

$$\boldsymbol{Z}^{\mathrm{T}} \boldsymbol{Z} = (\boldsymbol{A} \boldsymbol{F} + \boldsymbol{\varepsilon})^{\mathrm{T}} (\boldsymbol{A} \boldsymbol{F} + \boldsymbol{\varepsilon}) \tag{3.42}$$

先观察右侧，将非公共部分去掉，得到

$$\boldsymbol{Z}^{\mathrm{T}} \boldsymbol{Z} \approx (\boldsymbol{A} \boldsymbol{F})^{\mathrm{T}} (\boldsymbol{A} \boldsymbol{F}) \tag{3.43}$$

注意：此处的约等于不是抽取公共因子（用少量公共因子）之后造成的约等，而是去掉了特殊因子造成的约等。

对 $\boldsymbol{Z}^{\mathrm{T}} \boldsymbol{Z}$ 实对称矩阵进行特征值分解

$$\boldsymbol{Z}^{\mathrm{T}} \boldsymbol{Z} = \boldsymbol{V} \boldsymbol{\Lambda} \boldsymbol{V}^{\mathrm{T}} \tag{3.44}$$

设 $\lambda_1 \geqslant \lambda_2 \geqslant \cdots \geqslant \lambda_p$ 为样本相关系数矩阵 $\boldsymbol{R}$ 的特征值，$\boldsymbol{\beta}_1, \boldsymbol{\beta}_2, \cdots, \boldsymbol{\beta}_p$ 为相应的标准正交化特征向量。设 $m < p$，则

$$\boldsymbol{Z}^{\mathrm{T}} \boldsymbol{Z} = [\boldsymbol{\beta}_1, \boldsymbol{\beta}_2, \cdots, \boldsymbol{\beta}_n] \begin{bmatrix} \lambda_1 & & & \\ & \lambda_2 & & \\ & & \ddots & \\ & & & \lambda_n \end{bmatrix} \begin{bmatrix} \boldsymbol{\beta}_1 \\ \boldsymbol{\beta}_2 \\ \vdots \\ \boldsymbol{\beta}_n \end{bmatrix}$$

$$= \quad [\sqrt{\lambda_1}\boldsymbol{\beta}_1, \sqrt{\lambda_2}\boldsymbol{\beta}_2, \cdots, \sqrt{\lambda_n}\boldsymbol{\beta}_n] \begin{bmatrix} \sqrt{\lambda_1}\boldsymbol{\beta}_1 \\ \sqrt{\lambda_2}\boldsymbol{\beta}_2 \\ \vdots \\ \sqrt{\lambda_n}\boldsymbol{\beta}_n \end{bmatrix} \tag{3.45}$$

对比而得 $\boldsymbol{Z}^{\mathrm{T}}\boldsymbol{Z} \approx (\boldsymbol{AF})^{\mathrm{T}}(\boldsymbol{AF})$，从形式上看是一致的，并且符合公共因子的定义。因此，可以得到样本相关系数矩阵 $\boldsymbol{R}$ 因子分析的载荷矩阵 $\boldsymbol{A}$ 为

$$\boldsymbol{A} = (\sqrt{\lambda_1}\boldsymbol{\beta}_1, \sqrt{\lambda_2}\boldsymbol{\beta}_2, \cdots, \sqrt{\lambda_m}\boldsymbol{\beta}_m) \tag{3.46}$$

特殊因子的方差用 $\boldsymbol{R} - \boldsymbol{AA}^{\mathrm{T}}$ 的对角元来估计，即

$$\sigma_i^2 = 1 - \sum_{j=1}^{m} a_{ij}^2 \tag{3.47}$$

其中，残差矩阵可表示为 $\boldsymbol{R} - \boldsymbol{AA}^{\mathrm{T}} - \mathbf{Cov}(\varepsilon, \varepsilon)$，所以 $\boldsymbol{AA}^{\mathrm{T}} + \mathbf{Cov}(\varepsilon, \varepsilon)$ 与相关系数矩阵 $\boldsymbol{R}$ 比较接近时，则从直观上可以认为因子模型给出了较好的拟合数据。

在因子分析中，一般人们的重点是估计因子模型的参数，即载荷矩阵。有时公共因子的估计，即因子得分也是需要的，因子得分可以用于模型诊断，也可以作下一步分析的原始数据。需要指出的是，因子得分的计算并不是通常意义下的参数估计，它是对不可观测的随机向量 $\boldsymbol{F}_i$ 取值的估计。

因子变量确定以后，对于每一个样本数据，我们希望得到它们在不同因子上的具体数据值，即因子得分。估计因子得分的方法主要有回归法、Bartlette 法等。计算因子得分应首先将因子变量表示为原始变量的线性组合，即

$$\begin{cases} \boldsymbol{F}_1 = a_{11}x_1 + a_{12}x_2 + \cdots + a_{1p}x_p \\ \boldsymbol{F}_2 = a_{21}x_1 + a_{22}x_2 + \cdots + a_{2p}x_p \\ \vdots \quad \vdots \qquad\qquad\qquad\qquad \vdots \\ \boldsymbol{F}_m = a_{m1}x_1 + a_{m2}x_2 + \cdots + a_{mp}x_p \end{cases} \tag{3.48}$$

通常可以用加权最小二乘法和回归法来估计因子得分。

回归法，即 Thomson 法：得分是由贝叶斯思想导出的，得到的因子得分有所偏失，但计算结果误差较小。贝叶斯判别思想是根据先验概率求出后验概率，并依据后验概率分布进行统计推断。

Bartlett 法：Bartlett 因子得分是极大似然估计，也是加权最小二乘回归，得到的因子得分是无偏的，但计算结果误差较大。

上面主成分解是不唯一的，因为对 $\boldsymbol{A}$ 作任何正交变换都不会改变原来的 $\boldsymbol{AA}^{\mathrm{T}}$，即设 $\boldsymbol{Q}$ 为 m 阶正交矩阵，$\boldsymbol{B} = \boldsymbol{AQ}$，则 $\boldsymbol{BB}^{\mathrm{T}} = \boldsymbol{AA}^{\mathrm{T}}$。载荷矩阵的这种不唯一性表面看是不利的，但我们却可以利用这种不变性，通过适当的因子变换，使变换后新的因子具有更鲜明的实际意义或可解释性。例如，我们可以通过正交变换使 $\boldsymbol{B}$ 中有尽可能多的元素等于或接近于 0，从而使因子载荷矩阵结构简单化，便于做出更有实际意义的解释。

正交变换是一种旋转变换，如果我们选取方差大的正交旋转，即将各个因子旋转到某个位置，使每个变量在旋转后的因子轴上的投影向大小两级分化，从而使每个因子中的高载荷只出现在少数的变量上，在后得到的旋转因子载荷矩阵中，每列元素除几个值外，其余的值均接近于 0。

下面以两个因子的平面正交旋转为例来说明其原理。设因子载荷矩阵为 $\boldsymbol{A} = (a_{ij})$，其中 $i = 1, 2, \cdots, p; \ j = 1, 2$。取正交矩阵

$$\boldsymbol{Q} = \begin{bmatrix} \cos\phi & -\sin\phi \\ \sin\phi & \cos\phi \end{bmatrix} \tag{3.49}$$

以矩阵 $\boldsymbol{Q}$ 进行旋转是逆时针旋转。如果作顺时针旋转，只需将式 (3.49) 次对角线上的两个元素对换即可，并记

$$\boldsymbol{B} = \boldsymbol{A}\boldsymbol{Q} = (b_{ij}) \qquad i = 1, 2, \cdots, p; \ j = 1, 2 \tag{3.50}$$

称 $\boldsymbol{B}$ 为旋转因子载荷矩阵，此时式 (3.35) 模型变为

$$\boldsymbol{Z} = \boldsymbol{B}(\boldsymbol{Q}^{\mathrm{T}}\boldsymbol{F}) + \boldsymbol{\varepsilon} \tag{3.51}$$

同时，公共因子 $\boldsymbol{F}$ 也随之变为 $\boldsymbol{Q}^{\mathrm{T}}\boldsymbol{F}$，现在希望通过旋转，将变量分为主要由不同因子说明的两部分，因此，要求 $(b_{11}^2, b_{21}^2, \cdots, b_{p1}^2)$ 和 $(b_{12}^2, b_{22}^2, \cdots, b_{p2}^2)$ 这两列数据分别求得的方差尽可能大。

下面考虑相对方差，其计算式为

$$V_j = \frac{1}{p}\sum_{i=1}^{p}\left(\frac{b_{ij}^2}{h_i^2}\right)^2 - \left(\frac{1}{p}\sum_{i=1}^{p}\frac{b_{ij}^2}{h_i^2}\right)^2 \qquad j = 1, 2 \tag{3.52}$$

取 b_{ij}^2 是为了消除 b_{ij} 符号的影响，除以 h_i^2 是为了消除各个变量对公共因子依赖程度不同的影响，正交旋转是为了使总方差 $V = V_1 + V_2$ 达到最大。令 $\dfrac{\mathrm{d}V}{\mathrm{d}\phi} = 0$，经计算，$\phi$ 应满足

$$\tan 4\phi = \frac{D_0 - 2A_0 B_0/p}{C_0 - (A_0^2 - B_0^2)/p} \tag{3.53}$$

其中：

$$A_0 = \sum_{i=1}^{p} u_i; \quad B_0 = \sum_{i=1}^{p} v_i \tag{3.54}$$

$$C_0 = \sum_{i=1}^{p}(u_i^2 - v_i^2); \quad D_0 = 2\sum_{i=1}^{p} u_i v_i \tag{3.55}$$

$$u_i = \left(\frac{a_{i1}}{h_i}\right)^2 - \left(\frac{a_{i2}}{h_i}\right)^2; \quad v_i = \frac{2a_{i1}a_{i2}}{h_i^2} \tag{3.56}$$

当 $m=2$ 时，还可以通过图解法，凭直觉将坐标轴旋转一个角度 ϕ，一般的做法是先对变量聚类，利用这些类很容易确定新的公共因子。

当公共因子数 $m>2$ 时，可以每次考虑不同的两个因子的旋转，从 m 个因子中每次选两个旋转，共有 $C_m^2=\dfrac{m(m-1)}{2}$ 种旋转，做完这 $\dfrac{m(m-1)}{2}$ 次旋转就算完成了一个循环，然后重新开始第二个循环。每经一个循环，$\boldsymbol{A}$ 矩阵各列的相对方差和 V 就会变大，当第 k 次循环后的 $V^{(k)}$ 与上一次循环的 $V^{(k-1)}$ 比较变化不大时，就停止旋转。

综上所述，因子分解的算法流程见算法 3.3。

算法 3.3　　因子分解算法

（1）　将原始数据标准化，以消除变量间在数量级和量纲上的不同。

（2）　求标准化数据的相关矩阵。

（3）　求相关矩阵的特征值和特征向量。

（4）　计算方差贡献率与累积方差贡献率。

（5）　确定因子：设 $F_1,F_2,\cdots,F_p$ 为 p 个因子，其中前 m 个因子包含的数据信息总量（即其累积贡献率）不低于 85% 时，可取前 m 个因子来反映原评价指标。

（6）　因子旋转：若所得的 m 个因子无法确定或其实际意义不是很明显，这时需将因子进行旋转以获得较为明显的实际意义。

（7）　用原指标的线性组合来求得各因子得分，采用 Bartlett 估计法计算因子得分。

（8）　综合得分：以各因子的方差贡献率为权，由各因子的线性组合得到综合评价指标函数为

$$F=\frac{\gamma_1 F_1+\gamma_2 F_2+\cdots+\gamma_m F_m}{\gamma_1+\gamma_2+\cdots+\gamma_m}=\sum_{i=1}^{m}\omega_i F_i \tag{3.57}$$

其中，ω_i 为旋转前或旋转后因子的方差贡献率。

（9）　得分排序：利用综合得分分析得到得分名次。

---

2. 实例分析

实例数据是来自行业的 10 个相关指标，通过因子分析提取出一些反映不同特征的因子。最后根据因子对行业进行排名，具体的 Python 实现算法如下：

```
1   import numpy as np
2   import pandas as pd
3   from sklearn.decomposition import FactorAnalysis
4
5   #导入数据
6   datafile = u'D:\\pythondata\\learn\\dimensionality_reduction.xlsx'
7   data = pd.read_excel(datafile)
8   data_fea = data.iloc[:,1:]#取数据中指标所在的列
9   data_fea = data_fea.fillna(0)#填补缺失值
10
11  #标准化
12  data_mean = data_fea.mean()
```

```
13  data_std = data_fea.std()
14  data_fea = (data_fea - data_mean)/data_std
15
16  #因子分析，并选取潜在因子的个数为10
17  FA = FactorAnalysis(n_components = 10).fit_transform(data_fea.values)
18
19  #潜在因子归一化
20  from sklearn import preprocessing
21  min_max_scaler = preprocessing.MinMaxScaler()
22  FA = min_max_scaler.fit_transform(FA)
23
24  #绘制图像，观察潜在因子的分布情况
25  import matplotlib.pyplot as plt
26  plt.figure(figsize=(12,8))
27  plt.title('Factor Analysis Components')
28  plt.scatter(FA[:,0], FA[:,1])
29  plt.scatter(FA[:,1], FA[:,2])
30  plt.scatter(FA[:,2],FA[:,3])
31  plt.scatter(FA[:,3],FA[:,4])
32  plt.scatter(FA[:,4],FA[:,5])
33  plt.scatter(FA[:,5],FA[:,6])
34  plt.scatter(FA[:,6],FA[:,7])
35  plt.scatter(FA[:,7],FA[:,8])
36  plt.scatter(FA[:,8],FA[:,9])
37  plt.scatter(FA[:,9],FA[:,0])
```

基于因子分析的特征提取如图 3.4 所示。

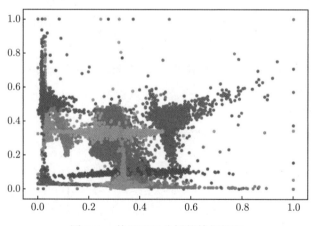

图 3.4　基于因子分析的特征提取

3.1.3　独立分量分析

1. 独立分量分析算法

独立分量分析（Independent Component Analysis，ICA）是近年来发展起来的一种新的信号处理技术。基本的 ICA 是指从多个源信号的线性混合信号中分离出源信号的技术。

除已知源信号是统计独立外，无其他先验知识，ICA 是伴随着盲信源问题而发展起来的，故又称盲分离。

在复杂的背景环境中所接收的信号往往是由不同信源产生的多路信号的混合信号。例如，几个麦克风同时收到多个说话者的语音信号；在声呐、阵列及通信的信号处理中，耦合使数据相互混叠；多传感器检测的生物信号中，得到的也是多个未知源信号的混叠。ICA 方法是基于信源之间的相互统计独立性。与传统的滤波方法和累加平均方法相比，ICA 在消除噪声的同时，对其他信号的细节几乎没有破坏，且去噪性能也要比传统的滤波方法好很多。而且，与基于特征分析，如奇异值分解（SVD）、主成分分析（PCA）等传统信号分离方法相比，ICA 是基于高阶统计特性的分析方法。在很多应用中，对高阶统计特性的分析更符合实际。

独立分量分析在通信、阵列信号处理、生物医学信号处理、语音信号处理、信号分析及过程控制的信号去噪和特征提取等领域有着广泛的应用，还可以用于数据挖掘。

考虑盲信号分离（Blind Signal Separation）的问题：设有 d 个独立的标量信号源发出信号序列，其在时刻 t 发出的信号序列可表示为 $\boldsymbol{s}_t = (s_t^{(1)}, s_t^{(2)}, \cdots, s_t^{(d)})^{\mathrm{T}} \in \mathbb{R}^d$。同样地，有 d 个观测器在进行采样，其在时刻 t 记录的信号可表示为 $\boldsymbol{x}_t \in \mathbb{R}^d$。认为二者满足下式，其中矩阵 $\boldsymbol{A} \in \mathbb{R}^{d \times d}$ 称为 Mixing Matrix，可看出信道衰减参数。

$$\boldsymbol{x}_t = \boldsymbol{A}\boldsymbol{s}_t \tag{3.58}$$

显然，有多少个采样时刻，就可以理解为有多少个样本；而信号源的个数可以理解为特征的维数。ICA 的目标就是从 x 中提取出 d 个独立成分，即找到矩阵 unmixing matrix $\boldsymbol{W}$，则有

$$\boldsymbol{s}_t = \boldsymbol{W}\boldsymbol{x}_t, \quad \boldsymbol{W} = \boldsymbol{A}^{-1} \tag{3.59}$$

将矩阵 $\boldsymbol{W}$ 记为 $\boldsymbol{W} = (\boldsymbol{w}_1^{\mathrm{T}}; \boldsymbol{w}_2^{\mathrm{T}}; \cdots; \boldsymbol{w}_d^{\mathrm{T}})$，也就是其第 j 行是 $\boldsymbol{w}_j^{\mathrm{T}}$，那么 $s_i^{(j)} = \boldsymbol{w}_j^{\mathrm{T}}\boldsymbol{x}_i$。这里的 $\boldsymbol{W}$ 相比于 PCA 推导中的 $\boldsymbol{W}$ 差一个转置。

ICA 分析过程如图 3.5所示。

记录随机向量 $\boldsymbol{X}$ 的值 m 次，则形成数据集：

$$\boldsymbol{D} = \begin{bmatrix} d_{1,1} & d_{1,2} & \cdots & d_{1,m} \\ d_{2,1} & d_{2,2} & \cdots & d_{2,m} \\ \vdots & \vdots & \ddots & \vdots \\ d_{n,1} & d_{n,2} & \cdots & d_{n,m} \end{bmatrix} \tag{3.60}$$

其中，$\boldsymbol{D} \in R^{n \times m}$，ICA 的目标就是在只知道 $\boldsymbol{D}$ 的情况下，估算 $\boldsymbol{A}$、$\boldsymbol{W}$ 和 $\boldsymbol{s}$ 的值。

设随机变量 s 概率密度函数是 $p_{\boldsymbol{s}}(\boldsymbol{s})$，其中 p 的右下角 s 表示随机变量标示，括号中的 s 表示自变量。由于 s 的 n 个成员 $s^{(j)}$ 是相互独立的，所以 s 的概率密度函数为

$$p_{\boldsymbol{s}}(\boldsymbol{s}) = \prod_{j=1}^{n} p_s(s^{(j)}) \tag{3.61}$$

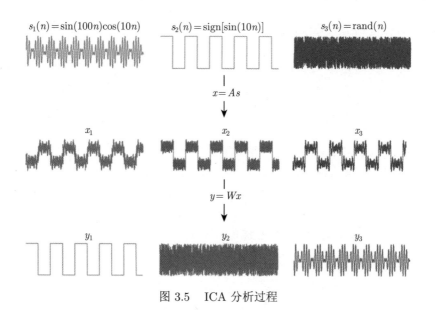

$$s_1(n) = \sin(100n)\cos(10n) \qquad s_2(n) = \mathrm{sign}[\sin(10n)] \qquad s_3(n) = \mathrm{rand}(n)$$

$$x = As$$

$$x_1 \qquad x_2 \qquad x_3$$

$$y = Wx$$

$$y_1 \qquad y_2 \qquad y_3$$

图 3.5 ICA 分析过程

观测信号 $\boldsymbol{s}_t$ 和观测信号 $\boldsymbol{x}_t$ 的关系是 $\boldsymbol{x}_t = A\boldsymbol{s}_t$，它们的概率密度函数有如下关系：

$$p_{\boldsymbol{X}}(\boldsymbol{x}) = \frac{p_{\boldsymbol{s}}(\boldsymbol{s})}{\|A\|} = p_{\boldsymbol{s}}(\boldsymbol{s})\|W\| \tag{3.62}$$

可以得到下式

$$p_{\boldsymbol{X}}(\boldsymbol{x}) = \|W\| \prod_{j=1}^{n} p_{\boldsymbol{s}}(\boldsymbol{w}_j^{\mathrm{T}} \boldsymbol{x}) \tag{3.63}$$

式 (3.63) 给出了如何从 $\boldsymbol{s}$ 的概率密度计算出 $\boldsymbol{x}$ 的概率密度，其推导过程具体如下：

设随机向量 $\boldsymbol{X}$ 的概率分布函数是 $F_{\boldsymbol{X}}(\boldsymbol{x})$，根据概率分布函数和概率密度函数的关系可知：$p_{\boldsymbol{X}}(\boldsymbol{x}) = F_{\boldsymbol{X}}'(\boldsymbol{x})$。同理，设随机向量 $\boldsymbol{S}$ 的概率分布函数是 $F_{\boldsymbol{S}}(\boldsymbol{s})$，则有 $p_{\boldsymbol{s}}(\boldsymbol{s}) = F_{\boldsymbol{S}}'(\boldsymbol{s})$。

根据概率分布函数的定义，有

$$
\begin{aligned}
p_{\boldsymbol{X}}(\boldsymbol{x}) &= F_{\boldsymbol{X}}'(\boldsymbol{x}) = (P(\boldsymbol{X} \leqslant \boldsymbol{x}))' \\
&= (P(\boldsymbol{X} \leqslant \boldsymbol{u}))' = (P(\boldsymbol{U} \leqslant \boldsymbol{s}))' \\
&= (\|P(\boldsymbol{U} \leqslant W\boldsymbol{x})\|)' = (\|P(\boldsymbol{S} \leqslant W\boldsymbol{x})\|)' \\
&= (\|F_{\boldsymbol{S}}(W\boldsymbol{x})\|)' = \|F_{\boldsymbol{S}}'(W\boldsymbol{x})\| \\
&= \|p_{\boldsymbol{s}}(W\boldsymbol{x})(W\boldsymbol{x})'\| = \|p_{\boldsymbol{s}}(W\boldsymbol{x})W\| \\
&= p_{\boldsymbol{s}}(W\boldsymbol{x})\|W\| = \|W\| \prod_{j=1}^{n} p_{\boldsymbol{s}}(\boldsymbol{w}_j^{\mathrm{T}} \boldsymbol{x})
\end{aligned}
\tag{3.64}
$$

其中，式 (3.64) 的第 2 个等号是概率密度函数的定义，第 3 个等号是进行变量等价代换，

以免直接从 $\boldsymbol{X}$ 变换到 $\boldsymbol{S}$ 导致思维混乱，第 4~6 个等号是逐步将 $\boldsymbol{X}$ 代换到 $\boldsymbol{S}$，第 7 个等号是回到 $\boldsymbol{S}$ 的概率分布函数定义，第 8~10 个等号是求导。

从第 5 个等号开始，对整个等式取行列式运算，因为 $p_{\boldsymbol{X}}(\boldsymbol{x})$ 一定是标量，对标量做行列式运算是它自身。那么，到了第 10 个等号，又因为 $p_{\boldsymbol{s}}(\boldsymbol{W}\boldsymbol{x})$ 一定是标量，所以可以从行列式中移除。这里避免的问题是，如果不对整个等式取行列式，得到的结果是矩阵 $\boldsymbol{W}$ 而不是 $\|\boldsymbol{W}\|$。

注意，在式 (3.64) 中，$\boldsymbol{x}$ 是一个向量，且 $\boldsymbol{x} \in R^{n \times 1}, w_i \in R^{1 \times n}; p_{s_i}(s_i)$ 是一个单自变量的函数；$p_{\boldsymbol{X}}(\boldsymbol{x})$ 是一个多自变量函数，它的自变量是 $\boldsymbol{x}$ 里的多个变量，由此可知式 (3.63) 成立。

下一步是根据数据集计算 $\boldsymbol{W}$ 的值，从概率的角度来说，如果数据集已经记录，则让这个数据集出现概率最大的 $\boldsymbol{W}$ 就是最优值。

前述数据集出现的概率为

$$L = \prod_{i=1}^{m} \left(\|\boldsymbol{W}\| \prod_{j=1}^{n} p_{s_j}(w_j d_i) \right) \tag{3.65}$$

其中，$\prod$ 表示连乘；d_i 是 $\boldsymbol{D}$ 的第 i 列，即

$$d_i = (d_{i,1}, d_{i,2}, \cdots, d_{i,n})^{\mathrm{T}} \tag{3.66}$$

其中，d_i 的物理意义是第 i 次记录随机向量 $\boldsymbol{X}$ 得到的 n 个值，这 n 个值分别对应 n 个 $\boldsymbol{x}_i$ 随机变量。注意，不要把 d_i 和 $\boldsymbol{x}_i$ 混淆，前者表示 $\boldsymbol{D}$ 的一列数据，后者是粗体表示一个随机变量。

式 (3.65) 有最大值，当它取最大值时的 $\boldsymbol{W}$ 就是最优解。如果以梯度下降法求解，需要计算它对 $\boldsymbol{W}$ 的偏导，直接求偏导比较复杂，故对它两端取自然对数，则

$$\begin{aligned} \ln L &= \sum_{i=1}^{m} \left(\ln\|\boldsymbol{W}\| + \sum_{j=1}^{n} (\ln p_{s_j}(w_j d_i)) \right) \\ &= \sum_{i=1}^{m} \sum_{j=1}^{n} \ln p_{s_j}(w_j d_i) + m \ln\|\boldsymbol{W}\| \end{aligned} \tag{3.67}$$

当式 (3.67) 取最大值的时候，L 也同时取最大值，所以求 L 的最大值等价于求上式的最大值。

用梯度下降法求解式 (3.67)，需要计算 $\dfrac{\partial \ln L}{\partial \boldsymbol{W}}$，这是一个复杂的过程. 先从计算 $\dfrac{\partial L}{\partial w_{u,v}}$ 开始，它表示 $\boldsymbol{W}$ 的第 u 行第 v 列的一个成员：

$$\begin{aligned} \frac{\partial \ln L}{\partial w_{u,v}} &= \sum_{i=1}^{m} \sum_{j=1}^{n} \frac{1}{p_{s_j}(w_j d_i)} \frac{\partial p_{s_j}(w_j d_i)}{\partial w_{u,v}} + \frac{m}{\|\boldsymbol{W}\|} \frac{\partial \|\boldsymbol{W}\|}{\partial w_{u,v}} \\ &= \sum_{i=1}^{m} \sum_{j=1}^{n} \frac{1}{p_{s_j}(w_j d_i)} \frac{\partial p_{s_j}(w_j d_i)}{\partial w_{u,v}} + \frac{m}{\|\boldsymbol{W}\|} (-1)^{u+v} M_{uv} \end{aligned} \tag{3.68}$$

$$= \sum_{i=1}^{m} \frac{1}{p_{s_u}(w_u d_i)} \frac{\partial p_{s_u}(w_u d_i)}{\partial w_{u,v}} + \frac{m}{\|\boldsymbol{W}\|}(-1)^{u+v} M_{uv}$$

其中，$(-1)^{u+v} M_{uv}$ 为代数余子式；$\dfrac{\partial p_{s_u}(w_u x_i)}{\partial w_{u,v}}$ 的值要根据 $p_{s_i}(s_i)$ 的具体形式求解。

对于 $p_{s_i}(s_i)$，如果在没有任何先验信息的情况下，是无法求解的。如果要求解式 (3.68)，需要对它做一定的假设，在合理的假设下，可以达到相当不错的近似结果。例如，设随机变量 x_i 的概率分布函数是 sigmoid 函数，因为它是递增的，可微，且最大值不超过 1，即

$$F_{s_i}(s_i) = \frac{1}{1 + \mathrm{e}^{-s_i}} \tag{3.69}$$

那么，概率密度函数就为

$$p_{s_i}(s_i) = F'_{s_i}(s_i) = \frac{\mathrm{e}^{s_i}}{(1 + \mathrm{e}^{s_i})^2} \tag{3.70}$$

所以有

$$p_{s_u}(w_u d_i) = \frac{\mathrm{e}^{w_u d_i}}{(1 + \mathrm{e}^{w_u d_i})^2} = \mathrm{e}^{w_u d_i}(1 + \mathrm{e}^{w_u d_i})^{-2} \tag{3.71}$$

故

$$\begin{aligned}
\frac{\partial p_{s_u}(w_u d_i)}{\partial w_{u,v}} &= \mathrm{e}^{w_u d_i} d_{i,v}(1 + \mathrm{e}^{w_u d_i})^{-2} - 2\mathrm{e}^{w_u d_i}(1 + \mathrm{e}^{w_u d_i})^{-3} \mathrm{e}^{w_u d_i} d_{i,v} \\
&= \frac{d_{i,v}\mathrm{e}^{w_u d_i}}{(1 + \mathrm{e}^{w_u d_i})^2}\left(1 - 2\frac{\mathrm{e}^{w_u d_i}}{1 + \mathrm{e}^{w_u d_i}}\right) \\
&= d_{i,v} p_{s_u}(w_u d_i)\frac{1 - \mathrm{e}^{w_u d_i}}{1 + \mathrm{e}^{w_u d_i}}
\end{aligned} \tag{3.72}$$

其中，$d_{i,v}$ 是 d_i 的第 v 行的一个成员。

因此有

$$\begin{aligned}
\frac{\partial \ln L}{\partial w_{u,v}} &= \sum_{i=1}^{m} \frac{1}{p_{s_u}(w_u d_i)} \frac{\partial p_{s_u}(w_u d_i)}{\partial w_{u,v}} + \frac{m}{\|\boldsymbol{W}\|}(-1)^{u+v} M_{uv} \\
&= \sum_{i=1}^{m} \frac{1}{p_{s_u}(w_u d_i)} d_{i,v} p_{s_u}(w_u d_i)\frac{1 - \mathrm{e}^{w_u d_i}}{1 + \mathrm{e}^{w_u d_i}} + \frac{m}{\|\boldsymbol{W}\|}(-1)^{u+v} M_{uv} \\
&= \sum_{i=1}^{m} d_{i,v}\frac{1 - \mathrm{e}^{w_u d_i}}{1 + \mathrm{e}^{w_u d_i}} + \frac{m}{\|\boldsymbol{W}\|}(-1)^{u+v} M_{uv}
\end{aligned} \tag{3.73}$$

现在对式 (3.73) 进行矩阵化，$\boldsymbol{K} = \boldsymbol{WD}$，其中 $\boldsymbol{K} \in \boldsymbol{R}^{n \times m}, \boldsymbol{W} \in \boldsymbol{R}^{n \times n}, \boldsymbol{D} \in \boldsymbol{R}^{n \times m}$，那么 $k_{u,i}$ 就是 $\boldsymbol{K}$ 的第 u 行第 i 列的一个成员，令

$$g(x) = \frac{1 - \mathrm{e}^x}{1 + \mathrm{e}^x} \tag{3.74}$$

记

$$\boldsymbol{Z} = g(\boldsymbol{K}) = \begin{bmatrix} g(k_{1,1}) & g(k_{1,2}) & \cdots & g(k_{1,m}) \\ g(k_{2,1}) & g(k_{2,2}) & \cdots & g(k_{2,m}) \\ \vdots & \vdots & \ddots & \vdots \\ g(k_{n,1}) & g(k_{n,2}) & \cdots & g(k_{n,m}) \end{bmatrix} \tag{3.75}$$

那么，就得到

$$\frac{\partial \ln L}{\partial w_{u,v}} = z_u^{\mathrm{T}} d_v + \frac{m}{\|W\|}(-1)^{u+v} M_{uv} \tag{3.76}$$

其中，z_u 是 $\boldsymbol{Z}$ 的第 u 行；d_v 是 $\boldsymbol{D}$ 的第 v 列。

于是，对 $\boldsymbol{W}$ 而言，则有

$$\frac{\partial \ln L}{\partial \boldsymbol{W}} = \boldsymbol{Z}^{\mathrm{T}} \boldsymbol{D} + \frac{m}{\|\boldsymbol{W}\|}(\boldsymbol{W}^*)^{\mathrm{T}} \tag{3.77}$$

其中，$\boldsymbol{W}^*$ 是 $\boldsymbol{W}$ 的伴随矩阵；$(\boldsymbol{W}^*)^{\mathrm{T}}$ 是 $\boldsymbol{W}^*$ 的转置，它的第 i 行第 j 列的元素是 $w_{i,j}$ 的代数余子式，也就是 $(-1)^{i+j} M_{i,j}$。

根据矩阵和其伴随阵的性质可知

$$\boldsymbol{W}\boldsymbol{W}^* = \|\boldsymbol{W}\|\boldsymbol{I} \tag{3.78}$$

其中，$\boldsymbol{I}$ 是单位矩阵。

根据式 (3.77) 和式 (3.78) 可知

$$\begin{aligned} \frac{\partial \ln L}{\partial \boldsymbol{W}} &= \boldsymbol{Z}^{\mathrm{T}} \boldsymbol{D} + \frac{m}{\|\boldsymbol{W}\|}(\boldsymbol{W}^*)^{\mathrm{T}} \\ &= \boldsymbol{Z}^{\mathrm{T}} \boldsymbol{D} + \frac{m}{\|\boldsymbol{W}\|}(\|\boldsymbol{W}\|\boldsymbol{W}^{-1})^{\mathrm{T}} \\ &= \boldsymbol{Z}^{\mathrm{T}} \boldsymbol{D} + m(\boldsymbol{W}^{-1})^{\mathrm{T}} \end{aligned} \tag{3.79}$$

那么，在梯度下降法求解 $\boldsymbol{W}$ 时，更新公式为

$$\boldsymbol{W} = \boldsymbol{W} + \alpha(\boldsymbol{Z}^{\mathrm{T}} \boldsymbol{D} + m(\boldsymbol{W}^{-1})^{\mathrm{T}}) \tag{3.80}$$

其中，α 是学习速率。

2. FastICA 算法

FastICA 算法又称固定点 (Fixed-Point) 算法，是由芬兰赫尔辛基大学 Hyvrinen 等提出来的。这是一种快速寻优迭代算法，与普通的神经网络算法不同的是这种算法采用了批处理的方式，即在每步迭代中都有大量的样本数据参与运算。但是从分布式并行处理的观点看该算法仍可认为是一种神经网络算法。FastICA 算法有基于峭度、基于似然最大、基于负熵最大等形式，这里介绍基于负熵最大的 FastICA 算法。它以负熵最大作为一个

搜寻方向, 可以实现顺序地提取独立源, 充分体现了投影追踪 (Projection Pursuit) 这种传统线性变换的思想。此外, 该算法采用了定点迭代的优化算法, 使得收敛更加快速、稳健。

根据中心极限定理, 若一随机变量由许多相互独立的随机变量之和组成, 只要具有有限的均值和方差, 则无论其为何种分布, 随机变量的极限分布均为高斯分布, 即具有较强的高斯性。因此, 在分离过程中, 可通过对分离结果的非高斯性度量来表示分离结果间的相互独立性, 当非高斯性度量达到最大时, 表明已完成对各独立分量的分离。

由极大熵原理可知, 在方差相同的条件下, 所有概率分布中, 高斯分布的熵最大; 因而可以利用熵来度量分布的非高斯性。因此通过度量分离结果的非高斯性, 作为分离结果独立性的度量; 当非高斯性达到最大时, 表明已完成对各个分量的分离。因为 FastICA 算法以负熵最大作为一个搜寻方向, 因此先讨论一下负熵判决准则。我们可以利用熵来度量非高斯性, 常用熵的修正形式, 即负熵。

负熵的定义为

$$J_g(Y) = H(Y_G) - H(X) = D(p(Y)\|p_G(Y)) \tag{3.81}$$

其中, Y_G 是和 Y 具有相同协方差的高斯随机变量, $H(\cdot)$ 为随机变量的微分熵, 定义为

$$H(Y) = -\int p_Y(y)\log p_Y(y)\mathrm{d}y \tag{3.82}$$

根据信息理论, 在具有相同方差的随机变量中, 高斯分布的随机变量具有最大的微分熵。当 Y 具有高斯分布时, $J_g(Y) = 0$, Y 的非高斯性越强, 其微分熵越小, $J_g(Y)$ 的值越大, 所以 $J_g(Y)$ 可以作为随机变量 Y 非高斯性的测度。采用负熵定义求解需要知道 Y 的概率密度分布函数, 但实际是不可能知道的, 于是采用下面的近似公式, 即

$$J_g(Y) = \{E[g(Y)] - E[g(Y_G)]\}^2 \tag{3.83}$$

其中, $E[\cdot]$ 为均值运算, $g(\cdot)$ 为非线性函数, 可取 $g_1(y) = \tanh(a_1 y)$ 或 $g_2(y) = y\exp(-y^2/2)$ 或 $g_3(y) = y^3$ 等非线性函数, 这里 $1 \leqslant a_1 \leqslant 2$, 通常取 $a_1 = 1$。

FastICA 的规则就是找到一个方向以便使 $\boldsymbol{W}^{\mathrm{T}}\boldsymbol{X}(Y = \boldsymbol{W}^{\mathrm{T}}\boldsymbol{X})$ 具有最大的非高斯性, 非高斯性用 $J_g(Y) = \{E[g(Y)] - E[g(Y_G)]\}^2$ 给出的负熵的近似值来度量。$\boldsymbol{W}^{\mathrm{T}}\boldsymbol{X}$ 的方差约束为 1, 对于白化数据, 等价于约束 $\boldsymbol{W}$ 的范数为 1。

FastICA 的推导如下:

(1) $\boldsymbol{W}^{\mathrm{T}}\boldsymbol{X}$ 的负熵的最大近似值能通过对 $E\{g(\boldsymbol{W}^{\mathrm{T}}\boldsymbol{X})\}$ 进行优化取得。在 $E\{(\boldsymbol{W}^{\mathrm{T}}\boldsymbol{X})^2\} = \|\boldsymbol{W}\|^2 = 1$ 的约束下, $E\{g(\boldsymbol{W}^{\mathrm{T}}\boldsymbol{X})\}$ 的最优值能在满足下式的点上获得

$$E\{\boldsymbol{X}g(\boldsymbol{W}^{\mathrm{T}}\boldsymbol{X})\} + \beta\boldsymbol{W} = 0 \tag{3.84}$$

其中, $\beta = E\{\boldsymbol{W}_0^{\mathrm{T}}\boldsymbol{X}g(\boldsymbol{W}^{\mathrm{T}}\boldsymbol{X})\}$ 是一个恒定值; $\boldsymbol{W}_0$ 是优化后的 $\boldsymbol{W}$ 值。

(2) 利用牛顿迭代法解式 (3.84)。用 F 表示左边的函数, 得到 F 的雅克比矩阵 $\boldsymbol{J}_F(\boldsymbol{W})$, 即

$$\boldsymbol{J}_{\mathrm{F}}(\boldsymbol{W}) = E\{\boldsymbol{X}\boldsymbol{X}^{\mathrm{T}}g^{'}(\boldsymbol{W}^{\mathrm{T}}\boldsymbol{X})\} - \beta\boldsymbol{I} \tag{3.85}$$

可以近似为第一项，即忽略 $\beta\boldsymbol{I}$。

由于数据被球化，所以 $E\{\boldsymbol{X}\boldsymbol{X}^{\mathrm{T}}\}=\boldsymbol{I}$，所以有

$$E\{\boldsymbol{X}\boldsymbol{X}^{\mathrm{T}}g'(\boldsymbol{W}^{\mathrm{T}}\boldsymbol{X})\} \approx E\{\boldsymbol{X}\boldsymbol{X}^{\mathrm{T}}\} \times E\{g'(\boldsymbol{W}^{\mathrm{T}}\boldsymbol{X})\} = E\{g'(\boldsymbol{W}^{\mathrm{T}}\boldsymbol{X})\}\boldsymbol{I} \tag{3.86}$$

从而雅可比矩阵变成了对角阵，并且比较容易求逆。因而得到下面的近似牛顿迭代公式：

$$\boldsymbol{W}^* = \boldsymbol{W} - [E\{\boldsymbol{X}g(\boldsymbol{W}^{\mathrm{T}}\boldsymbol{X})\} - \beta\boldsymbol{W}]/[E\{g'(\boldsymbol{W}^{\mathrm{T}}\boldsymbol{X})\} - \beta] \tag{3.87}$$

$$\boldsymbol{W} = \boldsymbol{W}^*/\|\boldsymbol{W}^*\| \tag{3.88}$$

这里的 $\boldsymbol{W}^*$ 是 $\boldsymbol{W}$ 的新值，$\beta = E\{\boldsymbol{W}^{\mathrm{T}}\boldsymbol{X}g(\boldsymbol{W}^{\mathrm{T}}\boldsymbol{X})\}$，规格化能提高稳定性。

简化后得到 FastICA 的迭代公式：

$$\boldsymbol{W}^* = E\{\boldsymbol{X}g(\boldsymbol{W}^{\mathrm{T}}\boldsymbol{X})\} - E\{g'(\boldsymbol{W}^{\mathrm{T}}\boldsymbol{X})\}\boldsymbol{W} \tag{3.89}$$

$$\boldsymbol{W} = \boldsymbol{W}^*/\|\boldsymbol{W}^*\| \tag{3.90}$$

实践中，FastICA 算法中用的期望必须用其估计值代替。最好的估计是相应样本的平均。在理想情况下，所有有效数据都应该参与计算，但是会降低运算速度，所以通常选取一部分样本的平均来估计，样本数目的多少对最后估计的精确度有很大影响。迭代中的样本点应该分别选取，假如收敛不理想，可以增加样本数量。

FastICA 算法流程见算法 3.4。

算法 3.4 FastIAC 算法

（1）对观测数据 $\boldsymbol{X}$ 进行中心化处理，使样本的每个属性均值为 0。

（2）对数据进行白化处理 $\boldsymbol{Z} = \boldsymbol{\Lambda} \times \boldsymbol{X}$，$\boldsymbol{\Lambda}$ 即白化矩阵。

（3）设置迭代的最大次数、收敛条件，设置迭代次数 $p = 1$。

（4）设定初始权向量 $\boldsymbol{W}_p$。

（5）令 $\boldsymbol{W}_p = E\{\boldsymbol{Z}g(\boldsymbol{W}_p^{\mathrm{T}}\boldsymbol{Z})\} - E\{g'(\boldsymbol{W}_p^{\mathrm{T}}\boldsymbol{Z})\} * \boldsymbol{W}_p$，其中非线性函数 $g(x)$，可取 $g_1(x) = \tanh(x)$ 或 $g_2(y) = y * \exp(-y^2/2)$ 或 $g_3(y) = y^3$ 等非线性函数。

（6）逐次正交化 $\boldsymbol{W}_p = \boldsymbol{W}_p - \sum_{j=1}^{p-1}(\boldsymbol{W}_p^{\mathrm{T}}\boldsymbol{W}_j)\boldsymbol{W}_j$。

（7）令 $\boldsymbol{W}_p \leftarrow \boldsymbol{W}_p/\|\boldsymbol{W}_p\|$。

（8）判断 $\boldsymbol{W}_p$ 是否收敛，不收敛则返回步骤（5）。

（9）令 $p = p + 1$，如果 $p \leqslant m(m$ 是信号个数），返回步骤（4）。

FastICA 算法中需要对数据进行白化处理。白化处理就是使 $\boldsymbol{\Lambda}$ 的范数为 1，即使 $\boldsymbol{\Lambda}\boldsymbol{X}$ 的方差估计为 1，即对于一个随机变量 $\boldsymbol{X}$，存在一个线性变换 $\boldsymbol{\Lambda}$ 将它变成 $\boldsymbol{Z}$，使得 $\boldsymbol{Z} = \boldsymbol{\Lambda}\boldsymbol{X}$，且 $E(\boldsymbol{Z}^{\mathrm{T}}\boldsymbol{Z}) = \boldsymbol{I}$，则 $\boldsymbol{\Lambda}$ 就是白化变换矩阵。

由白化处理定义知，$\boldsymbol{X}$ 的协方差阵是 $\boldsymbol{C}_{\boldsymbol{X}} = E\{\boldsymbol{X}\boldsymbol{X}^{\mathrm{T}}\}$，$\boldsymbol{C}_{\boldsymbol{X}} = \boldsymbol{P}\boldsymbol{D}\boldsymbol{P}^{\mathrm{T}}$，$\boldsymbol{P}$ 是 $\boldsymbol{C}_{\boldsymbol{X}}$ 的单位特征向量，$\boldsymbol{D}$ 是 $\boldsymbol{C}_{\boldsymbol{X}}$ 的特征值组成的对角阵。则 $\boldsymbol{\Lambda}$ 的值为

$$\boldsymbol{\Lambda} = \boldsymbol{D}^{-\frac{1}{2}}\boldsymbol{P}^{\mathrm{T}} \tag{3.91}$$

证明如下：

由单位向量性质得到 $\boldsymbol{P}^{\mathrm{T}} = \boldsymbol{P}^{-1}$，由于 $\boldsymbol{D}$ 是对角阵，则 $(\boldsymbol{D}^{-\frac{1}{2}})^{\mathrm{T}} = \boldsymbol{D}^{-\frac{1}{2}}$，则有

$$
\begin{aligned}
E\{\boldsymbol{\Lambda X}(\boldsymbol{\Lambda X})^{\mathrm{T}}\} &= E\{\boldsymbol{\Lambda X X}^{\mathrm{T}}\boldsymbol{\Lambda}^{\mathrm{T}}\} = E\{\boldsymbol{\Lambda P D P}^{\mathrm{T}}\boldsymbol{\Lambda}^{\mathrm{T}}\} \\
&= E\{\boldsymbol{\Lambda P D P}^{\mathrm{T}}\boldsymbol{\Lambda}^{\mathrm{T}}\} = E\{\boldsymbol{D}^{-\frac{1}{2}}\boldsymbol{P}^{\mathrm{T}}\boldsymbol{P D P}^{\mathrm{T}}\boldsymbol{P}(\boldsymbol{D}^{-\frac{1}{2}})^{\mathrm{T}}\} \\
&= E\{\boldsymbol{D}^{-\frac{1}{2}}\boldsymbol{D D}^{-\frac{1}{2}}\} = E\{\boldsymbol{I}\} = \boldsymbol{I}
\end{aligned}
\tag{3.92}
$$

由此得出结论。

FastICA 算法的 Python 实现如下：

```python
import math
import random
import matplotlib.pyplot as plt
from numpy import *

n_components = 2
def f1(x, period = 4):
    return 0.5*(x-math.floor(x/period)*period)

def create_data():
    #data number
    n = 500
    #data time
    T = [0.1*xi for xi in range(0, n)]
    #source
    S=array([[sin(xi) for xi in T], [f1(xi) for xi in T]], float32)
    #mix matrix
    A = array([[0.8, 0.2], [-0.3, -0.7]], float32)
    return T, S, dot(A, S)

def whiten(X):
    #zero mean
    X_mean = X.mean(axis=-1)
    X -= X_mean[:, newaxis]
    #whiten
    A = dot(X, X.transpose())
    D , E = linalg.eig(A)
    D2 = linalg.inv(array([[D[0], 0.0], [0.0, D[1]]], float32))
    D2[0,0] = sqrt(D2[0,0]); D2[1,1] = sqrt(D2[1,1])
    V = dot(D2, E.transpose())
    return dot(V, X), V

def _logcosh(x, fun_args=None, alpha = 1):
    gx = tanh(alpha * x, x); g_x = gx ** 2; g_x -= 1.; g_x *= -alpha
    return gx, g_x.mean(axis=-1)

def do_decorrelation(W):
    #black magic
    s, u = linalg.eigh(dot(W, W.T))
    return dot(dot(u * (1. / sqrt(s)), u.T), W)
```

```
41
42  def do_fastica(X):
43      n, m = X.shape; p = float(m); g = _logcosh
44      #black magic
45      X *= sqrt(X.shape[1])
46      #create w
47      W = ones((n,n), float32)
48      for i in range(n):
49          for j in range(i):
50              W[i,j] = random.random()
51      #compute W
52      maxIter = 200
53      for ii in range(maxIter):
54          gwtx, g_wtx = g(dot(W, X))
55          W1 = do_decorrelation(dot(gwtx, X.T) / p - g_wtx[:, newaxis] * W)
56          lim = max( abs(abs(diag(dot(W1, W.T))) - 1) )
57          W = W1
58          if lim < 0.0001:
59              break
60      return W
61
62  def show_data(T, S):
63      plt.plot(T, [S[0,i] for i in range(S.shape[1])], marker="*")
64      plt.plot(T, [S[1,i] for i in range(S.shape[1])], marker="o")
65      plt.show()
66
67  def main():
68      T, S, D = create_data()
69      Dwhiten, K = whiten(D)
70      W = do_fastica(Dwhiten)
71      #Sr: reconstructed source
72      Sr = dot(dot(W, K), D)
73      show_data(T, D)
74      show_data(T, S)
75      show_data(T, Sr)
76  if __name__ == "__main__":
77      main()
```

3. PCA 与 ICA 的关系

PCA 的问题其实是一个基的变换，使得变换后的数据有最大的方差。方差的大小描述的是一个变量的信息量，我们在讲一个东西的稳定性时，往往说要减小方差，如果一个模型的方差很大，就说明模型不稳定了。但对我们用于机器学习的数据（主要是训练数据），方差大才有意义，如果输入的数据都是同一个点，那方差就为 0 了，这样输入的多个数据就相当于一个数据了。

ICA 是找出用于找出信号的相互独立部分（不需要正交），对应高阶统计量分析。ICA 理论认为用来观测的混合数据阵 X 是由独立元 S 经过 A 线性加权获得的。ICA 理论的目标就是通过 X 求得一个分离矩阵 W，使得 W 作用在 X 上所获得的信号 Y 是独立元 S 的最优逼近。

ICA 相比于 PCA 更能反映变量的随机统计特性，且能抑制高斯噪声；ICA 寻找的是最能使数据相互独立的方向，而 PCA 仅要求方向是不相关的。独立可以推出不相关，反之则不可以，而在高斯分布的情况下独立等价于不相关。因此 ICA 需要数据的高阶统计量，PCA 则只需要二阶统计量。

3.1.4 线性判别分析

线性判别分析（Linear Discriminant Analysis，LDA），也称为 Fisher 线性判别，是模式识别的经典算法，它是在 1996 年由 Belhumeur 引入模式识别和人工智能领域的。线性判别分析的基本思想是将高维的模式样本投影到最佳鉴别矢量空间，以达到抽取分类信息和压缩特征空间维数的效果，投影后保证模式样本在新的子空间有最大的类间距离和最小的类内距离，即模式在该空间中有最佳的可分离性。因此，它是一种有效的特征抽取方法。使用这种方法能够使投影后模式样本的类间散布矩阵最大，同时类内散布矩阵最小。也就是说，它能够保证投影后模式样本在新的空间中有最小的类内距离和最大的类间距离，即模式在该空间中有最佳的可分离性。

LDA 的原理是，将带上标签的数据（点）投影到维度更低的空间中，使投影后的点形成按类别区分的各个不同的簇。相同类别的点，将会在投影后的空间中更接近。要理解 LDA，首先得弄明白线性分类器（Linear Classifier），因为 LDA 是一种线性分类器。对于 K-分类的一个分类问题，会有 K 个线性函数，即

$$y_k(x) = \boldsymbol{w}_k^{\mathrm{T}} \boldsymbol{x} + \boldsymbol{w}_{k0} \tag{3.93}$$

当满足条件：对于所有的 j，都有 $Y_k > Y_j$ 时，我们就说 x 属于类别 k。对于每个分类，都有一个公式去算一个分值，在所有公式得到的分值中，找一个最大的就是其所属分类。

式 (3.93) 实际上就是一种投影，是将一个高维的点投影到一条高维的直线上，LDA 追求的目标是，给出一个标注了类别的数据集投影到一条直线之后，能够使点尽量按类别区分开，当 $k=2$ 时，即二分类问题的 LDA 示意图，如图 3.6 所示。

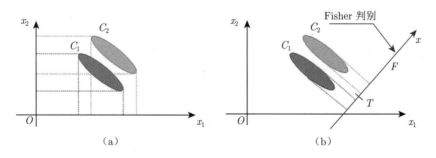

图 3.6 LAD 示意图（$k=2$）

可以看到两个类别，一个浅灰，一个深灰。图 3.6（a）是两个类别的原始数据，现在要求将数据从二维降到一维。直接投影到 x_1 轴或 x_2 轴，不同类别之间会有重复，导致分类效果下降。图 3.6（b）映射到的直线就是用 LDA 计算得到的，可以看到，深灰和浅灰

在映射之后的距离是最大的，而且每个类别内部点的离散程度是最小的（或说聚集程度是最大的）。

首先使用两类样本来说明 LDA 基本原理，然后再推广至多类问题。

假设数据集 $D = \{(\boldsymbol{x}_1, y_1), (\boldsymbol{x}_2, y_2), \cdots, (\boldsymbol{x}_m, y_m)\}$，其中任意样本 $\boldsymbol{x}_i$ 为 n 维向量，$y_i \in \{0, 1\}$，定义 $N_j(j = 0, 1)$ 为第 j 类样本的个数，$X_j(j = 0, 1)$ 为第 j 类样本的集合，而 $\boldsymbol{\mu}_j(j = 0, 1)$ 为第 j 类样本的均值向量，定义 $\boldsymbol{\Sigma}_j(j = 0, 1)$ 为第 j 类样本的协方差矩阵（严格说是缺少分母部分的协方差矩阵）。

$\boldsymbol{\mu}_j$ 的表达式为：$\boldsymbol{\mu}_j = \dfrac{1}{N_j} \sum\limits_{x \in X_j} x \ (j = 0, 1)$，

$\boldsymbol{\Sigma}_j$ 的表达式为：$\boldsymbol{\Sigma}_j = \sum\limits_{x \in X_j} (x - \boldsymbol{\mu}_j)(x - \boldsymbol{\mu}_j)^{\mathrm{T}} \ (j = 0, 1)$。

由于是两类数据，因此只需要将数据投影到一条直线上。假设投影直线是向量 $\boldsymbol{w}$，则对任意一个样本 $\boldsymbol{x}_i$，它在直线 $\boldsymbol{w}$ 的投影为 $\boldsymbol{w}^{\mathrm{T}}\boldsymbol{x}_i$，对于两个类别的中心点 $\boldsymbol{\mu}_0$ 和 $\boldsymbol{\mu}_1$，在直线 $\boldsymbol{w}$ 的投影为 $\boldsymbol{w}^{\mathrm{T}}\boldsymbol{\mu}_0$ 和 $\boldsymbol{w}^{\mathrm{T}}\boldsymbol{\mu}_1$。由于 LDA 需要让不同类别数据的类别中心之间的距离尽可能大，也就是要最大化 $\|\boldsymbol{w}^{\mathrm{T}}\boldsymbol{\mu}_0 - \boldsymbol{w}^{\mathrm{T}}\boldsymbol{\mu}_1\|_2^2$，同时希望同一种类别数据的投影点尽可能地接近，也就是要同类样本投影点的协方差 $\boldsymbol{w}^{\mathrm{T}}\boldsymbol{\Sigma}_0\boldsymbol{w}$ 和 $\boldsymbol{w}^{\mathrm{T}}\boldsymbol{\Sigma}_1\boldsymbol{w}$ 尽可能小，即最小化 $\boldsymbol{w}^{\mathrm{T}}\boldsymbol{\Sigma}_0\boldsymbol{w} + \boldsymbol{w}^{\mathrm{T}}\boldsymbol{\Sigma}_1\boldsymbol{w}$。综上所述，我们的优化目标为

$$\underset{\boldsymbol{w}}{\arg\max} \ \boldsymbol{J}(\boldsymbol{w}) = \frac{\|\boldsymbol{w}^{\mathrm{T}}\boldsymbol{\mu}_0 - \boldsymbol{w}^{\mathrm{T}}\boldsymbol{\mu}_1\|_2^2}{\boldsymbol{w}^{\mathrm{T}}\boldsymbol{\Sigma}_0\boldsymbol{w} + \boldsymbol{w}^{\mathrm{T}}\boldsymbol{\Sigma}_1\boldsymbol{w}} = \frac{\boldsymbol{w}^{\mathrm{T}}(\boldsymbol{\mu}_0 - \boldsymbol{\mu}_1)(\boldsymbol{\mu}_0 - \boldsymbol{\mu}_1)^{\mathrm{T}}\boldsymbol{w}}{\boldsymbol{w}^{\mathrm{T}}(\boldsymbol{\Sigma}_0 + \boldsymbol{\Sigma}_1)\boldsymbol{w}} \tag{3.94}$$

定义类内散度矩阵 $\boldsymbol{S}_w$ 为

$$\boldsymbol{S}_w = \boldsymbol{\Sigma}_0 + \boldsymbol{\Sigma}_1 = \sum_{x \in X_0} (\boldsymbol{x} - \boldsymbol{\mu}_0)(\boldsymbol{x} - \boldsymbol{\mu}_0)^{\mathrm{T}} + \sum_{x \in X_1} (\boldsymbol{x} - \boldsymbol{\mu}_1)(\boldsymbol{x} - \boldsymbol{\mu}_1)^{\mathrm{T}} \tag{3.95}$$

同时定义类间散度矩阵 $\boldsymbol{S}_b$ 为

$$\boldsymbol{S}_b = (\boldsymbol{\mu}_0 - \boldsymbol{\mu}_1)(\boldsymbol{\mu}_0 - \boldsymbol{\mu}_1)^{\mathrm{T}} \tag{3.96}$$

这样我们的优化目标重写为

$$\underset{\boldsymbol{w}}{\arg\max} \ \boldsymbol{J}(\boldsymbol{w}) = \frac{\boldsymbol{w}^{\mathrm{T}}\boldsymbol{S}_b\boldsymbol{w}}{\boldsymbol{w}^{\mathrm{T}}\boldsymbol{S}_w\boldsymbol{w}} \tag{3.97}$$

这样就可以用拉格朗日乘子法了。但还有一个问题，如果分子、分母是都可以取任意值的，那就会有无穷解，我们将分母限制为长度为 1，并作为拉格朗日乘子法的限制条件，代入得

$$c(\boldsymbol{w}) = \boldsymbol{w}^{\mathrm{T}}\boldsymbol{S}_b\boldsymbol{w} - \lambda(\boldsymbol{w}^{\mathrm{T}}\boldsymbol{S}_w\boldsymbol{w} - 1) \tag{3.98}$$

$$\frac{\mathrm{d}c}{\mathrm{d}\boldsymbol{w}} = 2\boldsymbol{S}_b\boldsymbol{w} - 2\lambda\boldsymbol{S}_w\boldsymbol{w} = 0 \tag{3.99}$$

$$S_b w = \lambda S_w w \tag{3.100}$$

对式 (3.100) 两边都乘以 S_w^{-1} 得

$$S_w^{-1} S_b w = \lambda w \tag{3.101}$$

结果 w 就是矩阵 $S_w^{-1} S_b$ 的特征向量，从而转化为求特征值和特征向量的问题。由于

$$S_b = (\boldsymbol{\mu}_0 - \boldsymbol{\mu}_1)(\boldsymbol{\mu}_0 - \boldsymbol{\mu}_1)^{\mathrm{T}} \tag{3.102}$$

所以

$$S_b w = (\boldsymbol{\mu}_0 - \boldsymbol{\mu}_1)(\boldsymbol{\mu}_0 - \boldsymbol{\mu}_1)^{\mathrm{T}} w = (\boldsymbol{\mu}_0 - \boldsymbol{\mu}_1) * \lambda_w \tag{3.103}$$

因为 $(\boldsymbol{\mu}_0 - \boldsymbol{\mu}_1)$ 为 2×1 阶矩阵，$(\boldsymbol{\mu}_0 - \boldsymbol{\mu}_1)^{\mathrm{T}}$ 为 1×2 阶矩阵，w 为 2×1 阶矩阵，因此可知 $(\boldsymbol{\mu}_0 - \boldsymbol{\mu}_1)^{\mathrm{T}} w$ 为一未知常数，记作 λ_w。

代入最后的特征值公式得

$$S_w^{-1} S_b = S_w^{-1}(\boldsymbol{\mu}_0 - \boldsymbol{\mu}_1) * \lambda_w = \lambda w \tag{3.104}$$

由于 w 扩大或缩小任何倍数都不影响结果，因此可以约去两边未知常数 λ 和 λ_w，由此可得

$$w = S_w^{-1}(\boldsymbol{\mu}_0 - \boldsymbol{\mu}_1) \tag{3.105}$$

由此，只需求出原始样本的均值和方差就可求出最佳的投影方向 w。

有了两类 LDA 的基础，下面重点介绍多类别 LDA 的基本原理。假设数据集 $D = \{(\boldsymbol{x}_1, y_1), (\boldsymbol{x}_2, y_2), \cdots, (\boldsymbol{x}_m, y_m)\}$，样本 $\boldsymbol{x}_i$ 为 n 维向量，$y_i \in \{C_1, C_2, \cdots, C_k\}$。定义 $m_j(j = 1, 2, \cdots, k)$ 为第 j 类样本的个数，$X_j(j = 1, 2, \cdots, k)$ 为第 j 类样本的集合。由于是多类向低维投影，此时投影到的低维空间就不是一条直线了，而是一个超平面。假设投影到的低维空间的维度为 d，对应的基向量为 $(\boldsymbol{w}_1, \boldsymbol{w}_2, \cdots, \boldsymbol{w}_d)$，基向量组成的矩阵为 W，它是一个 $n \times d$ 的矩阵。前面二分类问题中定义的"类间散度矩阵"需要重新定义为每类样本中心相对于全局样本中心点的散布情况。所以 S_b 表示为

$$S_b = \sum_{i=1}^{C} m_i(\boldsymbol{\mu}_i - \boldsymbol{\mu})(\boldsymbol{\mu}_i - \boldsymbol{\mu})^{\mathrm{T}} \tag{3.106}$$

类内散度矩阵的定义为

$$S_w = \sum_{x \in X_i} (\boldsymbol{x} - \boldsymbol{\mu}_i)(\boldsymbol{x} - \boldsymbol{\mu}_i)^{\mathrm{T}} \tag{3.107}$$

所以优化目标同样可以写成

$$\max_{W} \frac{W^{\mathrm{T}} S_b W}{W^{\mathrm{T}} S_w W} \tag{3.108}$$

　　由于现在分子分母都是矩阵，要将矩阵变成实数，可以取矩阵的行列式或矩阵的迹。其中，矩阵的行列式等于矩阵特征值之积，矩阵的迹等于矩阵特征值之和。所以优化目标可以转化为

$$\max_{\boldsymbol{W}} \frac{\mathrm{tr}(\boldsymbol{W}^{\mathrm{T}} \boldsymbol{S}_b \boldsymbol{W})}{\mathrm{tr}(\boldsymbol{W}^{\mathrm{T}} \boldsymbol{S}_w \boldsymbol{W})} \quad 或 \quad \max_{\boldsymbol{W}} \frac{|\boldsymbol{W}^{\mathrm{T}} \boldsymbol{S}_b \boldsymbol{W}|}{|\boldsymbol{W}^{\mathrm{T}} \boldsymbol{S}_w \boldsymbol{W}|} \tag{3.109}$$

可以通过如下广义特征值求解：

$$\boldsymbol{S}_b \boldsymbol{W} = \lambda \boldsymbol{S}_w \boldsymbol{W} \tag{3.110}$$

$\boldsymbol{W}$ 的解则是 $\boldsymbol{S}_w^{-1} \boldsymbol{S}_b$ 的 $N-1$ 个最大广义特征值所对应的特征向量按列组成的矩阵。总结 LDA 算法流程如下：

算法 3.5　LDA 算法

输入：　　样本数据集 $\boldsymbol{D} = \{\boldsymbol{x}_i, y_i\}_{i=1}^m, y_i \in \{C_1, C_2, \cdots, C_k\}$，降维到的低维空间的维数 d。

输出：　　降维后的样本数据。

（1）计算类内散度矩阵 $\boldsymbol{S}_w$；

（2）计算类间散度矩阵 $\boldsymbol{S}_b$；

（3）计算矩阵 $\boldsymbol{S}_w^{-1} \boldsymbol{S}_b$；

（4）计算矩阵 $\boldsymbol{S}_w^{-1} \boldsymbol{S}_b$ 最大的 d 个特征值对应的特征向量，按列组成投影矩阵 $\boldsymbol{W}$；

（5）对样本集中的每个样本 $\boldsymbol{x}_i$ 计算投影后的坐标：$\boldsymbol{z}_i = \boldsymbol{W}^{\mathrm{T}} \boldsymbol{x}_i$。

　　LDA 算法的 Python 实现如下：

```
1   # -*- coding: utf-8 -*-
2   import numpy as np
3   import pandas as pd
4   import matplotlib.pyplot as plt
5   #计算均值,要求输入数据为numpy的矩阵格式,行表示样本数,列表示特征
6   def meanX(data):
7       return np.mean(data, axis=0) #axis=0表示按照列来求均值,如果输入list,则axis=1
8
9   # 计算类内离散度矩阵子项si
10  def compute_si(xi):
11      n = xi.shape[0]
12      ui = meanX(xi)
13      si = 0
14      for i in range(0, n):
15          si = si + (xi[i, :] - ui).T * (xi[i, :] - ui)
16      return si
17
18  # 计算类间离散度矩阵Sb
19  def compute_Sb(x1, x2):
20      dataX=np.vstack((x1,x2))#合并样本
21      print("dataX:", dataX)
22      #计算均值
```

```
23      u1=meanX(x1)
24      u2=meanX(x2)
25      u=meanX(dataX) #所有样本的均值
26      Sb = (u-u1).T * (u-u1) + (u-u2).T * (u-u2)
27      return Sb
28
29  def LDA(x1, x2):
30      # 计算类内离散度矩阵Sw
31      s1 = compute_si(x1)
32      s2 = compute_si(x2)
33      # Sw=(n1*s1+n2*s2)/(n1+n2)
34      Sw = s1 + s2
35
36      # 计算类间离散度矩阵Sb
37      # Sb=(n1*(m-m1).T*(m-m1)+n2*(m-m2).T*(m-m2))/(n1+n2)
38      Sb = compute_Sb(x1, x2)
39
40      # 求最大特征值对应的特征向量
41      eig_value, vec = np.linalg.eig(np.mat(Sw).I * Sb)  # 特征值和特征向量
42      index_vec = np.argsort(-eig_value)  # 对eig_value从大到小排序，返回索引
43      eig_index = index_vec[:1]  # 取出最大的特征值的索引
44      w = vec[:, eig_index]  # 取出最大的特征值对应的特征向量
45      return w
46  #构造数据库
47  def createDataSet():
48      X1 = np.mat(np.random.random((8, 2)) * 5 + 15)  #类别A
49      X2 = np.mat(np.random.random((8, 2)) * 5 + 2)   #类别B
50      return X1, X2
51
52  # 编写一个绘图函数
53  def plotFig(group):
54      fig = plt.figure()
55      plt.ylim(0, 30)
56      plt.xlim(0, 30)
57      ax = fig.add_subplot(111)
58      ax.scatter(group[0,:].tolist(), group[1,:].tolist())
59      plt.show()
60
61  if __name__ == "__main__":
62      x1, x2 = createDataSet()
63      print(x1, x2)
64      w = LDA(x1, x2)
65      print ("w:", w)
66      plotFig(np.hstack((x1.T, x2.T)))
```

LAD 算法运行结果如图 3.7所示。

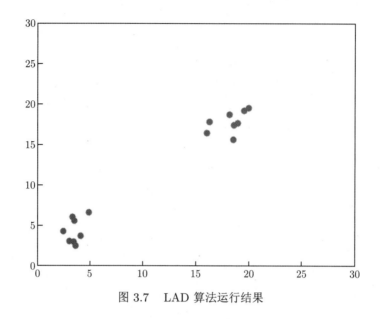

图 3.7　LAD 算法运行结果

3.2　时间序列的特征提取方法

3.2.1　STL 分解算法

STL (Seasonal-Trend Decomposition Procedure Based on Loess) 为时序分解中一种常见的算法，基于局部多项式回归 LOESS（详见 10.2.2 节）将某时刻的数据 Y_v 分解为趋势分量（Trend Component）、周期分量（Seasonal Component）和余项（Remainder component），即

$$Y_v = T_v + S_v + R_v \qquad v = 1, \cdots, N \tag{3.111}$$

STL 算法分为内循环（Inner Loop）与外循环（Outer Loop），其中内循环主要做了趋势拟合与周期分量的计算，STL 的具体流程如算法 3.6所示。

算法 3.6　　STL 算法

---

outer loop:

　　计算 robustness weight;

　　inner loop:

　　　（1）　去趋势;

　　　（2）　周期子序列平滑;

　　　（3）　周期子序列的低通量过滤;

　　　（4）　去除平滑周期子序列趋势;

　　　（5）　去周期;

　　　（6）　趋势平滑。

假定 $T_v^{(k)}$、$S_v(k)$ 为内循环中第 $k-1$ 次运算结束时的趋势分量和周期分量，初始时 $T_v^{(k)}=0$。记 $n_{(i)}$ 和 $n_{(o)}$ 分别为内层循环数和外层循环数，$n_{(p)}$ 为一个周期的样本数，$n_{(s)}$、$n_{(l)}$ 和 $n_{(t)}$ 分别为步骤（2）、步骤（3）和步骤（6）中 LOESS 平滑参数，每个周期相同位置的样本点组成一个子序列（Subseries），容易知道这样的子序列共有 $n_{(p)}$ 个，我们称其为 Cycle-Subseries。

内循环主要分为以下 6 个步骤：

（1）去趋势（Detrending），减去上一轮结果的趋势分量 $Y_v - T_v^{(k)}$。

（2）周期子序列平滑（Cycle-Subseries Smoothing），用 LOESS（$q=n_{n(s)},d=1$）对每个子序列做回归，并向前向后各延展一个周期；平滑结果组成 Temporary Seasonal Series，记为 $C_v^{(k+1)}$，其中 $v=-n_{(p)}+1,\cdots,-N+n_{(p)}$。

（3）周期子序列的低通量过滤（Low-Pass Filtering），对上一个步骤的结果序列 $C_v^{(k+1)}$ 依次做长度为 $n_{(p)},n_{(p)},3$ 的滑动平均（Moving Average），然后做 LOESS（$q=n_{n(l)},d=1$）回归，得到结果序列 $L_v^{(k+1)}$，其中 $v=1,\cdots,N$，相当于提取周期子序列的低通量。

（4）去除平滑周期子序列趋势（Detrending of Smoothed Cycle-subseries），$S_v^{(k+1)}=C_v^{(k+1)}-L_v^{(k+1)}$。

（5）去周期（Deseasonalizing），减去周期分量，$Y_v - S_v^{(k+1)}$。

（6）趋势平滑（Trend Smoothing），对于去除周期之后的序列做 LOESS（$q=n_{n(t)},d=1$）回归，得到趋势分量 $T_v^{(k+1)}$。

外层循环主要用于调节权重 ρ_v，如果数据序列中有异常点，则余项会较大。定义

$$h = 6 * \mathrm{median}(|R_v|) \tag{3.112}$$

对于位置为 v 的数据点，其权重 ρ_v 为

$$\rho_v = B(|R_v|/h) \tag{3.113}$$

其中，B 函数为 Bisquare 函数

$$B(u) = \begin{cases} (1-u^2)^2 & 0 \leqslant u < 1 \\ 0 & u \geqslant 1 \end{cases} \tag{3.114}$$

在步骤（2）与步骤（6）中做 LOESS 回归时，邻域权重（Neighborhood Weight）需要乘以 ρ_v，以减少异常点对回归的影响。

为使得算法具有足够的鲁棒性，所以设计了内循环与外循环。特别地，当 $n_{(i)}$ 足够大时，内循环结束时趋势分量与周期分量已收敛；若时序数据中没有明显的异常点，可以将 $n_{(o)}$ 设为 0。

STL 分解算法的 Python 实现如下：

```
import numpy as np
import pandas as pd
from statsmodels.tsa.seasonal import seasonal_decompose
import matplotlib.pyplot as plt
```

```
5
6   # Generate some data
7   np.random.seed(0)
8   n = 1500
9   dates = np.array('2020-01-01', dtype=np.datetime64) + np.arange(n)
10  data = 12 * np.sin(2 * np.pi * np.arange(n) / 365) + np.random.normal(12, 2, 1500)
11  df = pd.DataFrame({'data': data}, index=dates)
12
13  # Reproduce the example in OP
14  seasonal_decompose(df, model='additive').plot()
15  plt.show()
```

STL 运行结果如图 3.8 所示。

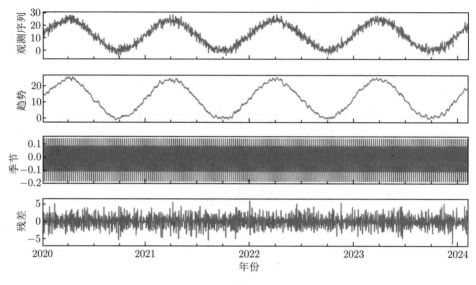

图 3.8　STL 运行结果

3.2.2　经验模态分解

经验模态分解（Empirical Mode Decomposition, EMD）是黄锷（N. E. Huang）在美国国家宇航局与其他研究人员于 1998 年创造性地提出的一种新型自适应信号时频处理方法，其优点是不会运用任何已经定义好的函数作为基底，而是根据所分析的信号而自适应生成固有模态函数。该方法可以用于分析非线性、非平稳的信号序列，具有很高的信噪比和良好的时频聚焦性，特别适用于非线性非平稳信号的分析处理。

1. 基本思想

经验模态分解是将信号分解成一些固有模态函数（Intrinsic Mode Function，IMF）分量，使得各 IMF 分量是窄带信号，即 IMF 分量必须满足下面两个条件：在整个信号长度上，极值点和过零点的数目必须相等或至多只相差一个；在任意时刻，由极大值点定义的上包络线和由极小值点定义的下包络线的平均值为零，即信号的上下包络线关于时间轴对称。简单地说就是将一个复杂信号分解成多个简单信号。同小波变换相比，EMD 方法完全根据信号数据本身来确定需要分解出多少个 IMF，因此更加具有自适应性。

2. EMD 方法的实现

EMD 方法是基于如下假设基础上的：

（1）信号至少有两个极值点，一个极大值和一个极小值；

（2）特征时间尺度通过两个极值点之间的时间定义；

（3）若数据缺乏极值点但有形变点，则可通过数据微分一次或几次获得极值点，然后再通过积分来获得分解结果。

EMD 分解的目的是将一个信号 $f(t)$ 分解为 N 个固有模态函数（IMF）和一个残差（Residual）。其中，每个 IMF 都需要满足以下两个条件：

（1）在整个数据范围内，局部极值点和过零点的数目必须相等，或者相差数目最多为 1。

（2）在任意时刻，局部最大值的包络（上包络线）和局部最小值的包络（下包络线）的平均值必须为零。

EMD 分解的实现过程主要包括如下几步：

第 1 步：寻找信号全部极值点，通过三次样条曲线将局部极大值点连成上包络线，将局部极小值点连成下包络线。上、下包络线包含所有的数据点。

第 2 步：由上包络线和下包络线的平均值 $m_1(t)$ ，得出

$$h_1(t) = x(t) - m_1(t)$$

若 $h_1(t)$ 满足 IMF 的条件，则可认为 $h_1(t)$ 是 $x(t)$ 的第一个 IMF 分量。

第 3 步：若 $h_1(t)$ 不符合 IMF 条件，则将 $h_1(t)$ 作为原始数据。重复第 1 步和第 2 步，得到上、下包络线的均值 $m_{11}(t)$，通过计算 $h_{11}(t) = h_1(t) - m_{11}(t)$ 是否适合 IMF 分量的必备条件。若不满足，重复第 1 步和第 2 步 k 次，直到满足前提下得到 $h_{1k}(t) = h_{1(k-1)}(t) - m_{1k}(t)$。第 1 个 IMF 表示为

$$c_1(t) = h_{1k}(t)$$

停止条件可以用标准差 SD 控制（筛分门限值，一般取值 $0.2 \sim 0.3$）。小于门限值时才停止，这样得到的第一个满足条件的 $h(t)$ 就是第 1 个 IMF。

标准差 SD 的求法为

$$\text{SD} = \sum_{t=0}^{r} [h_{k-1}(t) - h_k(t)]^2 / \sum_{t=0}^{T} h_{k-1}^2(t) \tag{3.115}$$

第 4 步：将 $c_1(t)$ 从信号 $x(t)$ 中分离得到

$$r_1(t) = x(t) - c_1(t)$$

将 $r_1(t)$ 作为原始信号重复上述 3 个步骤，循环 n 次，得到第 2 个 IMF 分量 $c_2(t)$ 直到第 n 个 IMF 分量，则会得出

$$\begin{cases} r_2(t) = r_1(t) - c_2(t) \\ \qquad\vdots \\ r_n(t) = r_{n-1}(t) - c_n(t) \end{cases}$$

第 5 步：当 $r_n(t)$ 变成单调函数后，剩余的 $r_n(t)$ 成为残余分量。所有 IMF 分量和残余分量之和为原始信号 $x(t)$，即

$$x(t) = \sum_{i}^{n} c_i(t) + r_n(t)$$

EMD 算法实现描述如算法 3.7 所示。

算法 3.7　　EMD 算法

（1）初始化：$r_0 = x(t), i = 1$。

（2）得到第 i 个 IMF。

　　① 初始化：$h_0 = r_{i-1}(t), j = 1$；

　　② 找出 $h_{j-1}(t)$ 的局部极值点；

　　③ 对 $h_{j-1}(t)$ 的极大和极小值点分别进行三次样条函数插值，形成上下包络线；

　　④ 计算上下包络线的平均值 $m_{j-1}(t)$；

　　⑤ $h_j(t) = h_{j-1}(t) - m_{j-1}(t)$；

　　⑥ 若 $h_j(t)$ 是 IMF 函数，则 $\mathrm{imf}_i(t) = h_j(t)$；否则，$j = j + 1$，转到②。

（3）$r_i(t) = r_{i-1}(t) - \mathrm{imf}_i(t)$。

（4）如果 $r_i(t)$ 极值点数仍多于 2 个，则 $i = i + 1$，转到步骤（2）；否则，分解结束。

EMD 算法 Python 实现如下：

```
1   import math
2   import numpy as np
3   import matplotlib.pyplot as plt
4   import scipy.signal as signal
5   from scipy import interpolate
6
7   # 判定当前的时间序列是否是单调序列
8   def ismonotonic(x):
9       max_peaks = signal.argrelextrema(x, np.greater)[0]
10      min_peaks = signal.argrelextrema(x, np.less)[0]
11      all_num = len(max_peaks) + len(min_peaks)
12      if all_num > 0:
13          return False
14      else:
15          return True
16
17  # 寻找当前时间序列的极值点
18  def findpeaks(x):
19      return signal.argrelextrema(x, np.greater)[0]
20
```

```
21   # 判断当前的序列是否为 IMF 序列
22   def isImf(x):
23       N = np.size(x)
24       pass_zero = np.sum(x[0:N - 2] * x[1:N - 1] < 0)   # 过零点的个数
25       peaks_num = np.size(findpeaks(x)) + np.size(findpeaks(-x))   # 极值点的个数
26       if abs(pass_zero - peaks_num) > 1:
27           return False
28       else:
29           return True
30
31   # 获取当前样条曲线
32   def getspline(x):
33       N = np.size(x)
34       peaks = findpeaks(x)
35       #       print '当前极值点个数: ',len(peaks)
36       peaks = np.concatenate(([0], peaks))
37       peaks = np.concatenate((peaks, [N - 1]))
38       if (len(peaks) <= 3):
39           t = interpolate.splrep(peaks, y=x[peaks], w=None, xb=None, xe=None, k=len(peaks)
                  - 1)
40           return interpolate.splev(np.arange(N), t)
41       t = interpolate.splrep(peaks, y=x[peaks])
42       return interpolate.splev(np.arange(N), t)
43
44   # 经验模态分解方法
45   def emd(x):
46       imf = []
47       while not ismonotonic(x):
48           x1 = x
49           sd = np.inf
50           while sd > 0.1 or (not isImf(x1)):
51               s1 = getspline(x1)
52               s2 = -getspline(-1 * x1)
53               x2 = x1 - (s1 + s2) / 2
54               sd = np.sum((x1 - x2) ** 2) / np.sum(x1 ** 2)
55               x1 = x2
56           imf.append(x1)
57           x = x - x1
58       imf.append(x)
59       return imf
60
61   def wgn(x, snr):
62       snr = 10 ** (snr / 10.0)
63       xpower = np.sum(x ** 2) / len(x)
64       npower = xpower / snr
65       return np.random.randn(len(x)) * np.sqrt(npower)
66
67   sampling_rate = 30000
68   f0 = 92
69   fg = 4000
70   fft_size = 512
71   t = np.arange(0, 0.2, 1.0 / sampling_rate)
72   x1 = 0.6 * (1 + np.sin(2 * np.pi * f0 * t)) * np.sin(2 * np.pi * fg * t)
```

```
73   x1 += wgn(x1, 3)
74   imf1 = emd(x1)
75
76   imfNo = len(imf1)
77   c = np.floor(np.sqrt(imfNo + 1))
78   r = np.ceil((imfNo + 1) / c)
79
80   fig = plt.figure(figsize=(12,12))
81   plt.subplots_adjust(left=None, bottom=None, right=None, top=None, wspace=0.3, hspace=1.1)
82   plt.subplot(r, c, 1)
83   plt.plot(t, x1)
84   plt.title("Original signal")
85
86   for num in range(0, imfNo):
87       plt.subplot(r, c, num + 2)
88       plt.plot(t, imf1[num], 'g')
89       plt.title("IMF " + str(num + 1))
90   plt.show()
```

EMD 算法运行结果如图 3.9 所示。

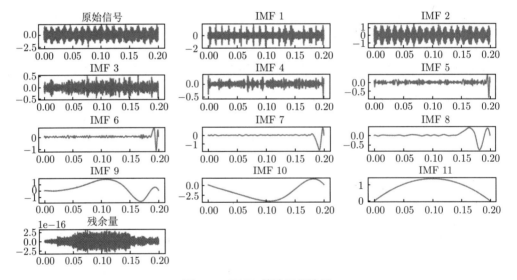

图 3.9   EMD 算法运行结果

3. EMD 算法存在的局限性

1）模态混叠现象

IMF 分解时存在着模态混叠现象，也就是说一个 IMF 中会包含不同时间尺度的特征成分。一方面是信号本身的原因，另一方面是 EMD 算法本身的缺陷。

2）边缘效应

EMD 方法通过多次的筛分过程（Sifting Process）来逐个分解 IMF。在每次的筛分过程中，要根据信号的上、下包络来计算信号的局部平均值；上、下包络是由信号的局部极大值和极小值通过样条插值算法给出的。由于信号两端不可能同时处于极大值和极小值，因此上、下包络在数据序列的两端不可避免地会出现发散现象，给筛分过程引入误差，并且这种发散的结果会随着筛分过程的不断进行，逐渐向内"污染"整个数据序列，使得所得结果严重失真。对较长的数据序列来讲，可以根据极值点的情况不断抛弃两端的数据来保证所得到的包络线失真度最小。但对短数据序列来讲，这样的操作就变得完全不可行。

3）停止准则缺乏标准

在分解出 IMF 的过程中需要迭代很多次，而停止迭代的条件缺乏一个标准，所以不同的停止迭代的条件得到的 IMFs 也是不同的。

为解决 EMD 中存在的模态混叠等问题，Huang 通过一种噪声辅助信号处理（NADA），将信号中加入噪声进行辅助分析。为此，Huang 将白噪声加入待分解信号，提出了集成经验模态分解（Ensemble Empirical Mode Decomposition, EEMD）算法，利用白噪声频谱的均匀分布，当信号加在遍布整个时频空间分布一致的白噪声背景上时，不同时间尺度的信号会自动分布到合适的参考尺度上，并且由于零均值噪声的特性，经过多次平均后，噪声将相互抵消，集成均值的结果就可作为最终结果。

EEMD 方法实质上是对 EMD 算法的一种改进，主要是根据白噪声均值为零的特性，在信号中对此加入白噪声，仍然用 EMD 进行分解，对分解的结果进行平均处理。平均处理的次数越多，噪声给分解结果带来的影响就越小。设信号为 $x(t)$，EEMD 算法具体实现步骤如下：

步骤 1：将 $x(t)$ 设定平均处理次数为 M，初始 $i = 1, 2, \cdots, M$。

步骤 2：给 $x(t)$ 添加具有一定幅值的随机白噪声 $n_i(t)$，组成新的一系列信号

$$x_i(t) = x(t) + n_i(t) \qquad i = 1, 2, \cdots, M \tag{3.116}$$

步骤 3：将新的序列号 $x_i(t)$ 进行 EMD 分解，即

$$x_i(t) = \sum_{n=1}^{n} c_{i,n}(t) + r_{i,n}(t) \tag{3.117}$$

其中，n 为 EMD 分解 IMF 的数量；$c_{i,n}(t)$ 是 IMFs；$r_{i,n}(t)$ 是残余分量。

步骤 4：重复步骤 2、步骤 3 M 次，每次添加不同幅值的白噪声，获得一系列 IMFs，即

$$[c_{1,n}(t), c_{2,n}(t), \cdots, c_{M,n}(t)] \qquad n = 1, 2, \cdots, N$$

通过 IMFs 平均值，求得 EEMD 的 IMF 分量 $c_n(t)$，即

$$c_n(t) = \frac{1}{M} \sum_{i=1}^{M} Mc_{i,n}(t) \qquad i = 1, 2, \cdots, M; n = 1, 2, \cdots, N \tag{3.118}$$

下面以仿真信号为例，说明 EEMD 算法的有效性。用 EEMD 对上面的间歇信号 $x(t)$ 进行分解，检验 EEMD 能否克服 EMD 的模态混叠。调用 Python 的 PyEMD 包实现算法如下：

```
1   # 导入工具包
2   import numpy as np
3   from PyEMD import EEMD, EMD, Visualisation
4   import pylab as plt
5   def Signal():
6       global E_imfNo
7       E_imfNo = np.zeros(50, dtype=np.int)
8
9       # EEMD options
10      max_imf = -1
11
12      """
13      信号参数:
14      N:采样频率500Hz
15      tMin:采样开始时间
16      tMax:采样结束时间  2*np.pi
17      """
18      N = 500
19      tMin, tMax = 0, 2 * np.pi
20      T = np.linspace(tMin, tMax, N)
21      # 信号S:是多个信号叠加信号
22      S = 3 * np.sin(4 * T) + 4 * np.cos(9 * T) + np.sin(8.11 * T + 1.2)
23
24      # EEMD计算
25      eemd = EEMD()
26      eemd.trials = 50
27      eemd.noise_seed(12345)
28
29      E_IMFs = eemd.eemd(S, T, max_imf)
30      imfNo = E_IMFs.shape[0]
31
32
33      # Plot results in a grid
34      c = np.floor(np.sqrt(imfNo + 1))
35      r = np.ceil((imfNo + 1) / c)
36
37      plt.ioff()
38      plt.subplots_adjust(left=None, bottom=None, right=None, top=None,
39                          wspace=0.3, hspace=0.6)
40      plt.subplot(r, c, 1)
41      plt.plot(T, S, 'r')
42      plt.xlim((tMin, tMax))
43      plt.title("Original signal")
44
45      for num in range(imfNo):
46          plt.subplot(r, c, num + 2)
47          plt.plot(T, E_IMFs[num], 'g')
48          plt.xlim((tMin, tMax))
49          plt.title("IMF " + str(num + 1))
50
51      plt.show()
52  if __name__ == "__main__":
```

```
53   Signal()
```

EEMD 输出结果如图 3.10 所示。

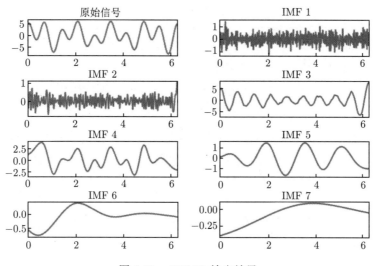

图 3.10　EEMD 输出结果

EEMD 和 EMD 性能对应 EMD 算法过程中出现模态混叠的两种现象：

（1）不同的时间尺度成分出现在同一个 IMF 分量当中；

（2）相同的尺度分布在不同的 IMF 分量当中。

这种现象会导致时频分布错误，使 IMF 分量失去真实的物理意义。EEMD 分解算法基于白噪声频谱均衡的分布特点来均衡噪声，使得频率的分布趋于均匀。添加的白噪声给不同信号的幅值分布带来模态混叠效应。

3.2.3　奇异谱分析方法

奇异谱分析（Singular Spectrum Analysis，SSA）是一类典型的时间序列分析技术。它根据所观测到的时间序列构造出轨迹矩阵，并对轨迹矩阵进行分解、重构，从而提取出代表原时间序列不同成分的信号，如长期趋势信号、周期信号、噪声信号等，从而对时间序列的结构进行分析，并可进一步预测。SSA 方法引入了典型时间序列分析、多元统计、多元几何、动态系统、信号处理及奇异值分解（SVD）等元素。尽管基于奇异谱分析的方法（主要与平稳性、遍历性、主成分等相关）涉及诸多概率统计元素，但就古典统计而言，其并非统计方法，因为我们在做算法分析与探究其特性时，并没有对信号或噪声进行任何统计假设。奇异谱分析技术作为一类典型的时间序列分析方法，主要用于解决趋势或准周期成分的检测与提取、降噪、预测、异常点检测等问题。

1. 基本思想

奇异谱分析的基本思想是，将所观测到的一维时间序列数据 $Y_T = (y_1, \cdots, y_T)$ 转化为其轨迹矩阵

$$X = (x_{ij})_{i,j=1}^{L,K} = \begin{bmatrix} y_1 & y_2 & y_3 & \cdots & y_K \\ y_2 & y_3 & y_4 & \cdots & y_{K+1} \\ \vdots & \vdots & \vdots & \ddots & \vdots \\ y_L & y_{L+1} & y_{L+2} & \cdots & y_T \end{bmatrix} \tag{3.119}$$

其中，L 为选取的窗口长度；$K = T - L + 1$。计算 XX^{T} 并对其进行奇异值分解（Singular Value Decomposition，SVD），从而得到其 L 个特征值 $\lambda_1 \geqslant \lambda_2 \geqslant \cdots \geqslant \lambda_L \geqslant 0$ 及其相应的特征向量将每一个特征值所代表的信号进行分析组合，重构出新的时间序列。

2. 奇异值分解

奇异值分解作为矩阵分析与计算中的一项强大技术，在诸多领域得到了广泛的应用。奇异值分解理论的出现，在很大程度上简化了矩阵运算，使得许多在计算中出现的矩阵往往以其 SVD 代替，极大地减少了工作量。此外，奇异值分解还揭露了矩阵计算的一个重要方面——矩阵几何结构。

给定矩阵 $A \in R^{m \times n}$，若存在正交矩阵 $U = [u_1, u_2, \cdots, u_m] \in R^{m \times m}$ 和正交矩阵 $V = [v_1, v_2, \cdots, v_n] \in R^{n \times n}$，使得

$$U^{\mathrm{T}} A V = \Sigma = \mathrm{diag}(\sqrt{\lambda_1}, \sqrt{\lambda_2}, \cdots, \sqrt{\lambda_p}) = \begin{bmatrix} \sqrt{\lambda_1} & & & \\ & \sqrt{\lambda_2} & & \\ & & \ddots & \\ & & & \sqrt{\lambda_p} \end{bmatrix} \tag{3.120}$$

即

$$A = U \Sigma V^{\mathrm{T}} \tag{3.121}$$

以上两式中，$p = \min(m, n)$；V 是 $n \times n$ 的正交阵；U 是 $m \times m$ 的正交阵；Σ 是 $m \times n$ 的对角阵；$\sqrt{\lambda_1} \geqslant \sqrt{\lambda_2} \geqslant \cdots \geqslant \sqrt{\lambda_p}$ 称为 A 的奇异值。列向量 u_i, v_i 分别称为对应奇异值 $\sqrt{\lambda_i}$ 的左右奇异向量，且它们同时满足 $Av_i = \sqrt{\lambda_i} u_i$ 和 $A^{\mathrm{T}} u_i = \sqrt{\lambda_i} v_i$ $(i = 1, 2, \cdots, p)$，A 的因子分解式 (3.121) 称为矩阵 A 的奇异值分解。

易知，矩阵 $A \in R^{m \times n}$ 经过奇异值分解后，得到相应的奇异值序列 $\sqrt{\lambda_i}(i = 1, 2, \cdots, p)$，则该序列与原始数据矩阵 A 之间存在如下关系：

$$\|A\|_F^2 = \sum_{i=1}^{p} \lambda_i, \quad \|A\|_2 = \sqrt{\lambda_i} \tag{3.122}$$

式 (3.122) 表明，矩阵度量特征同矩阵奇异值之间存在着密切联系，用奇异值 $\sqrt{\lambda_i}$ 的简单运算就能获取矩阵 A 的 Frobenius 范数与二范数。

对于矩阵 $A \in R^{m \times n}$ 的奇异值分解具有如下结论：

若奇异值序列满足 $\sqrt{\lambda_1} \geqslant \sqrt{\lambda_2} \geqslant \cdots \geqslant \sqrt{\lambda_r} \geqslant \sqrt{\lambda_{r+1}} = \sqrt{\lambda_{r+2}} = \cdots = \sqrt{\lambda_p} = 0$，则矩阵 A 的秩为 r，且

$$A = \sum_{i=1}^{r} \sqrt{\lambda_i} \boldsymbol{u}_i \boldsymbol{v}_i^{\mathrm{T}} = \boldsymbol{U}_r \boldsymbol{\Sigma}_r \boldsymbol{V}_r \tag{3.123}$$

其中，$\boldsymbol{U}_r = [u_1, u_2, \cdots, u_r]$；$V_r = [v_1, v_2, \cdots, v_r]$；$\boldsymbol{\Sigma}_r = \mathrm{diag}(\sqrt{\lambda_1}, \sqrt{\lambda_2}, \cdots, \sqrt{\lambda_r})$。

上面的结论一方面较为深刻地揭示了矩阵的潜在结构，另一方面使我们能对矩阵秩的概念进行深入理解。由式 (3.123) 可知，矩阵 $\boldsymbol{A}$ 经 SVD 处理后，变换成系列秩为 1 的矩阵成分之和，同时它还指出了矩阵的秩实质上可以理解为和式中秩为 1 的矩阵个数，从而实现了将向量组相关性问题向矩阵奇异值序列中非零值个数问题的转化。

而在实际应用中，矩阵秩的问题往往较为复杂，由于基础数据往往来源于调查统计结果或一定误差范围内的检测数据，常常致使原始降秩矩阵的所有奇异值非零。对此，我们可采用奇异值分解技术，对矩阵奇异值大小加以考虑，根据实际需要进行取舍，最终确定矩阵的有效秩，即能够以定量的方法考察近似秩的问题，解决一定秩条件下矩阵逼近问题。对于某些奇异值，若选择性地舍弃，所得新矩阵与原始矩阵是比较接近的。

奇异值 $\sqrt{\lambda_i}$ 跟特征值类似，在矩阵 $\boldsymbol{\Sigma}$ 中也是从大到小排列，而且 $\sqrt{\lambda_i}$ 的减少特别快，在很多情况下，前 10% 甚至 1% 的奇异值的和就占了全部奇异值之和的 99% 以上，可以用前 r 个奇异值来近似描述矩阵，即

$$A_{m \times n} = \boldsymbol{U}_{m \times r} \boldsymbol{\Sigma}_{r \times r} \boldsymbol{V}_{r \times n}^{\mathrm{T}} \tag{3.124}$$

其中，r 是一个远小于 m 和 n 的数，右边的三个矩阵相乘的结果将会是一个接近于 $\boldsymbol{X}$ 的矩阵，这里，r 越接近 n，则相乘的结果就越接近 $\boldsymbol{X}$，这就使得我们能够很方便地从降秩矩阵序列中获取原始矩阵 $\boldsymbol{A}$ 的最佳近似阵。

3. 奇异谱分析过程

给定长度为 T 的非零实值时间序列 $Y = (y_1, y_2, \cdots, y_T)$，奇异谱分析的目标是将其分解成多个时间序列之和，以达到识别原始序列成分（如趋势、周期或准周期、噪声等）的目的。

奇异谱分析过程可分成嵌入操作（Embedding）、奇异值分解（SVD）、分组操作（Grouping）、重构操作（Restructure）四个步骤，下面详细介绍 SSA 算法的具体过程。

步骤 1：嵌入操作（Embedding）。

选择适当的窗口长度 $L(2 \leqslant L \leqslant T)$，将所观测到的一维时间序列数据转化为多维序列 $(X_1, \cdots, X_K)$、$X_i = (y_i, \cdots, y_{i+L-1})$，$K = T - L + 1$，得到轨迹矩阵 $\boldsymbol{X} = (X_1, \cdots, X_K) = (x_{ij})_{i,j=1}^{L,K}$。这里 L 的选取不宜超过整个数据长度的 1/3，如可根据事先经验大致确定数据的周期特征，L 的选取最好为周期的整数倍。

步骤 2：奇异值分解（SVD）。

奇异值分解轨迹矩阵 $\boldsymbol{X}$，假定 $\boldsymbol{SXX}^{\mathrm{T}}, \lambda_1, \lambda_2, \cdots, \lambda_r \, (\lambda_1 \geqslant \lambda_2 \geqslant \cdots \geqslant \lambda_r \geqslant 0)$ 为 $\boldsymbol{S}$ 的特征值，相对的特征向量标准正交系统为 $\boldsymbol{U}_1, \boldsymbol{U}_2, \cdots, \boldsymbol{U}_r$，设 d 为最大特征值对应的下标，也等于矩阵 $\boldsymbol{X}$ 的秩，即 $d = \max(i, \lambda_i > 0) = \mathrm{rank}(\boldsymbol{X})$。若定义 $\boldsymbol{V}_i = \boldsymbol{X}^{\mathrm{T}} \boldsymbol{U}_i / \sqrt{\lambda_i} \, (i = 1, 2, \cdots, d)$，则轨迹矩阵 $\boldsymbol{X}$ 的 SVD 可表示为如下扩展式：

$$\boldsymbol{X} = \boldsymbol{X}_1 + \boldsymbol{X}_2 + \cdots + \boldsymbol{X}_d \tag{3.125}$$

其中，$\boldsymbol{X}_i = \sqrt{\lambda_i}\boldsymbol{U}_i\boldsymbol{V}_i^{\mathrm{T}}$，$\boldsymbol{X}_i$ 的秩为 1，故其为初等矩阵，$\boldsymbol{U}_i$ 和 $\boldsymbol{V}_i$ 分别表示轨迹矩阵的左右特征向量，$\sqrt{\lambda_i}(i = 1, 2, \cdots, d)$ 为矩阵 $\boldsymbol{X}$ 的奇异值，集合 $\{\sqrt{\lambda_i}\}$ 称为矩阵 $\boldsymbol{X}$ 的谱，$\boldsymbol{U}_i$（经验因子或正交函数）、$\boldsymbol{V}_i$（主成分）、λ_i 共同构成矩阵 $\boldsymbol{X}$ 的第 i 个三重特征向量 $(\sqrt{\lambda_i}, \boldsymbol{U}_i, \boldsymbol{V}_i)$。

当矩阵 $\sum_{i=1}^{r} \boldsymbol{X}_i$ 能够最佳近似于轨迹阵 $\boldsymbol{X}$，即使得 $||\boldsymbol{X} - \boldsymbol{X}^{(r)}||$ 最小时，SVD 最优，其中 $\boldsymbol{X}^{(r)}$ 是秩为 $r(r < d)$ 的 $\boldsymbol{X}_i$ 阵。考虑到 $||\boldsymbol{X}||^2 = \sum_{i=1}^{d} \lambda_i$ 且 $||\boldsymbol{X}_i||^2 = \lambda_i \quad (i = 1, 2, \cdots, d)$。

因此，可以通过计算 $\lambda_i / \sum_{i=1}^{d} \lambda_i$ 的量来衡量 $\boldsymbol{X}_i$ 对扩展式 (3.125) 的贡献率，一般，前 $r \geqslant 0$ 个量的贡献率为 $\sum_{i=1}^{r} \lambda_i / \sum_{i=1}^{d} \lambda_i$。

步骤 3：分组操作（Grouping）。

将式 (3.125) 中的 $\boldsymbol{X}_I$ 划分成几个不同的组并将每组内所包含的矩阵相加，令 $\{i_1, \cdots, i_p\}$ 为第 I 组所包含的矩阵，则有：

$$\boldsymbol{X}_I \quad = \quad \boldsymbol{X}_{i_1} + \cdots + \boldsymbol{X}_{i_p} \tag{3.126}$$

$$\boldsymbol{X} \quad = \quad \boldsymbol{X}_{I_1} + \cdots + \boldsymbol{X}_{I_m} \tag{3.127}$$

则 $\boldsymbol{X}_i$ 的贡献率为 $\sum_{i \in I} \lambda_i / \sum_{i=1}^{d} \lambda_i$。选择前 r 个奇异值（从大到小排列），使它们的贡献率之和大于给定的阈值，如 80%。

步骤 4：重构操作（Restructure）。

将矩阵 $\boldsymbol{X}_I$ 转换成其所对应的时间序列数据，每组数据代表原序列的某一运动特征，如长期趋势、季节性趋势、噪声信号等。这一步实现将分组操作确定的分组或需要选定的分组叠加式 (3.127) 变换成长度为 T 的序列，具体如下：

假定 $\boldsymbol{X} = (x_{ij})_{i,j=1}^{L,K}$ 为 $L \times K$ 的矩阵，$L^* = \min(L, K), K^* = \max(L, K), T = L + K - 1$，且当 $L < K$ 时 $x_{ij}^* = x_{ij}$，否则，$x_{ij}^* = x_{ji}$。分组所对应的重构序列记为 $\mathrm{RC} = (\mathrm{rc}_1, \mathrm{rc}_2, \cdots, \mathrm{rc}_T)$ 可通过下式计算获得：

$$\mathrm{rc}_n = \begin{cases} \dfrac{1}{n+1} \sum_{m=1}^{n+1} x_{m,n-m+2}^* & 1 \leqslant n \leqslant L^* \\[3mm] \dfrac{1}{L^*} \sum_{m=1}^{L^*} x_{m,n-m+2}^* & L^* < n \leqslant K^* \\[3mm] \dfrac{1}{T-n} \sum_{m=n-K^*+2}^{n-K^*+1} x_{m,n-m+2}^* & K^* < n \leqslant T \end{cases} \tag{3.128}$$

4. SSA 算法

对长度 160 的信号进行 SSA 去噪，窗口长度设置为 90，使用前 6 个特征向量进行重构，去噪效果如图 3.11所示。

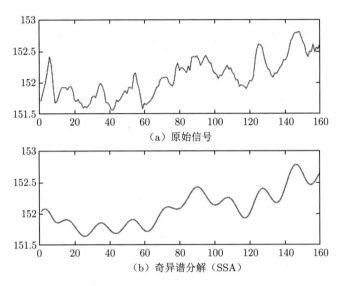

（a）原始信号

（b）奇异谱分解（SSA）

图 3.11　SSA 算法去噪效果图

3.2.4　小波变换

小波变换是一种信号的时间–尺度（时间–频率）分析方法，它具有多分辨分析的特点，而且在时频两域都具有表征信号局部特征的能力，是一种窗口大小固定不变但其形状可改变，时间窗和频率窗都可以改变的时频局部化分析方法。即在低频部分具有较低的时间分辨率和较高的频率分辨率，在高频部分具有较高的时间分辨率和较低的频率分辨率，很适合于分析非平稳的信号和提取信号的局部特征，所以小波变换被誉为分析处理信号的显微镜。

1. 傅里叶变换

分解信号是为了更加简单地处理原来的信号。在信号处理领域，存在很多变换，如希尔伯特变换、短时傅里叶变换、Wigner 分布，Radon 变换和小波变换等。它们都实现了原始信号（时间信号）的其他表示，即获得了信号在其他角度上（基上）的表示（系数）。

傅里叶变换的基本原理是：任何连续测量的时序或信号都可以表示为不同频率的正弦波信号的无限叠加。

而根据该原理创立的傅里叶变换算法利用直接测量到的原始信号，以累加方式来计算该信号中不同正弦波信号的频率、振幅和相位。因为正余弦拥有其他信号所不具备的性质：正弦曲线保真度，一个正弦曲线信号输入后，输出的仍是正弦曲线，只有幅度和相位可能发生变化，但频率和波的形状仍是一样的。因此，用正余弦来表示原信号会更加简单，故不用方波或三角波来表示。

从物理角度来看，傅里叶变换其实是帮助我们改变传统的时间域分析信号的方法转到从频率域分析问题的思维，图 3.12 可以帮助我们更好地理解从时间域到频率域的转换。

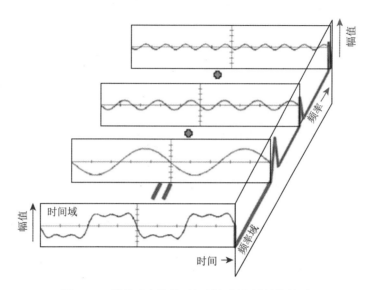

图 3.12   傅里叶变换的时间域与频率域转换关系

由图 3.12 可知，最前面的时域信号在经过傅里叶变换的分解之后，变为不同正弦波信号的叠加，再去分析这些正弦波的频率，可以将一个信号变换到频域。有些信号在时域上是很难看出其特征的，但如果变换到频域，就很容易看出其特征了。这就是很多信号分析采用傅里叶变换的原因。另外，傅里叶变换可以将一个信号的频谱提取出来，这在频谱分析方面也是经常用的。

傅里叶变换的重要地位源于其实际的物理意义：变换结果为信号在对应频率上的强度。其本质是信号在三角函数这族基（正交基）上的展开。所有变换的本质都是度量测试信号与基信号的相似性，而对应基信号的参数就是对应变换结果的参数。对应的级数展开就是对应变换结果与对应基信号乘积的和。

从数学的角度去看，傅里叶变换的变换公式为

$$F(\omega) = \int_{-\infty}^{\infty} f(t) \mathrm{e}^{\mathrm{i}\omega t} \mathrm{d}t \tag{3.129}$$

这里，$F(\omega)$ 为频率函数，其对应的傅里叶逆变换为

$$f(x) = \frac{1}{2\pi} \int_{-\infty}^{\infty} F(\omega) \mathrm{e}^{-\mathrm{i}\omega x} \mathrm{d}\omega \tag{3.130}$$

根据欧拉公式：$\mathrm{e}^{\mathrm{i}x} = \cos(x) + \mathrm{i}\sin(x)$，可得

$$F(\omega) = \int_{-\infty}^{\infty} f(t)[\cos(\omega t) + \mathrm{i}\sin(\omega t)] \mathrm{d}t \tag{3.131}$$

由于任何函数都能使用不同的三角函数进行拟合，因此信号可以表示为

$$f(t) = \sum_{n=-\infty}^{\infty} F_n[\cos(2\pi nt/T) + \mathrm{i}\sin(2\pi nt/T)] \tag{3.132}$$

同时由于三角函数本身的正交性——不同频率的三角函数的乘积积分为零，因此对应 ω 的变换结果就是对应频率上的信号强度。

例如，对于给定的平稳信号 $y = \sin(2\pi * 156.25 * t) + 2 * \sin(2\pi * 234.375 * t) + 3 * \sin(2\pi * 200 * t)$，其傅里叶变换的 Python 实现如下：

```
# coding=gbk
import numpy as np
import pandas as pd
import matplotlib.pyplot as plt

# 依据快速Fourier算法得到信号的频域
def test_fft():
    sampling_rate = 8000  # 采样率
    fft_size = 8000  # 傅里叶长度
    t = np.arange(0, 1.0, 1.0 / sampling_rate)
    x = np.sin(2 * np.pi * 156.25 * t) + 2 * np.sin(2 * np.pi * 234.375 * t) + 3 * np.sin
        (2 * np.pi * 200 * t)
    xs = x[:fft_size]

    xf = np.fft.rfft(xs) / fft_size  # 返回fft_size/2+1 个频率

    freqs = np.linspace(0, sampling_rate / 2, fft_size / 2 + 1)  # 表示频率
    xfp = np.abs(xf) * 2  # 代表信号的幅值，即振幅

    plt.figure(num='original', figsize=(8, 6))
    plt.subplot(211)
    plt.plot(x[:4000])
    plt.xlabel(u"时间(秒)", fontproperties='FangSong')
    plt.title(u"156.25Hz、200Hz和234.375Hz混合信号的波形", fontproperties='FangSong')

    plt.subplot(212)
    plt.plot(freqs[:500], xfp[:500])
    plt.xlabel(u"频率(Hz)", fontproperties='FangSong')
    plt.ylabel(u'幅值', fontproperties='FangSong')
    plt.title(u"傅里叶变换后的频谱", fontproperties='FangSong')
    plt.subplots_adjust(hspace=0.4)
    plt.show()
test_fft()
```

平稳过程的傅里叶变换输出结果如图 3.13 所示。

如图 3.13 所示的平稳信号，通过傅里叶变换后，可以很清晰地区分出信号的 3 种频率信息，分别是频率 156.25Hz、200Hz 和 234.375Hz 的信号。

图 3.14 中给出的是一个信号的时域到频域转换的情况，这个信号是一个正弦波，其频率是分阶段变化的。0～1000s 是 156.25Hz，1000～2000s 是 200Hz，2000～3000s 是 234.375Hz，那么其傅里叶变换图形为图 3.14（b）图形。

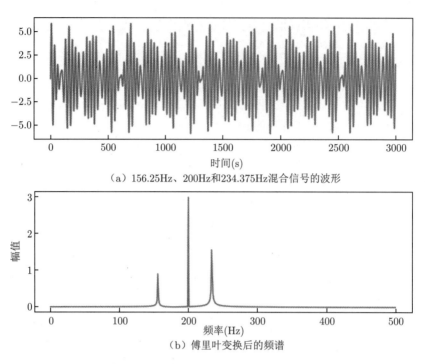

（a）156.25Hz、200Hz和234.375Hz混合信号的波形

（b）傅里叶变换后的频谱

图 3.13   平稳过程的傅里叶变换输出结果

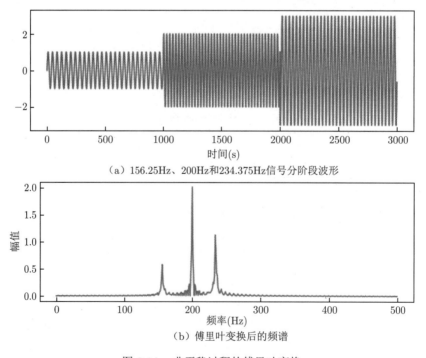

（a）156.25Hz、200Hz和234.375Hz信号分阶段波形

（b）傅里叶变换后的频谱

图 3.14   非平稳过程的傅里叶变换

从图 3.14 可以看出，其傅里叶变换与图 3.13 的傅里叶变换相似，这个信号的傅里叶

变换也是在 156.25Hz、200Hz 和 234.375Hz 这三个地方都出现了峰值。如果套用之前的思想，在忽略一些特别小的频率信息的前提下，可以认为这个信号基本是由 3 个频率的正弦波叠加得到的，也就是说这 3 种频率的正弦波是在时域一直出现的，而这显然与一开始的认知不同。在时域，各种频率的正弦波在这个信号中是分阶段出现的，在一个时间段是 A 频率出现，而在另一个时间段又是 B 频率出现。换句话说，在傅里叶变换的过程中，我们完全丢失了信号的时域信息，而这也是傅里叶变换最大的缺点。

由式 (3.129) 可知，某一频率下的频域值是原时域信号与 e 的 $-iwt$ 次方相乘在负无穷到正无穷上积分，所以说，它计算出的值反映的是一个在全程出现的某频率的正弦波在原信号中占的比重或参与构建原信号的程度。而对图 3.13 的信号而言，因为它本就是由 3 种频率全程出现的正弦波叠加而得的，所以对于它进行傅里叶变换就十分适合，但对于图 3.14 的信号，它的频率组成是变化的，每种频率都不是全程出现的，由于傅里叶变换公式是不变的，它分析的是全程出现的频率信息，所以对图 3.14 的信号进行傅里叶变换就不合适。

用傅里叶变换提取信号的频谱需要利用信号的全部时域信息，傅里叶变换没有反映出随着时间的变化信号频率成分的变化情况。它只能获取一段信号总体上包含哪些频率的成分，但对各成分出现的时刻并无法确定。

为弥补傅里叶变换的这个不足，工程技术领域长期以来一直采用 D.Gabor 开发的窗口傅里叶变换来对时空信号进行分段或分块的时空频谱分析（时频分析），其中最常见的是短时傅里叶变换。

短时傅里叶变换（Short-time Fourier Transform, STFT）是采用一种简单的方法来确定信号局部频率特性的方法，通过在时刻 τ 附近对信号加窗，计算傅里叶变换：

$$x(\tau, F) = \text{STFT}\{x(t)\} = \text{FT}\{x(t)w(t - \tau)\} \tag{3.133}$$

其中，$w(t - \tau)$ 是一个以时刻 τ 为中心的窗函数，注意信号 $x(t)$ 中的时间 t 和 $X(\tau, F)$ 中的 τ。窗函数 w 根据 τ 进行了时移，扩展傅里叶变换表达式为

$$X(\tau, F) = \int_{-\infty}^{+\infty} x(t)w(t - \tau)\text{e}^{-\text{i}2\pi Ft}\text{d}t \tag{3.134}$$

实际上，短时傅里叶变换是把整个时域过程分解成无数个等长的小过程，每个小过程近似平稳，再进行傅里叶变换，就知道在哪个时间点上出现了什么频率。

STFT 时间窗的宽度不好确定，窗太窄，窗内的信号太短，会导致频率分析不够精准，频率分辨率差；窗太宽，时域上又不够精细，时间分辨率低。而且 STFT 的窗口是固定的，在一次 STFT 中宽度不会变化，所以 STFT 还是无法满足非稳态信号变化频率的需求，另外，STFT 也做不到正交化。

2. 连续小波变换

傅里叶变换是将信号分解成一系列不同频率的正余弦函数的叠加，同样小波变换是将信号分解为一系列小波函数的叠加（或者说不同尺度、时间的小波函数拟合），而这些小波函数都是一个小波基经过平移和尺度伸缩得来的。

小波可以简单地描述为一种函数，这种函数在有限时间范围内变化，并且平均值为 0。这种定性的描述意味着小波具有两种性质：① 具有有限的持续时间和突变的频率和振幅；② 在有限时间范围内平均值为 0。典型的小波基有 Haar 小波、Moret 小波、Mexican Hat 小波、Meyer 小波等，如图 3.15所示。

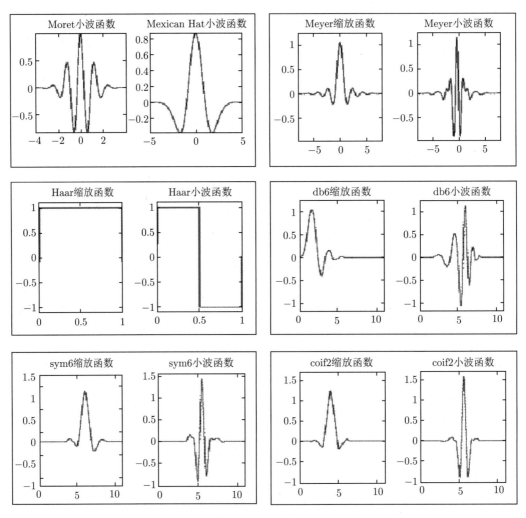

图 3.15   典型的小波基

在选择合适的小波基时，需要考虑的因素除小波的支撑区间大小、小波的消失矩外，还需考虑其对称性、正则性和相似性。小波的对称性主要体现在保证信号重构时不会产生相位畸变，即不会产生重构信号的相位失真。小波的正则性保证了信号的光滑和可微性，对大部分小波而言（非全部），其与消失矩存在关系：小波的消失矩越大，正则性就越大。最后，选择与输入信号的波形相似性高的小波，其意义在于使数据压缩和降噪变得更容易（信号的拟合和分解都更容易）。

小波变换的含义是把某一称为小波基的函数进行位移 τ 后，再在不同尺度 a 下，与待

分析信号 $f(t)$ 作内积，即

$$\mathrm{WT}_f(a, \tau) = \frac{1}{\sqrt{a}} \int_{-\infty}^{\infty} f(t) \Psi\left(\frac{t-\tau}{a}\right) \mathrm{d}t \tag{3.135}$$

其中，$\mathrm{WT}_f(a, \tau)$ 称为小波系数，$a > 0$ 称为尺度因子，用于控制小波函数的伸缩，平移量 τ 控制小波函数的平移，其值可正可负。a 和 τ 都是连续的变量，故又称为连续小波变换（Continue Wavelet Transform，CWT）。尺度 a 对应频率（反比），平移量 τ 对应时间，在不同尺度下小波的持续时间随值的加大而增宽，幅度则与 $\sqrt{a}$ 呈反比减少，但波的形状保持不变。

如果 $\Psi(t)$ 的傅里叶变换 $\Psi(\omega)$ 满足条件

$$C_\Psi = \int_R \frac{|\Psi(\omega)|^2}{\omega} \mathrm{d}\omega < +\infty \tag{3.136}$$

则积分核（核函数/变换核）$\Psi(t)$ 称为小波基函数或小波母函数。条件式 (3.136) 称为可容许性条件。

式 (3.135) 表明：任意一个信号可表示为不同频率小波的线性叠加。小波分析是把一个信号分解成将原始小波经过移位和缩放之后的一系列小波，因此小波同样可以用来表示一些函数的基函数。

可以看出小波变换做的是积分变换，在变换时可以实现函数的伸缩和平移。因此，小波变换体现的是一维时间和二维时空间的转换。此种变换在分析信号时可以获取信号的局部信息。如果使用的小波基函数满足式 (3.136)，则这个函数变换就有相反的变换过程，小波变换的逆变换如下：

$$f(t) = \frac{1}{C_\Psi} \int_0^{+\infty} \frac{1}{a^2} \mathrm{d}a \int_{-\infty}^{+\infty} \mathrm{WT}_f(a, \tau) \frac{1}{\sqrt{a}} \Psi\left(\frac{t-\tau}{a}\right) \mathrm{d}\tau \tag{3.137}$$

小波变换是直接把傅里叶变换的基替换为小波基——无限长的三角函数基换成有限长的会衰减的小波基。这样不仅能够获取频率，还可以定位到时间。

连续小波变换实现过程如算法 3.8所示。

算法 3.8 连续小波变换实现过程

(1) 首先选择一个小波基函数 $\Psi(t)$，固定一个尺度因子，将它与信号 $f(t)$ 的初始段进行比较。

(2) 通过 CWT 的计算公式计算小波系数（反映了当前尺度因子下的小波与所对应的信号段的相似程度），其值越高表示信号与小波越相似。

(3) 改变平移因子，使小波沿时间轴向右平移 k 单位距离，得到 $\Psi(t-k)$。重复上述步骤（1）和步骤（2），按上述步骤一直进行下去，直到小波函数移动到信号的结尾为止。

(4) 增加尺度因子，扩展小波 $\Psi(t)$，如扩展 1 倍，得到的小波函数为 $\Psi\left(\frac{t}{2}\right)$，进行第二次分析。

(5) 循环执行上述四个步骤，直到满足分析要求为止。

小波变换过程示意图如图 3.16 所示。

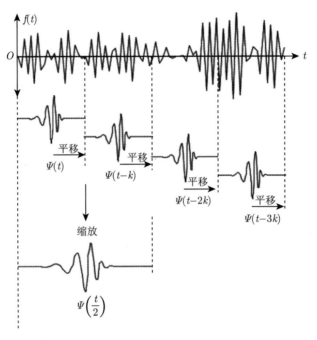

图 3.16　小波变换过程示意图

小波变换的 Python 实现如下：

```python
import numpy as np
import matplotlib.pyplot as plt
import pywt

sampling_rate = 1024#采样频率
t = np.arange(0,1.0,1.0/sampling_rate)
f1 = 100#频率
f2 = 200
f3 = 300
data = np.piecewise(t,[t<1,t<0.8,t<0.3],
                    [lambda t : np.sin(2*np.pi *f1*t),
                     lambda t : np.sin(2 * np.pi * f2 * t),
                     lambda t : np.sin(2 * np.pi * f3 * t)])
wavename = "cgau8"
totalscal = 10000
fc = pywt.central_frequency(wavename)#中心频率
cparam = 2 * fc * totalscal
scales = cparam/np.arange(totalscal,1,-1)
[cwtmatr, frequencies] = pywt.cwt(data,scales,wavename,1.0/sampling_rate)#连续小波变换
plt.figure(figsize=(8, 4))
plt.subplot(211)
plt.plot(t, data)
plt.xlabel(u"time(s)")
plt.title(u"300Hz 200Hz 100Hz Time spectrum")
plt.subplot(212)
```

```
26  plt.contourf(t, frequencies, abs(cwtmatr))
27  plt.ylabel(u"freq(Hz)")
28  plt.xlabel(u"time(s)")
29  plt.subplots_adjust(hspace=0.4)
30  plt.show()
```

小波变换输出结果如图 3.17 所示。

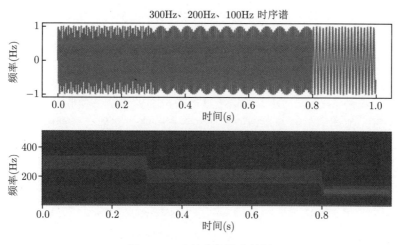

图 3.17　小波变换输出结果

3. 离散小波变换

连续小波变换主要用于理论分析。在实际应用中，音频信号和视频信号都是经过采样后得到的离散数据，因此离散小波变换（Discrete Wavelet Transform，DWT）更适合于对离散信号进行处理。

离散小波都是针对连续的伸缩与平移因子的，而非针对时间变量 t 的。把连续小波变换中尺度参数 a 和平移参数 τ 离散化，具体地，

（1） a 的离散化。一般情况下，通过对 a 进行幂级数的离散，令 $a = a_0^m, m = 0, \pm 1, \pm 2, \cdots$。这时对应的小波函数为 $a_0^{-\frac{j}{2}} \Psi[a_0^{-j}(t - \tau)]$，其中 $j = 0, 1, 2, \cdots$。

（2） τ 的离散化。如果 $j = 0, a = 2^0 = 1$，相对应的小波函数表示为 $\Psi_{a,\tau}(t) = \Psi(t - \tau)$，再对 τ 在时间轴上进行均匀的离散取值，这种情况是特殊的离散取值情况。由通信原理中的采样定律可知，如果采样频率大于或等于频率通带的 2 倍，采样后的信号仍然具有完整性。当满足这一情况时，每增加 1 个单位，尺度就扩大 1 倍，相应的频率就减半，可以做到降低采样频率而不丢失信息。在尺度 j 下，由于 $\Psi(a_0^{-j}t)$ 的宽度是 $\Psi(t)$ 的 a_0^j 倍，所以，采样间隔也扩大 a_0^j 倍。

由此，离散小波函数 $\Psi_{a_0^j, k\tau_0}$ 可定义为

$$\Psi_{a_0^j, k\tau_0} = a_0^{-\frac{j}{2}} \Psi\left[a_0^{-j}(t - ka_0^j \tau_0)\right] \tag{3.138}$$

$$= a_0^{-\frac{j}{2}} \Psi\left(a_0^{-j}t - k\tau_0\right) \qquad j, k \in Z \tag{3.139}$$

而离散化小波变换系数则可表示为

$$\mathrm{WT}_f(a_0^j, k\tau_0) = \int f(t)\Psi_{a_0^j, k\tau_0}(t)\mathrm{d}t \quad j = 0, 1, \cdots, k \in Z \tag{3.140}$$

其重构公式为

$$f(t) = C \sum_{-\infty}^{+\infty} \sum_{-\infty}^{+\infty} \mathrm{WT}_f(a_0^j, k\tau_0)\Psi_{j,k}(t) \tag{3.141}$$

C 是一个与信号无关的常数，然而，怎样选择 a_0 和 τ_0 才能保证重构信号的精度呢？显然，网格点应尽可能密，即 a_0 和 τ_0 尽可能地小。如果网格点越稀疏，使用的小波函数 $\Psi_{j,k}(t)$ 和离散小波系数 $C_{j,k}$ 就越少，信号重构的精确度也就会越低。

一般情况下，都使用具有变焦功能的动态采样网格。在信号处理中常见的是二进制采样网格，即 $a_0 = 2, \tau_0 = 1$。这样只对尺度参数 a 离散，而 τ 不进行离散处理。此时的尺度参数为 2^j，平移参数为 $2^j k$，得到的小波函数为

$$\Psi_{j,k}(t) = 2^{-\frac{j}{2}}\Psi(2^{-j}t - k) \quad j, k \in Z \tag{3.142}$$

一般把这种小波称作二进小波，它处于连续小波和离散小波之间。二进小波只对尺度参数离散，在时域仍是连续的，因此，二进小波变换同连续小波变换一样具有时移共变性质，这种性质是离散小波变换所不具备的。这体现出了二进小波的变焦功能，减小其值可以观察信号细节，增大其值可以观察信号的粗犷内容。二进小波变换在检测信号的奇异性和图像处理中都具有重要的作用。当二进小波满足小波基函数的可容许性条件时，才可以用作小波基函数。

从数学的角度理解，在小波变换中，一个位于希尔伯特空间中的函数，可以分解成一个尺度函数和一个小波函数，其中，尺度函数对应原始函数中的低频部分，小波函数对应原始函数中的高频部分。通过尺度函数可以构建对原始信号的低通滤波器，通过小波函数可以构建对原始信号的高通滤波器。

从信号处理的角度理解，在小波变换中，信号可通过信号滤波器分解为高频分量（高频子带，High Frequency Subband）和低频分量（低频子带，Low Frequency Subband），高频子带又称为细节（Detailed）子带，低频子带又称为近似（Approximate）子带。细节子带是由输入信号通过高通滤波器后再进行下采样得到的，近似子带是由输入信号通过低通滤波器后再进行下采样得到的。小波变换的过程具体如图 3.18 所示。

首先将原始信号作为输入信号，通过一组正交的小波基分解成高频部分和低频部分，将得到的低频部分作为输入信号，再进行小波分解，得到下一级的高频部分和低频部分，依次类推。随着小波分解的级数增加，其在频域上的分辨率就越高。这就是多分辨率分析（Multi Resolution Analysis，MRA）。

离散小波变换在逐级分解时，由尺度函数所张成的空间为

$$V_i = s^{\frac{i}{2}}\phi(s^i x - k) \quad i, k \in Z \tag{3.143}$$

其中，V_i 为第 i 级的尺度函数所张成的空间；s^i 为尺度变量；k 为平移变量。$\phi(x)$ 为产生 $\pi_k^i(x)$ 一族尺度函数的父函数，又称父小波。

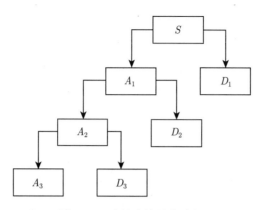

图 3.18　小波变换具体过程

离散小波变换在逐级分解时，由小波函数所张成的空间为

$$W_i = s^{\frac{i}{2}} \psi(s^i x - k) \qquad i, k \in Z \tag{3.144}$$

其中，W_i 为第 i 级的小波函数所张成的空间；s^i 为尺度变量；k 为平移变量；ψ 为产生 $\psi_k^i = \psi(s^i x - k)$ 一族小波函数的母函数，又称母小波。式 (3.144) 中的 $s^{\frac{i}{2}}$ 是归一化因子。W_i 是 V_i 关于 V_{i+1} 的正交空间补集，两者存在关系：

$$V_{i+1} = V_i \oplus W_i \tag{3.145}$$

根据该关系，可以递归展开，得到

$$V_i = W_{i-1} \oplus W_{i-1} \oplus \cdots \oplus W_0 \oplus V_0 \tag{3.146}$$

由式 (3.146) 可知，分解级数越高，信号在时域和频域的分辨率就越高，包含的信息也就越多。对于 V_i 中的任一函数 f_i，可分解为以下形式：

$$f_i = w_{i-1} + w_{i-2} + \cdots + w_0 + f_0 \tag{3.147}$$

其中，w_l 为 W_l 中的函数，$0 \leqslant l \leqslant i-1$；$f_0$ 为 V_0 中的函数。

在小波变换中，若令尺度参数为 2^i，即对尺度按幂级数进行离散化，同时对平移保持连续变化，则此类小波变换称为二进小波变换（Dyadic Wavelet Transform）。

记 h_k 为低通滤波器，g_k 为高通滤波器，定义为

$$h_k(x) = \frac{x_k + x_{k+1}}{2} \qquad g_k = \frac{x_k - x_{k+1}}{2} \tag{3.148}$$

则在二进小波变换中，各级小波分解时，相邻级数的尺度函数之间满足关系：

$$\Phi_{i-1} = \sum_{k \in Z} h_k \Phi_i(t-k) \Phi_i(t-k) = \Phi_{i-1}(2t-k) \tag{3.149}$$

即

$$\Phi(t) = \sum_{k \in Z} h_k \Phi(2t - k) \tag{3.150}$$

相邻级数的小波函数和尺度函数之间满足关系

$$\Psi_{i-1}(t) = \sum_{k \in Z} g_k \Phi_i(t - k), \qquad \Phi_i(t - k) = \Phi_{i-1}(2t - k) \tag{3.151}$$

即

$$\Psi(t) = \sum_{k \in Z} g_k \Phi(2t - k) \tag{3.152}$$

其中，Φ_i 为第 i 级的尺度函数；Φ_{i-1} 为第 $i-1$ 级的尺度函数；Ψ_{i-1} 为第 $i-1$ 级的小波函数。

下面给出一个利用 Python 进行小波分析的实例，具体如下：

```python
#!/usr/bin/env python
# coding=gbk
import numpy as np
import matplotlib.pyplot as plt
import pywt
import pywt.data

ecg = pywt.data.ecg()

data1 = np.concatenate((np.arange(1, 400),np.arange(398, 600),np.arange(601, 1024)))
x = np.linspace(0.082, 2.128, num=1024)[::-1]
data2 = np.sin(40 * np.log(x)) * np.sign((np.log(x)))

mode = pywt.Modes.smooth

def plot_signal_decomp(data, w, title):
    """Decompose and plot a signal S.
    S = An + Dn + Dn-1 + \cdots + D1
    """
    w = pywt.Wavelet(w)#选取小波函数
    a = data
    ca = []#近似分量
    cd = []#细节分量
    for i in range(5):
        (a, d) = pywt.dwt(a, w, mode)#进行5阶离散小波变换
        ca.append(a)
        cd.append(d)

    rec_a = []
    rec_d = []

    for i, coeff in enumerate(ca):
        coeff_list = [coeff, None] + [None] * i
        rec_a.append(pywt.waverec(coeff_list, w))#重构
```

```
35
36       for i, coeff in enumerate(cd):
37           coeff_list = [None, coeff] + [None] * i
38           if i == 3:
39               print(len(coeff))
40               print(len(coeff_list))
41           rec_d.append(pywt.waverec(coeff_list, w))
42
43       fig = plt.figure()
44       plt.subplots_adjust(left=None, bottom=None, right=None, top=None,
45                           wspace=0.3, hspace=0.5)
46       ax_main = fig.add_subplot(len(rec_a) + 1, 1, 1)
47       ax_main.set_title(title)
48       ax_main.plot(data)
49       ax_main.set_xlim(0, len(data) - 1)
50
51       for i, y in enumerate(rec_a):
52           ax = fig.add_subplot(len(rec_a) + 1, 2, 3 + i * 2)
53           ax.plot(y, 'r')
54           ax.set_xlim(0, len(y) - 1)
55           ax.set_ylabel("A%d" % (i + 1))
56
57       for i, y in enumerate(rec_d):
58           ax = fig.add_subplot(len(rec_d) + 1, 2, 4 + i * 2)
59           ax.plot(y, 'g')
60           ax.set_xlim(0, len(y) - 1)
61           ax.set_ylabel("D%d" % (i + 1))
62
63   plot_signal_decomp(ecg, 'sym5', "DWT: Ecg sample - Symmlets5")
64   plt.show()
```

小波分解输出结果如图 3.19 所示。

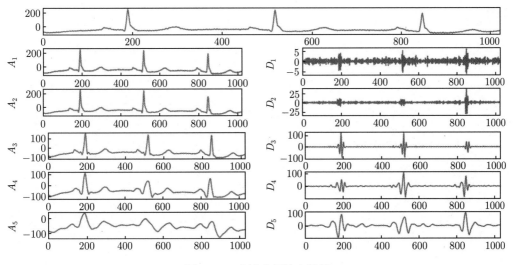

图 3.19　小波分解输出结果

利用小波分解进行时间序列预测分析应用时，一般将数据序列进行小波分解，每层分解的结果是上次分解得到的低频信号再分解成低频和高频两个部分。如此经过 N 层分解后源信号 X 被分解为 $X = D_1 + D_2 + \cdots + D_N + A_N$，其中 $D_1, D_2, \cdots, D_N$ 分别为第 1 层、第 2 层到第 N 层分解得到的高频信号，A_N 为第 N 层分解得到的低频信号。然后对 $D_1, D_2, \cdots, D_N$ 和 A_N 利用回归分析算法分别进行预测分析，最后进行小波重构实现对源信号的预测，步骤如算法 3.9 所示。

算法 3.9　基于小波分解的预测分析算法
（1）　对原序列进行小波分解，得到各层小波系数；
（2）　对各层小波系数分别建立回归分析模型（ARMA 模型、GM 模型等），对各层小波系数进行预测；
（3）　用得到的预测小波系数重构数据。

4. 小波包分析

短时傅里叶变换对信号的频带划分是线性等间隔的。多分辨率分析可以对信号进行有效的时频分解，但由于其尺度是按二进制变化的，所以在高频频段其频率分辨率较差，而在低频频段其时间分辨率较差，即对信号的频带进行指数等间隔划分。小波包分析能为信号提供一种更精细的分析方法，它将频带进行多层次划分，对多分辨率分析没有细分的高频部分进一步分解，并能够根据被分析信号的特征，自适应地选择相应的频带，使之与信号频谱相匹配，从而提高了时-频分辨率，因此小波包分析具有更广泛的应用价值。

小波包分解（Wavelet Packet Decomposition）又称最优子带树结构（Optimal Subband Tree Structuring），其是对小波变换的进一步优化。其主要的算法思想是：在小波变换的基础上，在每一级信号分解时，除了对低频子带进行进一步分解，也对高频子带进行进一步分解。最后通过最小化一个代价函数，计算出最优的信号分解路径，并以此分解路径对原始信号进行分解。关于小波包分析的理解，这里以一个三层的分解进行说明，其小波包分解树如图 3.20 所示。

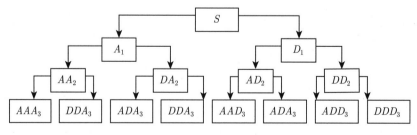

图 3.20　小波包分解树

在图 3.20 中，A 表示低频，D 表示高频，末尾的序号数表示小波分解的层数（尺度数）。分解具有关系：

$$S = AAA_3 + DDA_3 + ADA_3 + DDA_3 + AAD_3 + ADA_3 + ADD_3 + DDD_3 \quad (3.153)$$

类似地，在二进小波包变换中，各级小波包分解时，相邻级数的尺度函数和小波函数之间也具有递推关系。

记小波包变换中的父小波 $\Phi(t)$ 为 $\mu_0^0(t)$，母小波 $\Psi(t)$ 为 $\mu_1^0(t)$，其中的上角标表示该小波包所在的分解级数，下角标表示该小波包在其级里的位置。于是上述递推关系可以表述为

$$\begin{cases} \mu_{2n}^{L-1}(t) = \sum_k h_k \mu_n^L(t-k), & \mu_n^L(t-k) = \mu_n^{L-1}(2t-k) \\ \mu_{2n+1}^{L-1}(t) = \sum_k g_k \mu_n^L(t-k), & \mu_n^L(t-k) = \mu_n^{L-1}(2t-k) \end{cases} \tag{3.154}$$

进一步，式 (3.154) 可改写为

$$\begin{cases} \mu_{2n}(t) = \sum_k h_k \mu_n(2t-k) \\ \mu_{2n+1}(t) = \sum_k g_k \mu_n(2t-k) \end{cases} \tag{3.155}$$

其中，h_k 和 g_k 的定义同小波变换；μ 称为小波包。

在小波包变换中，常用的代价函数为信息熵函数。最小化代价函数即最大化逐级信号分解的信息熵。

由于小波分解的稀疏编码特性，其可用于数据压缩，主要做法为：将信号进行小波分解，并将较小的小波系数置零。相当于将不重要（特征不明显）的信息分量去除，达到数据精简的目的。

小波分解也可用于信号滤波，主要做法为：将信号进行小波分解，并将特定级数以上的小波系数置零。相当于将高分辨率的信息分量去除，达到数据平滑的目的。

5. 小波降噪的原理与方法

从信号学的角度来看，小波降噪是一个信号滤波问题。尽管在很大程度上小波降噪可以看成低通滤波，但由于降噪后，还能成功保留信号特征，所以在这一点上又优于传统的低通滤波。小波降噪实际上是特征提取和低通滤波的综合，其主要做法为：将信号进行小波分解，并通过设置一个阈值，将其中低于阈值的小波系数置零，相当于将信号中占比较低的噪声部分去除。小波去噪流程框图如图 3.21 所示。

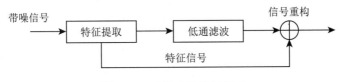

图 3.21 小波去噪流程框图

小波分析的重要应用之一就是信号消噪，一个含噪的一维信号模型可表示为

$$s(k) = f(k) + \varepsilon \times e(k) \qquad k = 0, 1, 2, \cdots, n-1 \tag{3.156}$$

其中，$f(k)$ 为有用信号；$s(k)$ 为含有噪声信号；$e(k)$ 为噪声；ε 为噪声系数的标准偏差。

假设 $e(k)$ 为高斯白噪声，通常情况下有用信号表现为低频部分或是一些比较平稳的信号，而噪声信号则表现为高频信号。对信号 $s(k)$ 信号进行小波分解，如图 3.18 所示，噪声部分通过包含在 D_1, D_2, D_3 中，只要对 D_1, D_2, D_3 进行相应的小波系数处理，然后对信号进行重构，就可以达到消除噪声的目的。

一般来说，一维信号的降噪过程可以分为三步，具体过程如算法 3.10 所示。

算法 3.10   小波降噪算法

（1） 对一维信号 $x(t)$ 进行小波分解，选择一个小波并确定小波分解的层数 N，然后对信号进行 N 小波分解计算。

（2） 小波分解高频系数的阈值量化，对第 1 层到第 N 层的每一层高频系数，选择一个阈值进行软阈值量化处理。

（3） 进行一维小波重构。根据小波分解的第 N 层的低频系数和经过量化处理后的第 1 层到第 N 层的高频系数，进行一维信号的小波重构。

在这 3 个步骤中，最核心的就是如何选取阈值并对阈值进行量化，在某种程度上它关系到信号降噪的质量。在小波变换中，各层系数所需的阈值一般根据原始信号的信号噪声比选取，即通过小波各层分解系数的标准差来求取，在得到信号噪声强度后，可以确定各层的阈值。

下面以网址：https://archive.ics.uci.edu/ml/datasets/Appliances+energy+prediction 数据为例进行去噪声处理分析。其 Python 实现具体如下：

```
# coding=gbk
import pywt
import numpy as np
import pandas as pd
import matplotlib
import matplotlib.pyplot as plt
import math
#一些参数和函数
def sgn(num):
    if(num > 0.0):
        return 1.0
    elif(num == 0.0):
        return 0.0
    else:
        return -1.0
begin = 1
end = 1001
# 软硬阈值折衷法 a 参数
a = 0.5

#read data
data = pd.read_csv('energydata_complete.csv' )

# 画图
x1 = range(begin, end)
```

```
26  y_values =data['RH_6'][begin:end]
27
28  plt.figure(figsize=(8,4))
29  plt.subplot(211)
30  plt.plot(x1, y_values)
31  plt.title('原信号数据', fontsize=14,fontproperties='FangSong')
32  plt.subplots_adjust(left=None, bottom=None, right=None, top=None,
33                      wspace=0.3, hspace=0.5)
34
35  # 去噪
36  db1  = pywt.Wavelet('db1')
37
38  coeffs = pywt.wavedec(y_values, db1, level = 3)
39  recoeffs = pywt.waverec(coeffs, db1)
40
41  thcoeffs =[]
42  for i in range(1, len(coeffs)):
43      tmp = coeffs[i].copy()
44      Sum = 0.0
45      for j in coeffs[i]:
46          Sum = Sum + abs(j)
47      N = len(coeffs[i])
48      Sum = (1.0 / float(N)) * Sum
49      sigma = (1.0 / 0.6745) * Sum
50      lamda = sigma * math.sqrt(2.0 * math.log(float(N), math.e))
51      for k in range(len(tmp)):
52          if(abs(tmp[k]) >= lamda):
53              tmp[k] = sgn(tmp[k]) * (abs(tmp[k]) - a * lamda)
54          else:
55              tmp[k] = 0.0
56      thcoeffs.append(tmp)
57
58  usecoeffs = []
59  usecoeffs.append(coeffs[0])
60  usecoeffs.extend(thcoeffs)
61
62  #recoeffs为去噪后信号
63  recoeffs = pywt.waverec(usecoeffs, db1)
64
65  #画图
66  x1 = range(begin, end)
67  y_values =  recoeffs
68  plt.subplot(212)
69  plt.plot(x1, y_values)
70  plt.title('去噪后信号数据', fontsize=14,fontproperties='FangSong')
71
72  plt.show()
```

小波分解重构去噪输出结果如图 3.22 所示。

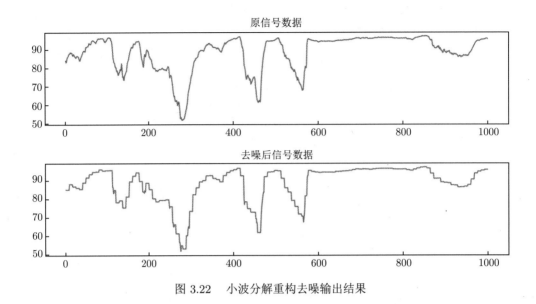

图 3.22   小波分解重构去噪输出结果

3.3   特征选择方法

机器学习的一个重要问题是针对一个学习任务，选择一组具有代表性的特征，构建一个模型。从原始特征集合中选择一个具有代表性的子集，即特征选择，对机器学习领域中的许多问题都有重大意义，包括文本分类、数据挖掘、基因工程、计算机视觉和信息检索等。特征选择通常选择与类别相关性强且特征彼此间相关性弱的特征子集，具体的特征选择算法通过定义合适的子集评价函数来体现，因此特征选择的一种定义就是从原始特征集中选择使某种评估标准最优的特征子集。

特征选择严格来说也是模型选择中的一种。假设对维度为 n 的样本点进行回归，维度 n 可能大于甚至远远大于训练样本数 m。但其中很多特征对于结果没有作用，想剔除 n 中的无用特征，n 个特征就有 2^n 种去除情况（每个特征去除或保留），如果枚举这些情况，然后利用交叉验证逐一考察在该情况下模型的错误率，太不现实。因此需要一些启发式搜索方法。

通常来说，从两个方面考虑来选择特征。

- 特征是否发散：如果一个特征不发散，如方差接近于 0，也就是说样本在这个特征上基本上没有差异，这个特征对于样本的区分并没有什么用。
- 特征与目标的相关性：这点比较显见，与目标相关性高的特征，应当优先选择。除方差法外，本节介绍的其他方法均从相关性考虑。

根据特征选择的形式又可以将特征选择方法分为 3 种。

- 过滤法（Filter）：按照发散性或相关性对各个特征进行评分，设定阈值或待选择阈值的个数，选择特征。
- 包装法（Wrapper）：根据目标函数（通常是预测效果评分），每次选择若干特征或排除若干特征。

- 嵌入法（Embedded）：先使用某些机器学习的算法和模型进行训练，得到各个特征的权值系数，根据系数从大到小选择特征。类似于 Filter 方法，但是通过训练来确定特征的优劣。

3.3.1　过滤特征选择

1. 方差选择法

概率学中，方差用来衡量随机变量或一组数据的离散程度，其值越大，离散程度越大。

在数据分析或机器学习中，某个特征的数据的方差值越小，则说明这个值的离散程度越小，变化程度小，有很多大概率对目标的影响没那么大，因此可以选择舍弃此特征。相反，如果方差值越大，则说明特征值在不同样本里的变化程度也大，有很大概率对目标有很大的影响，应保留。

使用方差选择法，先要计算各个特征的方差，然后根据阈值，选择方差大于阈值的特征。使用 feature_selection 库的 VarianceThreshold 类来选择特征的代码如下：

```
1  from sklearn.feature_selection import VarianceThreshold
2
3  #方差选择法，返回值为特征选择后的数据
4  #参数threshold为方差的阈值
5  VarianceThreshold(threshold=3).fit_transform(iris.data)
```

2. 相关系数法

相关系数法是计算各个特征值对目标值的相关系数的 Pearson 值，公式为

$$r = \frac{N \sum x_i y_i - \sum x_i \sum y_i}{\sqrt{N \sum x_i^2 - (\sum x_i)^2} \sqrt{N \sum y_i^2 - (\sum y_i)^2}} \tag{3.157}$$

这个公式计算出来的值为 $[-1, 1]$，当值靠近 -1 或 1 时是强相关的，靠近 0 则是弱相关或不相关的。

该方法有局限性。因为 Pearson 相关系数计算的结果是线性关系，所以该方法是只对两个存在线性关系的变量敏感，若存在非线性关系，Pearson 是检验不出来的。

使用相关系数法，先要计算各个特征对目标值的相关系数及相关系数的 P 值。用 feature_selection 库的 SelectKBest 类结合相关系数来选择特征的代码如下：

```
1  from sklearn.feature_selection import SelectKBest
2  from scipy.stats import pearsonr
3
4  #选择K个最好的特征，返回选择特征后的数据
5  #第一个参数为计算评估特征是否为好的函数，该函数输入特征矩阵和目标向量，输出二元组（评分，
       P值）的数组，数组第i项为第i个特征的评分和P值。在此定义为计算相关系数
6  #参数k为选择的特征个数
7  SelectKBest(lambda X, Y: array(map(lambda x:pearsonr(x, Y), X.T)).T, k=2).fit_transform(
       iris.data, iris.target)
```

3. 卡方检验法

卡方检验是通过观察实际值和理论值的偏差来确定原假设是否成立。首先假设两个变量是独立的（此为原假设），然后观察实际值和理论值之间的偏差程度，若偏差足够小，则认为偏差是很自然的样本误差，接受原假设。若偏差大到一定程度，则拒绝原假设，接受备择假设。

经典的卡方检验是检验定性自变量对定性因变量的相关性。假设自变量有 N 种取值，因变量有 M 种取值，考虑自变量等于 i 且因变量等于 j 的样本频数的观察值与期望的差距，构建统计量：

$$\chi^2 = \sum \frac{(A-E)^2}{E} = \sum_{i=1}^{k} \frac{(A_i - E_i)^2}{E_i} = \sum_{i=1}^{k} \frac{(A_i - np_i)^2}{np_i} \tag{3.158}$$

不难发现，统计量 χ^2 的含义就是自变量对因变量的相关性。用 feature_selection 库的 SelectKBest 类结合卡方检验来选择特征的代码如下：

```
from sklearn.feature_selection import SelectKBest
from sklearn.feature_selection import chi2

#选择K个最好的特征，返回选择特征后的数据
SelectKBest(chi2, k=2).fit_transform(iris.data, iris.target)
```

4. 互信息法

过滤特征选择方法的想法是针对每一个特征 x_i，i 从 1 到 n，计算 x_i 相对于类别标签 y 的信息量 $S(i)$，得到 n 个结果，然后将 n 个 $S(i)$ 按照从大到小排序，输出前 k 个特征。显然，这样复杂度大大降低，为 $O(n)$。

关键问题就是使用什么样的方法来度量 $S(i)$，我们的目标是选取与 y 关联最密切的一些 x_i，而 y 和 x_i 都是有概率分布的。因此可以使用互信息来度量 $S(i)$，对于 x_i 是离散值的情况更适用，若不是离散值，可以将其转变为离散值。

互信息（Mutual Information）公式为

$$\text{MI}(x_i, y) = \sum_{x_i \in \{0,1\}} \sum_{y \in \{0,1\}} p(x_i, y) \log \frac{p(x_i, y)}{p(x_i)p(y)} \tag{3.159}$$

其中，$p(x_i, y)$、$p(x_i)$ 和 $p(y)$ 都是从训练集上得到的。

由 KL 距离（Kullback-Leibler）定义可知

$$\text{MI}(x_i, y) = \text{KL}(p(x_i, y) || p(x_i)p(y)) \tag{3.160}$$

也就是说，$\text{MI}(x_i, y)$ 衡量的是 x_i 和 y 的独立性。如果它俩独立 $[p(x_i, y) = p(x_i)p(y)]$，KL 距离值为 0，也就是说 x_i 和 y 不相关，可以去除 x_i。相反，如果两者密切相关，MI 值会很大。在对 MI 进行排名后，最后剩余的问题就是如何选择 k 值（前 k 个 x_i）。继续使用交叉验证的方法，将 k 从 1 扫描到 n，取最大的 F。不过这次复杂度是线性的了。例

如，在使用朴素贝叶斯分类文本时，词表长度 n 很大。使用 Filter 特征选择方法，能够增加分类器的精度。

为了处理定量数据，提出了最大信息系数法，使用 feature_selection 库的 SelectKBest 类结合最大信息系数法来选择特征的代码如下：

```
1   from sklearn.feature_selection import SelectKBest
2   from minepy import MINE
3
4   #由于MINE的设计不是函数式的，定义mic方法将其为函数式的，返回一个二元组，二元组的第2项设置
        成固定的P值0.5
5   def mic(x, y):
6       m = MINE()
7       m.compute_score(x, y)
8       return (m.mic(), 0.5)
9
10  #选择K个最好的特征，返回特征选择后的数据
11  SelectKBest(lambda X, Y: array(map(lambda x:mic(x, Y), X.T)).T,
12      k=2).fit_transform(iris.data, iris.target)
```

3.3.2 Wrapper 法

1. 前向搜索法

Wrapper 在这里指不断地使用不同的特征集来测试学习算法。前向搜索（Wrapper Model Feature Selection）就是每次从剩余未选中的特征选出一个加入特征集中，待达到阈值或 n 时，从所有的 F 中选出错误率最小的特征。

（1）初始化特征集 F 为空。

（2）扫描 i 从 1 到 n，如果第 i 个特征不在 F 中，那么将特征 i 和 F 放在一起作为 F_i（$F_i = F \cup \{i\}$），在只使用 F_i 中特征的情况下，利用交叉验证来得到 F_i 的错误率。

（3）从上一步中得到的 n 个 F_i 中选出错误率最小的 F_i，更新 F 为 F_i。如果 F 中的特征数达到了 n 或预设定的阈值（如果有的话），则输出整个搜索过程中最好的 F，没达到则转到第（2）步。

既然有增量加，也会有增量减，后者称为后向搜索。先将 F 设置为 $\{1, 2, \cdots, n\}$，每次都删除一个特征，并评价，直到达到阈值或为空，最后选择最佳的 F。这两种算法都可以工作，但计算复杂度比较大。时间复杂度为

$$O[n + (n-1) + (n-2) + \cdots + 1] = O(n^2)$$

2. 递归特征消除法

递归特征消除的主要思想是反复地构建模型（如支持向量机（SVM）或回归模型），然后选出最好的（或者最差的）特征（可以根据系数来选），把选出来的特征挑出来，然后在剩余的特征上重复这个过程，直到所有特征都遍历。

算法过程描述如下：

（1）将全部特征纳入模型中，得到特征对应的系数（即权重）。

（2）将取值最小的系数平方和对应的特征从模型中移除。

（3）用剩下的特征再进行模型训练，进行特征移除，直至没有特征。

这个过程中特征被消除的次序就是特征的排序，因此，这是一种寻找最优特征子集的贪心算法。RFE 的稳定性很大程度上取决于迭代时底层用哪种模型。例如，假如 RFE 采用普通的回归，没有经过正则化的回归是不稳定的，则 RFE 就是不稳定的；假如采用的是 Ridge，而用 Ridge 正则化的回归是稳定的，RFE 就是稳定的。

下面以 SVM 为例说明递归特征消除法的基本原理。SVM 广泛用于模式识别、机器学习等领域，SVM 采用结构风险最小化原则，同时最小化经验误差，以此提高学习的性能。

设训练集 $\{(x_i, y_i)\}_{i=1}^N$，其中 $x_i \in R^D, y_i \in \{+1, -1\}, x_i$ 是第 i 个样本，N 为样本量，D 为样本特征数。SVM 寻找最优的分类超平面 $\omega \cdot x + b = 0$。SVM 需要求解的优化问题为

$$\min \quad \frac{1}{2}||\omega||^2 + C\sum_{i=1}^N \xi_i \tag{3.161}$$

$$\text{s.t.} \quad y_i(\omega \cdot x_i + b) \geqslant 1 - \xi_i \qquad i = 1, 2, \cdots, N \tag{3.162}$$

$$\xi_i \geqslant 0 \qquad i = 1, 2, \cdots, N \tag{3.163}$$

而原始问题可以转化为对偶问题：

$$\min \quad \frac{1}{2}\sum_{i=1}^N \sum_{j=1}^N \alpha_i \alpha_j y_i y_j (x_i \cdot x_j) - \sum_{i=1}^N \alpha_i \tag{3.164}$$

$$\text{s.t.} \quad \sum_{i=1}^N y_i \alpha_i = 0 \tag{3.165}$$

$$0 \leqslant \alpha_i \leqslant C \qquad i = 1, 2, \cdots, N \tag{3.166}$$

其中，α_i 为拉格朗日乘子。最后 ω 的解为

$$\omega = \sum_{i=1}^N \alpha_i y_i x_i \tag{3.167}$$

（1）两分类的 SVM-RFE 算法。

SVM-RFE 是一个基于 SVM 的最大间隔原理的序列后向选择算法。它通过模型训练样本，对每个特征得分进行排序，去掉最小特征得分的特征，然后用剩余的特征再次训练模型，进行下一次迭代，最后选出需要的特征数。特征 i 的排序准则得分定义为 $c_i = w_i^2$。

两分类 SVM-RFE 算法如算法 3.11所示。

（2）多分类的 SVM-RFE 算法。

多分类的 SVM-RFE 算法其实和两分类的 SVM-RFE 算法类似，只不过在处理多分类时，把类别进行两两配对，其中一类为正类，另一类为负类，这样需训练 $\frac{N(N-1)}{2}$ 个分类器，这就是一对一（One vs. One, OvO）的多分类拆分策略。这样就变成了多个两分类问题（当然，也可以使用一对其余（OvR）），每个两类问题都用一个 SVM-RFE 进行特征

选择，利用多个 SVM-RFE 获得多个排序准则得分，然后把多个排序准则得分相加后得到排序准则总分，以此作为特征剔除的依据，每次迭代都消去最小特征，直到所有特征都被删除。

算法 3.11 两分类的 SVM-RFE 算法

输入: 训练样本 $\{(x_i, y_i)\}_{i=1}^{N}, y_i \in \{+1, -1\}$。

输出: 特征排序集 R。

(1) 初始化原始特征集合 $S = \{1, 2, \cdots, D\}$，特征排序集 $R = []$。

(2) 循环以下过程直至 $S = []$:

- 获取带候选特征集合的训练样本；
- 用式 $\min \dfrac{1}{2} \sum_{i=1}^{N} \sum_{j=1}^{N} \alpha_i \alpha_j y_i y_j (x_i \cdot x_j) - \sum_{i=1}^{N} \alpha_i$ 训练 SVM 分类器，得到 Ω；
- 用式 $c_i = w_i^2, k = 1, 2, \cdots, |S|$ 计算排序准则得分；
- 找出排序得分最小的特征: $p = \underset{k}{\arg\min}\, c_k$
- 更新特征集 $R = [p, R]$；
- 在 S 中去除此特征: $S = S/p$。

多分类 SVM-RFE 算法如算法 3.12所示。

算法 3.12 多分类的 SVM-RFE 算法

输入: 训练样本 $\{(x_i, v_i)\}_{i=1}^{N}, v_i \in \{1, 2, \cdots, l\}, l$ 为类别数。

输出: 特征排序集 R。

(1) 初始化原始特征集合 $S = \{1, 2, \cdots, D\}$，特征排序集 $R = []$。

(2) 生成 $\dfrac{l(l-1)}{2}$ 个训练样本, 在训练样本 $\{(x_i, v_i)\}_{i=1}^{N}$ 中找出不同类别的两两组合得到最后的训练样本:

$$
X_j = \begin{cases}
\{(x_i, y_i)\}_{i=1}^{N_1 + N_{j+1}} & j = 1, 2, \cdots, l; \text{当} v_i = 1 \text{时}, y_i = 1, \text{当} v_i = j+1 \text{时}, y_i = -1 \\
\{(x_i, y_i)\}_{i=1}^{N_2 + N_{j-l+3}} & j = l, \cdots, 2l - 3; \text{当} v_i = 2 \text{时}, y_i = 1, \text{当} v_i = j - l + 3 \text{时}, \\
& \quad y_i = -1 \\
\vdots & \\
\{(x_i, y_i)\}_{i=1}^{N_l - 1 + N_l} & j = \dfrac{l(l-1)}{2} - 1, \dfrac{l(l-1)}{2}; \text{当} v_i = l - 1 \text{时}, y_i = 1, \text{当} \\
& \quad v_i = l \text{时}, y_i = -1
\end{cases}
$$

(3) 循环以下过程直至 $S = []$:

- 获取用 l 个训练子样本 $X_j (j = 1, 2, \cdots, l(l-1)/2)$；
- 分别用 X_j 训练 SVM, 从而得到 $\omega_j (j = 1, 2, \cdots, l)$；
- 计算排序准则得分 $c_k = \Sigma_j \omega_{jk}^2 (k = 1, 2, \cdots, |S|)$；
- 找出排序准则得分最小的特征 $p = \underset{k}{\arg\min}\, c_k$；
- 更新特征集 $R = [p, R]$；
- 在 S 中去除此特征, 即 $S = S/p$。

基于 SVM 的递归特征消除法的 Python 实现如下：

```
from sklearn.svm import SVC
from sklearn.datasets import load_digits
from sklearn.feature_selection import RFE
import matplotlib.pyplot as plt

# Load the digits
datasetdigits = load_digits()
X = digits.images.reshape((len(digits.images), -1))
y = digits.target

# Create the RFE object and rank each pixel
svc = SVC(kernel="linear", C=1)
rfe = RFE(estimator=svc, n_features_to_select=1, step=1)
rfe.fit(X, y)
ranking = rfe.ranking_.reshape(digits.images[0].shape)

# Plot pixel ranking
plt.matshow(ranking)
plt.colorbar()
plt.title("Ranking of pixels with RFE")
plt.show()
```

3.3.3　Embedded 法

1. 基于惩罚项的特征选择法

使用带惩罚项的基模型，除筛选出特征外，同时也进行了降维。使用 feature_selection 库的 SelectFromModel 类结合带 L1 惩罚项的逻辑回归模型，来选择特征的代码如下：

```
from sklearn.feature_selection import SelectFromModel
from sklearn.linear_model import LogisticRegression

#带L1惩罚项的逻辑回归作为基模型的特征选择
SelectFromModel(LogisticRegression(penalty="l1", C=0.1)).fit_transform(iris.data, iris.
    target)
```

实际上，L1 惩罚项降维的原理在于保留多个对目标值具有同等相关性的特征中的一个，所以没选到的特征并不代表不重要。故可结合 L2 惩罚项来优化。具体操作为：若一个特征在 L1 中的权值为 1，选择在 L2 中权值差别不大且在 L1 中权值为 0 的特征构成同类集合，将这一集合中的特征平分 L1 中的权值，故需要构建一个新的逻辑回归模型，具体的 Python 实现如下：

```
from sklearn.linear_model import LogisticRegression

class LR(LogisticRegression):
    def __init__(self, threshold=0.01, dual=False, tol=1e-4, C=1.0,
                 fit_intercept=True, intercept_scaling=1, class_weight=None,
                 random_state=None, solver='liblinear', max_iter=100,
                 multi_class='ovr', verbose=0, warm_start=False, n_jobs=1):
```

```
8
9          #权值相近的阈值
10         self.threshold = threshold
11         LogisticRegression.__init__(self, penalty='l1', dual=dual, tol=tol, C=C,
12                 fit_intercept=fit_intercept, intercept_scaling=intercept_scaling, class_
                        weight=class_weight,
13                 random_state=random_state, solver=solver, max_iter=max_iter,
14                 multi_class=multi_class, verbose=verbose, warm_start=warm_start, n_jobs=
                        n_jobs)
15         #使用同样的参数创建L2逻辑回归
16         self.l2 = LogisticRegression(penalty='l2', dual=dual, tol=tol, C=C, fit_intercept
                =fit_intercept, intercept_scaling=intercept_scaling, class_weight = class_
                weight, random_state=random_state, solver=solver, max_iter=max_iter, multi_
                class=multi_class, verbose=verbose, warm_start=warm_start, n_jobs=n_jobs)
17
18     def fit(self, X, y, sample_weight=None):
19         #训练L1逻辑回归
20         super(LR, self).fit(X, y, sample_weight=sample_weight)
21         self.coef_old_ = self.coef_.copy()
22         #训练L2逻辑回归
23         self.l2.fit(X, y, sample_weight=sample_weight)
24
25         cntOfRow, cntOfCol = self.coef_.shape
26         #权值系数矩阵的行数对应目标值的种类数目
27         for i in range(cntOfRow):
28             for j in range(cntOfCol):
29                 coef = self.coef_[i][j]
30                 #L1逻辑回归的权值系数不为0
31                 if coef != 0:
32                     idx = [j]
33                     #对应在L2逻辑回归中的权值系数
34                     coef1 = self.l2.coef_[i][j]
35                     for k in range(cntOfCol):
36                         coef2 = self.l2.coef_[i][k]
37                         #在L2逻辑回归中，权值系数之差小于设定的阈值，且在L1中对应的权值为
                                0
38                         if abs(coef1-coef2) < self.threshold and j != k and self.coef_
39                         [i][k] == 0:
40                             idx.append(k)
41                     #计算这一类特征的权值系数均值
42                     mean = coef / len(idx)
43                     self.coef_[i][idx] = mean
44         return self
```

使用 feature_selection 库的 SelectFromModel 类结合带 L1 及 L2 惩罚项的逻辑回归模型，选择特征的代码如下：

```
1  from sklearn.feature_selection import SelectFromModel
2
3  #带L1和L2惩罚项的逻辑回归作为基模型的特征选择
4  #参数threshold为权值系数之差的阈值
5  SelectFromModel(LR(threshold=0.5, C=0.1)).fit_transform(iris.data, iris.target)
```

2. 基于决策树的特征选择法

树模型 GBDT 也可作为基模型进行特征选择，使用 feature_selection 库的 Select-FromModel 类结合 GBDT 模型，选择特征的代码如下：

```
1  from sklearn.feature_selection import SelectFromModel
2  from sklearn.ensemble import GradientBoostingClassifier
3
4  # GBDT 作为基模型的特征选择
5  SelectFromModel(GradientBoostingClassifier()).fit_transform(iris.data, iris.target)
```

3.3.4 贝叶斯统计和正则化

1. 贝叶斯统计分析

一般地，线性回归中使用的估计方法是最小二乘法，Logistic 回归是条件概率的最大似然估计，朴素贝叶斯是联合概率的最大似然估计，SVM 是二次规划。对于最大似然估计（如在 Logistic 回归中使用的），有

$$\boldsymbol{\theta}_{\mathrm{ML}} = \arg \max_{\boldsymbol{\theta}} \prod_{i=1}^{m} p(y^{(i)}|x^{(i)}; \boldsymbol{\theta}) \tag{3.168}$$

其中，参数 $\boldsymbol{\theta}$ 为未知的常数向量，参数估计的任务就是估计出未知的 $\boldsymbol{\theta}$。

从更大范围上说，以最大似然估计看待 $\boldsymbol{\theta}$ 的视角称为频率学派（Frequentist Statistics），他们认为 $\boldsymbol{\theta}$ 不是随机变量，只是一个未知的常量。

另一种视角称为贝叶斯学派（Bayesian），他们认为 $\boldsymbol{\theta}$ 为随机变量，值未知。既然 $\boldsymbol{\theta}$ 为随机变量，那么 $\boldsymbol{\theta}$ 不同的值就有了不同的概率 $p(\boldsymbol{\theta})$（称为先验概率），代表对特定 $\boldsymbol{\theta}$ 的相信度。将训练集表示成 $S = \{(x^{(i)}, y^{(i)})\}$，其中 $i = 1, 2, \cdots, m$。首先需要求出 $\boldsymbol{\theta}$ 的后验概率：

$$\begin{aligned} p(\boldsymbol{\theta}|S) &= \frac{p(S|\boldsymbol{\theta})P(\boldsymbol{\theta})}{P(S)} \\ &= \frac{(\prod_{i=1}^{m} p(y^{(i)}|x^{(i)}, \boldsymbol{\theta}))p(\boldsymbol{\theta})}{\int_{\boldsymbol{\theta}} (\prod_{i=1}^{m} p(y^{(i)}|x^{(i)}, \boldsymbol{\theta}))p(\boldsymbol{\theta})\mathrm{d}\boldsymbol{\theta}} \end{aligned} \tag{3.169}$$

其中，$p(y^{(i)}|x^{(i)}, \boldsymbol{\theta})$ 在不同的模型下计算方式不同。如在贝叶斯 Logistic 回归中

$$p(y^{(i)}|x^{(i)}, \boldsymbol{\theta}) = [h_\theta(x^{(i)})]^{y^{(i)}}[1 - h_\theta(x^{(i)})]^{(1-y^{(i)})} \tag{3.170}$$

其中，$h_\theta(x^{(i)}) = 1/[1 + \exp(-\boldsymbol{\theta}^t x^{(i)})]$，即 p 的表现形式为伯努利分布。

在 $\boldsymbol{\theta}$ 是随机变量的情况下，如果新来一个样例特征为 x，为了预测 y，可以使用下面的公式：

$$p(y|x, S) = \int_{\boldsymbol{\theta}} p(y|x, \boldsymbol{\theta})p(\boldsymbol{\theta}|S)\mathrm{d}\boldsymbol{\theta} \tag{3.171}$$

$p(\boldsymbol{\theta}|S)$ 由式 (3.169) 得到。假若要求期望值，则套用求期望的公式即可：

$$E[y|x, S] = \int_y yp(y|x, S)\mathrm{d}y \tag{3.172}$$

大多数时候只需求得 $p(y|x, S)$ 中最大的 y 即可（在 y 是离散值的情况下）。

这次求解 $p(y|x, S)$ 与之前的方式不同，以前是先求 $\boldsymbol{\theta}$，然后直接预测，这次是对所有可能的 $\boldsymbol{\theta}$ 积分。而贝叶斯估计将 $\boldsymbol{\theta}$ 视为随机变量，$\boldsymbol{\theta}$ 的值满足一定的分布，不是固定值，我们无法通过计算获得其值，只能在预测时计算积分。

在上述贝叶斯估计方法中，虽然公式合理优美，但后验概率 $p(\boldsymbol{\theta}|S)$ 很难计算，看其公式知道计算分母时需要在所有 $\boldsymbol{\theta}$ 上进行积分，然而对一个高维的 $\boldsymbol{\theta}$ 来说，枚举其所有的可能性太难了。

为解决这个问题，我们需要改变思路。看式 (3.169) 中的分母，分母其实就是 $P(S)$，而我们就是要让 $P(S)$ 在各种参数的影响下能够最大（这里只有参数 $\boldsymbol{\theta}$）。因此只需求出随机变量 $\boldsymbol{\theta}$ 中最可能的取值，这样求出 $\boldsymbol{\theta}$，可将 $\boldsymbol{\theta}$ 视为固定值，预测时就不用积分了，而是直接像最大似然估计中求出 $\boldsymbol{\theta}$ 后一样进行预测，这样就变成了点估计。这种方法称为最大后验概率估计（Maximum a Posteriori）方法。

$\boldsymbol{\theta}$ 估计公式为

$$\boldsymbol{\theta}_{\mathrm{MAP}} = \arg\max_{\theta} \prod_{i=1}^{m} p(y^{(i)}|x^{(i)}, \boldsymbol{\theta})p(\boldsymbol{\theta}) \tag{3.173}$$

这一算法相比最大似然估计算法，只是在最后加了一项 $p(\boldsymbol{\theta})$。在日常实现中，常令 $\boldsymbol{\theta}$ 服从高斯分布。这一分布使贝叶斯 MAP 算法相比最大似然估计算法更难发生过拟合的情况，因为这一算法将大多数参数 $\boldsymbol{\theta}$ 设为 0 或 0 附近的值。

当模型的复杂度增大时，训练误差会逐渐减小并趋向于 0，而测试误差会先减小，达到最小值后又增大。当选择的模型复杂度过大时，过拟合现象就会发生。在学习时要防止过拟合。进行最优模型的选择，即选择复杂度适当的模型，以达到使测试误差最小的学习目的。

通常来讲，先验分布、均值为 0，方差为单位矩阵 $\boldsymbol{I}$。这会使 θ_{MAP} 比 θ_{ML} 更不容易过度拟合。与最大似然估计对比发现，MAP 只是将 $\boldsymbol{\theta}$ 移进了条件概率中，并且多了一项 $p(\boldsymbol{\theta})$。一般情况下我们认为 $\boldsymbol{\theta} \sim N(0, \tau^2 \boldsymbol{I})$，实际上，贝叶斯最大后验概率估计相对于最大似然估计来说更容易克服过度拟合问题。过度拟合一般是极大化 $p(y^{(i)}|x^{(i)}; \boldsymbol{\theta})$ 造成的，而在此公式中多了一个参数 $\boldsymbol{\theta}$，整个公式由两项组成，极大化 $p(y^{(i)}|x^{(i)}, \boldsymbol{\theta})$ 时，不代表此时 $p(\boldsymbol{\theta})$ 也能最大化。相反，$\boldsymbol{\theta}$ 是多值高斯分布，极大化 $p(y^{(i)}|x^{(i)}, \boldsymbol{\theta})$ 时，$p(\boldsymbol{\theta})$ 概率反而可能比较小。因此，要达到最大化 $\boldsymbol{\theta}_{\mathrm{MAP}}$ 需要在两者之间达到平衡，也就靠近了偏差和方差线的交叉点。这个跟机器翻译里的噪声信道模型比较类似，由两个概率决定比一个概率决定更靠谱。实际上，利用贝叶斯 Logistic 回归（使用 $\boldsymbol{\theta}_{\mathrm{MAP}}$ 的 Logistic 回归）应用于文本分类时，即使特征个数 n 远远大于样例个数 m，也很有效。

2. 正则化

以房价预测为例，由于房价可以由很多特征变量影响，因此，对于同一数据集，不同模型可能产生过（欠）拟合现象，如图 3.23 所示。

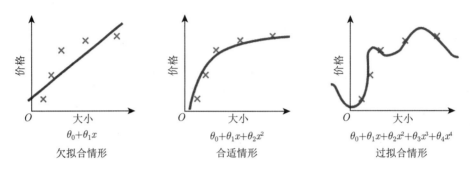

图 3.23   房价预测中的过（欠）拟合现象

在图 3.23中，可以看出最右边的是过拟合的，而在实际的房价预测中，每个变量都是有用的，因此不希望把任何一个变量 θ_3 和 θ_4 删掉，不想抛弃 θ_3 和 θ_4 变量自带的信息，因此加上惩罚项，使得 θ_3 和 θ_4 足够小。这就导致了正则化概念的出现。

正则化的主要作用是防止过拟合，对模型添加正则化项可以限制模型的复杂度，使得模型在复杂度和性能之间达到平衡。在正则化中将保留所有的特征变量，但会减小特征变量的数量级。当有很多特征变量时，其中每个变量都能对预测产生一点影响。常用的正则化方法有 L_1 正则化和 L_2 正则化。L_1 正则化和 L_2 正则化可以看作损失函数的惩罚项。所谓"惩罚"是指对损失函数中某些参数做一些限制。L_1 正则化的模型建叫作 Lasso（Least Absolute Shrinkage and Selection Operator）回归，使用 L_2 正则化的模型叫作 Ridge 回归（岭回归）。

L_1 正则化是以缩小变量集（降阶）为思想的压缩估计方法。它通过构造一个惩罚函数，可以将变量的系数进行压缩并使某些回归系数变为 0，进而达到变量选择的目的。

优化目标为

$$\min_{\theta} \frac{1}{2m} \sum_{i=1}^{m} \left[h_\theta \left(x^{(i)} \right) - y^{(i)} \right]^2 \tag{3.174}$$

Lasso 回归是在损失函数后，加 L_1 正则化，则有

$$\frac{1}{2m} \left[\sum_{i=1}^{m} \left(h_\theta \left(x^{(i)} \right) - y^{(i)} \right)^2 + \lambda \sum_{j=1}^{k} |w_j| \right] \tag{3.175}$$

其中，m 为样本个数；$\lambda \sum_{j=1}^{k} |w_j|$ 为 L_1 正则化，其中 k 为参数个数。

Ridge 回归是在损失函数后，加 L_2 正则化，则有

$$\frac{1}{2m}\left[\sum_{i=1}^{m}\left(h_\theta\left(x^{(i)}\right)-y^{(i)}\right)^2+\lambda\sum_{j=1}^{n}w_j^2\right] \tag{3.176}$$

模型学习优化的目标是最小化损失函数，学习的结果是模型参数。在原始目标函数的基础上添加正则化相当于在参数原始的解空间添加了额外的约束。L_1 正则化对解空间添加的约束是

$$\sum_{j=1}^{k}|w_j|\leqslant C \tag{3.177}$$

L_2 正则化对解空间添加的约束是

$$\sum_{j=1}^{n}w_j^2\leqslant C \tag{3.178}$$

以二维参数空间为例，假设有两个参数 w_1 和 w_2，则 L_1 正则化对解空间的约束为

$$|w_1|+|w_2|\leqslant C \tag{3.179}$$

L_2 正则化对解空间的约束为

$$|w_1|^2+|w_2|^2\leqslant C \tag{3.180}$$

在二维平面上绘制式 (3.177) 和式 (3.178) 的图像，可得 L_1 正则化对解空间约束的范围是一个顶点在坐标轴上的菱形，L_2 正则化对解空间约束的范围是一个圆形，如图 3.24 所示。

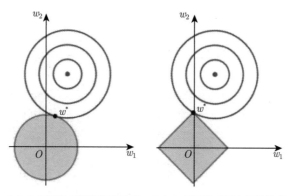

(a) L_2 正则化对解空间的约束　(b) L_1 正则化对解空间的约束

图 3.24 L_1 正则化和 L_2 正则化对解空间的约束

同心圆圈表示损失函数的等值线。同一个圆上的损失函数值是相等的，圆的半径越大表示损失值越大，由外到内，损失函数值越来越小，中间最小。如果没有 L_1 和 L_2 正则化

约束，w_1 和 w_2 是可以任意取值的，损失函数可以优化到中心最小值，此时中心对应的 w_1 和 w_2 的取值就是模型最终求得的参数。

但增加了 L_1 和 L_2 正则化约束就把解空间约束在了灰色的平面内。灰色图像的边缘与损失函数等值线的交点，便是满足约束条件的损失函数最小化模型的参数的解。由于 L_1 正则化约束的解空间是一个菱形，所以等值线与菱形端点相交的概率比与线的中间相交的概率要大很多，端点在坐标轴上，一些参数的取值便为 0。L_2 正则化约束的解空间是圆形，所以等值线与圆的任何部分相交的概率都是一样的，所以不会产生稀疏的参数。

所以，Lasso 方法可以起到变量选择的效果，将不显著的变量系数压缩至 0，而 Ridge 方法虽然也可以对原本系数进行一定程度的压缩，但任一系数都不会压缩至 0，最终模型保留了所有的变量。

3. 贝叶斯解释

贝叶斯学派中任何随机变量包括参数都需要服从一定的分布，如回归问题中给定参数 $\boldsymbol{\theta}$ 和自变量 x_i 后，观测值 y_i 服从高斯分布 $p(y_i|x_i,\boldsymbol{\theta}) = N(\boldsymbol{\theta}^{\mathrm{T}}x_i,\delta)$。假定参数 $\boldsymbol{\theta}$ 也服从一个分布 $p(\boldsymbol{\theta})$，即先验信息，回归问题就变为最大化后验概率，利用贝叶斯公式有

$$\boldsymbol{\theta}^* = \arg\max_{\boldsymbol{\theta}} \ln\left[\prod_{i=1}^n p(y_i|x_i,\boldsymbol{\theta})p(\boldsymbol{\theta})\right] = \arg\max_{\beta} \sum_{i=1}^n [\ln p(y_i|x_i,\boldsymbol{\theta}) + \ln p(\boldsymbol{\theta})] \quad (3.181)$$

由于观测值 y_i 服从高斯分布 $p(y_i|x_i,\boldsymbol{\theta}) = N(\boldsymbol{\theta}^{\mathrm{T}}x_i,\delta)$，所以 $\ln p(y_i|x_i,\boldsymbol{\theta}) \propto (y_i - \boldsymbol{\theta}^{\mathrm{T}}x_i)^2$，可以看出已经得到线性回归问题的目标函数损失部分，这是利用高斯分布解决回归问题得到的。容易从拉普拉斯分布和高斯分布的表达式中看出，假设参数 $\boldsymbol{\theta}$ 服从的分布 $p(\boldsymbol{\theta})$ 是拉普拉斯分布，可以得到 Lasso 回归。如果服从高斯分布，可以得到 Ridge 回归。若假设 L_1 和 L_2 中参数服从的是均值为 0 的分布，那么它们的表达式为

$$p_{l1}(\theta_j) = \frac{1}{2\alpha}\exp\left(-\frac{|\theta_j|}{\alpha}\right) \quad (3.182)$$

$$p_{l2}(\theta_j) = \frac{1}{\sqrt{2\pi\alpha}}\exp\left(-\frac{\theta_j^{\mathrm{T}}\theta_j}{\alpha}\right) \quad (3.183)$$

需要注意的是，上面给出的是单个参数的分布，而不是向量参数 $\boldsymbol{\theta}$ 的分布。

在 Python 中，岭回归算法的实现方法如下：

```python
from sklearn.linear_model import Ridge

# 代价函数
def L_theta_new(intercept, coef, X, y, lamb):
    """
    lamb: lambda, the parameter of regularization
    theta: (n+1)·1 matrix, contains the parameter of x0=1
    X_x0: m·(n+1) matrix, plus x0
    """
    h = np.dot(X, coef) + intercept  # np.dot 表示矩阵乘法
    L_theta = 0.5 * mean_squared_error(h, y) + 0.5 * lamb * np.sum(np.square(coef))
```

```
12    return L_theta
13
14  lamb = 10
15  ridge_reg = Ridge(alpha=lamb, solver="cholesky")
16  ridge_reg.fit(X_poly_d, y)
17  print(ridge_reg.intercept_, ridge_reg.coef_)
18  print(L_theta_new(intercept=ridge_reg.intercept_, coef=ridge_reg.coef_.T, X=X_poly_d,
19     y=y, lamb=lamb))
```

Lasso 回归在 Python 上实现的方式与岭回归算法类似：

```
1  from sklearn.linear_model import Lasso
2
3  lamb = 0.025
4  lasso_reg = Lasso(alpha=lamb)
5  lasso_reg.fit(X_poly_d, y)
6  print(lasso_reg.intercept_, lasso_reg.coef_)
7  print(L_theta_new(intercept=lasso_reg.intercept_, coef=lasso_reg.coef_.T, X=X_poly_d,
8     y=y, lamb=lamb))
```

Ridge 回归与 Lasso 回归对比结果如图 3.25 所示。

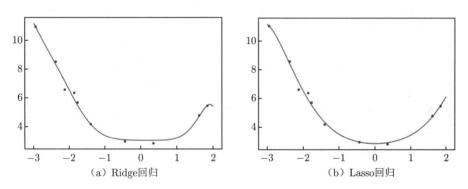

（a）Ridge回归　　　　　　　　　（b）Lasso回归

图 3.25　Ridge 回归与 Lasso 回归对比结果

3.4 习　　题

1. 设有两个正态总体 G_1 和 G_2，已知

$$\boldsymbol{\mu}^{(1)} = \begin{bmatrix} 10 \\ 15 \end{bmatrix} \quad \boldsymbol{\mu}^{(2)} = \begin{bmatrix} 20 \\ 25 \end{bmatrix} \quad \boldsymbol{\Sigma}_1 = \begin{bmatrix} 18 & 12 \\ 12 & 32 \end{bmatrix} \quad \boldsymbol{\Sigma}_2 = \begin{bmatrix} 20 & -7 \\ -7 & 5 \end{bmatrix}$$

判别样品 $\boldsymbol{X} = \begin{bmatrix} 20 & 20 \end{bmatrix}^{\mathrm{T}}$ 归属于哪一类？

2. 设有两个二维总体有公共的协方差，分别从这两个总体中抽取容量为 9 和 8 的样本，其数据如表 3.1所示。

（1）建立直线判别函数，并判别点 (23, 9) 归属于哪一类？

（2）采用马氏距离判别法确定点 (23, 9) 归属于哪一类？

表 3.1　样本数据

		1	2	3	4	5	6	7	8	9
G_1	X_1	20	28	24	26	29	36	36	27	25
	X_2	14	8	14	15	11	9	18	9	16
G_2	X_1	21	23	17	14	11	18	15	16	
	X_2	7	4	9	7	5	6	8	7	

3. 假设市场上肉类、鸡蛋、水果三种商品价格的月份资料的协方差矩阵为

$$\boldsymbol{\Sigma} = \begin{bmatrix} 2 & 2 & -2 \\ 2 & 5 & -4 \\ -2 & -4 & 5 \end{bmatrix}$$

试求这三种价格的主成分。

4. 表 3.2为某城市的空气观测数据，测量了 29 天，观测时间为中午 12：00，分别用协方差阵 $\boldsymbol{S}$ 和相关系数矩阵 $\boldsymbol{R}$ 作主成分分析，并比较两种方法得出的结果。解释所得的主成分的意义。

表 3.2　空气观测数据

风速 (X_1)	阳光强度 (X_2)	CO(X_3)	NO(X_4)	NO$_2$(X_5)	O$_3$(X_6)
8	98	7	2	12	8
7	107	4	3	9	5
7	103	4	3	5	6
10	88	5	2	8	15
6	91	4	2	8	19
8	90	5	4	12	12
8	84	7	4	12	15
6	72	8	1	21	14
8	82	4	2	11	11
10	64	3	4	13	11
7	71	5	2	10	9
6	91	6	3	9	3
10	72	4	3	7	7
7	70	3	2	16	10
9	71	7	3	13	7
8	69	6	3	9	10
8	88	2	4	14	10
9	40	5	2	7	7
9	68	6	2	13	4
10	37	6	1	5	2
9	88	7	2	10	5
8	80	4	3	7	4
5	43	3	3	11	6
6	62	2	4	6	11
8	89	4	5	9	2
6	38	6	6	6	23
5	39	5	3	1	6
7	89	4	2	9	14
8	91	3	3	18	5

5. 在制定服装标准的过程中，对 128 名成年男子的身材进行了测量，每人测得的指标中含有这样 6 项：身高、坐高、胸围、手臂长、肋围和腰围。所得的相关矩阵如表 3.3 所示。

提取 3 个主成分并计算主成分的贡献率。

表 3.3   相关矩阵

	X_1	X_2	X_3	X_4	X_5	X_6
X_1	1.00					
X_2	0.79	1.00				
X_3	0.36	0.31	1.00			
X_4	0.76	0.55	0.35	1.00		
X_5	0.25	0.17	0.64	0.16	1.00	
X_6	0.51	0.35	0.58	0.38	0.63	1.00

6. 试计量性质：主成分 Y 的总方差等于原始变量 X 的总方差。

7. 试比较主成分分析和因子分析的相似点和不同点。

8. 因子模型 $X = AY + \varepsilon$ 中载荷矩阵 A 的统计意义是什么？它在实际问题分析中的作用是什么？

9. 市场上肉类、鸡蛋、水果三种商品的月份资料的相关矩阵为

$$\begin{bmatrix} 1 & \dfrac{2}{\sqrt{10}} & -\dfrac{2}{\sqrt{10}} \\ \dfrac{2}{\sqrt{10}} & 1 & -\dfrac{4}{5} \\ -\dfrac{2}{\sqrt{10}} & -\dfrac{4}{5} & 1 \end{bmatrix}$$

试用主成分析法求解因子分析模型。

10. 设标准化变量 X_1, X_2, X_3 的协方差阵为

$$\boldsymbol{\Sigma} = \begin{bmatrix} 1.00 & 0.63 & 0.45 \\ 0.63 & 1.00 & 0.35 \\ 0.45 & 0.35 & 1.00 \end{bmatrix}$$

且已知协方差阵的特征值和特征向量分别为 $\lambda_1 = 1.9633, l_1 = (0.6250, 0.5932, 0.5075)^{\mathrm{T}}$, $\lambda_2 = 0.6795, l_2 = (-0.2186, -0.4911, 0.8432)^{\mathrm{T}}, \lambda_3 = 0.3672, l_3 = (0.7494, -0.6379, -0.1772)^{\mathrm{T}}$。

（1）取公共因子个数 $m = 2$ 时，求因子模型的主成分解，并计算误差平方和；

（2）试求解误差平方和 $Q(m) < 0.1$ 的主成分解；

（3）试计算共同度；

（4）试计算第一公因子对 X 的贡献。

11. LDA 的基本思想是什么？举例说明其应用。

第 4 章　最大期望算法

最大期望（Expectation Maximization Algorithm，EM）算法是一个基础算法，是很多机器学习领域算法的基础，在统计界中被用来寻找依赖于不可观察的隐性变量的概率模型中的参数最大似然估计。在统计计算中，最大期望算法是在概率模型中寻找参数最大似然估计或最大后验估计的算法，其中概率模型依赖于无法观测的隐藏变量，在机器学习和计算机视觉领域常用于聚类分析、隐式马尔可夫算法（HMM）及 LDA 主题模型的变分推断等。

4.1　从极大似然估计到 EM 算法

在统计推断中，经常会遇到从样本观察数据中找出样本模型参数的问题，最常用的方法就是极大似然估计（Maximum Likelihood Estimate，MLE）。极大似然估计是求估计的一种方法，它于 1821 年首先由德国数学家 C. F. Gauss 提出，但这个方法通常被归功于英国的统计学家 R. A. Fisher。

极大似然估计的基本原理来源于实际推断："一个小概率事件在一次试验中几乎是不可能发生的。"其直观想法是：一个随机试验如有若干种可能的结果：$A, B, C, \cdots$。若在仅做一次试验中，结果 A 出现，则一般认为试验条件对 A 出现有利，即一次试验就出现的事件 A 应该有较大的概率。一般地，事件 A 发生的概率与参数 θ 相关，A 发生的概率记为 $P(A;\theta)$，则 θ 的估计 $\hat{\theta}$ 应该使上述概率达到最大，这样的 $\hat{\theta}$ 称为极大似然估计。用数学语言可描述为：极大似然估计就是在一次抽样中，若得到观测值 $x_1, x_2, \cdots, x_n$，则选取 $\hat{\theta}(x_1, x_2, \cdots, x_n)$ 作为 θ 的估计值，使得当 $\theta = \hat{\theta}(x_1, x_2, \cdots, x_n)$ 时样本出现的概率最大。

对于给定样本 $X_1, X_2, \cdots, X_n$ 的一组样本观察值 $\boldsymbol{x} = (x_1, x_2, \cdots, x_n)$，定义似然函数为

$$L(\boldsymbol{x}|\theta) = p(x_1, x_2, \cdots, x_n|\theta) = \prod_{i=1}^{n} p(x_i|\theta) \tag{4.1}$$

其中，$p(\cdot)$ 为母体概率分布；θ 为待估参数（或参数向量）。

将式 (4.1) 两边同时取对数，得到对数似然函数

$$\ln L(\boldsymbol{x}|\theta) = \sum_{i=1}^{n} \ln p(x_i|\theta)$$

极大似然估计就是找到参数 θ 的估计 $\hat{\theta}(\boldsymbol{x})$，使得对数似然函数（或似然函数 L）达到最大，即

$$\hat{\theta}(\boldsymbol{x}) = \arg\max_{\theta} \ln L(\boldsymbol{x}|\theta) \tag{4.2}$$

例如，掷一枚硬币 n 次（这里假定 $n=10$），其出现正面（记作 1）的概率为 p，出现反面（记作 0）的概率为 $1-p$，观测到出现 m 次正面 $(1,1,0,1,0,0,1,0,1,1)$，概率 p 的最大似然估计计算式为

$$\ln L(\boldsymbol{x}|p) = \ln p^m (1-p)^{n-m}$$

$$= m \ln p + (n-m)\ln(1-p) \tag{4.3}$$

$$\frac{\mathrm{d}\ln L(\boldsymbol{x}|p)}{\mathrm{d}p} = \frac{\mathrm{d}(m \ln p + (n-m)\ln(1-p))}{\mathrm{d}p}$$

$$= \frac{m}{p} - \frac{n-m}{1-p} = 0 \tag{4.4}$$

$$\hat{p} = \frac{m}{n} = 0.6 \tag{4.5}$$

但在一些情况下，我们得到的观察数据中含有未观察到的隐含数据，此时在极大似然估计中未知的有隐含数据和模型参数两个方面，因而无法直接用极大化对数似然函数得到模型分布的参数。此时一般利用 EM 算法来解决此类问题。

上例中，若改为掷三枚硬币 A、B、C，其出现正面的概率分别为 π、p、q。进行如下掷硬币试验：先掷硬币 A，根据其结果确定下一次掷硬币 B 或掷硬币 C。若 A 出现正面，则选择掷硬币 B；否则选择掷硬币 C。观测出现的结果，正面记作 1，反面记作 0。独立地重复 n 次试验（这里依然令 $n=10$），观测结果为 $(1,1,0,1,0,0,1,0,1,1)$，则样本 x 出现的概率为

$$p(x|\theta) = \sum_z p(x,z|\theta) = \sum_z p(z|\theta)p(x|z,\theta)$$

$$= \pi p^x (1-p)^{1-x} + (1-\pi)q^x (1-q)^{1-x} \tag{4.6}$$

其中，x 是观测变量，表示一次试验观测的结果（取值为 1 或 0）；z 为不可观测的隐变量，表示未观测到的掷硬币 A 的结果；$\theta = (\pi, p, q)$ 为模型的参数。

将观测数据表示为 $\boldsymbol{x} = (x_1, x_2, \cdots, x_n)$，未观测到的数据表示为 $\boldsymbol{z} = (z_1, z_2, \cdots, z_n)$，则观测数据 $\boldsymbol{x}$ 的似然函数可表示为

$$L(\boldsymbol{x}|\theta) = p(\boldsymbol{x}|\theta) = \sum_z p(\boldsymbol{z}|\theta)p(\boldsymbol{x}|\boldsymbol{z},\theta)$$

$$= \prod_{i=1}^n \left[\pi p^{x_i}(1-p)^{1-x_i} + (1-\pi)q^{x_i}(1-q)^{1-x_i} \right] \tag{4.7}$$

由此可得模型参数 θ 的极大似然估计为

$$\hat{\theta} = \arg\max_\theta \ln L(\boldsymbol{x}|\theta) \tag{4.8}$$

这个问题没有解析解，只能通过迭代的方法来求解。EM 算法就是可以用于求解这个问题的迭代算法。

　　EM 算法解决这个问题的思路是使用启发式的迭代方法，既然无法直接求出模型分布参数，可以先猜想隐含数据（EM 算法的 E 步），接着基于观察数据和猜测的隐含数据一起来极大化对数似然，求解模型参数（EM 算法的 M 步）。由于之前的隐藏数据是猜测的，所以此时得到的模型参数一般还不是想要的结果。进一步可以基于当前得到的模型参数，继续猜测隐含数据（EM 算法的 E 步），然后继续极大化对数似然，求解模型参数（EM 算法的 M 步)。依此类推，不断迭代下去，直到模型分布参数基本无变化，算法收敛，找到合适的模型参数。

4.2　EM 算法原理与实现

4.2.1　EM 算法原理

　　对于 m 个样本观察数据 $x = (x^{(1)}, x^{(2)}, \cdots, x^{(m)})$ 中，找出样本的模型参数 θ，极大化模型分布的对数似然函数为

$$\theta = \arg\max_{\theta} \sum_{i=1}^{m} \log P(x^{(i)}; \theta) \tag{4.9}$$

　　如果得到的观察数据有未观察到的隐含数据 $z = (z^{(1)}, z^{(2)}, \cdots, z^{(m)})$，此时极大化模型分布的对数似然函数为

$$\theta = \arg\max_{\theta} \sum_{i=1}^{m} \log P(x^{(i)}; \theta) = \arg\max_{\theta} \sum_{i=1}^{m} \log \sum_{z^{(i)}} P(x^{(i)}, z^{(i)}; \theta) \tag{4.10}$$

　　通过式 (4.10) 是没有办法直接求出 θ 的。因此需要一些特殊的技巧，对式 (4.10) 进行缩放，即

$$\sum_{i=1}^{m} \log \sum_{z^{(i)}} P(x^{(i)}, z^{(i)}; \theta) = \sum_{i=1}^{m} \log \sum_{z^{(i)}} Q_i(z^{(i)}) \frac{P(x^{(i)}, z^{(i)}; \theta)}{Q_i(z^{(i)})}$$
$$\geqslant \sum_{i=1}^{m} \sum_{z^{(i)}} Q_i(z^{(i)}) \log \frac{P(x^{(i)}, z^{(i)}; \theta)}{Q_i(z^{(i)})} \tag{4.11}$$

　　式 (4.11) 引入了一个未知的新分布 $Q_i(z^{(i)})$，并用到了 Jensen 不等式。

　　设 f 是定义域为实数的函数，如果对于所有的实数 x，$f(x)$ 的二次导数都大于或等于 0，那么 f 是凸函数。Jensen 不等式表述如下：如果 f 是凸函数，X 是随机变量，那么

$$E[f(X)] \geqslant f(E[X])$$

当且仅当 X 是常量时，上式取等号。

图 4.1给出了一个典型的凸函数示意图。

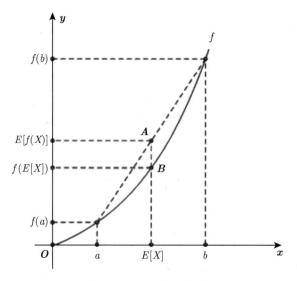

图 4.1　凸函数示意图

图 4.1中，实线 f 是凸函数，X 是随机变量，有 0.5 的概率是 a，有 0.5 的概率是 b。X 的期望值就是 a 和 b 的中值，图中可以看到 $E[f(X)] \geqslant f[E(X)]$ 成立。Jensen 不等式应用于凹函数时，不等号方向相反。

因为对数函数是凹函数，所以有

$$f[E(x)] \geqslant E[f(x)] \tag{4.12}$$

此时如果要 Jensen 不等式的等号成立，则有

$$\frac{P(x^{(i)}, z^{(i)}; \theta)}{Q_i(z^{(i)})} = c \qquad c为常数 \tag{4.13}$$

则有

$$\sum_{z^{(i)}} P(x^{(i)}, z^{(i)}; \theta) = c \cdot \sum_{z^{(i)}} Q_i(z^{(i)}) \tag{4.14}$$

由于 $Q_i(z^{(i)})$ 是一个概率分布，所以满足规范性

$$\sum_{z^{(i)}} Q_i(z^{(i)}) = 1 \tag{4.15}$$

则有

$$c = \sum_{z^{(i)}} P(x^{(i)}, z^{(i)}; \theta) \tag{4.16}$$

由此可以得到

$$Q_i(z^{(i)}) = \frac{P(x^{(i)}, z^{(i)}; \theta)}{\sum\limits_{z^{(i)}} P(x^{(i)}, z^{(i)}; \theta)} = \frac{P(x^{(i)}\, z^{(i)}; \theta)}{P(x^{(i)}; \theta)} = P(z^{(i)}|x^{(i)}; \theta) \tag{4.17}$$

如果 $Q_i(z^{(i)}) = P(z^{(i)}|x^{(i)}; \theta)$，则式 (4.11) 是包含隐藏数据的对数似然的一个下界。如果能极大化这个下界，也就是极大化对数似然。即需要最大化下式：

$$\arg\max_\theta \sum_{i=1}^m \sum_{z^{(i)}} P(z^{(i)}|x^{(i)}; \theta) \log \frac{P(x^{(i)}, z^{(i)}; \theta)}{P(z^{(i)}|x^{(i)}; \theta)} \tag{4.18}$$

去掉上式中为常数的部分，则需要极大化的对数似然下界为

$$\arg\max_\theta \sum_{i=1}^m \sum_{z^{(i)}} P(z^{(i)}|x^{(i)}; \theta) \log P(x^{(i)}, z^{(i)}; \theta) \tag{4.19}$$

式 (4.19) 就是 EM 算法的 M 步。

式 (4.19) 中 $P(z^{(i)}|x^{(i)}; \theta)$ 是一个条件分布，因此 $\sum\limits_{z^{(i)}} P(z^{(i)}|x^{(i)}; \theta) \log P(x^{(i)}, z^{(i)}; \theta)$ 可以理解为 $\log P(x^{(i)}, z^{(i)}; \theta)$ 基于条件概率分布 $P(z^{(i)}|x^{(i)}; \theta)$ 的期望。

4.2.2　EM 算法

综上所述，可以总结出 EM 算法流程如算法 4.1所示。

算法 4.1　　EM 算法

输入：　观察数据 $x = (x^{(1)}, x^{(2)}, \cdots, x^{(m)})$，联合分布 $p(x, z; \theta)$，条件分布 $p(z|x; \theta)$，最大迭代次数 J。

输出：　模型参数 θ。

（1）　随机初始化模型参数 θ 的初值 θ^0。

（2）　for j from 0 to $J - 1$ 开始 EM 算法迭代：

　　① E 步：计算联合分布对数的条件概率期望（Q 函数）：

$$Q(\theta, \theta^j)\ = \sum_{i=1}^m \sum_{z^{(i)}} P(z^{(i)}|x^{(i)}, \theta^j) \log P(x^{(i)}, z^{(i)}; \theta) \tag{4.20}$$

　　② M 步：极大化 $Q(\theta, \theta^j)$，得到 θ^{j+1}，即

$$\theta^{j+1} = \arg\max_\theta Q(\theta, \theta^j) \tag{4.21}$$

　　③ 如果 θ^{j+1} 已收敛，则算法结束。否则继续回到步骤①进行 E 步迭代。

通常称 $Q(\theta, \theta^j)$ 为 Q 函数，EM 算法的 M 步就是最大化 Q 函数。

从上面的描述可以看出，EM 算法是迭代求解最大值的算法，同时算法在每一次迭代时分为两步：E 步和 M 步。一轮轮迭代更新隐含数据和模型分布参数，直到收敛，即得到我们需要的模型参数。

　　例如，在 4.1 节掷三枚硬币试验中，EM 算法首先选取参数初值 $\theta^{(0)} = (\pi^{(0)}, p^{(0)}, q^{(0)})$，然后通过下面的步骤迭代计算参数的估计值，直到收敛为止。记第 i 次迭代参数的估计值为 $\theta^{(i)} = (\pi^{(i)}, p^{(i)}, q^{(i)})$，则 EM 算法的第 $i+1$ 次迭代如下。

　　E 步：计算在模型参数 $\theta^{(i)} = (\pi^{(i)}, p^{(i)}, q^{(i)})$ 下观测数据 x_j 来自掷硬币 B 的期望（0~1分布的期望，即为其取 1 的概率）：

$$\mu_j^{(i+1)} = \frac{\pi^{(i)}(p^{(i)})^{x_j}(1-p^{(i)})^{1-x_j}}{\pi^{(i)}(p^{(i)})^{x_j}(1-p^{(i)})^{1-x_j} + (1-\pi^{(i)})(q^{(i)})^{x_j}(1-q^{(i)})^{1-x_j}} \tag{4.22}$$

　　M 步：计算模型参数的新估计值。

$$\pi^{(i+1)} = \frac{1}{n}\sum_{j=1}^{n}\mu_j^{(i+1)} \tag{4.23}$$

$$p^{(i+1)} = \frac{\sum\limits_{j=1}^{n}\mu_j^{(i+1)}y_j}{\sum\limits_{j=1}^{n}\mu_j^{(i+1)}} \tag{4.24}$$

$$q^{(i+1)} = \frac{\sum\limits_{j=1}^{n}(1-\mu_j^{(i+1)})y_j}{\sum\limits_{j=1}^{n}(1-\mu_j^{(i+1)})} \tag{4.25}$$

　　EM 算法的 Python 实现如下：

```python
from numpy import *
import numpy as np
import random

def create_sample_data(m, n):
    mat_y = mat(zeros((m, n)))
    for i in range(m):
        for j in range(n):  # 通过产生随机数，每行表示一次实验结果
            mat_y[i, j] = random.randint(0, 1)
    return mat_y

def em(arr_y, theta, tol, iterator_num):
    PI = 0
    P = 0
    Q = 0
    m, n = shape(arr_y)
    mat_y = arr_y
    for i in range(iterator_num):
        mu = []
        PI = copy(theta[0])
        P = copy(theta[1])
        Q = copy(theta[2])
        for j in range(m):
            mu_value = (PI * (P ** mat_y[j]) * ((1 - P) ** (1 - mat_y[j])))
```

```
25                              (PI * (P ** mat_y[j]) * ((1 - P) ** (1 - mat_y[j])) + (1 - PI) *
                                (Q ** mat_y[j]) * ((1 - Q) ** (1 - mat_y[j])))
26                  mu.append(mu_value)
27          sum1 = 0.0
28          for j in range(m):
29              sum1 += mu[j]
30          theta[0] = sum1 / m
31          sum1 = 0.0
32          sum2 = 0.0
33          for j in range(m):
34              sum1 += mu[j] * mat_y[j]
35              sum2 += mu[j]
36          theta[1] = sum1 / sum2
37          sum1 = 0.0
38          sum2 = 0.0
39          for j in range(m):
40              sum1 += (1 - mu[j]) * mat_y[j]
41              sum2 += (1 - mu[j])
42          theta[2] = sum1 / sum2
43          print("-------------------")
44          print(theta)
45          if (abs(theta[0] - PI) <= tol and abs(theta[1] - P) <= tol \
46                  and abs(theta[2] - Q) <= tol):
47              print("break")
48              break
49      return PI, P, Q
50
51  if __name__ == "__main__":
52      # mat\_y = create\_sample\_data(100, 1)
53      mat_y=np.array([[1],[1],[0],[1],[0],[0],[1],[0],[1],[1]])
54      theta = [0.5, 0.6, 0.5]
55      print(mat_y)
56      PI, P, Q = em(mat_y, theta, 0.001, 100)
57      print(PI, P, Q)
```

运行结果为 $(\hat{\pi}, \hat{p}, \hat{q}) = [0.50505051, 0.648, 0.55102041]$。

EM 算法的流程并不复杂，但还有两个问题需要思考：

① EM 算法能保证收敛吗？

② 如果 EM 算法收敛，那么能保证收敛到全局最大值吗？

首先来看第一个问题，EM 算法的收敛性。要证明 EM 算法收敛，则需要证明对数似然函数的值在迭代过程中一直在增大，即

$$\sum_{i=1}^{m} \log P(x^{(i)}; \theta^{j+1}) \geqslant \sum_{i=1}^{m} \log P(x^{(i)}; \theta^{j}) \tag{4.26}$$

由于

$$Q(\theta, \theta^j) = \sum_{i=1}^{m} \sum_{z^{(i)}} P(z^{(i)}|x^{(i)}; \theta^j) \log P(x^{(i)}, z^{(i)}; \theta) \tag{4.27}$$

令

$$H(\theta, \theta^j) = \sum_{i=1}^{m} \sum_{z^{(i)}} P(z^{(i)}|x^{(i)}; \theta^j) \log P(z^{(i)}|x^{(i)}; \theta) \tag{4.28}$$

以上两式相减得

$$\sum_{i=1}^{m} \log P(x^{(i)}; \theta) = Q(\theta, \theta^j) - H(\theta, \theta^j) \tag{4.29}$$

在上式中分别取 θ 为 θ^j 和 θ^{j+1}，相减得

$$\sum_{i=1}^{m} \log P(x^{(i)}; \theta^{j+1}) - \sum_{i=1}^{m} \log P(x^{(i)}; \theta^j)$$
$$= [Q(\theta^{j+1}, \theta^j) - Q(\theta^j, \theta^j)] - [H(\theta^{j+1}, \theta^j) - H(\theta^j, \theta^j)] \tag{4.30}$$

要证明 EM 算法的收敛性，只需要证明上式的右边是非负的即可。

由于 θ^{j+1} 使得 $Q(\theta, \theta^j)$ 极大，因此有

$$Q(\theta^{j+1}, \theta^j) - Q(\theta^j, \theta^j) \geqslant 0 \tag{4.31}$$

而对于第二部分，有

$$H(\theta^{j+1}, \theta^j) - H(\theta^j, \theta^j) = \sum_{i=1}^{m} \sum_{z^{(i)}} P(z^{(i)}|x^{(i)}; \theta^j) \log \frac{P(z^{(i)}|x^{(i)}; \theta^{j+1})}{P(z^{(i)}|x^{(i)}; \theta^j)}$$
$$\leqslant \sum_{i=1}^{m} \log(\sum_{z^{(i)}} P(z^{(i)}|x^{(i)}; \theta^j) \frac{P(z^{(i)}|x^{(i)}; \theta^{j+1})}{P(z^{(i)}|x^{(i)}; \theta^j)}) \tag{4.32}$$
$$= \sum_{i=1}^{m} \log(\sum_{z^{(i)}} P(z^{(i)}|x^{(i)}; \theta^{j+1})) = 0$$

其中式 (4.32) 用到了 Jensen 不等式，同时用到了概率分布累积和为 1 的性质。

至此，可得

$$\sum_{i=1}^{m} \log P(x^{(i)}; \theta^{j+1}) - \sum_{i=1}^{m} \log P(x^{(i)}; \theta^j) \geqslant 0 \tag{4.33}$$

从上面的推导可以看出，EM 算法可以保证收敛到一个稳定点，但却不能保证收敛到全局的极大值点，因此它是局部最优的算法。当然，如果优化目标 $Q(\theta, \theta^j)$ 是凸的，则 EM 算法可以保证收敛到全局最大值，这点和梯度下降法这样的迭代算法相同。至此解答了上面提到的第二个问题。

如果从算法思想的角度来思考 EM 算法，可以发现算法里已知的是观察数据，未知的是隐含数据和模型参数，在 E 步，所做的事情是固定模型参数的值，优化隐含数据的分布，而在 M 步，所做的事情是固定隐含数据分布，优化模型参数的值。比较其他的机器学习算法，其实很多算法都有类似的思想。如 SMO 算法、Lasso 回归算法与最小角回归法等，都使用了类似的思想来求解问题。

<h1 style="text-align:center">4.3   EM 算法应用</h1>

4.3.1   K-Means 聚类算法

一个最直观了解 EM 算法的思路是 K-Means 算法，在进行 K-Means 聚类时，每个聚类簇的质心都是隐含数据。我们会假设 K 个初始化质心，即 EM 算法的 E 步，然后计算得到离每个样本最近的质心，并把样本聚类到这个最近的质心，即 EM 算法的 M 步。重复 E 步和 M 步，直到质心不再变化为止，这样就完成了 K-Means 聚类。

K-Means 算法是无监督的聚类算法，实现起来比较简单，聚类效果也不错，因此应用很广泛。

K-Means 算法的思想很简单，对于给定的样本集，按照样本之间的距离大小，将样本集划分为 K 个簇。让簇内的点尽量紧密地连在一起，而让簇间的距离尽量大。

假设簇划分为 $(C_1, C_2, \cdots, C_k)$，则我们的目标是最小化平方误差 E，即

$$E = \sum_{i=1}^{k} \sum_{x \in C_i} ||x - \boldsymbol{\mu}_i||_2^2 \tag{4.34}$$

其中，$\boldsymbol{\mu}_i$ 是簇 C_i 的均值向量，有时也称为质心，其表达式为

$$\boldsymbol{\mu}_i = \frac{1}{|C_i|} \sum_{x \in C_i} x \tag{4.35}$$

直接求式 (4.34) 的最小值并不容易，这是一个 NP 难的问题，因此只能采用启发式的迭代方法。K-Means 采用的启发式方式很简单，用图 4.2 就可以形象地描述 K-Means 启发式迭代过程。

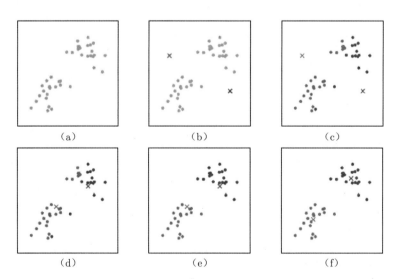

图 4.2   K-Means 启发式迭代过程

注：见书后彩图。

图 4.2（a）给出的是初始数据集散点图，假设 $k = 2$。在图 4.2（b）中，随机选择了两类所对应的类别质心，即图中的红色质心和蓝色质心（见书后彩图），然后分别求样本中所有点到这两个质心的距离，并标记每个样本的类别为和该样本距离最小的质心的类别。经过计算样本和红色质心和蓝色质心的距离，得到了所有样本点第一轮迭代后的类别。此时对当前标记为红色和蓝色的点分别求其新的质心，如图 4.2 所示，新的红色质心和蓝色质心的位置已经发生了变动。图 4.2（e）和图 4.2（f）重复了图 4.2（c）和图 4.2（d）的过程，即将所有点的类别标记为距离最近的质心的类别并求新的质心。最终得到的两个类别如图 4.2（f）所示。

在实际的 K-Mean 算法中，一般会多次运行图 4.2（c）和图 4.2（d），才能达到最终的比较优的类别。在给出 K-Means 算法之前，先介绍 K-Means 算法的一些要点。

1）k 值的选择

k 的选择一般按照实际需求决定，或在实现算法时直接给定 k 值。

2）距离的度量

给定样本 $x^{(i)} = \{x_1^{(i)}, x_2^{(i)}, \cdots, x_n^{(i)}\}$ 与 $x^{(j)} = \{x_1^{(j)}, x_2^{(j)}, \cdots, x_n^{(j)}\}$，其中 $i, j = 1, 2, \cdots, m$，表示样本数，n 表示特征数。距离的度量方法主要分为以下几种。

（1）有序属性距离度量（离散属性 $\{1, 2, 3\}$ 或连续属性）。

闵可夫斯基距离（Minkowski Distance）

$$\text{dist}_{mk}(x^{(i)}, x^{(j)}) = \left(\sum_{u=1}^{n} |x_u^{(i)} - x_u^{(j)}|^p\right)^{\frac{1}{p}}$$

欧氏距离（Euclidean Distance），即当 $p = 2$ 时的闵可夫斯基距离

$$\text{dist}_{ed}(x^{(i)}, x^{(j)}) = \|x^{(i)} - x^{(j)}\|_2 = \sqrt{\sum_{u=1}^{n} |x_u^{(i)} - x_u^{(j)}|^2}$$

曼哈顿距离（Manhattan Distance），即当 $p = 1$ 时的闵可夫斯基距离

$$\text{dist}_{man}(x^{(i)}, x^{(j)}) = \|x^{(i)} - x^{(j)}\|_1 = \sum_{u=1}^{n} |x_u^{(i)} - x_u^{(j)}|$$

（2）无序属性距离度量（如飞机、火车、轮船）。

VDM(Value Difference Metric) 为

$$\text{VDM}_p(x_u^{(i)}, x_u^{(j)}) = \sum_{z=1}^{k} \left|\frac{m_{u,x_u^{(i)},z}}{m_{u,x_u^{(i)}}} - \frac{m_{u,x_u^{(j)},z}}{m_{u,x_u^{(j)}}}\right|^p$$

其中，$m_{u,x_u^{(i)}}$ 表示在属性 u 上取值为 $x_u^{(i)}$ 的样本数；$m_{u,x_u^{(i)},z}$ 表示在第 z 个样本簇中属性 u 上取值为 $x_u^{(i)}$ 的样本数；$\text{VDM}_p(x_u^{(i)}, x_u^{(j)})$ 表示在属性 u 上两个离散值 $x_u^{(i)}$ 与 $x_u^{(i)}$ 的 VDM 距离。

（3）混合属性距离度量，即有序与无序的结合。

MinkovDM 为

$$
\mathrm{MinkovDM}_p(x^{(i)}, x^{(j)}) = \left(\sum_{u=1}^{n_c} |x_u^{(i)} - x_u^{(j)}|^p + \sum_{u=n_c+1}^{n} \mathrm{VDM}_p(x_u^{(i)}, x_u^{(j)}) \right)^{\frac{1}{p}}
$$

这其中含有 n_c 个有序属性，与 $n - n_c$ 个无序属性。

3）更新"簇中心"

对于划分好的各个簇，计算各个簇中的样本点均值，将其均值作为新的簇中心。

传统的 K-Means 算法流程如算法 4.2所示。

算法 4.2   K-Means 聚类算法

输入：   样本集 $D = \{x_1, x_2, \cdots, x_m\}$，聚类的簇树 k，最大迭代次数 N。

输出：   簇划分 $C = \{C_1, C_2, \cdots, C_k\}$。

（1）从数据集 D 中随机选择 k 个样本作为初始的 k 个质心向量：$\{\boldsymbol{\mu}_1, \boldsymbol{\mu}_2, \cdots, \boldsymbol{\mu}_k\}$。

（2）对于 $1, 2, \cdots, n$，有

　　① 将簇划分 C 初始化为 $C_t = \varnothing$，其中 $t = 1, 2, \cdots, k$。

　　② 对于 $i = 1, 2, \cdots, m$，计算样本 x_i 和各个质心向量 $\boldsymbol{\mu}_j(j = 1, 2, \cdots, k)$ 的距离 $d_{ij} = \|x_i - \boldsymbol{\mu}_j\|_2^2$，将 x_i 标记最小的为 d_{ij} 所对应的类别 λ_i。此时更新 $C_{\lambda_i} = C_{\lambda_i} \cup \{x_i\}$。

　　③ 对于 $j = 1, 2, \cdots, k$，对 C_j 中所有的样本点重新计算新的质心 $\boldsymbol{\mu}_j = \dfrac{1}{|C_j|} \displaystyle\sum_{x \in C_j} x$。

　　④ 如果所有的 k 个质心向量都没有发生变化，则结束算法，输出结果。

由算法 4.2 可知，K-Means 算法由于初始"簇中心"点是随机选取的，因此最终求得的簇的划分与随机选取的"簇中心"有关，也就是说，可能会造成多种 k 个簇的划分情况。这是因为 K-Means 算法收敛到了局部最小值，而非全局最小值。K-Means 算法的 k 个初始化质心的位置选择对最后的聚类结果和运行时间都有很大的影响，因此需要选择合适的 k 个质心。如果仅仅是完全随机的选择，有可能导致算法收敛很慢。因此，对于初始化质心可以采取如下优化策略来提高其收敛速度：

① 从输入的数据点集合中随机选择一个点作为第一个聚类中心 $\boldsymbol{\mu}_1$。

② 对于数据集中的每个点 x_i，计算它与已选择的聚类中心中最近聚类中心的距离：

$$
D(x_i) = \arg\min \|x_i - \boldsymbol{\mu}_r\|_2^2, \ \ r = 1, 2, \cdots, k_{\mathrm{selected}}
$$

③ 选择一个新的数据点作为新的聚类中心。$D(x)$ 较大的点被选取作为聚类中心的概率较大。

④ 重复②和③直到选择出 k 个聚类质心。

⑤ 利用这 k 个质心来作为初始化质心去运行标准的 K-Means 算法。

　　传统 K-Means 算法中，在每轮迭代时，要计算所有的样本点到所有的质心的距离，这样会比较耗时。Elkan 等利用了两边之和大于第三边及两边之差小于第三边的三角形性质，来减少 K-Means 算法中距离的计算。

　　第一种规律是对于一个样本点 x 和两个质心 $\boldsymbol{\mu}_{j_1}, \boldsymbol{\mu}_{j_2}$。如果预先计算出这两个质心之间的距离 $D(j_1, j_2)$，则如果计算发现 $2 \times D(x, j_1) \leqslant D(j_1, j_2)$，就可以知道 $D(x, j_1) \leqslant D(x, j_2)$。此时不需要再计算 $D(x, j_2)$，即省了一步距离计算。

　　第二种规律是对于一个样本点 x 和两个质心 $\boldsymbol{\mu}_{j_1}, \boldsymbol{\mu}_{j_2}$，可以得到 $D(x, j_2) \geqslant \max\{0, D(x, j_1) - D(j_1, j_2)\}$。这个从三角形的性质也很容易得到。

　　利用上面的两种规律，较传统的 K-Means 迭代速度有很大的提高。但如果样本的特征是稀疏的，或有缺失值，这个方法就不适用了，此时某些距离无法计算，则不能使用该算法。

　　注：初学者很容易把 K-Means 和 KNN 搞混，两者实质具有一定的区别，具体体现在：K-Means 是无监督学习的聚类算法，没有样本输出；而 KNN 是监督学习的分类算法，有对应的类别输出。KNN 基本不需要训练，对测试集里面的点，只需要找到在训练集中最近的 k 个点，用这最近的 k 个点的类别来决定测试点的类别。而 K-Means 则有明显的训练过程，找到 k 个类别的最佳质心，从而决定样本的簇类别。

　　两者的相似点为两个算法都包含一个过程，即找出和某一个点最近的点。两者都利用了最近邻（Nearest Neighbors）的思想。

4.3.2　高斯混合模型聚类算法

　　高斯混合模型（Gaussian Mixed Model，GMM）指的是多个高斯分布函数的线性组合。理论上 GMM 可以拟合出任意类型的分布，通常用于解决同一集合下的数据包含多个不同分布的情况（或是同一类分布但参数不一样，或是不同类型的分布，如正态分布和伯努利分布）。

　　1. 高斯混合模型

　　设有随机变量 $\boldsymbol{X}$，则混合高斯模型可以表示为

$$p(\boldsymbol{x}) = \sum_{k=1}^{K} \pi_k \mathcal{N}(\boldsymbol{x}|\boldsymbol{\mu}_k, \boldsymbol{\Sigma}_k) \tag{4.36}$$

其中，$\mathcal{N}(\boldsymbol{x}|\boldsymbol{\mu}_k, \boldsymbol{\Sigma}_k)$ 是参数为 $(\boldsymbol{\mu}_k, \boldsymbol{\Sigma}_k)$ 的 d 维高斯分布，称为混合模型中的第 k 个分量，其概率密度形式为

$$p_k(\boldsymbol{x}|\boldsymbol{\mu}_k, \boldsymbol{\Sigma}_k) = \frac{1}{(2\pi)^{d/2}|\boldsymbol{\Sigma}_k|^{1/2}} \exp\left[-\frac{1}{2}(\boldsymbol{x} - \boldsymbol{\mu}_k)^{\mathrm{T}} \boldsymbol{\Sigma}_k^{-1}(\boldsymbol{x} - \boldsymbol{\mu}_k)\right] \tag{4.37}$$

π_k 是混合系数（Mixture Coefficient），且满足

$$\sum_{k=1}^{K} \pi_k = 1 \qquad 0 \leqslant \pi_k \leqslant 1, \quad k = 1, 2, \cdots, K \tag{4.38}$$

高斯混合模型可以看成高斯分量的简单线性叠加，目标是提供一类比单独的高斯分布更强大的概率模型（多峰分布概率分布）。实际上，可以认为 π_k 就是每个分量 $\mathcal{N}(\boldsymbol{x}|\boldsymbol{\mu}_k, \boldsymbol{\Sigma}_k)$ 的权重，也可理解为是第 k 个分量被选中的概率。

为更进一步探求本质，可以使用离散潜在变量来描述高斯混合模型，这会让我们更加深刻地认识混合高斯模型，也会让我们了解最大期望（EM）算法。

引入一个新的 K 维随机变量 $\boldsymbol{z}$，$(z_1, z_2, \cdots, z_K)$，它是 $\boldsymbol{z}$ 的一个样本，$z_k(1 \leqslant k \leqslant K)$ 只能取 0 或 1；$z_k = 0$ 表示第 k 个分量没有被选中，$z_k = 1$ 表示第 k 个分量被选中，且满足 $z_k \in \{0, 1\}$，$\sum\limits_{k=1}^{K} z_k = 1$。记第 k 个分量被选中的概率为：$p(z_k) = P(z_k = 1) = \pi_k$，且满足 $\sum\limits_{k=1}^{K} \pi_k = 1$。易知 $z_k(1 \leqslant k \leqslant K)$ 是独立同分布的，则 $\boldsymbol{z}$ 的联合概率分布形式为

$$p(\boldsymbol{z}) = p(z_1, z_2, \cdots, z_K) = \prod_{k=1}^{K} \pi_k^{z_k} \tag{4.39}$$

显然，每一类中的数据都是服从正态分布的。这个叙述可以用条件概率来表示：

$$p(\boldsymbol{x}|z_k = 1) = \mathcal{N}(\boldsymbol{x}|\boldsymbol{\mu}_k, \boldsymbol{\Sigma}_k) \tag{4.40}$$

即第 k 类数据服从正态分布。进而式 (4.40) 可以写成如下形式：

$$p(\boldsymbol{x}|\boldsymbol{z}) = \prod_{k=1}^{K} \mathcal{N}(\boldsymbol{x}|\boldsymbol{\mu}_k, \boldsymbol{\Sigma}_k)^{z_k} \tag{4.41}$$

上面分别给出了 $p(\boldsymbol{z})$ 和 $p(\boldsymbol{x}|\boldsymbol{z})$ 的形式，根据全概率公式，可以求出 $p(\boldsymbol{x})$ 的形式，即

$$\begin{aligned} p(\boldsymbol{x}) &= \sum_{\boldsymbol{z}} p(\boldsymbol{x}) p(\boldsymbol{x}|\boldsymbol{z}) \\ &= \sum_{\boldsymbol{z}} \left(\prod_{k=1}^{K} \pi_k^{z_k} \mathcal{N}(\boldsymbol{x}|\boldsymbol{\mu}_k, \boldsymbol{\Sigma}_k)^{z_k} \right) \\ &= \sum_{k=1}^{K} \pi_k \mathcal{N}(\boldsymbol{x}|\boldsymbol{\mu}_k, \boldsymbol{\Sigma}_k) \end{aligned} \tag{4.42}$$

上式第二个等号表示对 $\boldsymbol{z}$ 求和，实际上就是 $\sum\limits_{k=1}^{K}$。又因为对某个 k，只要 $i \neq k$，则有 $z_i = 0$，所以 z_k 取 0 的项为 1，可省略，最终得到第三个等号。

可以看到 GMM 模型的式 (4.36) 与式 (4.41) 有一样的形式，且式 (4.41) 中引入了一个新的变量 $\boldsymbol{z}$，通常称为隐含变量（Latent Variable）。"隐含"的意义是：我们知道数据来自 K 类，但是随机抽取一个数据点，不知道这个数据点属于哪一类，它的归属我们观察不到，因此引入一个隐含变量 $\boldsymbol{z}$ 来描述这个现象。

2. 基于高斯混合模型的参数估计

GMM 模型中有三个参数需要估计，分别是 $\boldsymbol{\pi}, \boldsymbol{\mu}$ 和 $\boldsymbol{\Sigma}$，这里采用 EM 算法进行估计。EM 算法分两步，第一步先求出要估计参数的粗略值，第二步使用第一步的值最大化似然函数。因此要先求出 GMM 的似然函数。

假设样本向量 $\boldsymbol{x} = \{\boldsymbol{x}_1, \boldsymbol{x}_2, \cdots, \boldsymbol{x}_N\}$，易知 GMM 的似然函数可表示为

$$
\begin{aligned}
\mathcal{L}(\boldsymbol{x}|\boldsymbol{\pi}, \boldsymbol{\mu}, \boldsymbol{\Sigma}) &= \mathcal{L}(\boldsymbol{x}_1, \boldsymbol{x}_2, \cdots, \boldsymbol{x}_N|\boldsymbol{\pi}, \boldsymbol{\mu}, \boldsymbol{\Sigma}) \\
&= \prod_{n=1}^{N} \sum_{k=1}^{K} \pi_k \mathcal{N}(\boldsymbol{x_n}|\boldsymbol{\mu}_k, \boldsymbol{\Sigma}_k)
\end{aligned}
\tag{4.43}
$$

对数似然函数表示为

$$
\ln \mathcal{L}(\boldsymbol{x}|\boldsymbol{\pi}, \boldsymbol{\mu}, \boldsymbol{\Sigma}) = \sum_{n=1}^{N} \ln \sum_{k=1}^{K} \pi_k \mathcal{N}(\boldsymbol{x_n}|\boldsymbol{\mu}_k, \boldsymbol{\Sigma}_k)
\tag{4.44}
$$

直观地利用对数似然函数对参数求导，并令其等于 0，解方程组便可得到 GMM 的参数 $(\boldsymbol{\pi}, \boldsymbol{\mu}, \boldsymbol{\Sigma})$ 估计。然而，在对数似然函数中，对数里面还有求和，无法直接通过求导的方法来求解对数似然函数的最大值。

对于混合模型，只知道混合模型中各个类的分布模型（如都是高斯分布）和对应的采样数据，而不知道这些采样数据分别来源于哪一类（隐变量），可以借鉴 EM 算法来解决数据缺失的参数估计问题（隐变量的存在实际就是数据缺失问题，缺失了各个样本来源于哪一类的记录）。下面将介绍 EM 算法的两个步骤：E-step（Expectation-step，期望步）和 M-step（Maximization-step，最大化步）。

1）E-step

对于给定样本集 $\boldsymbol{x} = (\boldsymbol{x}_1, \boldsymbol{x}_2, \cdots, \boldsymbol{x}_N)$，通过引入隐变量 $z_{n,k}$（$z_{n,k}$ 表示 $\boldsymbol{x}_n$ 这个样本来源于第 k 个模型），可以将数据展开成完全数据 $(\boldsymbol{x}_n, z_{n,1}, z_{n,2}, \cdots, z_{n,K})$，其中 $n = 1, 2, \cdots, N$，由此可得完全数据的似然函数为

$$
\begin{aligned}
p(\boldsymbol{x}, \boldsymbol{z}|\boldsymbol{\pi}, \boldsymbol{\mu}, \boldsymbol{\Sigma}) &= \prod_{n=1}^{N} p(\boldsymbol{x}_n, z_{n,1}, z_{n,2}, \cdots, z_{n,K}|\boldsymbol{\pi}, \boldsymbol{\mu}, \boldsymbol{\Sigma}) \\
&= \prod_{n=1}^{N} \prod_{k=1}^{K} (\pi_k \mathcal{N}(\boldsymbol{x}_n|\boldsymbol{\mu}_k, \boldsymbol{\Sigma}_k))^{z_{n,k}} \\
&= \prod_{k=1}^{K} \pi_k^{\sum_{n=1}^{N} z_{n,k}} \prod_{n=1}^{N} (\mathcal{N}(\boldsymbol{x}_n|\boldsymbol{\mu}_k, \boldsymbol{\Sigma}_k))^{z_{n,k}}
\end{aligned}
\tag{4.45}
$$

式 (4.45) 可以这样理解：若 $\boldsymbol{x}_n$ 由第 1 类采样，有 $z_{n,1} = 1, z_{n,2} = 0, \cdots, z_{n,K} = 0$，则有

$$
p(\boldsymbol{x}_n, z_{n,1}, \cdots, z_{n,K}|\boldsymbol{\pi}, \boldsymbol{\mu}, \boldsymbol{\Sigma}) = \prod_{k=1}^{K} \pi_k^{\sum_{n=1}^{N} z_{n,k}} \prod_{n=1}^{N} (\mathcal{N}(\boldsymbol{x}_n|\boldsymbol{\mu}_k, \boldsymbol{\Sigma}_k))^{z_{n,k}}
$$

$$= (\pi_1 \mathcal{N}(\boldsymbol{x}_n|\boldsymbol{\mu}_1, \boldsymbol{\Sigma}_1))^{z_{n,1}} (\pi_2 \mathcal{N}(\boldsymbol{x}_n|\boldsymbol{\mu}_2, \boldsymbol{\Sigma}_2))^{z_{n,2}} \cdots (\pi_K \mathcal{N}(\boldsymbol{x}_n|\boldsymbol{\mu}_K, \boldsymbol{\Sigma}_K))^{z_{n,K}} \quad (4.46)$$

$$= (\pi_1 \mathcal{N}(\boldsymbol{x}_n|\boldsymbol{\mu}_1, \boldsymbol{\Sigma}_1))^1 (\pi_2 \mathcal{N}(\boldsymbol{x}_n|\boldsymbol{\mu}_2, \boldsymbol{\Sigma}_2))^0 \cdots (\pi_K \mathcal{N}(\boldsymbol{x}_n|\boldsymbol{\mu}_K, \boldsymbol{\Sigma}_K))^0$$

$$= (\pi_1 \mathcal{N}(\boldsymbol{x}_n|\boldsymbol{\mu}_1, \boldsymbol{\Sigma}_1))$$

则完全数据的对数似然函数为

$$\ln p(\boldsymbol{x}, \boldsymbol{z}|\boldsymbol{\pi}, \boldsymbol{\mu}, \boldsymbol{\Sigma}) \tag{4.47}$$

$$= \sum_{k=1}^{K} \left(\sum_{n=1}^{N} z_{n,k} \right) \ln \pi_k + \sum_{n=1}^{N} z_{n,k} \left(-\frac{d}{2} \ln(2\pi) - \frac{1}{2} \ln |\boldsymbol{\Sigma}_k| - \frac{1}{2} (\boldsymbol{x} - \boldsymbol{\mu}_k)^{\mathrm{T}} \boldsymbol{\Sigma}_k^{-1} (\boldsymbol{x} - \boldsymbol{\mu}_k) \right)$$

EM 算法的目标就是找出一组参数 $(\boldsymbol{\pi}^*, \boldsymbol{\mu}^*, \boldsymbol{\Sigma}^*)$，使得 $\ln p(\boldsymbol{x}, \boldsymbol{z}|\boldsymbol{\pi}, \boldsymbol{\mu}, \boldsymbol{\Sigma})$ 达到最大。

然而，$\ln p(\boldsymbol{x}, \boldsymbol{z}|\boldsymbol{\pi}, \boldsymbol{\mu}, \boldsymbol{\Sigma})$ 中含有隐变量 $\boldsymbol{z}$。$\boldsymbol{z}$ 的存在使得无法最大化 $\ln p(\boldsymbol{x}, \boldsymbol{z}|\boldsymbol{\pi}, \boldsymbol{\mu}, \boldsymbol{\Sigma})$。如果知道了 $\boldsymbol{z}$，则 $\ln p(\boldsymbol{x}, \boldsymbol{z}|\boldsymbol{\pi}, \boldsymbol{\mu}, \boldsymbol{\Sigma})$ 最大化就可以求解了。

由此，利用 EM 算法，对给定一组参数初始值 $(\boldsymbol{\pi}^0, \boldsymbol{\mu}^0, \boldsymbol{\Sigma}^0)$ 或通过第 i 次迭代后的参数 $(\boldsymbol{\pi}^i, \boldsymbol{\mu}^i, \boldsymbol{\Sigma}^i)$，因此只需最大化 Q 函数，记 $\boldsymbol{\Theta} = (\boldsymbol{\pi}, \boldsymbol{\mu}, \boldsymbol{\Sigma})$，$\boldsymbol{\Theta}^i = (\boldsymbol{\pi}^i, \boldsymbol{\mu}^i, \boldsymbol{\Sigma}^i)$，则 Q 函数为

$$Q(\boldsymbol{\Theta}, \boldsymbol{\Theta}^i) = E_z[\ln p(\boldsymbol{x}, \boldsymbol{z}|\boldsymbol{\Theta})|\boldsymbol{x}, \boldsymbol{\Theta}^i]$$

$$= E_z \left[\sum_{k=1}^{K} \left(\sum_{n=1}^{N} z_{n,k}|\boldsymbol{x}_n, \boldsymbol{\Theta}^i \right) \ln \pi_k + \sum_{n=1}^{N} (z_{n,k}|\boldsymbol{x}_n, \boldsymbol{\Theta}^i) \left(-\frac{d}{2} \ln(2\pi) - \frac{1}{2} \ln |\boldsymbol{\Sigma}_k| \right. \right.$$

$$\left. \left. -\frac{1}{2} (\boldsymbol{x} - \boldsymbol{\mu}_k)^{\mathrm{T}} \boldsymbol{\Sigma}_k^{-1} (\boldsymbol{x} - \boldsymbol{\mu}_k) \right) \right]$$

$$= \sum_{k=1}^{K} \left(\sum_{n=1}^{N} E_z(z_{n,k}|\boldsymbol{x}_n, \boldsymbol{\Theta}^i) \ln \pi_k \right) + \sum_{n=1}^{N} E_z(z_{n,k}|\boldsymbol{x}_n, \boldsymbol{\Theta}^i) \left(-\frac{d}{2} \ln(2\pi) - \frac{1}{2} \ln |\boldsymbol{\Sigma}_k| \right.$$

$$\left. -\frac{1}{2} (\boldsymbol{x} - \boldsymbol{\mu}_k)^{\mathrm{T}} \boldsymbol{\Sigma}_k^{-1} (\boldsymbol{x} - \boldsymbol{\mu}_k) \right)$$

上式中，$E_z(z_{n,k}|\boldsymbol{x}_n, \boldsymbol{\Theta}^i)$ 就是对 z 分布 $\gamma(z_{n,k})$ 的估计。

$$\gamma(z_{n,k}) = E_z(z_{n,k}|\boldsymbol{x}_n, \boldsymbol{\Theta}^i) = p(z_{n,k} = 1|\boldsymbol{x}_n, \boldsymbol{\Theta}^i)$$

$$= \frac{p(z_{n,k} = 1, \boldsymbol{x}_n|\boldsymbol{\Theta}^i)}{p(\boldsymbol{x}_n)}$$

$$= \frac{p(z_{n,k} = 1, \boldsymbol{x}_n|\boldsymbol{\Theta}^i)}{\sum_{k=1}^{K} p(z_{n,k} = 1, \boldsymbol{x}_n|\boldsymbol{\Theta}^i)} \tag{4.48}$$

$$= \frac{p(\boldsymbol{x}_n|z_{n,k} = 1, \boldsymbol{\Theta}^i) p(z_{n,k} = 1|\boldsymbol{\Theta}^i)}{\sum_{k=1}^{K} p(\boldsymbol{x}_n|z_{n,k} = 1, \boldsymbol{\Theta}^i) p(z_{n,k} = 1|\boldsymbol{\Theta}^i)}$$

$$= \frac{\pi_k^i \mathcal{N}(\boldsymbol{x}_n|\boldsymbol{\mu}_k^i, \boldsymbol{\Sigma}_k^i)}{\sum_{k=1}^{K} \pi_k^i \mathcal{N}(\boldsymbol{x}_n|\boldsymbol{\mu}_k^i, \boldsymbol{\Sigma}_k^i)}$$

2）M-Step

由 Q 函数就可以对 Q 函数进行最大化，得到下次迭代的模型参数，即

$$\boldsymbol{\Theta}^{i+1} = (\boldsymbol{\pi}^{i+1}, \boldsymbol{\mu}^{i+1}, \boldsymbol{\Sigma}^{i+1}) = \arg\max_{\boldsymbol{\Theta}} Q(\boldsymbol{\Theta}, \boldsymbol{\Theta}^i) \tag{4.49}$$

对 Q 函数进行求导，并令其导数等于 0，则可得：

$$\boldsymbol{\mu}_k^{i+1} = \frac{\sum\limits_{n=1}^{N} \gamma(z_{n,k}) \boldsymbol{x}_n}{\sum\limits_{n=1}^{N} \gamma(z_{n,k})} \qquad k = 1, 2, \cdots, K \tag{4.50}$$

$$\boldsymbol{\Sigma}_k^{i+1} = \frac{\sum\limits_{n=1}^{N} \gamma(z_{n,k}) (\boldsymbol{x}_n - \boldsymbol{\mu}_k^i)(\boldsymbol{x}_n - \boldsymbol{\mu}_k^i)^{\mathrm{T}}}{\sum\limits_{n=1}^{N} \gamma(z_{n,k})} \qquad k = 1, 2, \cdots, K \tag{4.51}$$

$$\boldsymbol{\pi}_k^{i+1} = \frac{1}{N} \sum\limits_{n=1}^{N} \gamma(z_{n,k}) \qquad k = 1, 2, \cdots, K \tag{4.52}$$

其中，$\boldsymbol{\pi}^{i+1}, \boldsymbol{\mu}^{i+1}, \boldsymbol{\Sigma}^{i+1}$ 分别表示第 $i+1$ 次迭代中的第 k 个类所占的权重、均值和协方差矩阵。

基于此可得混合高斯模型参数估计的 EM 算法如算法 4.3所示。

算法 4.3 混合高斯模型的 EM 算法

（1）定义分量数目 K，对每个分量 k 设置 $\boldsymbol{\pi}_k, \boldsymbol{\mu}_k, \boldsymbol{\Sigma}_k$ 的初始值：$\boldsymbol{\pi}_k^0, \boldsymbol{\mu}_k^0, \boldsymbol{\Sigma}_k^0$，并计算对数似然函数的值。

（2）E-Step：根据当前的 $\boldsymbol{\pi}_k^i, \boldsymbol{\mu}_k^i, \boldsymbol{\Sigma}_k^i$，计算 $\gamma(z_{n,k})$。

（3）M-Step：重新计算 $\boldsymbol{\pi}_k^{i+1}, \boldsymbol{\mu}_k^{i+1}, \boldsymbol{\Sigma}_k^{i+1}$ 的值。

（4）计算对数似然函数的值，并检查参数是否收敛或对数似然函数是否收敛，若不收敛，则转步骤（2）。

高斯混合模型的 EM 算法的 Python 实现如下。

```python
from __future__ import print_function
import numpy as np

def generateData(k,mu,sigma,dataNum):
    '''
    产生混合高斯模型的数据
    :param k: 比例系数
    :param mu: 均值
    :param sigma: 标准差
    :param dataNum:数据个数
    :return: 生成的数据
    '''
```

```
13          # 初始化数据
14          dataArray = np.zeros(dataNum,dtype=np.float32)
15          # 逐个依据概率产生数据
16          # 高斯分布个数
17          n = len(k)
18          for i in range(dataNum):
19              # 产生[0,1]之间的随机数
20              rand = np.random.random()
21              Sum = 0
22              index = 0
23              while(index < n):
24                  Sum += k[index]
25                  if(rand < Sum):
26                      dataArray[i] = np.random.normal(mu[index],sigma[index])
27                      break
28                  else:
29                      index += 1
30          return dataArray
31
32  def normPdf(x,mu,sigma):
33          '''
34          计算均值为mu，标准差为sigma的正态分布函数的密度函数值
35          :param x: x值
36          :param mu: 均值
37          :param sigma: 标准差
38          :return: x处的密度函数值
39          '''
40          return (1./np.sqrt(2*np.pi))*(np.exp(-(x-mu)**2/(2*sigma**2)))
41
42  def em(dataArray,k,mu,sigma,step = 10):
43          '''
44          em算法估计高斯混合模型
45          :param dataNum: 已知数据个数
46          :param k: 每个高斯分布的估计系数
47          :param mu: 每个高斯分布的估计均值
48          :param sigma: 每个高斯分布的估计标准差
49          :param step:迭代次数
50          :return: em 估计迭代结束估计的参数值[k,mu,sigma]
51          '''
52          # 高斯分布个数
53          n = len(k)
54          # 数据个数
55          dataNum = dataArray.size
56          # 初始化gama数组
57          gamaArray = np.zeros((n,dataNum))
58          for s in range(step):
59              for i in range(n):
60                  for j in range(dataNum):
61                      Sum = sum([k[t]*normPdf(dataArray[j],mu[t],sigma[t]) for t in range(n)])
62                      gamaArray[i][j] = k[i]*normPdf(dataArray[j],mu[i],sigma[i])/float(Sum)
63              # 更新mu
64              for i in range(n):
65                  mu[i] = np.sum(gamaArray[i]*dataArray)/np.sum(gamaArray[i])
```

```
66          # 更 新 sigma
67          for i in range(n):
68              sigma[i] = np.sqrt(np.sum(gamaArray[i]*(dataArray - mu[i])**2)/np.sum(
                    gamaArray[i]))
69          # 更 新 系数 k
70          for i in range(n):
71              k[i] = np.sum(gamaArray[i])/dataNum
72
73      return [k,mu,sigma]
74
75  if __name__ == '__main__':
76      # 参 数 的 准 确 值
77      k = [0.3,0.4,0.3]
78      mu = [2,4,3]
79      sigma = [1,1,4]
80      # 样 本 数
81      dataNum = 5000
82      # 产 生 数据
83      dataArray = generateData(k,mu,sigma,dataNum)
84      # 参 数 的 初 始 值
85      # 注意 em算法对于 参数的初始值是十分敏感的
86      k0 = [0.3,0.3,0.4]
87      mu0 = [1,2,2]
88      sigma0 = [1,1,1]
89      step = 6
90      # 使 用 em算法估计参数
91      k1,mu1,sigma1 = em(dataArray,k0,mu0,sigma0,step)
92      # 输 出 参 数 的 值
93      print("参数实际值:")
94      print("k:",k)
95      print("mu:",mu)
96      print("sigma:",sigma)
97      print("参数估计值:")
98      print("k1:",k1)
99      print("mu1:",mu1)
100     print("sigma1:",sigma1)
```

程序运行结果如下所示:

参数实际值:

k: [0.3, 0.4, 0.3], mu: [2, 4, 3], sigma: [1, 1, 4];

参数估计值:

k1: [0.42213855886042995, 0.24765490334553056, 0.3302065377940396];

mu1: [2.7607142556982214, 3.312969225188205, 3.312969225188203];

sigma1: [3.356181742658244, 1.553964482026627, 1.553964482026623]。

3. 基于高斯混合模型的聚类分析

利用 GMM 进行聚类分析, 如果要从 GMM 的分布中随机地取一个点, 实际上可以分为两步: 首先随机地在这 K 个 Component 之中选一个, 每个 Component 被选中的概率实际上就是它的系数 π_k, 选中 Component 之后, 再单独考虑从这个 Component 的分布中选取一个点就可以了——这里已经回到普通的 Gaussian 分布，转化为已知的问题。

将 GMM 用于聚类时，假设数据服从混合高斯分布（Mixture Gaussian Distribution），则只要根据数据推出 GMM 的概率分布就可以了；GMM 的 K 个 Component 实际上对应 K 个类。根据数据来推算概率密度通常被称作概率密度估计。特别地，当已知（或假定）概率密度函数的形式，要估计其中的参数的过程被称作参数估计。如当聚类类别 $K = 2$ 时对应的 GMM 形式为

$$p(\boldsymbol{x}) = \pi_1 \mathcal{N}(\boldsymbol{x}|\boldsymbol{\mu}_1, \boldsymbol{\Sigma}_1) + \pi_2 \mathcal{N}(\boldsymbol{x}|\boldsymbol{\mu}_2, \boldsymbol{\Sigma}_2) \tag{4.53}$$

上式中未知的参数有六个：$(\pi_1, \boldsymbol{\mu}_1, \boldsymbol{\Sigma}_1; \pi_2, \boldsymbol{\mu}_2, \boldsymbol{\Sigma}_2)$。前面提到 GMM 聚类时分为两步，第一步是随机地在这 K 个分量中选一个，每个分量被选中的概率即为混合系数 π_k 可以设定 $\pi_1 = \pi_2 = 0.5$，表示每个分量被选中的概率都是 0.5，即从中抽出一个点，这个点属于第一类的概率和第二类的概率各占一半。但在实际应用中事先指定 π_k 的值是很笨的做法，问题一般化后，会出现一个问题：当从样本数据集随机选取一个点，怎么知道这个点是来自 $\mathcal{N}(\boldsymbol{x}|\boldsymbol{\mu}_1, \boldsymbol{\Sigma}_1)$ 还是 $\mathcal{N}(\boldsymbol{x}|\boldsymbol{\mu}_2, \boldsymbol{\Sigma}_2)$ 呢？换言之怎么根据数据自动确定 π_1 和 π_2 的值？这就是 GMM 参数估计的问题。要解决这个问题，可以使用 EM 算法，通过迭代计算出 GMM 中的参数 $(\pi_k, \boldsymbol{x}_k, \boldsymbol{\Sigma}_k)$。

图 4.3 给出了利用 GMM 进行聚类分析的过程。

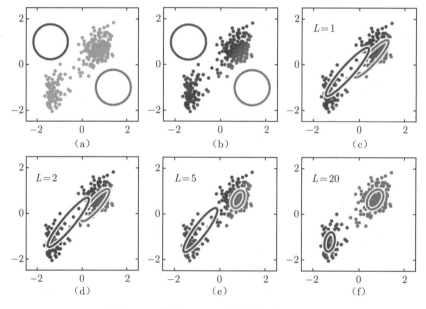

图 4.3　利用 GMM 进行聚类分析过程

注：见书后彩图。

这里，使用了两个高斯分布的混合（$K = 2$）。分布中心与图 4.3 中的 K-Means 算法使用了相同的初始值，精度矩阵被初始化为正比于单位矩阵。

图 4.3（a）用绿色（见书后彩图）标记出了数据点及初始混合模型的配置，其中两个高斯分量的一个标准差位置的轮廓线分别用红色圆圈和蓝色圆圈标记。

图 4.3（b）给出了初始化 E 步骤的结果，其中每个数据点的颜色中，蓝色所占的比重等于由蓝色分量生成对应数据点的后验概率，红色所占的比重等于由红色分量生成对应数据点的后验概率。因此，对属于两个聚类的后验概率都较大的数据点来说，看起来是紫色的。

图 4.3（c）给出了第一个 M 步骤之后的结果，其中蓝色高斯分布的均值被移至数据点的均值，同时根据属于蓝色类别的每个数据点的概率进行加权。换句话说，它被移到了蓝色标记数据点的质心。类似地，蓝色高斯分布的协方差被设置为蓝色标记数据点的协方差。红色分量的情形与此类似。图 4.3（d）、图 4.3（e）和图 4.3（f）分别给出了 2 次、5 次、20 次完整的 EM 循环之后的结果。在图 4.3（f）中，算法接近收敛。

注：

① 与 K-Means 算法相比，EM 算法在达到（近似）收敛之前，经历了更多次的迭代，每个迭代都需要更多的计算量。因此，通常运行 K-Means 算法找到高斯混合模型的一个合适的初始化值，输入 EM，接下来使用 EM 算法进行微调节。

② 协方差矩阵可以初始化为通过 K-Means 算法找到的聚类的样本协方差。

③ 混合系数可以被设置为分配到对应类别中的数据点所占的比例。

4.3.3　K-Means 和 GMM 的关系

在特定条件下，K-Means 和 GMM 方法可以互相用对方的思想来表达。在 K-Means 中根据距离每个点最接近的类中心来标记该点的类别，这里假设每个类簇的尺度接近且特征的分布不存在不均匀性。这也解释了为什么在使用 K-Means 前对数据进行归一会有效果。高斯混合模型则不会受到这个约束，因为它对每个类簇分别考察特征的协方差模型。

K-Means 算法可以被视为高斯混合模型的一种特殊形式。整体上看，高斯混合模型能提供更强的描述能力，因为聚类时数据点的从属关系不仅与近邻相关，还会依赖于类簇的形状。n 维高斯分布的形状由每个类簇的协方差来决定。在协方差矩阵上添加特定的约束条件后，可能会通过 GMM 和 K-Means 得到相同的结果。

实践中如果每个类簇的协方差矩阵绑定在一起（就是说它们完全相同），并且矩阵对角线上的协方差数值保持相同，其他数值则全部为 0，这样能够生成具有相同尺寸且形状为圆形类簇。在此条件下，每个点都始终属于最近的中间点对应的类。

在 K-Means 方法中，使用 EM 来训练高斯混合模型时对初始值的设置非常敏感，而对比 K-Means，GMM 方法有更多的初始条件要设置。实践中不仅初始类中心要指定，协方差矩阵和混合权重也要设置。可以运行 K-Means 来生成类中心，并以此作为高斯混合模型的初始条件。由此可见并两个算法有相似的处理过程，主要区别在于模型的复杂度不同。

整体来看，所有无监督机器学习算法都遵循一条简单的模式：给定一系列数据，训练出一个能描述这些数据规律的模型（并期望潜在过程能生成数据）。训练过程通常要反复迭代，直到无法再优化参数获得更贴合数据的模型为止。

4.4　习　　题

1. 假设有 3 枚硬币 A, B, C，它们正面朝上的概率分别是 π, p, q。先进行如下试验：先抛硬币 A，根据硬币 A 的结果决定接下来抛硬币 B 还是硬币 C。如果硬币 A 正面朝上，就抛硬币 B, 若硬币 B 正面朝上记 $y_j = 1$, 若硬币 B 反面朝上记 $y_j = 0$; 如果硬币 A 反面朝上, 就抛硬币 C, 若硬币 C 正面朝上记 $y_j = 1$, 若硬币 C 反面朝上记 $y_j = 0$。独立地进行 n 次试验, 这里 $n = 10$, 得到如下观测结果:

$$1, 1, 0, 1, 0, 0, 1, 0, 1, 1$$

根据这组观测结果, 如何估计 3 枚硬币模型正面朝上的概率, 即 3 枚硬币模型的参数。

2. 根据上题结论, 若取迭代初值 $\pi^{(0)} = 0.4, p^{(0)} = 0.5, q^{(0)} = 0.7$, 试用 Python 编程计算, 求出模型参数 $\theta = (\pi, p, q)$ 的估计。

3. 设总体 $X \sim N(\mu, \sigma^2)$, X_1, X_2, X_3 是来自总体的样本, 但 X_2 缺失, 用似然函数估计总体分布的参数。

4. 假设一次试验有四种可能的结果, 其发生的概率分别为 $\frac{1}{2} + \frac{\theta}{4}, \frac{1}{4}(1-\theta), \frac{1}{4}(1-\theta), \frac{\theta}{4}$, 其中 $\theta \in (0, 1)$, 共进行了 197 次试验, 四种结果的发生次数分别为 125, 18, 20, 34, 此处预测数据为 $Y = (y_1, y_2, y_3, y_4) = (125, 18, 20, 34)$。试利用 EM 算法估计出参数 θ。

5. 证明: 设 $P(Y|\theta)$ 为观测数据的似然函数, $\theta^{(i)}(i = 1, 2, \cdots)$ 为 EM 算法得到的参数估计序列, $P(Y|\theta^{(i)})(i = 1, 2, \cdots)$ 为对应的似然函数序列, 则 $P(Y|\theta^{(i)})$ 是单调递增的, 即 $P(Y|\theta^{(i+1)}) > P(Y|\theta^{(i)})$。

6. 证明: 设 $L(\theta) = \log P(Y|\theta)$ 为观测数据的对数似然函数, $\theta^{(i)}(i = 1, 2, \cdots)$ 为 EM 算法得到的参数估计序列, $L(\theta^{(i)})(i = 1, 2, \cdots)$ 为对应的似然函数序列。

(1) 如果 $P(Y|\theta)$ 有上界, 则 $L(\theta^{(i)}) = \log P(Y|\theta^{(i)})$ 收敛到某一值 L^*;

(2) 在函数 $Q(\theta, \theta')$ 与 $L(\theta)$ 满足一定条件下, 由 EM 算法得到的参数估计序列 $\theta^{(i)}$ 的收敛值 θ^* 是 $L(\theta)$ 的稳定点。

7. 设 $X = (X_1, X_2, \cdots, X_n)$ 是来自如下有限正态混合分布的一组样本,

$$f(x|\Theta) = \sum_{j=1}^{K} p_j f_j(x|\theta_j)$$

其中, $f(x(\theta_j)) = \frac{1}{\sqrt{2\pi}\sigma_j} \exp(-\frac{(x-\mu_j)^2}{2\sigma_j^2})$, 且 $\theta_j = (\mu_j, \sigma_j^2)$, $\Theta = (p_1, p_2, \cdots, p_K, \theta_1, \theta_2, \cdots, \theta_K)$, 用 EM 算法估计正态混合模型中的参数 Θ。

8. 已知观测数据

$$-67, -48, 6, 8, 14, 16, 23, 24, 28, 29, 41, 49, 56, 60, 75$$

试估计两个分量的高斯混合模型的 5 个参数。

9. EM 算法可以用到朴素贝叶斯法的非监督学习, 试写出其算法。

第 5 章　马尔可夫链蒙特卡罗方法

对于一般分布的采样，在很多编程语言中都有实现，如最基本的满足均匀分布的随机数，但是对于一些复杂分布的采样，要实现相应的采样函数具有一定的难度，往往无法满足采样要求，因此在实际应用中常采用马尔可夫链蒙特卡罗（Markov Chain Monte Carlo，MCMC）方法来解决这个问题，其中 Metropolis-Hasting 采样和 Gibbs 采样是 MCMC 中使用较为广泛的两种形式。

MCMC 的基础理论为马尔可夫过程。在 MCMC 算法中，为了在一个指定的分布上采样，根据马尔可夫过程，从任一状态出发，模拟马尔可夫过程，不断进行状态转移，最终收敛到平稳分布。

5.1　蒙特卡罗方法引入

蒙特卡罗原是一个赌场的名称，用它作为名字是因为蒙特卡罗方法（Monte Carlo Simulation，MC）是一种随机模拟的方法，很像赌场里扔骰子的过程。最早的蒙特卡罗方法都是为了求解一些不太好求解的求和或积分问题。如积分：

$$\theta = \int_a^b f(x)\mathrm{d}x \tag{5.1}$$

如果很难求解出 $f(x)$ 的原函数，这个积分就比较难求解。当然可以通过蒙特卡罗方法来模拟求解近似值。如何模拟呢？假设 $f(x)$ 函数图像如图 5.1 所示。

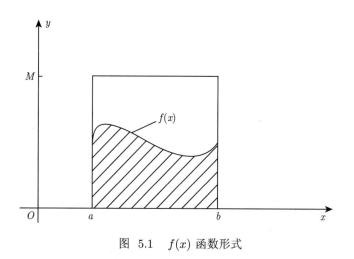

图 5.1　$f(x)$ 函数形式

一个简单的近似求解方法是在 $[a,b]$ 随机地采样一个点。如 x_0，然后用 $f(x_0)$ 代表 $[a,b]$

区间上所有 $f(x)$ 的值。式 (5.1) 的近似求解为

$$(b-a)f(x_0) \tag{5.2}$$

当然，用一个值代表 $[a,b]$ 区间上所有 $f(x)$ 的值，这个假设过于粗糙。我们可以在 $[a,b]$ 区间采样 n 个值：$x_0,x_1,\cdots,x_{n-1}$，用它们的均值来代表 $[a,b]$ 区间上所有 $f(x)$ 的值。这样式 (5.1) 的近似求解为

$$\frac{b-a}{n}\sum_{i=0}^{n-1}f(x_i) \tag{5.3}$$

虽然上面的方法可以在一定程度上求解出近似的解，但是它隐含了一个假定，即 x 在 $[a,b]$ 之间是均匀分布的，而绝大部分的情况是 x 在 $[a,b]$ 之间不是均匀分布的。如果用上面的方法，模拟求出的结果很可能和真实值相差甚远。

如果可以得到 x 在 $[a,b]$ 的概率分布函数 $p(x)$，定积分求和可以这样进行

$$\theta = \int_a^b f(x)\mathrm{d}x = \int_a^b \frac{f(x)}{p(x)}p(x)\mathrm{d}x = E_p\left[\frac{f(X)}{p(X)}\right] \approx \frac{1}{n}\sum_{i=0}^{n-1}\frac{f(x_i)}{p(x_i)} \tag{5.4}$$

式中，x_i 是按概率分布 $p(x)$ 的抽样。由大数定律知，当样本容量足够大时，样本 k 阶原点矩阵收敛于母体的 k 阶原点矩阵。

可以看出，假设 x 在 $[a,b]$ 之间是均匀分布时，$p(x_i)=\dfrac{1}{(b-a)}$，代入有概率分布的蒙特卡罗积分的式 (5.4)，可以得到

$$\frac{1}{n}\sum_{i=0}^{n-1}\frac{f(x_i)}{1/(b-a)} = \frac{b-a}{n}\sum_{i=0}^{n-1}f(x_i) \tag{5.5}$$

也就是说，均匀分布也可以作为一般概率分布函数 $p(x)$ 在均匀分布时的特例。

5.2　马尔可夫链蒙特卡罗方法

1. 基本思想

马尔可夫链蒙特卡罗方法均以马尔可夫链收敛定理作为理论基础进行仿真生成。由马尔可夫链收敛的定理可知，对于一个各态历经的马尔可夫过程，其任意的初始状态，经过多步转移后，概率分布 $\pi_i(x)$ 将收敛到平稳分布 $\pi(x)$。如果从一个具体的初始状态 x_0 开始，沿着马尔可夫链按照概率转移矩阵进行跳转，得到一个转移序列 $x_0,x_1,x_2,\cdots,x_n$，$x_{n+1},\cdots$。由于马尔可夫链的收敛行为，$x_n,x_{n+1},\cdots$ 都将是平稳分布 $\pi(x)$ 的样本。假设到第 n 步时马尔可夫链收敛，则有

$$X_0 \sim \pi_0 x, X_1 \sim \pi_1 x, X_n \sim \pi_n x, X_{n+1} \sim \pi_{n+1}x$$

所以 $X_n,X_{n+1},X_{n+2},\cdots$ 都是同分布 $\pi(x)$ 的随机变量，但它们并不独立。

对于一个给定的概率分布 $\pi(X)$，若要得到其样本，通过上述马尔可夫链的概念，可以构造一个转移矩阵为 $\boldsymbol{P}$ 的马尔可夫链，使得该马尔可夫链的平稳分布为 $\pi(X)$，这样，无论其初始状态为何值，都记为 x_0。随着马尔可夫过程的转移，得到了一系列的状态值，如 $x_0, x_1, x_2, \cdots, x_n, x_{n+1}, \cdots$，如果这个马尔可夫过程在第 n 步时已经收敛，分布 $\pi(X)$ 的样本即为 $x_n, x_{n+1}, \cdots$。

2. 细致平衡条件

定理（细致平衡条件）：对于一个各态遍历的马尔可夫过程，若其转移矩阵为 $\boldsymbol{P}$，分布为 $\pi(x)$，且满足

$$\pi(i)\boldsymbol{P}_{i,j} = \pi(j)\boldsymbol{P}_{j,i} \tag{5.6}$$

则 $\pi(x)$ 是马尔可夫链的平稳分布，式 (5.6) 称为细致平衡条件。

其实这个定理是显而易见的，因为细致平衡条件的物理含义就是对于任何两个状态 i 和 j，从 i 转移出去到 j 而丢失的概率质量，恰好会被从 j 转移回 i 的概率质量补充回来，所以状态 i 上的概率质量 $\pi(i)$ 是稳定的，从而 $\pi(x)$ 是马尔可夫链的平稳分布。数学上的证明也很简单，由细致平衡条件可得

$$\sum_{i=1}^{\infty}\pi(i)\boldsymbol{P}_{ij} = \sum_{i=1}^{\infty}\pi(j)\boldsymbol{P}_{ji}$$
$$= \pi(j)\sum_{i=1}^{\infty}\boldsymbol{P}_{ji}$$
$$= \pi(j)$$

由此，有

$$\pi P = \pi$$

由于 π 是方程 $\pi P = \pi$ 解，所以 π 是平稳分布。

需要注意这是一个充分条件，而不是必要条件，也就是说存在具有平稳分布的马尔可夫链不满足此细致平衡条件。当分布是二维时，此条件是充要的，但三维以上时，就不是了。这里证明二维时条件的必要性。

记 $\pi = [\pi_1, \pi_2]$，

$$\boldsymbol{P} = \begin{bmatrix} \boldsymbol{P}_{11} & \boldsymbol{P}_{12} \\ \boldsymbol{P}_{21} & \boldsymbol{P}_{22} \end{bmatrix} \tag{5.7}$$

当达到稳定值时，当前 π_t 等于下一步的 π_{t+1}，即

$$\pi^t \boldsymbol{P} = [\pi_1^t, \pi_2^t]\begin{bmatrix} \boldsymbol{P}_{11} & \boldsymbol{P}_{12} \\ \boldsymbol{P}_{21} & \boldsymbol{P}_{22} \end{bmatrix}$$
$$= [\pi_1^t\boldsymbol{P}_{11} + \pi_2^t\boldsymbol{P}_{21}, \pi_1^t\boldsymbol{P}_{12} + \pi_2^t\boldsymbol{P}_{22}] = [\pi_1^{t+1}, \pi_2^{t+1}] \tag{5.8}$$

即

$$\pi_1^t \boldsymbol{P}_{11} + \pi_2^t \boldsymbol{P}_{21} = \pi_1^{t+1} \tag{5.9}$$

$$\pi_1^t \boldsymbol{P}_{12} + \pi_2^t \boldsymbol{P}_{22} = \pi_2^{t+1} \tag{5.10}$$

稳定时，$\pi_1^t = \pi_1^{t+1}$，$\pi_2^t = \pi_2^{t+1}$，统一写作 π_1 和 π_2，所以有

$$\pi_1 \boldsymbol{P}_{11} + \pi_2 \boldsymbol{P}_{21} = \pi_1 \tag{5.11}$$

$$\pi_1 \boldsymbol{P}_{12} + \pi_2 \boldsymbol{P}_{22} = \pi_2 \tag{5.12}$$

因为 $\pi_2 \boldsymbol{P}_{21} = \pi_1(1 - \boldsymbol{P}_{11}) = \pi_1 \boldsymbol{P}_{12}$，即

$$\pi_2 \boldsymbol{P}_{21} = \pi_1 \boldsymbol{P}_{12} \tag{5.13}$$

两个等式简化后都是一样的。证毕。

这个定理强调了两点：

（1）对于任何两个状态 i 和 j，可以从 i 转换到 j，也可以从 j 转换到 i；

（2）在两者的转换过程中没有损失，即 $\pi(i)\boldsymbol{P}_{ij} = \pi(j)\boldsymbol{P}_{ji}$。

5.3 Metropolis-Hastings 采样

5.3.1 Metropolis 采样算法

Metropolis 采样算法是最基本的基于 MCMC 的采样算法。对于给定的概率分布 $\pi(x)$，我们希望能有便捷的方式生成它对应的样本。由于马尔可夫链能收敛到平稳分布，如果能构造一个转移矩阵 $\boldsymbol{P}$ 的马尔可夫链，使得该马尔可夫链的平稳分布恰好是 $\pi(x)$，那么从任何一个初始状态 x_0 出发沿着马尔可夫链转移，得到一个转移序列 $x_0, x_1, x_2, \cdots, x_n, x_{n+1}, \cdots$，如果马尔可夫链在第 n 步已经收敛了，于是就得到了 $\pi(x)$ 的样本 $x_n, x_{n+1}, \cdots$。

这个绝妙的想法在 1953 年被 Metropolis 想到了，为研究粒子系统的平稳性质，Metropolis 考虑了物理学中常见的波尔兹曼分布的采样问题，首次提出了基于马尔可夫链的蒙特卡罗方法，即 Metropolis 算法，并在最早的计算机上编程实现。

假设前一状态为 $x(n)$，系统受到一定扰动，状态变为 $x(n+1)$，相应地，系统能量由 $E(n)$ 变为 $E(n+1)$。定义系统由 $x(n)$ 变为 $x(n+1)$ 的接收概率（Probability of Acceptance）为 α：

$$\alpha = \begin{cases} 1 & E(n+1) < E(n) \\ \exp\left(-\dfrac{E(n+1) - E(n)}{T}\right) & E(n+1) \geqslant E(n) \end{cases} \tag{5.14}$$

当状态转移之后，如果能量减小了，这种转移就被接受了（以概率 1 发生）。如果能量增大了，就说明系统偏离全局最优位置（能量最低点，模拟退火算法所要寻找的就是密度最高、能量最低的位置）更远了，此时算法不会立即将其抛弃，而是进行概率判断：首先

在 $[0,1]$ 产生一个均匀分布的随机数 ε。如果 $\varepsilon < \alpha$（α 是前面定义的接受概率），这种转移也将被接受；否则拒绝转移，进入下一步，如此循环。

Metropolis 算法是首个普适的采样方法，并启发了一系列 MCMC 方法，所以人们把它视为随机模拟技术腾飞的起点。Metropolis 算法被收录在《统计学中的重大突破》一书中，Metropolis 算法也被遴选为 20 世纪十个最重要的算法之一。

假设需要从目标概率密度函数 $\pi(\theta)$ 中采样，同时，θ 满足 $-\infty < \theta < \infty$。Metropolis 采样算法根据马尔可夫链生成一个序列：

$$\theta^{(1)} \rightarrow \theta^{(2)} \rightarrow \cdots \rightarrow \theta^{(t)} \rightarrow \tag{5.15}$$

其中，$\theta^{(t)}$ 表示马尔可夫链在第 t 代时的状态。

在 Metropolis 采样算法的过程中，首先初始化状态值 $\theta^{(1)}$，然后利用一个已知的分布 $q(\theta \mid \theta^{(t-1)})$ 生成一个新的候选状态 $\theta^{(*)}$，随后根据一定的概率选择接受这个新值或者拒绝这个新值。在 Metropolis 采样算法中，概率为

$$\alpha = \min \left\{ 1, \frac{\pi\left[\theta^{(*)}\right]}{\pi\left[\theta^{(t-1)}\right]} \right\} \tag{5.16}$$

这样的过程一直持续到采样过程收敛，当收敛以后，样本 $\theta^{(t)}$ 即为目标分布 $p(\theta)$ 中的样本。

概率分布 $q(j \mid i)$ 称为建议分布（Proposal Probability），通常建议分布可以随意给，可以假设建议分布服从高斯分布，即

$$q(j|i) = N(\mu, \sigma^2) \tag{5.17}$$

但这样通常不能满足细致平衡性，即

$$\pi(i)q(j|i) \neq \pi(j)q(i|j) \tag{5.18}$$

为满足细致平衡性，要让上面不等式的不等号变成等号，方法其实很简单，就是让左边乘上右边，右边乘上左边，相乘后的表达式称为接受概率 α：

$$\alpha(j|i) = \pi(j)q(i|j) \tag{5.19}$$

$$\pi(i)q(j|i)\alpha(j|i) = \pi(j)q(i|j)\alpha(i|j) \tag{5.20}$$

现在就构造出了满足马尔可夫细致平衡的马尔可夫链，可以把 $q(j|i)\alpha(j|i)$ 视为转移概率。图 5.2 给出了 Metropolis 采样的细致平衡条件。

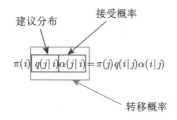

图 5.2 Metropolis 采样的细致平衡条件

基于以上的分析，可以总结出 Metropolis 采样算法的流程如算法 5.1所示。

算法 5.1 Metropolis 采样算法

初始化时间 $t = 1$，初始状态 $\theta^{(t)} = \theta^{(1)}$。

重复以下步骤：

- 令 $t = t + 1$。
- 从已知分布 $q\left(\theta \mid \theta^{(t-1)}\right)$ 中生成一个候选状态 $\theta^{(*)}$。
- 计算接受的概率 $\alpha = \min\left[1, \dfrac{\pi\left(\theta^{(*)}\right)}{\pi\left(\theta^{(t-1)}\right)}\right]$。
- 从均匀分布 $\text{Uniform}(0, 1)$ 生成一个随机值 u。
- 如果 $u \leqslant \alpha$，接受新生成的值，$\theta^{(t)} = \theta^{(*)}$；否则，$\theta^{(t)} = \theta^{(t-1)}$。

直到 $t = T$。

要证明 Metropolis 采样算法的正确性，最重要的是要证明构造的马尔可夫过程满足如下细致平衡条件：

$$\pi(i)\boldsymbol{P}_{i,j} = \pi(j)\boldsymbol{P}_{j,i} \tag{5.21}$$

对于上述过程，分布为 $\pi(\theta)$，从状态 i 转移到状态 j 的转移概率为：

$$\boldsymbol{P}_{i,j} = \alpha_{i,j} \cdot \boldsymbol{Q}_{i,j} \tag{5.22}$$

其中，$\boldsymbol{Q}_{i,j}$ 为上述已知的分布。

对于选择该已知的分布，在 Metropolis 采样算法中，要求该已知分布必须是对称的，即 $\boldsymbol{Q}_{i,j} = \boldsymbol{Q}_{j,i}$，即

$$q\left[\theta = \theta^{(t)} \mid \theta^{(t-1)}\right] = q\left[\theta = \theta^{(t-1)} \mid \theta^{(t)}\right] \tag{5.23}$$

常用的符合对称的分布主要有正态分布、柯西分布及均匀分布等。

接下来，需要证明在 Metropolis 采样算法中构造的马尔可夫链满足细致平衡条件。

$$
\begin{aligned}
p[\theta^{(i)}]\boldsymbol{P}_{i,j} &= p[\theta^{(i)}] \cdot \alpha_{i,j} \cdot \boldsymbol{Q}_{i,j} \\
&= p[\theta^{(i)}] \cdot \min\left\{1, \frac{p[\theta^{(j)}]}{p[\theta^{(i)}]}\right\} \cdot \boldsymbol{Q}_{i,j} \\
&= \min\left\{p[\theta^{(i)}]Q_{i,j}, p[\theta^{(j)}]\boldsymbol{Q}_{i,j}\right\} \\
&= p[\theta^{(j)}] \cdot \min\left\{\frac{p[\theta^{(i)}]}{p[\theta^{(j)}]}, 1\right\} \cdot \boldsymbol{Q}_{j,i} \\
&= p[\theta^{(j)}] \cdot \alpha_{j,i} \cdot \boldsymbol{Q}_{j,i} \\
&= p[\theta^{(j)}]\boldsymbol{P}_{j,i}
\end{aligned}
\tag{5.24}
$$

因此，通过以上的方法构造出来的马尔可夫链是满足细致平衡条件的。

假设需要从柯西分布中采样数据，利用 Metropolis 采样算法来生成样本，其中，柯西分布的概率密度函数为

$$f(\theta) = \frac{1}{\pi(1+\theta^2)}$$

根据上述 Metropolis 采样算法的流程，接受概率 α 的值为

$$\alpha = \min\left\{1, \frac{1 + \left[\theta^{(t)}\right]^2}{1 + \left[\theta^{(*)}\right]^2}\right\}$$

Metropolis 采样算法的 Python 实现如下：

```
1   # -*- coding: utf-8 -*-
2   import random
3   from scipy.stats import norm
4   import matplotlib.pyplot as plt
5
6   def cauchy(theta):
7       y = 1.0/(1.0 + theta**2)
8       return y
9   T = 5000
10  sigma = 1
11  thetamin = -30
12  thetamax = 30
13  theta = [0.0] * (T+1) #生成一个T+1的数组
14  theta[0] = random.uniform(thetamin,thetamax)
15
16  t=0
17  while t<T:
18      t=t+1
19      theta_star = norm.rvs(loc=theta[t-1],scale=sigma,size=1,random_state=None)
20      alpha=min(1,(cauchy(theta_star[0])/cauchy(theta[t-1])))
21      u=random.uniform(0,1)
22      if u<=alpha:
23          theta[t]= theta_star[0]
24      else:
25          theta[t]=theta[t-1]
26  ax1=plt.subplot(211)
27  ax2=plt.subplot(212)
28  plt.sca(ax1)
29  plt.ylim(thetamin,thetamax)
30  plt.plot(range(T+1), theta, 'g-')
31  plt.sca(ax2)
32  num_bins=50
33  plt.hist(theta, num_bins, normed=1, facecolor='red', alpha=0.5)
34  plt.xlabel('X')
35  plt.ylabel('Y')
36  plt.show()
```

Metropolis 采样仿真结果如图 5.3 所示。

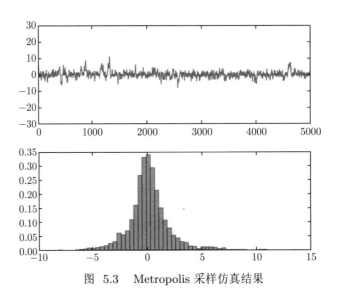

图 5.3　Metropolis 采样仿真结果

5.3.2　Metropolis-Hastings 采样算法

MCMC 算法是 Metropolis 算法的一个改进变种, 即常用的 Metropolis-Hastings 算法。由上节的例子和定理可知, 马尔可夫链的收敛性质主要由转移矩阵 $\boldsymbol{P}$ 决定, 所以基于马尔可夫链采样的关键问题是如何构造转移矩阵 $\boldsymbol{P}$, 使得平稳分布恰好是我们要的分布 $p(x)$。

假设已经有一个转移矩阵为 $\boldsymbol{Q}$ 马尔可夫链 $[q(i,j)$ 表示从状态 i 转移到状态 j 的概率, 也可以写为 $q(j|i)$ 或 $q(i \to j)]$, 显然, 在通常情况下

$$p(i)q(i|j) \neq p(j)q(j|i) \tag{5.25}$$

也就是细致平衡条件不成立, 所以 $p(x)$ 不太可能是这个马尔可夫链的平稳分布。可否对马尔可夫链做一个改造, 使得细致平衡条件成立呢? 例如, 引入一个参数 $\alpha(i,j)$, 希望

$$p(i)q(i|j)\alpha(i,j) = p(j)q(j|i)\alpha(j,i) \tag{5.26}$$

取什么样的 $\alpha(i,j)$ 可以使以上等式能成立呢? 最简单的, 按照对称性, 可以取

$$\alpha(i,j) = p(j)q(j|i), \alpha(j,i) = p(i)q(i|j) \tag{5.27}$$

于是, 细致平衡条件成立, 即

$$p(i)q(i|j)\alpha(i,j) = p(i)\boldsymbol{Q}'(i,j) = p(j)q(j|i)\alpha(j,i) = p(j)\boldsymbol{Q}'(j,i) \tag{5.28}$$

于是我们把原来具有转移矩阵 $\boldsymbol{Q}$ 的一个很普通的马尔可夫链, 改造成为具有转移矩阵 $\boldsymbol{Q}'$ 的马尔可夫链, 而 $\boldsymbol{Q}'$ 恰好满足细致平衡条件, 由此马尔可夫链 $\boldsymbol{Q}'$ 的平稳分布就是 $p(x)$。

在改造 $\boldsymbol{Q}$ 的过程中引入的 $\alpha(i,j)$ 称为接受率, 可以理解为在原来的马尔可夫链上, 从状态 i 以 $q(i|j)$ 的概率跳转到状态 j 时, 我们以 $\alpha(i,j)$ 的概率接受这个转移, 于是得到新的马尔可夫链 $\boldsymbol{Q}'$ 转移概率为 $q(i|j)\alpha(i,j)$, 如图 5.4 所示。

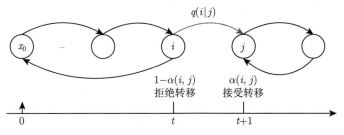

图 5.4　马尔可夫链转移和接受概率

在上述过程中，$p(i)$ 和 $q(i|j)$ 都是离散的情形，事实上即便这两个分布是连续的，以上算法仍然是有效的，于是就得到更一般的连续概率分布 $p(x)$ 的采样算法，而 $q(x|y)$ 就是任意一个连续二元概率分布对应的条件分布。

以上的 MCMC 采样算法已经能很漂亮地工作了，不过它有一个小问题：马尔可夫链 $\boldsymbol{Q}$ 在转移过程中的接受率 $\alpha(i,j)$ 可能偏小，这样在采样过程中马尔可夫链容易原地踏步，拒绝大量的跳转，这使得马尔可夫链遍历所有的状态空间要花费太长的时间，收敛到平稳分布 $p(x)$ 的速度太慢。有没有办法提高接受率呢？

假设 $\alpha(i,j)=0.1, \alpha(j,i)=0.2$，此时满足细致平衡条件，于是

$$p(i)q(i|j) \times 0.1 = p(j)q(j|i) \times 0.2$$

上式两边扩大 5 倍，改写为

$$p(i)q(i|j) \times 0.5 = p(j)q(j|i) \times 1$$

这样就提高了抽样的接受率，而细致平衡条件并没有打破。可以把细致平衡条件中的 $\alpha(i,j)$ 和 $\alpha(j,i)$ 同比例放大，使得两数中最大的一个放大到 1，这样就提高了采样中的跳转接受率。所以可以取

$$\alpha(i,j) = \min\left\{\frac{p(j)q(j|i)}{p(i)q(i|j)}, 1\right\} \tag{5.29}$$

上式可以这样来理解：如果 $\alpha(i,j)$ 更大，则应设为 1，而第一项大于 1，因此 $\alpha(i,j)=1$；如果 $\alpha(j,i)$ 更大，为使等式成立，$\alpha(j,i)$ 必须等于 $\frac{p(j)q(j|i)}{p(i)q(i|j)}$，而 $\frac{p(j)q(j|i)}{p(i)q(i|j)} < 1$。

于是，经过对上述 MCMC 采样算法中接受率的优化，得到了最常见的 Metropolis-Hastings 算法，如算法 5.2所示。

对于分布 $p(x)$，可以构造转移矩阵 $\boldsymbol{Q}'$ 使其满足细致平衡条件

$$p(x)\boldsymbol{Q}'(x \to y) = p(y)\boldsymbol{Q}'(y \to x)$$

此处 x 并不要求是一维的，对于高维空间的 $p(\boldsymbol{x})$，如果满足细致平衡条件

$$p(\boldsymbol{x})\boldsymbol{Q}'(\boldsymbol{x} \to \boldsymbol{y}) = p(\boldsymbol{y})\boldsymbol{Q}'(\boldsymbol{y} \to \boldsymbol{x}) \tag{5.30}$$

则以上的 Metropolis-Hastings 算法一样有效。

算法 5.2 Metropolis-Hastings 算法

（1）初始化马尔可夫链初始状态 $X_0 = x_0$。

（2）对 $t = 0, 1, 2, \cdots$，循环以下过程进行采样：

- 第 t 个时刻马尔可夫链状态为 $X_t = x_t$，采样 $y \sim q(x|x_t)$。

- 从均匀分布采样 $u \sim \mathrm{Uniform}[0, 1]$。

- 如果 $u < \alpha(x_t, y) = \min\left\{\dfrac{p(y)q(x_t|y)}{p(x_t)p(y|x_t)}, 1\right\}$，则接受转移 $x_t \to y$，即 $X_{t+1} = y$；否则不接受转移，即 $X_{t+1} = x_t$。

Metropolis-Hastings 采样算法的 Python 实现如下：

```python
from __future__ import division
import numpy as np
import matplotlib.pylab as plt

mu = 3
sigma = 10

def q(x):
    return np.exp(-(x-mu)**2/(sigma**2))

# 按照转移矩阵Q(x)生成样本
def qsample():
    return np.random.normal(mu, sigma)

def p(x): # 目标分布函数p(x)
    return 0.3*np.exp(-(x-0.3)**2) + 0.7* np.exp(-(x-2.)**2/0.3)

def mcmcsample(n = 20000):
    sample = np.zeros(n)
    sample[0] = 0.5 # 初始化
    for i in range(n-1):
        qs = qsample()  # 从转移矩阵Q(x)得到样本x(t)
        u = np.random.rand()  # 均匀分布
        alpha_i_j = (p(qs) * q(sample[i])) / (p(sample[i]) * qs)  # alpha(i, j)表达式
        if u < min(alpha_i_j, 1):
            sample[i + 1] = qs  # 接受
        else:
            sample[i + 1] = sample[i]  # 拒绝
    return sample

x = np.arange(0, 4, 0.1)
realdata = p(x)
sampledata = mcmcsample()
plt.plot(x, realdata, 'r', lw = 1)  # 理想数据
plt.plot(x,q(x),'b',lw = 1)  # Q(x)转移矩阵的数据
plt.hist(sampledata,bins=x,normed=1,fc='c')  # 采样生成的数据
```

```
37  plt.show()
```

Metropolis-Hastings 采样算法运行结果如图 5.5 所示。

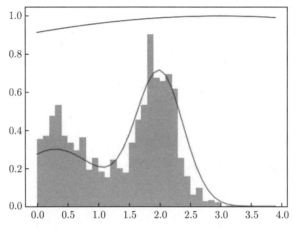

图 5.5 Metropolis-Hastings 采样算法运行结果

5.3.3 多维 Metropolis-Hastings 采样算法

在上述过程中，都是针对单变量分布的采样。对于多变量的采样，Metropolis-Hastings 采样算法通常有以下的两种策略：Blockwise Metropolis-Hastings 采样和 Componentwise Metropolis-Hastings 采样方法。

1. Blockwise Metropolis-Hastings 采样

对于 Blockwise Metropolis-Hastings 采样算法，在选择已知分布时，需要选择与目标分布具有相同维度的分布。针对上述更新策略，在 Blockwise Metropolis-Hastings 采样算法中采用的是向量的更新策略，即 $\Theta = (\theta_1, \theta_2, \cdots, \theta_N)$。因此，算法流程如算法 5.3所示。

算法 5.3 Blockwise Metropolis-Hastings 算法

（1）初始化时间 $t = 1$。

（2）初始化初始状态 $\Theta^{(t)} = \boldsymbol{u}$。

（3）重复以下的过程：

- 令 $t = t + 1$。
- 从已知分布 $q\left(\Theta \mid \Theta^{(t-1)}\right)$ 中生成一个候选状态 $\Theta^{(*)}$ 计算接受的概率：

$$\alpha = \min\left\{1, \frac{p\left[\Theta^{(*)}\right]}{p\left[\Theta^{(t-1)}\right]} \frac{q\left[\Theta^{(t-1)} \mid \Theta^{(*)}\right]}{q\left[\Theta^{(*)} \mid \Theta^{(t-1)}\right]}\right\} \tag{5.31}$$

- 从均匀分布 Uniform$(0,1)$ 生成一个随机值 r，如果 $r \leqslant \alpha$，接受新生成的值 $\Theta^{(t)} = \Theta^{(*)}$；否则，$\Theta^{(t)} = \Theta^{(t-1)}$。
- 直到 $t = T$。

---

2. Componentwise Metropolis-Hastings 采样

对于上述 Blockwise Metropolis-Hastings 采样算法，有时很难找到与所要采样的分布具有相同维度的分布，因此可以采用 Componentwise Metropolis-Hastings 采样，该采样算法每次针对一维进行采样，其已知分布可以采用单变量的分布，算法流程如算法 5.4 所示。

算法 5.4 Componentwise Metropolis-Hastings 采样算法

（1）初始化时间 $t = 1$ 并初始化初始状态 $\Theta^{(t)} = \boldsymbol{u}$。

（2）重复以下的过程：

- 令 $t = t + 1$；
- 对每一维，$i = 1, 2, \cdots, N$ 从已知分布 $q\left[\theta_i \mid \theta_i^{(t-1)}\right]$ 中生成一个候选状态 $\theta_i^{(*)}$，假设没有更新之前整个向量为 $\boldsymbol{\Theta}^{(t-1)} = \left[\theta_1^{(t-1)}, \cdots, \theta_i^{(t-1)}, \cdots, \theta_N^{(t-1)}\right]$，更新之后的向量为 $\boldsymbol{\Theta} = \left[\theta_1^{(t-1)}, \cdots, \theta_i^{(*)}, \cdots, \theta_N^{(t-1)}\right]$，计算接受的概率

$$\alpha = \min \left\{1, \frac{p(\Theta)}{p(\Theta^{(t-1)})} \frac{q\left[\theta_i^{(t-1)} \mid \theta_i^{(*)}\right]}{q\left[\theta_i^{(*)} \mid \theta_i^{(t-1)}\right]}\right\} \tag{5.32}$$

  从均匀分布 Uniform$(0,1)$ 生成一个随机值 r，如果 $r \leqslant \alpha$，接受新生成的值 $\theta_i^{(t)} = \theta_i^{(*)}$；否则，$\theta_i^{(t)} = \theta_i^{(t-1)}$。
- 直到 $t = T$。

---

3. 实例分析

假设希望从二元指数分布：

$$p(\theta_1, \theta_2) = \exp\left[-(\lambda_1 + \lambda)\theta_1 - (\lambda_2 + \lambda)\theta_2 - \lambda \max(\theta_1, \theta_2)\right] \tag{5.33}$$

中进行采样，其中，假设 θ_1 和 θ_2 在区间 $[0, 8]$，$\lambda_1 = 0.5$，$\lambda_2 = 0.1$，$\lambda = 0.01$，$\max(\theta_1, \theta_2) = 8$。

实例的 Python 实现如下：

```python
import random as rd
import math
from scipy.stats import norm
import matplotlib.pyplot as plt

def bivexp(theta1, theta2):
    lam1 = 0.5
    lam2 = 0.1
    lam = 0.01
    maxval = 8
    y = math.exp(-(lam1 + lam) * theta1 - (lam2 + lam) * theta2 - lam * maxval)
    return y

T = 5000
```

```
15   sigma = 1
16   thetamin = 0
17   thetamax = 8
18   theta_1 = [0.0] * (T + 1)
19   theta_2 = [0.0] * (T + 1)
20   theta_1[0] = rd.uniform(thetamin, thetamax)
21   theta_2[0] = rd.uniform(thetamin, thetamax)
22
23   t = 0
24   while t < T:
25       t = t + 1
26       theta_star_0 = rd.uniform(thetamin, thetamax)
27       theta_star_1 = rd.uniform(thetamin, thetamax)
28       # print theta_star
29       alpha = min(1, (bivexp(theta_star_0, theta_star_1) / bivexp(theta_1[t - 1], theta_2[t
             - 1])))
30
31       u = rd.uniform(0, 1)
32       if u <= alpha:
33           theta_1[t] = theta_star_0
34           theta_2[t] = theta_star_1
35       else:
36           theta_1[t] = theta_1[t - 1]
37           theta_2[t] = theta_2[t - 1]
38   plt.figure(1)
39   plt.tight_layout()
40   ax1 = plt.subplot(411)
41   ax2 = plt.subplot(412)
42   plt.ylim(thetamin, thetamax)
43   plt.sca(ax1)
44   plt.plot(range(T + 1), theta_1, 'g-', label="0")
45   plt.sca(ax2)
46   plt.plot(range(T + 1), theta_2, 'r-', label="1")
47   ax1 = plt.subplot(413)
48   ax2 = plt.subplot(414)
49   num_bins = 50
50   plt.sca(ax1)
51   plt.hist(theta_1, num_bins, normed=1, facecolor='green', alpha=0.5)
52   plt.title('Histogram')
53   plt.sca(ax2)
54   plt.hist(theta_2, num_bins, normed=1, facecolor='red', alpha=0.5)
55   plt.title('Histogram')
56   plt.show()
```

5.4 Gibbs 采样

对于高维的情形，由于接受率 $\alpha(x, y)$ 的存在（通常 $\alpha < 1$），导致 Metropolis-Hastings 算法的效率不够高，能否找到一个转移矩阵 $\boldsymbol{Q}$ 使得接受率 $\alpha = 1$ 呢？二维的马尔可夫链转移矩阵的构造如图 5.6 所示。

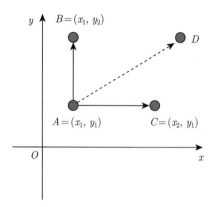

图 5.6   二维马尔可夫链转移矩阵的构造

假设有一个概率分布 $p(x,y)$, 考察 x 坐标相同的两个点 $A(x_1,y_1)$ 和 $B(x_1,y_2)$, 可以发现

$$p(x_1,y_1)p(y_2|x_1) = p(x_1)p(y_1|x_1)p(y_2|x_1) \tag{5.34}$$

$$p(x_1,y_2)p(y_1|x_1) = p(x_1)p(y_2|x_1)p(y_1|x_1) \tag{5.35}$$

因此可得到 A、B 两点间转移的细致平衡条件

$$p(x_1,y_1)p(y_2|x_1) = p(x_1,y_2)p(y_1|x_1) \tag{5.36}$$

即

$$p(A)p(y_2|x_1) = p(B)p(y_1|x_1)$$

基于以上等式, 可以发现, 在 $x = x_1$ 这条平行于 y 轴的直线上, 如果使用条件分布 $p(y|x_1)$ 作为任何两个点之间的转移概率, 则任何两点之间的转移均满足细致平衡条件。同样, 如果在 $y = y_1$ 这条直线上任意取两个点 $A(x_1,y_1)$ 和 $C(x_2,y_1)$, 也有如下等式

$$p(A)p(x_2|y_1) = p(C)p(x_1|y_1)$$

于是可以构造如下平面上任意两点之间的转移概率矩阵 $\boldsymbol{Q}$:

$$\boldsymbol{Q}(A \to B) = p(y_B|x_1) \qquad x_A = x_B = x_1 \tag{5.37}$$

$$\boldsymbol{Q}(A \to C) = p(x_C|y_1) \qquad y_A = y_C = y_1 \tag{5.38}$$

$$\boldsymbol{Q}(A \to D) = 0 \qquad 其他 \tag{5.39}$$

有了如上的转移矩阵 $\boldsymbol{Q}$, 很容易验证对平面上任意两点 X 和 Y, 满足细致平衡条件

$$p(X)\boldsymbol{Q}(X \to Y) = p(Y)\boldsymbol{Q}(Y \to X) \tag{5.40}$$

于是这个二维空间上的马尔可夫链将收敛到平稳分布 $p(x,y)$, 这个算法就称为 Gibbs Sampling 算法, 是 Stuart Geman 和 Donald Geman 两兄弟于 1984 年提出来的, 名为 Gibbs Sampling, 是因为他们研究了 Gibbs 随机场。这个算法在现代贝叶斯分析中占据重要地位。

下面介绍二维 Gibbs 抽样算法。

（1）随机初始化 $X_0 = x_0$，$Y_0 = y_0$。

（2）对 $t = 0, 1, 2, \cdots$，循环以下过程进行采样：

- $y_{t+1} \sim p(y|x_t)$
- $x_{t+1} \sim p(x|y_{t+1})$

在以上采样过程中，如图 5.7 所示，马尔可夫链的转移只是轮换地沿着坐标轴 x 轴和 y 轴转移，于是得到样本 $(x_0, y_0), (x_0, y_1), (x_1, y_1), (x_1, y_2), (x_2, y_2), \cdots$。待马尔可夫链收敛后，最终得到的样本就是 $p(x, y)$，而收敛之前的阶段称为 burn-in period。

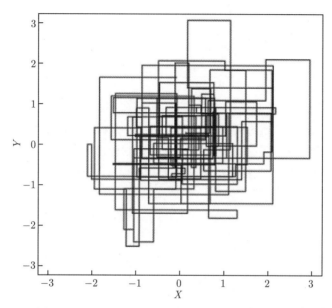

图 5.7　Gibbs Sampling 算法中的马尔可夫链转移

一般地，Gibbs Sampling 算法大都是坐标轴轮换采样的，但这不是强制要求的。最一般的情形是，在 t 时刻，可以在 x 轴和 y 轴之间随机选一个坐标轴，然后按条件概率转移，马尔可夫链也是一样收敛的。轮换两个坐标轴只是一种方便的形式。

以上的过程很容易推广到高维的情形，对于式 (5.36)，如果 x_1 变为多维 $\boldsymbol{x}_1$，可以看出其推导过程不变，所以细致平衡条件同样是成立的

$$p(\boldsymbol{x}_1, y_1)p(y_2|\boldsymbol{x}_1) = p(\boldsymbol{x}_1, y_2)p(y_1|\boldsymbol{x}_1) \tag{5.41}$$

此时转移矩阵 $\boldsymbol{Q}$ 由条件分布 $p(y|\boldsymbol{x}_1)$ 定义。上式只是说明了一维坐标轴的情形和二维情形类似，很容易验证对所有坐标轴都有类似的结论。所以 n 维空间中对于概率分布 $p(x_1, x_2, \cdots, x_n)$ 可以定义如下转移矩阵：

① 如果当前状态为 $(x_1, x_2, \cdots, x_n)$，在马尔可夫链转移的过程中，只能沿着坐标轴转移。沿着 x_i 坐标轴转移时，转移概率由条件概率 $p(x_i|x_1, \cdots, x_{i-1}, x_{i+1}, \cdots, x_n)$ 定义；

② 其他无法沿着单个坐标轴进行的跳转，转移概率都设置为 0。

于是可以把 Gibbs Sampling 算法从采样二维的 $p(x, y)$ 推广到采样 n 维的 $p(x_1, x_2, \cdots, x_n)$，具体的 Gibbs 抽样算法如算法 5.5所示。

算法 5.5 n 维 Gibbs 抽样算法

（1）随机初始化 $x_i : i = 1, 2, \cdots, n$

（2）对 $t = 0, 1, 2, \cdots$，循环以下过程进行采样：

- $x_1^{(t+1)} \sim p[x_1 | x_2^{(t)}, x_3^{(t)}, \cdots, x_n^{(t)}]$
- $x_2^{(t+1)} \sim p[x_2 | x_1^{(t+1)}, x_3^{(t)}, \cdots, x_n^{(t)}]$
- $\vdots$
- $x_j^{(t+1)} \sim p[x_j | x_1^{(t+1)}, x_2^{(t+1)}, \cdots, x_{j-1}^{(t+1)}, x_{j+1}^{(t)}, \cdots, x_n^{(t)}]$
- $\vdots$
- $x_n^{(t+1)} \sim p[x_n | x_1^{(t+1)}, x_2^{(t+1)}, \cdots, x_{n-1}^{(t+1)}]$

算法 5.5收敛后，得到的就是概率分布 $p(x_1, x_2, \cdots, x_n)$ 的样本，当然这些样本并不独立，但此处要求的是采样得到的样本符合给定的概率分布，并不要求独立。同样地，在以上算法中，坐标轴轮换采样不是必须的，可以在坐标轴轮换中引入随机性，这时转移矩阵 $\boldsymbol{Q}$ 中任何两个点的转移概率中就会包含坐标轴选择的概率，而在通常的 Gibbs Sampling 算法中，坐标轴轮换是一个确定性的过程，也就是在给定时刻 t，在一个固定的坐标轴上转移的概率是 1。

Gibbs 抽样算法的 Python 实现如下：

```python
from pylab import *
from numpy import *

def pXgivenY(y, m1, m2, s1, s2):
    return random.normal(m1 + (y - m2) / s2, s1)

def pYgivenX(x, m1, m2, s1, s2):
    return random.normal(m2 + (x - m1) / s1, s2)

def gibbs(N=5000):
    k = 20
    x0 = zeros(N, dtype=float)
    m1 = 10
    m2 = 20
    s1 = 2
    s2 = 3
    for i in range(N):
        y = random.rand(1)
        # 每次采样需要迭代 k 次
        for j in range(k):
            x = pXgivenY(y, m1, m2, s1, s2)
            y = pYgivenX(x, m1, m2, s1, s2)
        x0[i] = x
    return x0

```

```
26  def f(x):
27      return exp(-(x - 10) ** 2 / 10)
28
29  # 画图
30  N = 10000
31  s = gibbs(N)
32  x1 = arange(0, 17, 1)
33  hist(s, bins=x1, fc='b')
34  x1 = arange(0, 17, 0.1)
35  px1 = zeros(len(x1))
36  for i in range(len(x1)):
37      px1[i] = f(x1[i])
38  plot(x1, px1 * N * 10 / sum(px1), c='r', lw=1)
39  show()
```

Gibbs 采样算法运行结果如图 5.8 所示。

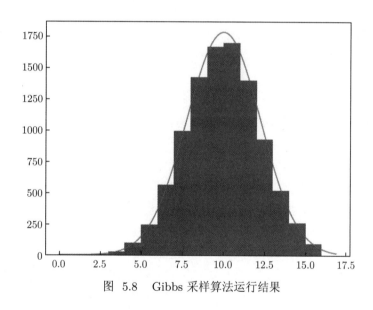

图 5.8 Gibbs 采样算法运行结果

5.5 马尔可夫链蒙特卡罗方法应用

5.5.1 基于 MCMC 的贝叶斯统计推断

经典统计学统计推断的基础是总体信息和样本信息。总体信息是总体分布给出的信息，而样本信息则是从总体中抽取的样本所蕴含的信息。贝叶斯统计学将先验信息加入总体信息和样本信息中，这是两个学派的区别所在。先验信息通常在获得实验样本之前就已经存在，可以拿过来直接使用。贝叶斯统计学的基本观点是：由于任一未知量都可以看作一个随机变量，所以可以用一个先验分布（Prior）的随机分布来描述这个未知量。鉴于任一未知量都存在可变性，我们用概率与概率分布来描述。因为贝叶斯统计聚集了总体信息、样本信息和先验信息，因此从理论上讲，只要先验信息利用得合理恰当，贝叶斯统计推断得到的结果会比经典统计推断得到的结果更为准确有效。

在贝叶斯推断中，任一未知参数 θ 都可看作随机变量，其先验分布记作 $\theta \sim \pi(\theta)$。假设 $p(x|\theta)$ 为依赖于参数 θ 的条件概率密度，贝叶斯推断的任务是对 θ 进行统计决策。贝叶斯推断主要分为以下几步。

（1）样本 $X = (X_1, X_2, \cdots, X_n)$ 的产生要分两步进行。首先设想从先验分布 $\pi(\theta)$ 产生一个观测值 θ，然后从条件概率密度函数 $p(x|\theta)$ 产生样本观测值 $x = (x_1, x_2, \cdots, x_n)$，这时样本 X 的联合条件密度为

$$p(x|\theta) = \prod_{i=1}^{n} p(x_i|\theta) \tag{5.42}$$

上式综合了样本的信息，称为似然函数。

（2）θ 的先验分布为 $\pi(\theta)$，综合先验信息与样本信息后得到样本 X 与 θ 的联合分布

$$h(x,\theta) = p(x|\theta)\pi(\theta) \tag{5.43}$$

（3）为了对 θ 进行统计推断，把联合分布进行分解

$$h(x,\theta) = \pi(\theta|x)m(x) \tag{5.44}$$

其中，$m(x)$ 为 x 的边缘概率密度函数，即

$$m(x) = \int_{\Theta} h(x,\theta)\mathrm{d}\theta = \int_{\Theta} p(x|\theta)\pi(\theta)\mathrm{d}\theta \tag{5.45}$$

其中，Θ 为 θ 所在的参数空间。

由于 $m(x)$ 不包含 θ 的任何先验信息，因此能用来对 θ 进行统计推断的仅是条件分布函数 $\pi(\theta|x)$，其计算式为

$$\pi(\theta|x) = \frac{h(x,\theta)}{m(x)} = \frac{p(x|\theta)\pi(\theta)}{\displaystyle\int_{\Theta} p(x|\theta)\pi(\theta)\mathrm{d}\theta} \tag{5.46}$$

式 (5.46) 为贝叶斯公式的概率密度函数形式，是在获得样本 x 的条件下 θ 的条件分布，称为 θ 的后验分布，它是在样本给定下集中了样本与先验中有关 θ 的一切信息，要比先验分布 $\pi(\theta)$ 更接近于实际情况。

一个重要的不利因素阻碍了贝叶斯方法的更进一步广泛应用，由此方法得到的后验分布函数 $\pi(x)$ 经常是复杂的、高维的、非标准形式的，对这种函数进行有关的积分计算通常十分困难。下面的方法可以很好地解决此类问题。

利用 Metropolis-Hastings 抽样算法对贝叶斯推断中的参数 θ 进行估计，通过在算法 5.2 中将 x 置换为 θ，目标分布 $p(x)$ 置换成后验分布 $\pi(\theta|x)$，可以将 MH 算法直接引入贝叶斯分析框架中。因此，贝叶斯推断中的 Metropolis-Hastings 抽样算法如算法 5.6 所示。

算法 5.6 基于 MH 算法的贝叶斯推断

(1) 给定初始值 $\theta^{(0)}$。

(2) 对 $t = 1, 2, \cdots, T$ 循环以下过程进行采样:

- 令 $\theta = \theta^{(t-1)}$;
- 从建议分布 $q(\theta'|\theta)$ 中产生候选参数值 θ';
- 计算

$$\alpha = \min\left[1, \frac{\pi(\theta'|x)q(\theta|\theta')}{\pi(\theta|x)q(\theta'|\theta)}\right] \tag{5.47}$$

- 以 α 的概率将 $\theta^{(t)}$ 更新为 θ',否则令 $\theta^{(t)} = \theta$。

因为 $\pi(\theta|x) = \dfrac{p(x|\theta)p(\theta)}{p(x)}$,故不用计算其中的正则化常数,因此,接受概率可以简化为

$$\alpha = \min\left[1, \frac{\pi(\theta')p(x|\theta')q(\theta|\theta')}{\pi(\theta)p(x|\theta)q(\theta'|\theta)}\right] \tag{5.48}$$

5.5.2 可逆跳转 MCMC 方法

在贝叶斯分析中,一般只知道后验分布密度函数的核,且后验概率函数往往具有非线性特性,并包含多个参数,因此很难获得密度函数的闭式解,求解积分十分困难。MCMC 方法研究为推广贝叶斯推断理论和方法的应用开辟了广阔的前景。MCMC 方法的优点是可以概率 1 收敛到全局最优解,使复杂的参数求解问题变为简单的数值积分问题。可逆跳转马尔可夫蒙特卡罗(RJMCMC)方法是 MCMC 方法的重要发展,Reversible Jump 抽样不仅可以按照普通方式在某一个模型的参数空间走动,还可以从一个参数空间跳到另一个参数空间,解决带有改变点的参数估计问题。因此 Reversible Jump 抽样可以同时解决检测和估计问题,在计算机仿真领域有很大的应用潜力。

带改变点的模型参数估计描述如下:对于给定的样本观测值数据集 $\boldsymbol{x} = \{s_0, s_1, \cdots, s_{k+1}\}$,记 $s_{\min} = s_0, s_{\max} = s_{k+1}$,假设参数空间为 $\bigcup_{k=0}^{k_{\max}} k \times \Theta_k$,$k_{\max}$ 为参数空间的最大维数,模型的参数 $\theta_i \in \Theta_k$ 为阶梯函数,其中 Θ_k 是阶数为 k($k = 1, 2, \cdots, k_{\max}$)的参数子空间。带改变点的参数阶梯函数示意图如图 5.9 所示。

带改变点的模型参数估计就是利用样本观测值去估计模型中变点的个数及在各个阶段 i 的常数参数 θ_i。常见的最大似然估计、最小二乘法及贝叶斯估计都无法对这种带改变点的参数估计直接求解。而采用 MCMC 方法对带改变点的模型参数进行估计的一个主要问题是无法保持正确的平稳分布实现从一个空间向另一个空间的跳转。

为解决这个问题,Green 于 1995 年提出 RJMCMC 方法,该方法是 MCMC 的一个重要发展,是一般的状态空间 M-H 方法。利用 RJMCMC 方法解决带变点的参数估计问题,实际上需要采用 MCMC 和贝叶斯估计方法来确定如下三个后验分布:

① 改变点位置 $s_i, i = 1, 2, \cdots, k$ 的后验分布 $\pi(s_i|\boldsymbol{x}), i = 1, 2, \cdots, k$;

② 跳转前后参数取值 $\theta_i(i = 0, 1, 2, \cdots, k)$ 的后验分布 $\pi(\theta_i|\boldsymbol{x})(i = 1, 2, \cdots, k)$;

③ 改变点个数 k 的后验分布 $\pi(k|\boldsymbol{x})(k = 1, 2, \cdots, k_{\max})$。

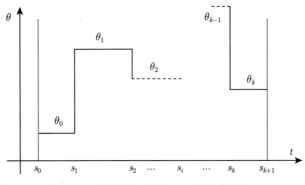

图 5.9   带改变点的参数阶梯函数示意图

下面具体分析 RJMCMC 方法的实现过程：首先，对于模型参数先验分布的确定，不失一般性，假定模型参数变点个数 k 服从参数为 λ 的截尾泊松分布，如图 5.10 所示。

$$p(k) = \frac{\mathrm{e}^{\lambda}\lambda^k}{k!} \quad k = 1, 2, \cdots, k_{\max} \tag{5.49}$$

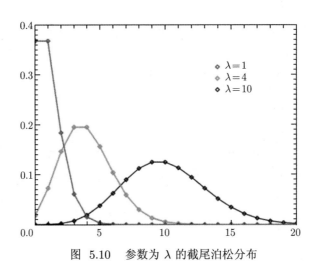

图 5.10   参数为 λ 的截尾泊松分布

在给定变点个数 k 的条件下，参数改变点位置 $s_1, s_2, \cdots, s_k$ 在区间 $[s_0, s_{k+1}]$ 中的 $2k + 1$ 个均匀分布的偶数顺序统计量，如图 5.11 所示。

$$p(s_1, s_2, \cdots, s_k) = (2k + 1)! s_{\max}^{-2k} s_1(s_2 - s_1) \cdots (s_k - s_{k-1})(1 - s_k/s_{\max}) \tag{5.50}$$

图 5.11   参数改变点位置的分布

给定改变点位置 $s_1, s_2, \cdots, s_k$，参数 $\theta_0, \theta_1, \cdots, \theta_k$ 的先验分布假定为 Gamma 分布，如图 5.12 所示。

$$p(\theta_i) = \frac{\beta^\alpha}{\Gamma(\alpha)} \theta_i^{\alpha-1} \mathrm{e}^{-\beta\theta_i} \tag{5.51}$$

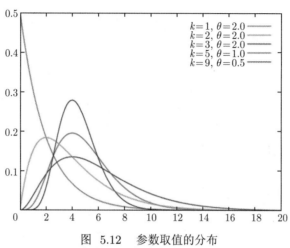

图 5.12　参数取值的分布

注：见书后彩图。

RJMCMC 方法在参数的不确定性空间探索过程中主要有如下四种可能的跳转：

（1）在某一随机位置 s_i 处参数的值 θ_i 发生了变化，如图 5.13 所示。

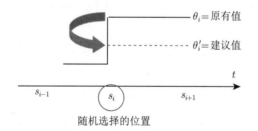

图 5.13　参数值改变示意图

参数 θ_i 值变化的建议值 θ_i' 满足

$$\log\left(\frac{\theta_i'}{\theta_i}\right) \approx r \sim U[-0.5, 0.5] \tag{5.52}$$

即 $\theta_i' = \theta_i \cdot \mathrm{e}^r$，$r$ 为 $[-0.5, 0.5]$ 均匀分布的随机数，建议值 θ_i' 接受概率 α_η 为

$$\alpha_\eta = \min\left\{1, l \cdot \left(\frac{\theta_i'}{\theta_i}\right)^\alpha \mathrm{e}^{-\beta(\theta_i'-\theta_i)}\right\} \tag{5.53}$$

其中，l 为似然比率，即 $l = \dfrac{L(\boldsymbol{x}|\theta_i')}{L(\boldsymbol{x}|\theta_i)}$，$L(\boldsymbol{x}|\theta)$ 为给定参数 θ 条件下样本 $\boldsymbol{x}$ 的似然函数。

（2）随机选择的某一改变点位置 s_i 发生了变化，如图 5.14 所示。

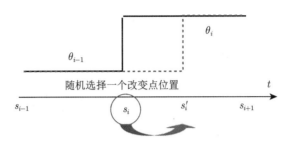

图 5.14　改变点位置变化示意图

位置参数 s_i 随机变化位置的建议值 s_i' 满足

$$s_i \sim U[s_{i-1}, s_{i+1}] \tag{5.54}$$

建议值 s_i' 接受概率 α_χ 为

$$\alpha_\chi = \min\left\{1, l \cdot \frac{(s_{i+1} - s_i')(s_i' - s_{i-1})}{(s_{i+1} - s_i)(s_i - s_{i-1})}\right\} \tag{5.55}$$

其中，l 为似然比率，即 $l = \dfrac{L(\boldsymbol{x}|\theta_i')}{L(\boldsymbol{x}|\theta_i)}$。

（3）在区间 $[s_0, s_{k+1}]$ 的某一位置新增加了一个改变点（即出生），如图 5.15 所示。

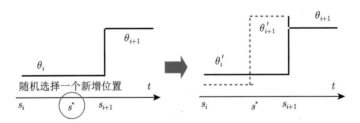

图 5.15　新增改变点示意图

新增位置参数 s^* 的建议值满足

$$s^* \sim U[s_0, s_{k+1}] \tag{5.56}$$

根据新增位置建议值 s^*，确定其所在的区间 $s^* \in [s_i, s_{i+1}]$，然后根据该区间参数 θ_i 的取值由式 (5.57) 确定新增位置变化前后的参数取值 θ_i' 和 θ_{i+1}'：

$$(s^* - s_i)\theta_i' + (s_{i+1} - s^*)\theta_{i+1}' = (s_{i+1} - s_i)\theta_i \tag{5.57}$$

$$\frac{\theta_{i+1}'}{\theta_i'} = \frac{1-r}{r} \quad r \sim U[0,1] \tag{5.58}$$

接受概率 α_b 为

$$\alpha_b = \min\{1, l_1 \cdot l_2 \cdot l_3 \cdot J\} \tag{5.59}$$

其中，l_1 为似然比率；l_2 为先验比率；l_3 为建议分布比率；J 为 Jacobian 行列式。

（4）随机选择某一位置 s_i 消失，即死亡，如图 5.16 所示。

图 5.16　改变点位置消除示意图

根据选择位置参数 s_i，确定位置区间 $[s_{i-1}, s_{i+1}]$ 中参数 θ'_{i-1} 满足

$$(s_i - s_{i-1})\theta_{i-1} + (s_{i+1} - s_i)\theta_i = (s_{i+1} - s_{i-1})\theta'_{i-1} \tag{5.60}$$

接受概率 α_d 为

$$\alpha_d = \min\{1, l_1 \cdot l_2 \cdot l_3 \cdot J\} \tag{5.61}$$

其中，l_1 为似然比率；l_2 为先验比率；l_3 为建议分布比率；J 为 Jacobian 行列式。

使用 RJMCMC 方法完成贝叶斯计算，可以实现模型阶数和感兴趣参数的联合估计。每次迭代，根据不同的模型阶数，从建议分布中产生建议样本，接受概率为

$$\gamma[(\tau^*, k^*), (\tau, k)] = \frac{\pi(\tau^*, k^*)q(\tau, k|\tau^*, k^*)}{\pi(\tau, k)q(\tau^*, k^*|\tau, k)} \times \boldsymbol{J}[(\tau^*, k^*), (\tau, k)] \tag{5.62}$$

其中，$\boldsymbol{J}[(\tau^*, k^*), (\tau, k)]$ 为雅可比变换，可以使不同维数参数空间的总概率平衡，从而满足不同维数空间跳转的可逆性，一般可采用 $\boldsymbol{J}[(\tau^*, k^*), (\tau, k)] = 1$。

RJMCMC 方法包括四个过程：改变点位置变化、参数取值变化、出生、死亡和更新。每个过程发生的概率分别用 η_k, χ_k, b_k 和 d_k 表示。对于所有的 k 值，$\eta_k + \chi_k + b_k + d_k = 1$，根据 Green 建议，令 $\chi_0 = b_{\max} = d_0 = 0$，如果 $k \neq 0$，则令 $\eta_k = \chi_k$，并且满足：

$$b_k = c \cdot \min\left\{\frac{p(k+1)}{p(k)}, 1\right\} \tag{5.63}$$

$$d_{k+1} = c \cdot \min\left\{\frac{p(k)}{p(k+1)}, 1\right\} \tag{5.64}$$

其中，c 决定在空间跳转的速率，一般选择 $c = 0.5$，使得跳转概率在 $0.5 \sim 1$，并且 $b_k + d_k \leqslant 0.9$。

RJMCMC 方法如算法 5.7 所示。

算法 5.7　RJMCMC 算法

（1）　根据各参数的先验分布，由式 (5.49) 确定改变点数 k，由式 (5.50) 确定改变点的参数位置 $s_0, s_1, \cdots, s_k$，由式 (5.51) 确定参数 $\theta_0, \theta_1, \cdots, \theta_k$ 的可先验值。

（2）　第 i 次迭代：

　　① 随机产生 $u \sim U(0,1)$，根据式 (5.64) 计算四种跳转的概率：$\eta_{k^{(i)}}$、$\chi_{k^{(i)}}$、$b_{k^{(i)}}$ 和 $d_{k^{(i)}}$，其中 $k^{(i)}$ 是第 i 次迭代的模型阶数。

　　② 如果 $u < \eta_{k^{(i)}}$，则参数值发生变化，由式 (5.52) 确定随机选择的参数值 θ_i 变为 θ_i'。

　　③ 否则，如果 $u < \eta_{k^{(i)}} + \chi_{k^{(i)}}$，则改变点位置发生变化，由式 (5.56) 确定新的位置 s_i'。

　　④ 否则，如果 $u < \eta_{k^{(i)}} + \chi_{k^{(i)}} + b_{k^{(i)}}$，进入新增过程，由式 (5.57)~ 式 (5.58) 确定新增的改变点位置及相应参数值。

　　⑤ 否则，进入死亡过程，由式 (5.60) 确定随机选择的改变点位置及相应参数值。

（3）　计算步骤（2）中确定跳转接受的概率 α_η、α_χ、α_b 或 α_d，随机产生 $r \sim U(0,1)$ 确定是否接受步骤（2）中确定的跳转。

（4）　如果步骤（3）中接受该跳转，则更新马尔可夫链中相应的参数。

（5）　令 $i \rightarrow i+1$，回到步骤（2）。

RJMCMC 方法的产生过程就相当于 M-H 方法，但由于 RJMCMC 方法需要在多维空间跳转，因此运算量较大，马尔可夫链达到收敛需要的时间较长。

5.6　习　　题

1. 为何 Metropolis 算法可以构成一个其不变分布为正比于目标函数 f 的马尔可夫链呢？请对离散的有限状态空间情形的对称 Metropolis 算法给予证明。

2. 利用 Metropolis-Hasting 算法生成一个服从 Rayleigh 分布的样本，Rayleigh 分布的概率密度如下：

$$f(x) = \frac{x}{\sigma^2} \mathrm{e}^{-x^2/(2\sigma^2)}, x \geqslant 0, \sigma > 0$$

3. 使用建议分布 $Y \sim \mathrm{Gamma}(X_t, 1)$ 重复题 2 生成服从 Rayleigh 分布的样本（形状参数为 X_t，率参数为 1）。

4. 利用 Metropolis-Hasting 算法生成服从标准柯西（Cauchy）分布的随机变量，去掉链条前 1000 项，比较生成观测值的十分位数和标准 Cauchy 分布的十分位数大小。

5. 考虑如下简单气体模型：在平面区域 $G = [0, A] \times [0, B]$ 内有 K 个直径为 d 的刚性圆盘。随机向量 $\boldsymbol{X} = \{(x_1, y_1), (x_2, y_2), \cdots, (x_k, y_k)\}$ 为这些圆盘的位置坐标，分布 $\pi(x)$ 是 G 内所有允许位置的均匀分布，若 $A = 20, B = 10, d = 1, K = 11$，编写 Python 程序产生 MCMC 抽样链。

6. 设向量 $\boldsymbol{x} = (x_1, x_2, \cdots, x_n)$，每个 x_i 的值为 +1 或 −1，记这样的 x 的集合为 $\boldsymbol{X}$。

设随机向量 X 有如下概率分布律函数：

$$\pi(x) = P(X = x) = \frac{1}{Z} \exp\left\{\mu \sum_{i=1}^{n-1} x_i x_{i+1}\right\}$$

其中 μ 已知，Z 为归一化常数，这样的模型称为一维 Ising 模型，取 $\mu = 1, n = 50$，设计 MCMC 算法，从 $\pi(x)$ 中抽样。

7. 设目标分布为

$$\pi(x, y) \propto \begin{bmatrix} n \\ x \end{bmatrix} y^{x+\alpha-1}(1-y)^{n-x+\beta-1} \quad x = 0, 1, 2, \cdots, n, 0 \leqslant y \leqslant 1$$

取 $n = 20, \alpha = \beta = 0.5$，试用 Gibbs 抽样方法模拟生成 (X, Y) 的样本链，并比较 Y 的样本的直方图和 Beta(α, β) 分布密度。

8. 设随机变量 X, Y 都是取值于区间 $(0, B)$（B 已知），设 $Y = y$ 条件下 X 的条件分布密度为

$$f(x|y) \propto \exp(-yx), x \in (0, B)$$

$X = x$ 条件下 Y 的条件分布密度为

$$f(y|x) \propto \exp(-xy), y \in (0, B)$$

编写 Python 程序用 Gibbs 抽样方法对 (X, Y) 抽样，估计 EX 和 $\rho(X, Y)$。

9. 设 $X = (X_1, X_2, \cdots, X_n)$ 独立同 $U(0, 1)$ 分布，对 $0 < d < \frac{1}{n-1}$，用条件 A 表示这 n 个点两两的距离都超过 d，可以证明 A 的概率为 $[1 - (n-1)d]^n$。设 $n = 9, d = 0.1$，设计 Gibbs 抽样方法生成满足条件 A 的抽样链。

10. 可逆跳转 MCMC 的优点、缺点有哪些？试用 Python 语言实现 RJMCMC 的算法。

第 6 章　重采样技术

从统计学的角度讲，总体可能永远都无法知道，能利用的只有有限的样本，那么样本该怎样利用呢？Jackknife 的思想是：既然样本是抽出来的，那在进行估计、推断时"扔掉"几个样本点效果不受影响。Bootstrap 的思想是：既然样本是抽出来的，那何不从样本中再抽样（Resample）。两种采样技术的共同思想是：既然估计的稳定性会受到质疑，那么就用样本的样本去证明估计的稳定性。

6.1　刀　切　法

传统统计学需要研究的问题是：如何利用样本 $X = \{X_1, X_2, \cdots, X_n\}$ 中的信息，对自然模型分布做出判断。将样本中的信息加工处理，用样本的函数来构造统计量 $T = T(X)$（如样本均值、样本方差、回归曲面、分类函数等），用统计量来体现自然模型的信息，统计量只依赖于样本，而与参数无关。无偏性是衡量统计量的一个基本准则，其实际意义是无系统误差，即统计量的数学期望等于自然模型的参数 $\theta(ET = \theta)$。对实际问题，无偏估计一般是不可能的，只希望能够找到偏差较小的统计量，或者采用某种方法降低统计量的偏差。

6.1.1　刀切法基本原理

刀切法（Jackknife）是 Quenouille 在 1949 年为减少估计的偏差首先提出的，并将该方法称为无偏差的非参数估计（Nonparametric Estimation of Unbias），这是近代重采样方法诞生的标志。随后，由 Quenouille（1949，1956）和 Tukey（1958）不断完善，正式命名为刀切法，刀切法作为一种典型的重采样方法成为统计学的重要方法之一。

刀切法的原始动机是降低估计的偏差，通过寻找原始样本的不同子集（相当于从观测 $X_1, X_2, \cdots, X_n$ 进行无放回抽样）得到样本容量为 m 的重采样样本（称为子样本），这就是 Jackknife 的基本思想。通常的做法是：每次从样本集中删除一个或几个样本，剩余的样本成为"刀切"样本，由一系列这样的刀切样本计算统计量的估计值。从这一批估计值，不但可以得到算法的稳定性衡量（方差），还可以减少算法的偏差。这个方法暗示，刀切法的样本集需要事先给定，即它的重采样过程是在给定样本集上的采样过程。

刀切法的基本原理如下所述：假设 $X_1, X_2, \cdots, X_n$ 是来自总体 X 的独立随机子样，θ 是 X 的分布函数 $F(x; \theta)$ 的参数，并设有一个估计 θ 的方法（如矩估计、最大似然估计或最小二乘法等），运用此方法得到 θ 的一个估计量 $\hat{\theta} = \hat{\theta}(x_1, x_2, \cdots, x_n)$。将子样分为 g 组，每组容量为 h，$n = gh$。令 $\hat{\theta}_{(-i)}$ 为利用移除第 i 组子样后剩余容量为 $(g-1)h$ 的子样进行估计得到关于 θ 的估计，定义：

$$\hat{\theta}_n^i = g\hat{\theta}_n - (g-1)\hat{\theta}_{(-i)} \quad i = 1, 2, \cdots, g \tag{6.1}$$

$$J(\hat{\boldsymbol{\theta}}_n) = \frac{1}{g} \sum_{i=1}^{g} \hat{\theta}_n^i \tag{6.2}$$

式中，$\hat{\theta}_n^i$ 为刀切虚拟值；$\boldsymbol{J}(\hat{\theta})$ 为 θ 的刀切估计值。

因而，一般的一阶刀切法（$h=1$ 时）可以将刀切法样本理解为一次从原始样本 $X = (X_1, X_2, \cdots, X_n)$ 中移出一个样本 $X_i, i = 1, 2, \cdots, n$，有

$$X = (X_1, \cdots, X_{i-1}, X_i, X_{i+1}, \cdots, X_n) \tag{6.3}$$

$$X_{(-i)} = (X_1, \cdots, X_{i-1}, \square, X_{i+1}, \cdots, X_n) \tag{6.4}$$

一阶刀切法子样本的样本容量为 $m = n-1$，总共有 n 个不同的 Jackknife 子样本，这样不用通过采样手段就可直接得到 Jackknife 子样本。

子样本 $X_{(-i)}$ 的均值 $\bar{X}_{(-i)}$ 与原始样本的均值 $\bar{X}$ 之间的关系为

$$\bar{X}_{(-i)} = \frac{1}{n-1} \sum_{i \neq j} X_j = \frac{n\bar{X} - X_i}{n-1} \tag{6.5}$$

记 $\hat{\theta}_n^i = n\hat{\theta}_n - (n-1)\hat{\theta}_{(-i)}$，$i = 1, 2, \cdots, n$，则 θ 的 Jackknife 估计值定义为

$$\hat{\theta}_n^i = n\hat{\theta}_n - (n-1)\hat{\theta}_{-i} \quad i = 1, 2, \cdots, n \tag{6.6}$$

$$\boldsymbol{J}(\hat{\theta}_n) = \frac{1}{n} \sum_{i=1}^{n} \hat{\theta}_n^i \tag{6.7}$$

令 $E(\hat{\theta}_n)$ 和 $E(\hat{\theta}_{n-1})$ 分别是 $\hat{\theta}_n$ 和 $\hat{\theta}_{n-1}$ 的期望值，Schucany, Gray 和 Owen 等在 1971 年提出的 $\hat{\theta}_n$ 和 $\hat{\theta}_{n-1}$ 的期望值可以展开为

$$E(\hat{\theta}_n) = \theta + \frac{A_1(F)}{n} + \frac{A_2(F)}{n^2} + \cdots \tag{6.8}$$

$$E(\hat{\theta}_{n-1}) = \theta + \frac{A_1(F)}{n-1} + \frac{A_2(F)}{(n-1)^2} + \cdots = E(\hat{\theta}_{-i}) \tag{6.9}$$

其中，$A_1(F), A_2(F), \cdots$ 是与 n 独立的函数，因此

$$E(\hat{\theta}_n^i) = E[n\hat{\theta}_n - (n-1)\hat{\theta}_{-i}] = \theta - \frac{A_2(F)}{n(n-1)} + A_3(F)\left(\frac{1}{n^2} - \frac{1}{(n-1)^2}\right) + \cdots \tag{6.10}$$

经过简单的计算，进一步可得到

$$E[\boldsymbol{J}(\hat{\theta}_n)] = \theta + O\left(\frac{1}{n^2}\right) \tag{6.11}$$

由此可得刀切法一个最重要的性质：刀切估计可以将偏差从 $O(1/n)$ 减少到 $O(1/n^2)$，并可以修正估计为无偏估计，但并不能保证减少方差。这个性质描述如下：

设 $X = (X_1, X_2, \cdots, X_n)$ 为独立同分布样本集，$X_i \sim F(x, \theta)$，其中 $\theta \in \Theta$ 为未知参数，统计量 $T(X)$ 为 θ 的估计，若其偏差为

$$\text{Bias}(\theta) = E[T(X) - \theta] = \sum_{k=1}^{\infty} \frac{b_k(\theta)}{n^k} = O\left(\frac{1}{n}\right) \tag{6.12}$$

则 θ 的刀切法估计的偏差为 $\text{Bias}_J(\theta) = O\left(\frac{1}{n^2}\right)$。

具体形式化描述如下：

设 $\boldsymbol{T}(\boldsymbol{x})$ 是基于样本 $\boldsymbol{x} = (x_1, x_2, \cdots, x_n)$ 的关于 $g(\theta)$ 的估计量且满足

$$E_\theta \boldsymbol{T}(\boldsymbol{x}) = g(\theta) + O\left(\frac{1}{n}\right) \tag{6.13}$$

则可以构造

$$\boldsymbol{T}_J(\boldsymbol{x}) = n\boldsymbol{T}(\boldsymbol{x}) - \frac{n-1}{n}\sum_{i=1}^{n}\boldsymbol{T}(\boldsymbol{x}_{(-i)}) \tag{6.14}$$

满足

$$E_\theta \boldsymbol{T}_J(\boldsymbol{x}) = g(\theta) + O\left(\frac{1}{n^2}\right) \tag{6.15}$$

且方差不会增大。

例如，对于总体服从二点分布 $b(1, p)$ 的 n 个样本，现要估计 $g(\theta) = \theta^2$，首先令 $\boldsymbol{T}(\boldsymbol{x}) = \bar{x}^2$ 作为 $\boldsymbol{T}(\boldsymbol{x}) = x^2$ 的估计，则

$$\boldsymbol{E}[\boldsymbol{T}(\boldsymbol{x})] = \theta^2 + \theta(1-\theta)/n \tag{6.16}$$

代入上式可得

$$\boldsymbol{T}_J(\boldsymbol{x}) = \frac{n\bar{x}^2}{n-1} - \frac{\sum_{i=1}^{n}x_i^2}{n(n-1)} \tag{6.17}$$

且可以验证 $\boldsymbol{T}_J$ 为 θ 的无偏估计。

虽然刀切法可以降低估计偏差，但当参数不光滑（Smooth）时，刀切法会失效。此处光滑是指样本集上的微小变化，其只会引起统计量的微小变化。最简单的不光滑的统计量是中位数（Median），中位数是刻画随机变量分布"中心"的统计量。满足 $P[X \leqslant m(X)] \geqslant 1/2$ 且 $P[X \geqslant m(X)] \geqslant 1/2$ 的实数 $m(X)$ 称为中位数。在样本集上，样本中位数定义为 $m(X) = \frac{1}{2}[X_{[n/2]} + X_{[n/2]+1}]$。通俗地说，将一维样本排序，处在最中间位置的那个数据（或最中间两个数据的平均数）为这组数据的中位数。Efron 指出刀切法在估计中位数时会失效，而自助法可以有效地给出中位数的估计。举例说明，假设 9 个排好序的样本分别为

$$10, 27, 31, 40, 46, 50, 52, 104, 146$$

则样本集的中位数是 46（样本个数是奇数，中位数为最中间位置的样本）。如果改变第 4 个样本，当增加至并且超过 46 时，中位数才会改变，之前中位数不改变。当样本值从 46

继续增加直至 50 时，样本的中位数为第 4 个样本的值；超过 50 之后，样本中位数变为 50。使用一阶刀切法估计中位数，先去掉第一个样本，剩余 8 个样本的中位数是 48 （46 与 50 的算术平均值），依次去掉相应的样本，得到如下中位数估计结果

$$48, 48, 48, 48, 45, 43, 43, 43, 43$$

刀切法只得到 3 个不同的中位数估计，方差较大，而自助法的采样方法使得样本集变化较大，会得到比较敏感的中位数变化。在大样本性质上，中位数的刀切法估计的标准差是不相合的（不能收敛到真实的标准差），而自助法估计是相合的。

6.1.2 刀切法算法与实现

刀切法并不适用于估计一切统计量。如刀切法不可用于中位数的估计，还发生过机械的刀切线性模型的最小二乘估计使本来无偏的估计变有偏的情况。因此，刀切法虽有其优点，但不能照搬，应先在理论上说明其可行性，才能将其用于实际分析中。

6.2　自　助　法

1979 年斯坦福大学统计系的 Bradley Efron 在《统计学刊物》（*The Annals of Statistics*）上发表了开创性论文《自助法：从另一个角度看刀切法》（Bootstrap Methods：Another Look at the Jackknife）。

Efron 在 1979 年指出了自助法与刀切法的关系。首先，自助法通过经验分布函数构建了自助法世界，将不适定的估计概率分布的问题转化为从给定样本集中重采样。其次，自助法可以解决不光滑参数的问题。遇到不光滑（Smooth）参数估计时，刀切法会失效，而自助法可以有效地给出中位数的估计。再次，将自助法估计用泰勒公式展开，可以得到刀切法是自助法方法的一阶近似。最后，对于线性统计量的估计方差这个问题，刀切法或自助法会得到同样的结果。但在非线性统计量的方差估计问题上，刀切法严重依赖于统计量线性的拟合程度，所以远不如自助法有效。

6.2.1 自助法基本原理

样本集 $\boldsymbol{X} = \{X_1, X_2, \cdots, X_n\}$ 来自一个未知概率模型 F，$\theta = \theta(F)$ 是我们关注的未知参数，$\hat{\theta} = T(\boldsymbol{X})$ 是估计参数的统计量，它们可以通过传统统计方法（极大似然、MAP 等）获得，定义 $R(\boldsymbol{X}, F) = T(\boldsymbol{X}) - \theta(F)$。然而我们不仅关注估计值本身，同时也关注统计量的准确程度，是无偏估计吗？距离真实值的偏差是多少？稳定吗？方差是多少？但这样的问题往往无法回答，因为我们不了解自然模型本身，我们面对的只有自然模型中的采样结果——样本集。可以在给定样本 $\boldsymbol{X}$ 的条件下，构造 F 的估计 $\hat{F}_n$，然后从分布 $\hat{F}_n(x)$ 中重新生成一批随机样本 $\boldsymbol{X}^* = \{X_1^*, X_2^*, \cdots, X_n^*\}$。如果 $\hat{F}_n$ 是 F 的一个足够好的估计，那么 $\boldsymbol{X}$ 与 F 的关系会从 $\boldsymbol{X}^*$ 和 $\hat{F}_n$ 的关系中体现出来，如图 6.1 所示。

自助法定义如下：样本集 $\{X_1, X_2, \cdots, X_n\}$ 来自一个未知概率模型 F，关注统计量 $T(X_1, X_2, \cdots, X_n; F)$，定义 $\hat{F}_n : \hat{F}_n(x) = \frac{1}{n} \sum_{i=1}^{n} I(X_i \leqslant x)$ （其中 $I(\cdot)$ 为示性函数）是样本集 $\{X_1, X_2, \cdots, X_n\}$ 上的经验分布函数（Empirical Distribution Function），其中每

个样本的概率均为 $1/n$ 。从 $\hat{F}_n$ 上 m 次随机采样得到自助样本集为 $\{X_1^*, X_2^*, \cdots, X_m^*\}$，目的是用自助样本集上的统计量 $T(X_1^*, X_2^*, \cdots, X_m^*; \hat{F}_n)$ 的分布去逼近原样本集上统计量 $T(X_1, X_2, \cdots, X_n; F)$ 的分布。其中，m 表示自助样本集中样本的个数，n 表示原始样本集中样本的个数。产生过程如下：

$$F \xrightarrow{\text{iid}} \{X_1, X_2, \cdots, X_n\} \xrightarrow{\text{iid}} T(X_1, X_2, \cdots, X_n; F) \tag{6.18}$$

$$\hat{F}_n \xrightarrow{\text{iid}} \{X_1^*, X_2^*, \cdots, X_n^*\} \xrightarrow{\text{iid}} T(X_1^*, X_2^*, \cdots, X_n^*; \hat{F}_n) \tag{6.19}$$

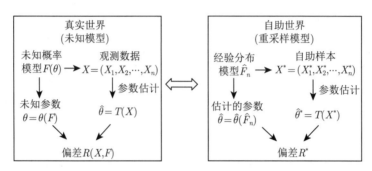

图 6.1　自助采样示意图

　　自助法就是利用重抽样方法得到新的样本，经过计算得到一系列估计值，再利用一种类比关系即可进行统计推断，这种"类比"也是几乎所有重抽样方法最核心的思路。如图 6.2 所示，新样本对于样本，可以类比为样本对于总体。图 6.2 中左边表示传统总体与样本间的关系，右边表示重抽样方法的样本与得到的新样本间的关系。将样本类比于总体，也就相当于知道了"真实"参数，将新样本类比于样本，也就可以求得如偏差、方差元素的估计值。通常这些估计都是采用多次重抽样之后的平均。

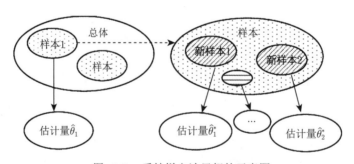

图 6.2　重抽样方法思想的示意图

　　自助法的数学描述：设随机样本 $X = (x_1, x_2, \cdots, x_n)$ 是来自某未知的总体分布 F，$R(X, F)$ 为总体分布 F 的某个分布特征，它是 X 和 F 的函数。现要求根据观测样本 $X = (x_1, x_2, \cdots, x_n)$ 估计 $R(X, F)$ 的某个参数（如均值、方差或分布密度函数等）。如设 $\theta = \theta(F)$ 是总体分布 F 的某个参数，F_n 是观测样本 $X = (x_1, x_2, \cdots, x_n)$ 的经验分布函

数，$\hat{\theta} = \hat{\theta}(F_n)$ 是 θ 的估计，记估计误差为

$$R(X, F) = \hat{\theta}(F_n) - \theta(F) \triangleq T_n \tag{6.20}$$

现要由观测样本 X 估计 $R(X, F)$ 的分布特征，显然此时 $R(X, F)$ 的均值和方差分别为 $\theta(F)$ 估计误差的均值和方差。自助法的实质就是再抽样过程，通过对观测数据的重新抽样产生再生样本来模拟总体分布。计算 $R(X, F)$ 分布特征的基本步骤如下。

（1）观测样本 $X = (x_1, x_2, \cdots, x_n)$ 的值为有限的总体样本（称为原生样本），$X_i \sim F(x)$，其中 $i = 1, 2, \cdots, n$，由它构造原始样本的经验分布函数为

$$F_n(x) = \begin{cases} 0 & x < x_{(1)} \\ k/n & x_{(k)} \leqslant x < x_{(k+1)} \\ 1 & x \geqslant x_{(n)} \end{cases} \tag{6.21}$$

式中，$x_{(1)} \leqslant x_{(2)} \leqslant \cdots \leqslant x_{(n)}$ 是 $x_1, x_2, \cdots, x_n$ 从小到大排序后得到的顺序统计量。

（2）用仿真法从 $F_n(x)$ 中抽取 m 个再生样本 $X^* = (X_1^*, X_2^*, \cdots, X_m^*)$，称为自助样本，则 $P(X_i^* = x_j | F_n) = \dfrac{1}{n}$（$i = 1, 2, \cdots, m; j = 1, 2, \cdots, n$），利用自助观测值 $x^* = (x_1^*, x_2^*, \cdots, x_m^*)$ 构造自助统计量

$$R^*(X^*, F_n) = \hat{\theta}(F_n^*) - \hat{\theta}(F_n) \triangleq R_n \tag{6.22}$$

式中，F_n^* 是自助样本的经验分布函数；R_n 为 T_n 的 Bootstrap 统计量。

注：用 $\hat{\theta}(F_n)$ 代替 $\theta(F)$，是因为通过小样本试验不可能得出 $\theta(F)$，于是采用这种近似。在此取再生样本的容量与观测样本一样，即 $m = n$。

（3）独立地重复步骤（2）多次（如为一个很大的数 N），计算这 N 个自助统计量 $R_n(j)$，其中 $j = 1, 2, \cdots, N$。

（4）用这 N 个自助统计量 R_n 的分布（称为自助分布）去模拟随机变量 T_n 的分布，即 $\theta(F)$，就可以得到未知参数 $\theta(F) = \hat{\theta}(F_n) - T_n \approx \hat{\theta}(F_n) - R_n$ 的 N 个可能取值，由此出发（如画出直方图，用最小二乘法进行拟合，即可获得参数的分布），作出未知参数 θ 的统计推断。

由 Bootstrap 方法的实现步骤可以看出：

（1）R_n 的统计特性是基于经验分布函数 F_n^* 得到的，T_n 的统计特性是通过真实分布函数 F 描述的。

（2）Bootstrap 方法的一个重要环节就是计算自助统计量 R_n 的分布。

（3）Bootstrap 方法的核心思想是利用自助统计量 R_n 的统计特性来近似 T_n 的统计特性，因此，Bootstrap 方法的效果好坏在很大程度上取决于这二者的近似程度。

（4）T_n 的统计特性决定于 $\hat{\theta}(F_n)$ 和 $\theta(F)$ 的统计特性。对某个具体的分布 F 而言，$\theta(F)$ 是一个确定的值，因此 T_n 的统计特性取决于 $\hat{\theta}(F_n)$ 的统计特性。

（5）由 Bootstrap 方法的抽样过程可以看出，R_n 的统计特性近似于一个 $N(0, \sigma^2)$ 的正态分布，因此，R_n 近似 T_n 的程度主要取决于 $\hat{\theta}(F_n)$ 近似于 $\theta(F)$ 的程度。对大样本而

言，R_n 与 T_n 的统计特性有良好的相似性，但对于小子样，特别是极小子样的情况，二者之间的差异却是不可忽略的。

下面以小样本数据总体均值估计为例来说明自助法的基本思想。

设 $\hat{\mu}$ 是总体分布 F 的参数 μ 的估计，则有

$$\hat{\mu} = \frac{1}{n}\sum_{i=1}^{n} x_i \tag{6.23}$$

估计误差为 $T_n^{(1)} = \hat{\mu} - \mu$。

构造并产生 N 组自助统计量

$$R_n^{(1)} = \mu^* - \hat{\mu} = \frac{1}{n}\sum_{i=1}^{n} x_i^* - \hat{\mu} \tag{6.24}$$

式中，x_i^* 是按一定抽样方式从 F_n 中抽取的再生样本；μ^* 是每组再生样本参数的估计。

对于再生样本数据的实现过程如下：

（1）利用计算机产生 $[0,1]$ 区间上均匀分布的随机数 r。

（2）令 $\beta = (n-1)r, i = \lfloor \beta \rfloor + 1, \lfloor \cdot \rfloor$ 为下取整。

（3）令 $x^* = x_{(i)} + (\beta - i + 1)(x_{(i+1)} - x_{(i)})$，其中 $x_{(i)}$ 是原始样本 $x_1, x_2, \cdots, x_n$ 从小到大排序后得到的第 i 个统计量，则 x^* 即为所需的随机样本。

（4）重复以上步骤 n 次，就得到一组再抽样样本 $x^* = (x_1^*, x_2^*, \cdots, x_n^*)$。

在实际的应用中，可以通过从数据集中随机选择一个数据，作为新样本添加到创建的数据集中。重复此操作。当新创建的数据集大小与原始数据集大小的比例达到要求时，停止抽样。每采集一次数据，都会进行放回，然后再次采样。

下面列出了一个完整的示例，每个 Boostrap 样本都是原始样本的 10%，也就是 2 个样本。然后，通过创建原始数据集的 1 个、10 个、100 个自助样本，计算其平均值，然后对所有这些估计的平均值进行实验。在示例中实现了 Boostrap 有放回抽样过程，并采用选择随机行索引的方式，以便在循环的每次迭代中添加到样本中。样本的默认数量大小是原始数据集的大小。可以使用这个函数来评估一个人造的数据集的平均值。具体的 Python 实现算法如下：

```python
from random import seed
from random import random
from random import randrange

# Create a random subsample from the dataset with replacement
def subsample(dataset, ratio=1.0):
    sample = list()
    n_sample = round(len(dataset) * ratio)
    while len(sample) < n_sample:
        index = randrange(len(dataset))
        sample.append(dataset[index])
    return sample

# Calculate the mean of a list of numbers
```

```
15  def mean(numbers):
16      return sum(numbers) / float(len(numbers))
17
18  seed(1)
19  # True mean
20  dataset = [[randrange(10)] for i in range(20)]
21  print('True Mean: %.3f' % mean([row[0] for row in dataset]))
22  # Estimated means
23  ratio = 0.10
24  for size in [1, 10, 100]:
25      sample_means = list()
26      for i in range(size):
27          sample = subsample(dataset, ratio)
28          sample_mean = mean([row[0] for row in sample])
29          sample_means.append(sample_mean)
30      print('Samples=%d, Estimated Mean: %.3f' % (size, mean(sample_means)))
```

程序运行结果如下：

```
1  True Mean: 4.450
2  Samples=1, Estimated Mean: 4.500
3  Samples=10, Estimated Mean: 3.300
4  Samples=100, Estimated Mean: 4.480
```

6.2.2　R_n 的统计特性

以 Bootstrap 方法获取正态分布均值的先验分布为例研究 R_n 的统计特性。已知观测样本数据 $X = (x_1, x_2, \cdots, x_n)$，$x_i \sim N(\mu, \sigma^2)$ $i = 1, 2, \cdots, n$，则 $X = (x_1, x_2, \cdots, x_n)$ 的经验分布（这里考虑参数 Bootstrap 方法）F_n 也是一正态分布 $N(\hat{\mu}, \hat{\sigma}^2)$。其中

$$\hat{\mu} = \frac{1}{n} \sum_{i=1}^{n} x_i, \quad \hat{\sigma}^2 = \frac{1}{n-1} \sum_{i=1}^{n} (x_i - \hat{\mu})^2 \tag{6.25}$$

用经验分布 F_n 的均值 $\hat{\mu}$ 来估计 μ，则有估计误差 $T_n = \mu - \hat{\mu}$，构造的 Bootstrap 统计量 $R_n = \mu^* - \hat{\mu}$，其中

$$\hat{\mu}^* = \frac{1}{n} \sum_{i=1}^{n} x_i^*, \qquad \hat{\sigma}^{*2} = \frac{1}{n-1} \sum_{i=1}^{n} (x_i^* - \hat{\mu}^*)^2 \tag{6.26}$$

则有 $\hat{\mu}_i = \hat{\mu} - R_n(i)$，其中 $i = 1, 2, \cdots, n$，由此可得

$$\boldsymbol{E}[R_n] = \boldsymbol{E}[\mu^* - \hat{\mu}] = 0 \tag{6.27}$$

$$\boldsymbol{D}[R_n] = \boldsymbol{D}[\mu^* - \hat{\mu}] = \hat{\sigma}^2/n \tag{6.28}$$

从自然模型采样得到样本集，基于此样本集进行学习。如果样本集是对自然模型的独立同分布的采样，在统计上，这样的样本集对自然模型是理想的，它可以很好地拟合自然模型。传统统计学的样本定义在事先给定的空间上，即空间维数确定，通常可以理解为欧式空间中的点。对自然模型进行估计，并基于这个估计使用自助法得到自助样本集，可以

不受样本空间维数固定的制约，并且可以追加新样本。重采样的次数是有限的，需要我们设计采样方法使得重采样样本构建的算法具有代表性，虽然自助法本身没有对算法类型做任何限制，但弱可学习这个条件对算法建模来说，容易满足，并且适用在自助样本集上。从自助法的采样过程来看，弱可学习建立的模型只依赖于部分样本，为了得到自然模型的拟合，需要考虑某种集成方法，将这些自助样本集上的学习算法集群起来。

6.3　重采样技术的应用

Bagging 算法和 Boosting 算法都是 Boostrap 思想的一种应用，他们都属于集成学习方法，将训练的学习器集成在一起，原理来源于 PAC 学习模型（Probably Approximately Correct，PAC）。Kearns 和 Valiant 指出，在 PAC 学习模型中，若存在一个多项式级的学习算法可用来识别一组概念，并且识别正确率很高，那么这组概念是强可学习的；而如果学习算法识别一组概念的正确率仅比随机猜测略好，那么这组概念是弱可学习的。他们提出了弱学习算法与强学习算法的等价性问题，即是否可以将弱学习算法提升成强学习算法。如果两者等价，那么在学习概念时，只要找到一个比随机猜测略好的弱学习算法，就可以将其提升为强学习算法，而不必直接去找通常情况下很难获得的强学习算法。

6.3.1　Bagging 算法

Bagging（Bootstrap Aggregating）算法是 Leo Breiman 于 1994 年提出的一种与 Boosting 相似的技术。Bagging 算法是通过有放回随机采样技术（Bootstrapping 采样）生成学习器，并进行集成。在这种方法中集成成员间的差异性是通过 Bootstrapping 重采样获得的，或者说它通过训练样本的随机性及独立性来提供差异性。Bagging 算法是用来提高学习算法准确度的方法之一。它通过构造一个预测函数系列，然后以一定的方式将它们组合成一个预测函数，从而将弱学习算法提升为任意精度的强学习算法。

Bagging 方法主要用于不稳定的学习算法，如神经网络和决策树。不稳定是指当训练样本集有微小变化时，会导致模型有很大的变化，因此在两个稍不同的训练集上进行训练，就会得到很不同的分类器。这些分类器可能具有相似的正确率，但参数（如神经网络的初始权值）不同，导致了一种固有的集成的差异性。通过对这些分类器的预测投票，Bagging 寻求减少由基分类器所产生的方差，从而减少泛化误差。对于稳定的学习算法，如朴素贝叶斯方法，Bagging 集成并不能减小泛化误差。

1. Bagging 算法基本原理

给定一弱学习算法和一训练集 $(x_1, y_1), (x_2, y_2), \cdots, (x_n, y_n)$，每次从训练集中取样 $m(m < n)$ 个训练样本训练，训练完毕将取样放回训练集。初始训练样本在某轮训练集中可以出现多次或根本不出现。训练之后可得到一个预测函数序列 $h_1, h_2, \cdots, h_r$，最终的预测函数 H 对分类问题采用等权重投票方式，对数值问题采用得票的平均值来表示，其基本原理如图 6.3 所示。

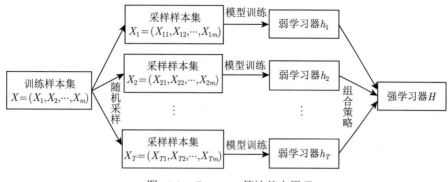

图 6.3　Bagging 算法基本原理

Bagging 算法的具体描述为：

算法 6.1 Bagging 算法

（1）给定原始数据集 $S = \{(x_1, y_1), (x_2, y_2), \cdots, (x_n, y_n)\}$。

（2）对数据集进行初始化。

（3）For $t = 1, 2, \cdots, T$ Do

- 对于每一次循环 t，从原始数据集 S 中取出 m 个样本组成新的训练集 $D = \{(x_1, y_1), (x_2, y_2), \cdots, (x_m, y_m)\}$；
- 在新训练集 D 中使用基本学习算法进行训练，得到学习模型 h_t；
- 保存 t 轮学习器模型 h_t，将训练本样放回。

（4）返回 T 个学习模型 $h_1, h_2, \cdots, h_T$，进行预测/分类分析：

$$\boldsymbol{H}(x_i) = \frac{1}{T} \sum_{i=1}^{T} h_t(x_i) \quad \text{(回归问题，简单平均)} \tag{6.29}$$

$$\boldsymbol{H}(X_i) = \arg\max_{y \in Y} \sum_{t=1}^{T} h_t(x_i) \quad \text{(分类问题，相对多数据投票)} \tag{6.30}$$

对于一个样本，它在某一次含 m 个样本的训练集的随机采样中，每次被采集到的概率是 $1/m$，不被采集到的概率为 $1 - 1/m$。如果 m 次采样都没有被采集到的概率是 $(1 - 1/m)^m$。当 $m \to \infty$ 时，$(1 - 1/m)^m \to 1/\mathrm{e} \approx 0.368$。也就是说，在 Bagging 的每轮随机采样中，训练集中大约有 36.8% 的数据没有被采样集采集到。

对于这部分没有被采样到的数据，我们常常称其为袋外数据（Out Of Bag，OOB）。这些数据没有参与训练集模型的拟合，因此可以用来检测模型的泛化能力。

Bagging 算法的特点：

（1）对于那些不稳定的弱学习算法可以极大地提高预测或分类精度；

（2）算法的训练集的选择是随机的，各轮训练集之间相互独立；

（3）算法的各个预测函数可以并行生成，对于像神经网络这样极为耗时的学习方法，Bagging 算法可通过并行训练节省大量时间开销。

2. 随机森林算法

随机森林（Random Forest，RF）实际上是一种特殊的 Bagging 方法，它将决策树用作 Bagging 中的模型。首先，用 Bootstrap 方法生成 m 个训练集，然后，对于每个训练集，构造一棵决策树，在节点找特征进行分裂时，并不是对所有特征找到能使得指标（如信息增益）最大的，而是在特征中随机抽取一部分特征，在抽到的特征中间找到最优解，应用于节点，进行分裂。随机森林的方法由于有了 Bagging，也就是集成的思想，在实际上相当于对样本和特征都进行了采样（如果把训练数据看成矩阵，即每个行和列都进行采样的过程），所以可以避免过拟合。

随机森林算法是对 Bagging 算法进行了改进。

第一，RF 使用 CART 决策树（见 12.2 节）作为弱学习器。

第二，在使用决策树的基础上，RF 对决策树的建立做了改进。对于普通的决策树，我们会在节点上所有的 n 个样本特征中选择一个最优的特征来做决策树的左右子树划分，但RF 通过随机选择节点上的一部分样本特征，这个数字小于 n，假设为 n_{sub}，然后在这些随机选择的 n_{sub}（小于 n）个样本特征中，选择一个最优的特征来进行决策树的左右子树划分。这样进一步增强了模型的泛化能力。

除了上面两点，RF 和普通的 Bagging 算法没什么不同，RF 的算法见算法 6.2。

算法 6.2 随机森林（RF）算法

输入：　样本集 $D = \{(x_1, y_1), (x_2, y_2), \cdots, (x_m, y_m)\}$，弱分类器迭代次数 T。

输出：　输出为最终的强分类器 $f(x)$。

（1）　对于 $t = 1, 2, 3, \cdots, T$，有
　① 对训练集进行第 t 次采样，共采集 m 次，得到包含 m 个样本的采样集 D_t。
　② 用采样集 D_t 训练第 t 个决策树模型 $G_t(x)$，在训练决策树模型节点时，在节点上所有的样本特征中选择一部分样本特征。在这些随机选择的部分样本特征中选择一个最优的特征来进行决策树的左右子树划分。

（2）　如果是分类算法预测，则 T 个弱学习器投出最多票数的类别或类别之一为最终类别。如果是回归算法，T 个弱学习器得到的回归结果进行算术平均得到的值为最终的模型输出。

---

3. 实例分析

下面，我们将随机森林算法应用于声呐数据集。Sonar 数据集是一个描述声呐信号从不同表面反弹的数据集。输入数据是由 60 个特征数据组成的，输出数据是一个二分类，以此来判断物体表面是岩石还是金属圆柱。数据一共有 208 条。这是一个非常简单的数据集。所有的输入变量都是连续的，取值在 0~1。输出变量是 M（金属圆柱）和 R（岩石），需要将这个分类结果转变成 1 和 0。数据可以通过 UCI Machine Learing 进行下载。下载链接：https://archive.ics.uci.edu/ml/datasets/Connectionist+Bench+(Sonar,+Mines+vs.+Rocks) 通过创建训练数据集的样本，在每个样本上训练决策树，然后利用 Bagging 算法对测试数据集进行预测。Python 实现的代码如下：

```
1    # Bagging Algorithm on the Sonar dataset
2    from random import seed
3    from random import randrange
4    from csv import reader
5
6    # Load a CSV file
7    def load_csv(filename):
8        dataset = list()
9        with open(filename, 'r') as file:
10           csv_reader = reader(file)
11           for row in csv_reader:
12               if not row:
13                   continue
14               dataset.append(row)
15       return dataset
16
17   # Convert string column to float
18   def str_column_to_float(dataset, column):
19       for row in dataset:
20           row[column] = float(row[column].strip())
21
22   # Convert string column to integer
23   def str_column_to_int(dataset, column):
24       class_values = [row[column] for row in dataset]
25       unique = set(class_values)
26       lookup = dict()
27       for i, value in enumerate(unique):
28           lookup[value] = i
29       for row in dataset:
30           row[column] = lookup[row[column]]
31       return lookup
32
33   # Split a dataset into k folds
34   def cross_validation_split(dataset, n_folds):
35       dataset_split = list()
36       dataset_copy = list(dataset)
37       fold_size = int(len(dataset) / n_folds)
38       for i in range(n_folds):
39           fold = list()
40           while len(fold) < fold_size:
41               index = randrange(len(dataset_copy))
42               fold.append(dataset_copy.pop(index))
43           dataset_split.append(fold)
44       return dataset_split
45
46   # Calculate accuracy percentage
47   def accuracy_metric(actual, predicted):
48       correct = 0
49       for i in range(len(actual)):
50           if actual[i] == predicted[i]:
51               correct += 1
52       return correct / float(len(actual)) * 100.0
```

```python
53
54  # Evaluate an algorithm using a cross validation split
55  def evaluate_algorithm(dataset, algorithm, n_folds, *args):
56      folds = cross_validation_split(dataset, n_folds)
57      scores = list()
58      for fold in folds:
59          train_set = list(folds)
60          train_set.remove(fold)
61          train_set = sum(train_set, [])
62          test_set = list()
63          for row in fold:
64              row_copy = list(row)
65              test_set.append(row_copy)
66              row_copy[-1] = None
67          predicted = algorithm(train_set, test_set, *args)
68          actual = [row[-1] for row in fold]
69          accuracy = accuracy_metric(actual, predicted)
70          scores.append(accuracy)
71      return scores
72
73  # Split a dataset based on an attribute and an attribute value
74  def test_split(index, value, dataset):
75      left, right = list(), list()
76      for row in dataset:
77          if row[index] < value:
78              left.append(row)
79          else:
80              right.append(row)
81      return left, right
82
83  # Calculate the Gini index for a split dataset
84  def gini_index(groups, classes):
85      # count all samples at split point
86      n_instances = float(sum([len(group) for group in groups]))
87      # sum weighted Gini index for each group
88      gini = 0.0
89      for group in groups:
90          size = float(len(group))
91          # avoid divide by zero
92          if size == 0:
93              continue
94          score = 0.0
95          # score the group based on the score for each class
96          for class_val in classes:
97              p = [row[-1] for row in group].count(class_val) / size
98              score += p * p
99          # weight the group score by its relative size
100         gini += (1.0 - score) * (size / n_instances)
101     return gini
102
103 # Select the best split point for a dataset
104 def get_split(dataset):
105     class_values = list(set(row[-1] for row in dataset))
```

```
106         b_index, b_value, b_score, b_groups = 999, 999, 999, None
107         for index in range(len(dataset[0])-1):
108             for row in dataset:
109             # for i in range(len(dataset)):
110             #     row = dataset[randrange(len(dataset))]
111                 groups = test_split(index, row[index], dataset)
112                 gini = gini_index(groups, class_values)
113                 if gini < b_score:
114                     b_index, b_value, b_score, b_groups = index, row[index], gini, groups
115         return {'index':b_index, 'value':b_value, 'groups':b_groups}
116
117  # Create a terminal node value
118  def to_terminal(group):
119      outcomes = [row[-1] for row in group]
120      return max(set(outcomes), key=outcomes.count)
121
122  # Create child splits for a node or make terminal
123  def split(node, max_depth, min_size, depth):
124      left, right = node['groups']
125      del(node['groups'])
126      # check for a no split
127      if not left or not right:
128          node['left'] = node['right'] = to_terminal(left + right)
129          return
130      # check for max depth
131      if depth >= max_depth:
132          node['left'], node['right'] = to_terminal(left), to_terminal(right)
133          return
134      # process left child
135      if len(left) <= min_size:
136          node['left'] = to_terminal(left)
137      else:
138          node['left'] = get_split(left)
139          split(node['left'], max_depth, min_size, depth+1)
140      # process right child
141      if len(right) <= min_size:
142          node['right'] = to_terminal(right)
143      else:
144          node['right'] = get_split(right)
145          split(node['right'], max_depth, min_size, depth+1)
146
147  # Build a decision tree
148  def build_tree(train, max_depth, min_size):
149      root = get_split(train)
150      split(root, max_depth, min_size, 1)
151      return root
152
153  # Make a prediction with a decision tree
154  def predict(node, row):
155      if row[node['index']] < node['value']:
156          if isinstance(node['left'], dict):
157              return predict(node['left'], row)
158          else:
```

```
159                    return node['left']
160        else:
161            if isinstance(node['right'], dict):
162                return predict(node['right'], row)
163            else:
164                return node['right']
165
166    # Create a random subsample from the dataset with replacement
167    def subsample(dataset, ratio):
168        sample = list()
169        n_sample = round(len(dataset) * ratio)
170        while len(sample) < n_sample:
171            index = randrange(len(dataset))
172            sample.append(dataset[index])
173        return sample
174
175    # Make a prediction with a list of bagged trees
176    def bagging_predict(trees, row):
177        predictions = [predict(tree, row) for tree in trees]
178        return max(set(predictions), key=predictions.count)
179
180    # Bootstrap Aggregation Algorithm
181    def bagging(train, test, max_depth, min_size, sample_size, n_trees):
182        trees = list()
183        for i in range(n_trees):
184            sample = subsample(train, sample_size)
185            tree = build_tree(sample, max_depth, min_size)
186            trees.append(tree)
187        predictions = [bagging_predict(trees, row) for row in test]
188        return(predictions)
189
190    # Test bagging on the sonar dataset
191    seed(1)
192    # load and prepare data
193    filename = 'sonar.all-data.csv'
194    dataset = load_csv(filename)
195    # convert string attributes to integers
196    for i in range(len(dataset[0])-1):
197        str_column_to_float(dataset, i)
198    # convert class column to integers
199    str_column_to_int(dataset, len(dataset[0])-1)
200    # evaluate algorithm
201    n_folds = 5
202    max_depth = 6
203    min_size = 2
204    sample_size = 0.50
205    for n_trees in [1, 5, 10, 50]:
206        scores = evaluate_algorithm(dataset, bagging, n_folds, max_depth, min_size,
                   sample_size, n_trees)
207        print('Trees: %d' % n_trees)
208        print('Scores: %s' % scores)
209        print('Mean Accuracy: %.3f%%' % (sum(scores)/float(len(scores))))
```

程序运行结果如下：

```
1   Trees: 1
2   Scores: [87.8048780487805, 65.85365853658537, 65.85365853658537, 65.85365853658537,
        73.17073170731707]
3   Mean Accuracy: 71.707%
4
5   Trees: 5
6   Scores: [60.97560975609756, 80.48780487804879, 78.04878048780488, 82.92682926829268,
        63.41463414634146]
7   Mean Accuracy: 73.171%
8
9   Trees: 10
10  Scores: [60.97560975609756, 73.17073170731707, 82.92682926829268, 80.48780487804879,
        68.29268292682927]
11  Mean Accuracy: 73.171%
12
13  Trees: 50
14  Scores: [63.41463414634146, 75.60975609756098, 80.48780487804879, 75.60975609756098,
        85.36585365853658]
15  Mean Accuracy: 76.098%
```

6.3.2 Boosting 算法

Boosting 算法是近十年来最有效的学习算法之一，是提高预测学习系统能力的有效工具，也是集成学习中最具代表性的方法。AdaBoost 算法是 Boosting 家族最具代表性的算法，之后出现的各种 Boosting 算法都是在 AdaBoost 算法的基础之上发展而来的。之前对 AdaBoost 算法的研究应用大多集中在分类问题中，近年来也出现了一些在回归问题上的研究。这里以 AdaBoost 算法在分类问题中的应用为例进行介绍。

Boosting 算法的基本思想如下。

首先给出任意一个弱学习算法和训练集 $(x_1, y_1), (x_2, y_2), \cdots, (x_m, y_m)$，此处，$x_i \in X$，$X$ 表示某个域或实例空间，在分类问题中这是一个带类别标志的集合，$y_i \in Y = \{+1, -1\}$。初始化时，Adaboost 为训练集指定分布为 $1/m$，即每个训练例的权重都相同为 $1/m$。接着，调用弱学习算法进行 T 次迭代，每次迭代后，按照训练结果更新训练集上的分布，对于训练失败的训练例赋予较大的权重，使得下一次迭代更加关注这些训练例，从而得到一个预测函数序列 $h_1, h_2, \cdots, h_t$。每个预测函数 h_t 也都被赋予一个权重，预测效果越好，相应的权重越大。T 次迭代之后，在分类问题中最终的预测函数 H 采用带权重的投票法产生。单个弱学习器的学习准确率不高，经过运用 Boosting 算法之后，最终结果准确率将得到提高。每个样本都赋予一个权重，T 次迭代，每次迭代后，对分类错误的样本加大权重，其基本思想如图 6.4 所示。

从图 6.4 中可以看出，Boosting 算法的工作机制是首先从训练集用初始权重训练出一个弱学习器 1，根据弱学习的学习误差率表现来更新训练样本的权重，使得之前弱学习器 1 学习误差率高的训练样本点的权重变高。这些误差率高的点在后面的弱学习器 2 中将得到更多的重视。然后基于调整权重后的训练集来训练弱学习器 2，如此重复进行，直到弱学习器数达到事先指定的数目 T。最终将这 T 个弱学习器通过集合策略进行整合，得到最终的强学习器。

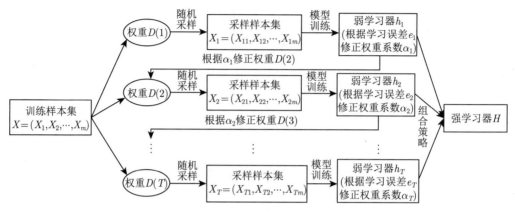

图 6.4　Boosting 基本思想示意图

AdaBoost 是 Adaptive Boost 的缩写，是 Boosting 的一个成功实现。Adaboost 是一种迭代算法，其核心思想是针对同一个训练集训练不同的分类器（弱分类器），然后把这些弱分类器集合起来，构成一个更强的最终分类器（强分类器）。其算法本身是通过改变数据分布来实现的，它根据每次训练集之中每个样本的分类是否正确，以及上次总体分类的准确率，来确定每个样本的权值。将修改过权值的新数据集送给下层分类器进行训练，最后将每次训练得到的分类器融合起来，作为最后的决策分类器。使用 Adaboost 分类器可以排除一些不必要的训练数据特征，并将关键放在训练数据上面。

AdaBoost 算法描述如算法 6.3 所示。

注：算法 6.3 中归一化因子 Z_t 为

$$
\begin{aligned}
Z_t &= \sum_{i=1}^{m} \omega_{m,i} \cdot \mathrm{e}^{-\alpha_t y_i h_t(x_i)} \\
&= \sum_{h_t(x_i)=y_i} \omega_{m,i} \cdot \mathrm{e}^{-\alpha_t} + \sum_{h_t(x_i) \neq y_i} \omega_{m,i} \cdot \mathrm{e}^{-\alpha_t} \\
&= (1-\varepsilon_t) \cdot \mathrm{e}^{-\alpha_t} + \varepsilon_t \cdot \mathrm{e}^{\alpha_t} \\
&= (1-\varepsilon_t) \cdot \mathrm{e}^{-\frac{1}{2}\ln\frac{1-\varepsilon_t}{\varepsilon_t}} + \varepsilon_t \cdot \mathrm{e}^{\frac{1}{2}\ln\frac{1-\varepsilon_t}{\varepsilon_t}} \\
&= 2\sqrt{(1-\varepsilon_t) \cdot \varepsilon_t}
\end{aligned}
\tag{6.31}
$$

AdaBoost 算法可以看成模型为加法模型，损失函数为指数函数，学习算法为前向分步算法时的一种学习方法。数学上可以证明，AdaBoost 方法不断拟合一个强学习器 $F(x) \leftarrow F(x) + \alpha h(x)$ 的过程其实是利用某种优化方法（如自适应牛顿法）使目标函数 $J(F) = E(\mathrm{e}^{-yF(x)})$ 最小的过程。该指数目标函数是有效的，因为它偏向于正确分类结果，采用每次迭代使用穷举搜索来找到使目标函数最小的 h。从这个角度看，AdaBoost 有效是因为它能使目标函数不断减小。

算法 6.3 AdaBoost 算法

输入：　$(x_1, y_1), (x_2, y_2), \cdots, (x_m, y_m)$，其中，$x_i \in X, y_i \in Y = \{+1, -1\}$。

输出：　$\boldsymbol{H}(X) = \text{sign}\left(\sum\limits_{i=1}^{T} \alpha_t h_t(x)\right)$。

（1）　初始化样本权值分布：$D_1(i) = (\omega_{1,1}, \omega_{1,2}, \cdots, \omega_{1,m}), \omega_{1,i} = 1/m$　　//表示第一次迭代中，每个训练样本的权重都为 $1/m$。

（2）　For　$t=1$　to　T　//T 为迭代次数，通常为经验值。

① 在样本权值分布 D_t 下训练，得到弱的学习模型 $h_t\ X \to \{+1, -1\}$，即得到第 t 次的预测函数。

② 计算 h_t 在训练集上的错误率 ε_t：

$$\varepsilon_t = P(h_t(x_i) \neq y_i) = \frac{\sum\limits_{h_t(x_i) \neq y_i} \omega_{t,i}}{\sum\limits_{i=1}^{m} \omega_{t,i}} = \sum_{i=1}^{n} \omega_{t,i} \cdot I[h_t(x_i) \neq y_i] \tag{6.32}$$

③ 计算 h_t 的权重 α_t，α_t 代表着该分类器的重要程度，当这个分类器的分类误差率越低时，α_t 就越大：

$$\alpha_t = \frac{1}{2} \ln\left(\frac{1 - \varepsilon_t}{\varepsilon_t}\right) \tag{6.33}$$

④ 更新样本权值分布 $D_{t+1}(i)$：

$$D_{t+1}(i) = (\omega_{t+1,1}, \omega_{t+1,2}, \cdots, \omega_{t+1,m}), \tag{6.34}$$

$$\omega_{t+1,i} = \frac{\omega_{m,i} \cdot e^{-\alpha_t y_i h_t(x_i)}}{Z_t} \qquad (Z_t \text{为归一化因子}) \tag{6.35}$$

⑤ 线性组合各学习器：

$$f(x) = \alpha_1 h_1(x) + \cdots + \alpha_T h_T(x) = \sum_{t=1}^{T} \alpha_t h_t(x) \tag{6.36}$$

最终分类或预测学习器：

$$\boldsymbol{H}(X) = \text{sign}\left(\sum_{i=1}^{T} \alpha_t h_t(x)\right) \ (\text{分类问题}) \tag{6.37}$$

$$\boldsymbol{H}(x) = \sum_{i=1}^{T} \alpha_t h_t(x) \ (\text{回归问题}) \tag{6.38}$$

由于极小化指数损失函数等价于最小化分类误差率，并且由于指数损失函数是连续可微的，具有更好的数学性质，因此 AdaBoost 算法中用它来代替 0/1 损失函数，并将其作为优化目标。证明如下。

AdaBoost 算法的最终模型是基学习器的线性组合

$$H(x) = \sum_{t=1}^{T} \alpha_t h_t(x) \tag{6.39}$$

指数损失函数是

$$L[y, H(x)] = \exp[-yH(x)] \tag{6.40}$$

式 (6.40) 可化为

$$L[y, H(x)] = \exp[-H(x)] \cdot P(y=1|x) + \exp[H(x)] \cdot P(y=-1|x) \tag{6.41}$$

对式 (6.41) 求偏导得

$$\frac{\partial L(y, H(x))}{\partial H(x)} = -\exp[-H(x)] \cdot P(y=1|x) + \exp[H(x)] \cdot P(y=-1|x) \tag{6.42}$$

令偏导为零，得到能最小化指数损失函数的 $H(x)$：

$$H(x) = \frac{1}{2} \ln \frac{P(y=1|x)}{P(y=-1|x)} \tag{6.43}$$

因此，对分类任务而言，有

$$\begin{aligned}
\mathrm{sign}(H(x)) &= \mathrm{sign}\left[\frac{1}{2} \ln \frac{P(y=1|x)}{P(y=-1|x)}\right] \\
&= \begin{cases} 1, P(y=1|x) > P(y=-1|x) \\ -1, P(y=1|x) \leqslant P(y=-1|x) \end{cases}
\end{aligned} \tag{6.44}$$

式 (6.44) 说明极小化指数损失函数等价于最小化分类误差率，证明了指数损失函数是分类任务 0/1 损失函数的一致替代。

由于同时求解所有最优基学习器 h_t^* 及其权重系数 α_t^* 十分困难，前向分步算法求解得到的基学习器及其权重系数，就是最终模型的最优基学习器及权重，AdaBoost 的算法利用前向分步算法优化。

理论上，假设经过 $t-1$ 轮迭代，前向分步算法已经得到 $H_{t-1}(x)$。第 t 轮迭代将要得到

$$H_t(x) = H_{t-1}(x) + \alpha_t h_t(x) \tag{6.45}$$

那么第 t 轮迭代的目标是得到能最小化 $H_t(x)$ 的指数损失函数的 $\alpha_t, h_t(x)$，即

$$\begin{aligned}
(\alpha_t, h_t) &= \arg\min_{\alpha, h} \sum_{i=1}^{m} \exp[-y_i H_t(x_i)] \\
&= \arg\min_{\alpha, h} \sum_{i=1}^{m} \exp\{-y_i[H_{t-1}(x_i) + \alpha_t h_t(x_i)]\}
\end{aligned} \tag{6.46}$$

$$= \arg\min_{\alpha,h} \sum_{i=1}^{m} \exp[-y_i H_{t-1}(x_i)] \cdot \exp[-y_i \alpha_t h_t(x_i)]$$

令 $\overline{\omega}_{ti} = \exp[-y_i H_{t-1}(x)]$，式 (6.46) 可化为

$$(\alpha_t, h_t) = \arg\min_{\alpha,h} \sum_{i=1}^{m} \overline{\omega}_{ti} \exp[-y_i \alpha_t h_t(x)] \tag{6.47}$$

$\overline{\omega}_{ti}$ 不依赖于 α 和 h，与最小化无关，只依赖于 H_{t-1}。也就是说，第 t 轮迭代得到的最优 (h_t^*, α_t^*) 就是最终模型的 h_t^*, α_t^*。这就证明了由前向分步算法求解损失函数得到的结果与真实结果一致。

下面来推导基学习器权重公式和样本权值分布更新公式。

首先，求 h_t^*。

最优 h_t^* 由下式得到

$$h_t = \arg\min_{h} \sum_{i=1}^{m} \overline{\omega}_{ti} \exp(\alpha_t) \cdot \exp[-y_i h_t(x_i)] \tag{6.48}$$

对任意给定的 $\alpha_t, \exp(\alpha_t)$ 都是一个常数，不影响最优化结果，则由下式可得到最优 h_t^*

$$h_t = \arg\min_{h} \sum_{i=1}^{m} \overline{\omega}_{ti} \exp[-y_i h_t(x_i)]$$

$$= \arg\min_{h} \sum_{i=1}^{m} \overline{\omega}_{ti} I[h_t(x_i) \neq y_i] \tag{6.49}$$

然后，求解 α_t^*。

最优 α_t^* 由下式得到

$$\alpha_t = \arg\min_{\alpha} \sum_{i=1}^{m} \overline{\omega}_{ti} \exp[-y_i \alpha_t h_t(x_i)] \tag{6.50}$$

将上式进行变换得到

$$\sum_{i=1}^{m} \overline{\omega}_{ti} \exp[-y_i \alpha_t h_t(x_i)] = e^{\alpha} \sum_{i=1}^{m} \overline{\omega}_{ti} I[h_t(x_i) = y_i] + e^{\alpha} \sum_{i=1}^{m} \overline{\omega}_{ti} I[h_t(x_i) \neq y_i] \tag{6.51}$$

将式 (6.49) 得到的 h_t 代入上式，并对 α_t 求偏导，使偏导为 0，得到最优 α_t^*：

$$\alpha_t = \frac{1}{2} \ln \frac{\displaystyle\sum_{i=1}^{m} \overline{\omega}_{ti} I[h_t(x_i) = y_i]}{\displaystyle\sum_{i=1}^{m} \overline{\omega}_{ti} I[h_t(x_i) \neq y_i]}$$

$$= \frac{1}{2} \ln \frac{1 - \varepsilon_t}{\varepsilon_t} \tag{6.52}$$

由此得到式 (6.53)，其中 ε_t 是分类误差率：

$$\varepsilon_t = \frac{\displaystyle\sum_{i=1}^{m} \overline{\omega}_{ti} I[h_t(x_i) \neq y_i]}{\displaystyle\sum_{i=1}^{m} \overline{\omega}_{ti}}$$

$$= \sum_{i=1}^{m} \overline{\omega}_{ti} I[h_t(x_i) \neq y_i] \tag{6.53}$$

最后来看每一轮样本权值的更新，由 $\overline{\omega}_{ti} = \exp\left[-y_i H_{t-1}(x)\right]$ 和式 (6.45) 可以得到

$$\overline{\omega}_{t+1,i} = \overline{\omega}_{ti} \exp[-y_i \alpha_t h_t(x_i)] \tag{6.54}$$

在右边除以一个规范化因子 Z_t，便可得到样本权值分析更新式 (6.35)。

AdaBoost 算法使用的是指数损失函数，优点是其最小化将会得到最简单的 AdaBoost 方法；缺点是，与交叉熵误差函数相比，它对 $-y(x)H(x)$ 的惩罚较大，对误分类的数据点的鲁棒性差。

AdBoost 方法的 Python 实现如下：

```
1   import numpy as np
2   import matplotlib.pyplot as plt
3   from sklearn import tree
4   from sklearn.ensemble import AdaBoostClassifier
5   from sklearn.tree import DecisionTreeClassifier
6   from sklearn.datasets import make_gaussian_quantiles
7   from sklearn.metrics import classification_report
8
9   # 生成2维正态分布,生成的数据按分位数分为两类,500个样本,2个样本特征
10  x1, y1 = make_gaussian_quantiles(n_samples=500, n_features=2, n_classes=2)
11
12  # 生成2维正态分布,生成的数据按分位数分为两类,400个样本,2个样本特征均值都为3
13  x2, y2 = make_gaussian_quantiles(mean=(3, 3), n_samples=500, n_features=2, n_classes=2)
14
15  # 将两组数据合成一组数据
16  x_data = np.concatenate((x1, x2))
17  y_data = np.concatenate((y1, -y2 + 1))
18  plt.scatter(x_data[:, 0], x_data[:, 1], c=y_data)
19
20  # 决策树模型
21  model = tree.DecisionTreeClassifier(max_depth=3)
22
23  # 输入数据建立模型
24  model.fit(x_data, y_data)
25
26  # 获取数据值所在的范围
27  x_min, x_max = x_data[:, 0].min() - 1, x_data[:, 0].max() + 1
28  y_min, y_max = x_data[:, 1].min() - 1, x_data[:, 1].max() + 1
29
```

```
30  # 生成网格矩阵
31  xx, yy = np.meshgrid(np.arange(x_min, x_max, 0.02), np.arange(y_min, y_max, 0.02))
32  z = model.predict(np.c_[xx.ravel(), yy.ravel()])  # ravel与flatten类似,多维数据转一维.
        flatten不会改变原始数据,ravel 会改变原始数据
33  z = z.reshape(xx.shape)
34
35  # 等高线图
36  cs = plt.contourf(xx, yy, z,1,alpha=0.4)
37  plt.scatter(x_data[:, 0], x_data[:, 1], c=y_data)
38  plt.colorbar()
39  plt.show()
40
41  # 模型准确率
42  model.score(x_data, y_data)
43
44  # adaboost模型传入决策树模型
45  model = AdaBoostClassifier(DecisionTreeClassifier(max_depth=3), n_estimators=10)
46  model.fit(x_data, y_data)
47
48  # 获取数据值所在的范围
49  x_min, x_max = x_data[:, 0].min() - 1, x_data[:, 0].max() + 1
50  y_min, y_max = x_data[:, 1].min() - 1, x_data[:, 1].max() + 1
51
52  # 生成网格矩阵
53  xx, yy = np.meshgrid(np.arange(x_min, x_max, 0.02), np.arange(y_min, y_max, 0.02))
54  z = model.predict(np.c_[xx.ravel(), yy.ravel()])  # ravel与flatten类似,多维数据转一维.
        flatten不会改变原始数据,ravel 会改变原始数据
55  z = z.reshape(xx.shape)
56
57  # 等高线图
58  cs = plt.contourf(xx, yy, z,3,alpha=0.4)
59  plt.scatter(x_data[:, 0], x_data[:, 1], c=y_data)
60  plt.colorbar()
61  plt.show()
62  model.score(x_data, y_data)
```

AdaBoost 算法运行结果如图 6.5 所示。

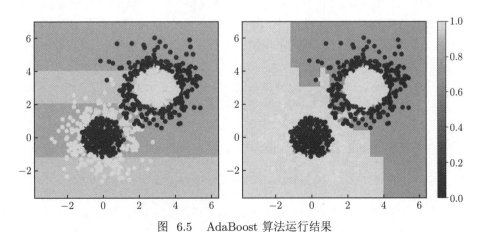

图 6.5　AdaBoost 算法运行结果

6.3.3　总结

Bagging 与 Boosting 的主要区别是取样方式不同。Bagging 采用均匀取样，而 Boosting 根据错误率来取样，因此 Boosting 的分类精度要优于 Bagging。Bagging 训练集的选择是随机的，各轮训练集之间相互独立，而 Boosting 各轮训练集的选择与前面各轮的学习结果有关；Bagging 的各个预测函数没有权重，而 Boosting 是有权重的；Bagging 的各个预测函数可以并行生成，而 Boosting 的各个预测函数只能顺序生成。对于神经网络这样极为耗时的学习方法，Bagging 可通过并行训练节省大量时间。

Bagging 和 Boosting 都可以有效地提高分类的准确性。在大多数数据集中，Boosting 的准确性比 Bagging 高。在有些数据集中，Boosting 会引起退化（Overfit）。Boosting 思想的一种改进型 AdaBoost 方法在邮件过滤、文本分类方面都有很好的处理效果。

6.4　习　　题

1. 证明：样本的二阶中心矩偏差的 Bootstrap 估计为 $\dfrac{1}{n^2}\sum\limits_{i=1}^{n}(y_i - \bar{y})^2$。

2. 假设 $Y_1, Y_2, \cdots, Y_n$ 独立同分布，$M_2 = \dfrac{1}{n}\sum\limits_{i=1}^{n}Y_i^2$ 是二阶矩估计值，$\mu_2 = E(Y^2)$。由刀切法得到的 μ_2 的减少偏差的估计值是多少，它是无偏的吗？

3. 下面的数据集包括了 15 名法学院 LSAT 成绩和 GAP 成绩。

LSAT 576　635　558　578　666　580　555　661　651　605　653　575　545　572　594
GPA　339　330　281　303　344　307　300　343　336　313　312　274　276　288　296

（1）估计 LSAT 成绩和 GPA 成绩的相关性，并计算样本相关性的标准误差的自助法估计。

（2）计算 LAST 成绩和 GPA 成绩相关性统计量的偏差和标准误差的刀切法估计。

4. 以下给出的 2 个观测值是空调设备两次故障间的小时数：

$$3, 5, 7, 18, 43, 85, 91, 98, 100, 130, 230, 487$$

假定故障之间的时间服从指数模型 $\text{Exp}(\lambda)$。给出故障率 λ 的极大似然估计，并使用自助法对该估计的偏并和标准误差进行估计。

5. 假设变量 $Y_1, Y_2, \cdots, Y_n$ 独立同正态分布于 $N(\mu, 1)$。令 $\theta = \exp(\mu)$，$\hat{\theta} = \exp(\hat{x})$，现生成由 1000 个样本组成的数据集（令 $\mu = 5$）。

（1）使用自助法得到统计量 $\hat{\theta}$ 的标准误差和 95% 的置信区间；

（2）画出自助法抽样结果的直方图，这是 $\hat{\theta}$ 的分布估计，请与真实的 θ 的样本分布作比较。

6. 考虑如下非线性回归模型（Logisitic 曲线）：

$$y = A(1 + \mathrm{e}^{-bx}) + \varepsilon, \varepsilon \sim N(0, \sigma^2)$$

其中，$A > 0, b > 0, \sigma^2 > 0$ 是未知参数。设有独立样本 $(x_i, y_i), i = 1, 2, \cdots, n$，可以利用最小二乘法估计 A, b, σ^2，估计值记为 $\hat{A}, \hat{b}, \hat{\sigma}^2$。

（1）设真实的 $A = 10, b = 1, \sigma = 1$,编写程序模拟一组样本(取 $x_i = -10, -9, \cdots, 9, 10$),计算 $\hat{A}, \hat{b}, \hat{\sigma}^2$，然后用 Boostrap 方法估计 $\hat{A}, \hat{b}, \hat{\sigma}^2$ 的标准误差和偏差。

（2）重复生成 N 组模型的样本,从这 N 组样本中分别得到估计值 $\hat{A}^{(j)}, \hat{b}^{(j)}, (\hat{\sigma}^{(j)})^2, j = 1, 2, \cdots, N$,用得到的这些估计值作为 $\hat{A}, \hat{b}, \hat{\sigma}^2$ 的抽样分布的样本,估计其标准误差和偏差并与 Bootstrap 方法得到的结果进行对比。

7. 简述 Bagging 与 AdaBoost 的区别, Rand Forest 与 Bagging 的区别。

8. 写出 AdaBoost 算法强分类器的预测公式。

9. 写出 AdaBoost 的训练算法。

10. 证明 AdaBoost 强分类器在训练样本集上的错误率上界是每一轮调整样本权重时权重归一化因子 Z_t 的乘积, 即下面的不等式成立:

$$p_{\text{error}} = \frac{1}{l} \sum_{i=1}^{l} \|\text{sgn}(F(x_i)) \neq y_i\| \leqslant \prod_{t=1}^{T} Z_t$$

11. 接上题, 假设 e_t 为第 t 个弱分类器的错误率。证明下面的不等式成立:

$$\prod_{t=1}^{T} Z_t = \prod_{t=1}^{T} 2\sqrt{e_t(1 - e_t)} = \prod_{t=1}^{T} \sqrt{(1 - 4\gamma_t^2)} \leqslant \exp\left(-2\sum_{t=1}^{T} \gamma_t^2\right)$$

其中, $\gamma_t = \frac{1}{2} - e_t$。

12. 给定如表 6.1 所示训练数据。假设弱分类器由 $x < v$ 或 $x > v$ 产生, 其阈值 v 使该分类器在训练数据集上分类误差率最低。

表 6.1 训练数据

序号	1	2	3	4	5	6	7	8	9	10
x	0	1	2	3	4	5	6	7	8	9
y	1	1	1	-1	-1	-1	1	1	1	-1

（1）试用 Bagging 算法学习一个强分类器。

（2）试用 AdaBoost 算法学习一个强分类器。

13. 已知如表 6.2 所示的训练数据, x 的取值范围为区间 $[0.5, 10.5]$, y 的取值范围为区间 $[5.0, 10.0]$, 学习这个回归问题的提升树模型, 考虑只用树桩作为基函数。

表 6.2 训练数据

x_i	1	2	3	4	5	6	7	8	9	10
y_i	5.56	5.70	5.91	6.40	6.80	7.05	8.95	8.72	9.05	9.36

14. 某公司招聘职员, 考查身体、业务能力、发展潜力这 3 项。身体分为合格 1、不合格 0 两级, 业务能力和发展潜力分为上 1、中 2、下 3 三级。考核结果为合格 1、不合格-1 两类。已知 10 个人的数据, 如表 6.3 所示。假设弱分类器为决策树桩。

表 6.3　　训练数据

	1	2	3	4	5	6	7	8	9	10
身体	0	0	1	1	1	0	1	1	1	0
业务	1	3	2	1	2	1	1	1	3	2
潜力	3	1	2	3	3	2	2	1	1	1
分类	-1	-1	-1	-1	-1	-1	1	1	-1	-1

（1）试用 Bagging 算法学习一个强分类器。

（2）试用 AdaBoost 算法学习一个强分类器。

第 7 章　重要抽样技术

在进行复杂积分计算时，通过将积分转化为期望，利用蒙特卡罗（Monte Carlo）方法进行近似计算，其通用性强、简单直观，但计算效率很低，为达到一定的模拟精度，需要抽取大量的样本点。为提高计算效率，一系列的方差缩减技术得到应用，从而产生了一系列数值模拟算法。重要抽样方法（Importance Sampling method, IS）是其中最基本也是最重要的一种，该法能够大幅度缩减模拟所需抽取的样本点数量，广泛应用于各类积分计算中，如结构可靠性分析等。

7.1　重要抽样基本原理

重要抽样方法的基本原理是在保持原有样本期望值不变的情况下，改变随机变量的抽样重心，改变了现有样本空间的概率分布，使其方差减小，这样，使对最后结果贡献大的抽样出现的概率增加，抽取的样本点有更多的机会落在感兴趣的区域，使抽样点更有效，以达到减少运算时间的目的，其示意图如图 7.1 所示。

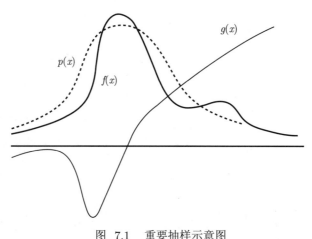

图 7.1　重要抽样示意图

考虑如下积分的蒙特卡罗计算问题：

$$I = \int g(x)f(x)\mathrm{d}x = E_f[g(X)] \tag{7.1}$$

其中，$f(x)$ 为随机变量 X 的概率密度函数，函数 $g(x)$ 的二阶矩存在。

引入新的概率密度函数 $p(x)$，满足当 $f(x) \neq 0$ 时，$p(x) \neq 0$，并且 $\int p(x)\mathrm{d}x = 1, p(x) >$

0，则积分式 (7.1) 可表示成如下形式：

$$I = \int w(x)p(x)\mathrm{d}x = \int \frac{g(x)f(x)}{p(x)}p(x)\mathrm{d}x = E_{p(x)}\left[\frac{g(X)f(X)}{p(X)}\right] \tag{7.2}$$

其中，$w(x) = \dfrac{g(x)f(x)}{p(x)}$ 称为重要抽样的权函数，则式 (7.1) 可通过下式近似计算：

$$I \approx \hat{I} = \frac{1}{N}\sum_{i=1}^{N}\frac{g(x_i)f(x_i)}{p(x_i)} \tag{7.3}$$

其中，样本点 $x_1, x_2, \cdots, x_n$ 是来自概率分布 $p(x)$ 的样本。

重要抽样分布（有时也称为重要函数）是影响重要抽样效率的关键，如果构造的重要抽样分布不合适，可能导致对积分 I 进行估计的方差非常大。

例 7.1　在使用重要抽样法来估计

$$\int_0^1 \frac{\mathrm{e}^{-x}}{1+x^2}\mathrm{d}x$$

时，有多个重要抽样分布可以选择，这里将它们做一个比较。几个可供选择的重要抽样分布为

$$\begin{aligned}
p_0(x) &= 1 & 0 < x < 1\\
p_1(x) &= \mathrm{e}^{-x} & 0 < x < +\infty\\
p_2(x) &= (1+x^2)^{-1}/\pi & -\infty < x < +\infty\\
p_3(x) &= \mathrm{e}^{-x}/(1-\mathrm{e}^{-1}) & 0 < x < 1\\
p_4(x) &= 4(1+x^2)^{-1}/\pi & 0 < x < 1
\end{aligned}$$

被积函数为

$$g(x) = \begin{cases} \mathrm{e}^{-x}/(1+x^2) & 0 < x < 1\\ 0 & \text{其他} \end{cases}$$

这 5 个备选的重要抽样分布在支撑集上 $0 < x < 1\,[g(x) > 0]$ 上都是正的。p_1 和 p_2 的定义域太大，这会导致求和的时候很多模拟值都起不了作用，这种做法效率太低。p_2 是标准柯西 (Cauchy) 分布或 $t(v = 1)$ 分布，其支撑集为整个实轴，但是只需要对被积函数 $g(x)$ 在 $(0, 1)$ 上求积分。在这种情况下，比例 $g(x)/p(x)$ 中大部分的值都为 0（将近75%），与此同时其他的值又远大于 0，这就造成了很大的方差。p_1 支撑在 $(0, +\infty)$ 上，这也会导致 $g(x)/p(x)$ 在 $(0, 1)$ 以外的点上产生大量的 0。但 p_1 的效率比 p_2 还是要高一点的（将近 37% 的 0），这是因为这个分布的尾更轻。上面给出的 5 个备选重要抽样分布中，所有的分布都很容易模拟，满足比例 $g(x)/p(x)$ 最接近常数的重要抽样分布是 p_3，其方差最小。重要抽样分布 p_4 产生的方差也可能比较小。

从上面的例子可以看出，在重要抽样算法中，必须小心选择重要抽样分布，以便得到 $Y = g(X)/p(X)$ 的最小方差。重要抽样分布 $p(x)$ 应该满足恰好定义在 $g(x) > 0$ 的集合上，并且使得 $g(x)/p(x)$ 接近于常数。

重要抽样算法描述见算法 7.1。

算法 7.1 重要抽样算法

步骤 1：选择合适的重要抽样分布 $p(x)$，从中独立地抽取 N 个样本 $X_1, X_2, \cdots, X_N$。

步骤 2：计算

$$I \approx \hat{I} = \frac{1}{N} \sum_{i=1}^{N} \frac{g(x_i)f(x_i)}{p(x_i)}$$

容易证明 $\hat{I}$ 是积分 I 的无偏估计，即

$$
\begin{aligned}
E[\hat{I}] &= E\left[\frac{1}{N} \sum_{i=1}^{N} \frac{g(X_i)f(X_i)}{p(X_i)}\right] \\
&= \frac{1}{N} \sum_{i=1}^{N} E_p\left[\frac{g(X_i)f(X_i)}{p(X_i)}\right] \\
&= \frac{1}{N} \cdot N \cdot E_p\left[\frac{g(X)f(X)}{p(X)}\right] \\
&= \int g(x)f(x)\mathrm{d}x = I
\end{aligned}
\tag{7.4}
$$

估计的方差为

$$
\begin{aligned}
\mathrm{Var}[\hat{I}] &= \mathrm{Var}_p\left[\frac{1}{N} \sum_{i=1}^{N} \frac{g(X_i)f(X_i)}{p(X_i)}\right] \\
&= \frac{1}{N}\mathrm{Var}_p\left[\frac{g(X)f(X)}{p(X)}\right] \\
&= \frac{1}{N}E_p\left[\frac{g(X)f(X)}{p(X)}\right]^2 - E_p^2\left[\frac{g(X)f(X)}{p(X)}\right] \\
&= \int g^2(x)\frac{f^2(x)}{p(x)}\mathrm{d}x - I^2
\end{aligned}
\tag{7.5}
$$

使 $\mathrm{Var}[\hat{I}]$ 最小的重要抽样分布（ISD）称为最优重要抽样分布（ISD），易知，重要抽样的最优 ISD 为

$$p_{\mathrm{opt}}(x) = \frac{g(x)f(x)}{I} \tag{7.6}$$

易知，$p_{\text{opt}}(x)$ 是方差为 0 的重要抽样分布。

尽管 $p_{\text{opt}}(x)$ 存在，但用 $p_{\text{opt}}(x)$ 作为 ISD 函数的重要抽样方法无法应用，其原因有：① $p_{\text{opt}}(x)$ 中包含积分真值 I，其值为未知；②生成服从概率密度函数为 $p_{\text{opt}}(x)$ 分布的样本点，通常是一件很困难的事。

重要抽样方法的核心在于 ISD 函数的构造，如果构造的 ISD 函数不合适，可能导致对积分 I 进行估计的方差非常大。因此，对 p_{opt} 最合适的选择是其尽可能与 $\dfrac{g(x)f(x)}{I}$ 接近，且易于抽样。

（1）p_{opt} 最合适的选择是使其与 $g(x)f(x)$ 成正比。

在这种情形下，重要抽样法也称为"偏倚抽样法"，它的一般原理是：选择偏倚分布密度，使得所确定的无偏统计量尽量与其中的随机变量的取值关系不大。只要抽样分布与无偏统计量的变化引起的计算量改变不大，便可用此偏倚分布与相应的无偏统计量代替原分布与相应的无偏统计量。

（2）选择与 $p_{\text{opt}}(x)$ 的同分布族分布 $q(x;v)$，利用 $p_{\text{opt}}(x)$ 之间的 K-L 交叉熵最小确定 $q(x;v)$ 的参数 v。

在信息论中，Kullback-Leibler 交叉熵 (K-L Cross Entropy，KL-CE)，简称交叉熵（Cross Entropy，CE）常用来度量函数的差异，其定义为

$$D[f(x), g(x)] = \int f(x) \ln \frac{f(x)}{g(x)} \mathrm{d}x \tag{7.7}$$

由 CE 定义式可知，交叉熵越小，函数 $f(x)$ 与函数 $g(x)$ 之间的差异就越小。为了使 $q(x;v)$ 逼近最优重要抽样密度函数 $p_{\text{opt}}(x)$，计算它们之间的交叉熵，表达式为

$$\begin{aligned} D(p_{\text{opt}}(x), q(x;v)) &= \int p_{\text{opt}}(x) \ln \frac{p_{\text{opt}}(x)}{q(x;v)} \mathrm{d}x \\ &= \int p_{\text{opt}}(x) \cdot \ln p_{\text{opt}}(x) \mathrm{d}x - \int p_{\text{opt}}(x) \cdot \ln q(x;v) \mathrm{d}x \end{aligned} \tag{7.8}$$

将式 (7.6) 代入式 (7.8) 中可得

$$D[p_{\text{opt}}(x), q(x;v)] = H[p_{\text{opt}}(x)] - I^{-1} \int g(x) \cdot \ln q(x;v) \cdot f(x) \mathrm{d}x \tag{7.9}$$

其中，$H[p_{\text{opt}}(x)] = \displaystyle\int p_{\text{opt}}(x) \cdot \ln p_{\text{opt}}(x)$ 为最优重要抽样密度函数的信息熵，I 为积分真值，其为定值。最小化交叉熵等价于寻找满足下式的参数 v，即

$$\begin{aligned} v &= \arg \max \int g(x) \cdot \ln q(x;v) \cdot f(x) \mathrm{d}x \\ &= \arg \max E_f[g(X) \cdot \ln q(X;v)] \end{aligned} \tag{7.10}$$

上式为嵌套形式，通常无解析解，一般采用迭代算法求解，逐步更新参数 v，直至满足收敛要求。

下面以最优分布形式为混合高斯分布的情形为例说明迭代算法的基本原理。

假设最优分布 $p_{\text{opt}}(x;v)$ 的形式为 K 元混合高斯分布（GMM），其概率密度函数 $q(x;\boldsymbol{\mu}_k,\boldsymbol{\Sigma}_k)$ 为

$$q(x;\boldsymbol{\mu}_k,\boldsymbol{\Sigma}_k)=\sum_{k=1}^{K}\pi_k\cdot N(x|\boldsymbol{\mu}_k,\boldsymbol{\Sigma}_k) \tag{7.11}$$

其中，K 为高斯混合成分个数；$N(x|\boldsymbol{\mu}_k,\boldsymbol{\Sigma}_k)$ 为第 k 个混合成分的混合高斯分布密度函数；$\boldsymbol{\mu}_k$ 和 $\boldsymbol{\Sigma}_k$ 分别为相应均值向量和协方差向量矩阵；π_k 为混合成分系数。由密度函数的归一化条件知，π_k 应满足如下条件：

$$\sum_{k=1}^{K}\pi_k=1 \qquad 0\leqslant\pi_k\leqslant 1 \tag{7.12}$$

式中，混合系数 π_k 表示随机变量 X 来自第 k 个混合成分的概率。

假定服从 0-1 分布的随机变量 z_k（$k=1,2,\cdots,K$）表示在定样本 x 为混合高斯分布的第 k 个混合成分生成，则 z_k 的后验概率为

$$P(z_k=1|x)=\frac{\pi_k\cdot N(x|\boldsymbol{\mu}_k,\boldsymbol{\Sigma}_k)}{\displaystyle\sum_{k=1}^{K}\pi_k\cdot N(x|\boldsymbol{\mu}_k,\boldsymbol{\Sigma}_k)}=\gamma_k(x) \tag{7.13}$$

对于一个未知 K 元混合高斯分布模型，

$$q(x;v)=\sum_{k=1}^{K}\pi_k\cdot N(x|\boldsymbol{\mu}_k,\boldsymbol{\Sigma}_k) \tag{7.14}$$

其未知参数 v 共 $3\times K$ 组，每一元高斯分布的参数为 $\{\pi_k,\boldsymbol{\mu}_k,\boldsymbol{\Sigma}_k\}$，则

$$v=\{\pi_k,\boldsymbol{\mu}_k,\boldsymbol{\Sigma}_k;k=1,2,\cdots,K\} \tag{7.15}$$

通过交叉熵准则，可以迭代求出 K 元混合高斯分布的参数，使其尽可能地逼近理论最优重要抽样密度函数。

为提高计算效率，利用式 (7.8) 进行迭代计算的每一步迭代也采用重要抽样法，即使用前一步迭代所得混合高斯分布 (GMM)$q(x;w)$ 作为当前重要抽样密度函数，w 为其参数，则式 (7.8) 可改写为

$$v=\arg\max\int g(x)\cdot\ln q(x;v)\cdot\frac{f(x)}{q(x;w)}\cdot q(x;w)\mathrm{d}x \tag{7.16}$$

$$=\arg\max E_{X\sim q(x;w)}\left[g(x)\cdot\ln q(x;v)\cdot W(x;w)\right]$$

其中，$W(x;w)=f(x)/q(x;w)$。用样本均值代替总体均值：

$$v = \arg\max \frac{1}{N} \sum_{i=1}^{N} g(x_i^p) \cdot \ln q(x_i^p; v) \cdot W(x_i^p; w) \tag{7.17}$$

其中，x_i^p 是第 p 次迭代根据 $q(x; w)$ 抽样的样本。在通常情况下，式 (7.17) 的右端是关于 v 的可导函数，其极值在梯度为 0 处取得，即

$$v = \left\{ v \left| \sum_{i=1}^{N} g(x_i^p) \cdot \nabla_v \ln q(x_i^p; v) \cdot W(x_i^p; w) = 0 \right. \right\} \tag{7.18}$$

将 GMM 的定义式 (7.14) 代入式 (7.18)，得到关于参数 v 的方程：

$$\sum_{i=1}^{N} g(x_i^p) \cdot W(x_i^p; w) \cdot \nabla_v \ln \left(\sum_{k=1}^{K} \pi_k \cdot N(x_i^p | \boldsymbol{\mu}_k, \boldsymbol{\Sigma}_k) \right) = 0 \tag{7.19}$$

分别对 $3 \times K$ 组参数求导，以均值向量 $\boldsymbol{\mu}_k, k = 1, 2, \cdots, K$ 为例，可建立如下方程：

$$\sum_{i=1}^{N} g(x_i^p) \cdot W(x_i^p, w) \cdot \gamma_k(x_i^p) \cdot \boldsymbol{\Sigma}_k^{-1}(x_i^p - \boldsymbol{\mu}_k) = 0 \tag{7.20}$$

由此解得 $\boldsymbol{\mu}_k$，即

$$\boldsymbol{\mu}_k = \frac{\displaystyle\sum_{i=1}^{N} g(x_i^p) \cdot W(x_i^p; w) \cdot \gamma_k(x_i^p) \cdot x_i^p}{\displaystyle\sum_{i=1}^{N} g(x_i^p) \cdot W(x_i^p; w) \cdot \gamma_k(x_i^p)} \tag{7.21}$$

同理可得到 $\boldsymbol{\Sigma}_k$ 和 $\pi_k, k = 1, 2, \cdots, K$ 的表达式为

$$\boldsymbol{\Sigma}_k = \frac{\displaystyle\sum_{i=1}^{N} g(x_i^p) \cdot W(x_i^p, w) \cdot \gamma_k(x_i^p) \cdot (x_i^p - \mu_k) \cdot (x_i^p - \boldsymbol{\mu}_k)^{\mathrm{T}}}{\displaystyle\sum_{i=1}^{N} g(x_i^p) \cdot W(x_i^p, w) \cdot \gamma_k(x_i^p)} \tag{7.22}$$

$$\pi_k = \frac{\displaystyle\sum_{i=1}^{N} g(x_i^p) \cdot W(x_i^p, w) \cdot \gamma_k(x_i^p)}{\displaystyle\sum_{i=1}^{N} g(x_i^p) \cdot W(x_i^p)} \tag{7.23}$$

式 (7.22) 和式 (7.23) 即基于交叉熵原理得到的 GMM 参数更新准则，通过多次迭代，GMM 可较为准确地近似最优重要抽样密度函数 $q_{\text{opt}}(x; v)$。

基于 K-L 交叉熵的重要抽样算法描述如算法 7.2所示。

算法 7.2 基于 K-L 交叉熵的重要抽样算法

（1） 初始化混合模型 GMM 的参数: $\pi_k^{(0)}$, $\boldsymbol{\mu}_k^{(0)}$ 和 $\boldsymbol{\Sigma}_k^{(0)}(k = 1, 2, \cdots, K)$。无先验信息条件下可以采用等概率混合, 即 $\pi_1^0 = \pi_2^{(0)} = \cdots = \pi_K^{(0)} = 1/K$, 协方差阵 $\boldsymbol{\Sigma}_k^{(0)}$ 设定为单位矩阵, 均值向量 $\boldsymbol{\mu}_k^{(0)}$ 可采用均匀抽样设定, 初始化迭代步数 $l = 0$。

（2） 使用当前 GMM 作为重要抽样密度函数 $q(x; w) = \sum\limits_{k=1}^{K} \pi_k^{(l)} \cdot N(x|\boldsymbol{\mu}_k^{(l)}, \boldsymbol{\Sigma}_k^{(l)})$, 抽取当前重要样本集 $S^{(l)} = \{x_1^{(l)}, x_2^{(l)}, \cdots, x_N^{(l)}\}$, N 为样本集的规模。

（3） 利用式 (7.21)~ 式 (7.23) 更新参数 $\boldsymbol{\mu}_k^{(l)}, \boldsymbol{\Sigma}_k^{(l)}, \pi_k^{(l)}$, 如果连续 m 次迭代中 $(\boldsymbol{\mu}_k^{(l)}, \boldsymbol{\Sigma}_k^{(l)}, \pi_k^{(l)})$ 的值不变或最大变化值不超过给定的阈值 ε, 则转入步骤 (4); 否则令 $l = l + 1$, 重复步骤 (2) 和步骤 (3)。

（4） 使用最终的 GMM 作为重要抽样密度函数 $q(x; w) = \sum\limits_{k=1}^{K} \pi_k^{(l)} \cdot N(x|\boldsymbol{\mu}_k^{(l)}, \boldsymbol{\Sigma}_k^{(l)})$, 抽取当前重要样本集 $S^{(l)} = \{x_1^{(l)}, x_2^{(l)}, \cdots, x_N^{(l)}\}$, 计算

$$\hat{I}^{(l)} \approx \frac{1}{N} \sum_{i=1}^{N} \frac{g(x_i^{(l)}) f(x_i^{(l)})}{q(x_i^{(l)}, w)}$$

7.2 分层重要抽样方法

另一种缩减方差的方法是分层抽样法, 它通过把区间分层, 在每一个具有更小方差的层上估计积分来缩减估计量的方差。由积分算子的线性和强大数定律可知, 这些估计的和依概率 1 收敛于 $\int g(x)\mathrm{d}x$。在分层抽样法中, 从 k 个层中得到的重复试验次数 m 和重复试验次数 m_j 都是固定的, 它们满足 $m = m_1 + m_2 + \cdots + m_k$, 目标为

$$\mathrm{Var}[\hat{\theta}_k(m_1, m_2, \cdots, m_k)] < \mathrm{Var}(\hat{\theta}) \tag{7.24}$$

其中, $\hat{\theta}_k(m_1, m_2, \cdots, m_k)$ 是分层估计量; $\hat{\theta}$ 是基于 $m = m_1 + m_2 + \cdots + m_k$ 次重复试验的标准蒙特卡罗估计量。

为了解这种方法是如何使用的, 这里以例 7.1 来说明分层抽样方法。易知例 7.1 中的被积函数 $g(x)$ 并不是一个常数。把积分区间分成 4 个子区间, 在每个子区间上使用总数的 1/4 次重复试验来计算积分的蒙特卡罗估计。然后把这 4 个估计加起来得到 $\int_0^1 \mathrm{e}^{-x}(1+x^2)^{-1}\mathrm{d}x$ 的估计。和标准蒙特卡罗估计量的方差比较起来, 这种方法得到的估计量的方差有所缩减, 下面的性质在理论上可以保证。

性质 1 将进行 M 次重复试验的标准蒙特卡罗估计量记为 $\hat{\theta}^M$, 令

$$\hat{\theta}^S = \frac{1}{k} \sum_{j=1}^{k} \hat{\theta}_j \tag{7.25}$$

代表各层具有相同大小 $m = M/k$ 的分层估计量。将层 j 上的 $g(U)$ 的均值和方差分别记为 θ_j 和 σ_j^2，那么 $\mathrm{Var}(\hat{\theta}^M) \geqslant \mathrm{Var}(\hat{\theta}^S)$。

证明： 由 $\hat{\theta}_j$ 的独立性可知

$$\mathrm{Var}(\hat{\theta}^S) = \mathrm{Var}\left(\frac{1}{k}\sum_{j=1}^{k}\hat{\theta}_j\right) = \frac{1}{k^2}\sum_{j=1}^{k}\frac{\hat{\theta}_j^2}{m} = \frac{1}{Mk}\sum_{j=1}^{k}f^k\sigma_j^2 \tag{7.26}$$

如果 J 是随机选择的层，它被选择到的概率为均匀概率 $1/k$，应用条件方差公式有

$$\begin{aligned}
\mathrm{Var}(\hat{\theta}^M) &= \frac{1}{M}\mathrm{Var}(g(U)) = \frac{1}{M}(\mathrm{Var}(E[g(U|J)]) + E[\mathrm{Var}(g(U|J))]) \\
&= \frac{1}{M}\left[\mathrm{Var}(\theta_J) + \frac{1}{k}\sum_{j=1}^{k}\sigma_j^2\right] \\
&= \frac{1}{M}\mathrm{Var}(\theta_J) + \mathrm{Var}(\hat{\theta}^S) \geqslant \mathrm{Var}(\hat{\theta}^S)
\end{aligned} \tag{7.27}$$

除各层具有相同均值的情况外，不等式一定严格成立，证毕。

从上面的不等式可以清楚地看出各层的均值在离散很大的情况下，方差缩减也是很大的。对各层具有不等概率的一般情况也可以用类似方法证明。

例 7.2 设 $U \sim U(0,1)$，要估计 $\theta = Eh(U) = \int_0^1 h(x)\mathrm{d}x$。令 $Y = \mathrm{ceil}(mU)$，即当且仅当 $\frac{j-1}{m} < U \leqslant \frac{j}{m}$ 时，$Y = j, j = 1, 2, \cdots, m$，可以按 Y 分层抽样估计 θ：

$$\begin{aligned}
\theta = E[h(U)] &= \sum_{j=1}^{m}E[h(U)|Y=j]P(Y=j) \\
&= \frac{1}{m}\sum_{j=1}^{m}E[h(U)|Y=j]
\end{aligned} \tag{7.28}$$

易见，在 $Y = j$ 条件下，U 服从 $\left(\frac{j-1}{m}, \frac{j}{m}\right)$ 的均匀分布，设 $U_1, U_2, \cdots, U_m$ 是 $U(0,1)$ 的独立抽样，则分层抽样法取每层 $N_j = 1$ 个样本来估计 $\theta = Eh(U)$：

$$\hat{\theta} = \frac{1}{m}\sum_{j=1}^{m}h\left(\frac{j-1+U_j}{m}\right) \tag{7.29}$$

分层重要抽样方法是在分层抽样法中划分子集后，在每个子集上的积分用重要抽样法来计算。估计 $\theta = \int g(x)\mathrm{d}x$ 的重要抽样法可以修改为分层重要抽样法，选择一个适当的重要函数 f。

假设 X 由概率积分变换生成并具有密度 f 和累积分布函数 F。如果生成了 M 次重复试验，θ 的重要抽样估计的方差为 σ^2/M，其中 $\sigma^2 = \mathrm{Var}(g(X)/f(X))$。

对分层重要抽样估计来说，把实轴分成 k 个区间 $I_j = \{x : a_{j-1} \leqslant x < a_j\}$，其中端点 $a_0 = -\infty, a_j = F^{-1}(j/k), j = 1, 2, \cdots, k-1, a_k = +\infty$ （实轴在密度 $f(x)$ 下被分成了具有等面积 $1/k$ 的区间，内部的端点为分位数或百分位数）。

在每个子区间上定义 $g_j(x)$：如果 $x \in I_j$，令 $g_j(x) = g(x)$；否则令 $g_j(x) = 0$。现在需要估计 k 个参数

$$\hat{\theta}_j = \int_{a_{j-1}}^{a_j} g_j(x)\mathrm{d}x \quad j = 1, 2, \cdots, k \tag{7.30}$$

以及 $\theta = \theta_1 + \theta_2 + \cdots + \theta_k$。条件概率密度给出了每个子区间的重要函数，即在每个子区间 I_j 上 X 的条件概率密度 f_j 定义如下：

$$f_j(x) = f_{X|I_j}(x|I_j) = \frac{f(x, a_{j-1} \leqslant x < a_j)}{P(a_{j-1} \leqslant x < a_j)}$$
$$= \frac{f(x)}{1/k} = kf(x) \quad a_{j-1} \leqslant x < a_j \tag{7.31}$$

令 $\sigma_j^2 = \mathrm{Var}[g_j(X)/f_j(X)]$，对每一个 $j = 1, 2, \cdots, k$，我们模拟一个大小为 m 的重要样本，在第 j 个子区间上计算 θ_j 的重要抽样估计量 $\hat{\theta}_j$，并计算 $\hat{\theta}^{SI} = \frac{1}{k}\sum_{j=1}^{k} \hat{\theta}_j$，然后由 $\hat{\theta}_1, \hat{\theta}_2, \cdots, \hat{\theta}_k$ 的独立性可知

$$\mathrm{Var}(\hat{\theta}^{SI}) = \mathrm{Var}(\frac{1}{k}\sum_{j=1}^{k} \hat{\theta}_j) = \sum_{j=1}^{k} \frac{\sigma_j^2}{m} = \frac{1}{m}\sum_{j=1}^{k} \sigma_j^2 \tag{7.32}$$

将重要抽样估计量记为 $\hat{\theta}^I$，为判断 $\hat{\theta}^{SI}$ 相对 $\hat{\theta}^I$ 是否是一个更好的 θ 估计量，需要验证 $\mathrm{Var}(\hat{\theta}^{SI})$ 比没有分层时的方差小。如果

$$\frac{\sigma^2}{M} > \frac{1}{m}\sum_{j=1}^{k} \sigma_j^2 = \frac{k}{M}\sum_{j=1}^{k} \sigma_j^2 \;\Rightarrow\; \sigma^2 - k\sum_{j=1}^{k} \sigma_j^2 > 0 \tag{7.33}$$

可见分层缩减了方差，因此我们需要证明如下性质：

性质 2 假设 $M = mk$ 是一个重要抽样估计量 $\hat{\theta}^I$ 的重复试验次数，$\hat{\theta}^{SI}$ 是分层重要抽样估计量，在每一层上对 θ_j 的估计为 $\hat{\theta}_j$，并有 m 次重复试验。如果 $\mathrm{Var}(\hat{\theta}^I) = \sigma^2/M$，且 $\mathrm{Var}(\hat{\theta}_j^I) = \sigma_j^2/m, j = 1, 2, \cdots, k$，那么

$$\sigma^2 \geqslant k\sum_{j=1}^{k} \sigma_j^2 \tag{7.34}$$

等号成立当且仅当 $\theta_1 = \theta_2 = \cdots = \theta_k$，因此，分层不会增加方差，并且除 $g(x)$ 是常数的情况外，一定存在能够缩减方差的分层。

证明： 为了确定不等式 (7.34) 在何时成立，需要考虑具有密度 f_j 的随机变量和具有密度 f 的随机变量 X 之间的关系。

考虑一个两阶段试验，首先在整数 1 到 k 之间随机生成一个数 J，观察到 $J = j$ 后，生成一个概率密度为 f_j 的随机变量 X^*，且有

$$Y^* = \frac{g_j(X)}{f_j(X)} = \frac{g_j(X^*)}{kf_j(X^*)} \tag{7.35}$$

应用条件方差公式

$$\mathrm{Var}(Y^*) = E[\mathrm{Var}(Y^*|J)] + \mathrm{Var}[E(Y^*|J)] \tag{7.36}$$

来计算 Y^* 的方差，这里

$$E[\mathrm{Var}(Y^*|J)] = \sum_{j=1}^{k} \sigma_j^2 P(J=j) = \frac{1}{k}\sum_{j=1}^{k}\sigma_j^2 \tag{7.37}$$

$$\mathrm{Var}[E(Y^*|J)] = \mathrm{Var}(\theta_J) \tag{7.38}$$

由此可得

$$\mathrm{Var}(Y^*) = \frac{1}{k}\sum_{j=1}^{k}\sigma_j^2 + \mathrm{Var}(\theta_J) \tag{7.39}$$

另一方面，

$$k^2\mathrm{Var}(Y^*) = k^2 E[\mathrm{Var}(Y^*|J)] + k^2\mathrm{Var}[E(Y^*|J)] \tag{7.40}$$

且

$$\sigma^2 = \mathrm{Var}(Y) = \mathrm{Var}(kY^*) = k^2\mathrm{Var}(Y^*) \tag{7.41}$$

由此可以推出

$$\sigma^2 = k^2\mathrm{Var}(Y^*) = k^2\left[\frac{1}{k}\sum_{j=1}^{k}\sigma_j^2 + \mathrm{Var}(\theta_J)\right] = k\sum_{j=1}^{k}\sigma_j^2 + k^2\mathrm{Var}(\theta_J) \tag{7.42}$$

因此，

$$\sigma^2 - k\sum_{j=1}^{k}\sigma_j^2 = k^2\mathrm{Var}(\theta_J) \geqslant 0 \tag{7.43}$$

并且等号成立当且仅当 $\theta_1 = \theta_2 = \cdots = \theta_k$，证毕。

例 7.3（例 7.1 续）。

在例 7.1 中，通过重要函数 $p_3(x) = \mathrm{e}^{-x}/(1-\mathrm{e}^{-1}), 0 < x < 1$ 得到了最好的结果。通过 10000 次重复试验得到了估计值 $\hat{\theta} = 0.525672$ 和估计标准误差 0.089732。现在把区间 $(0,1)$ 分成 5 个子区间 $(j/5, (j+1)/5), j = 0,1,2,3,4$。

在第 j 个区间上根据密度

$$f(x) = \frac{5\mathrm{e}^{-x}}{1-\mathrm{e}^{-x}}, \frac{j-1}{5} < x < \frac{j}{5} \tag{7.44}$$

生成随机变量的样本，实现过程留作练习。

7.3 重要抽样在深度学习中的应用

在深度学习特别是 NLP 的词向量训练、神经网络语言模型、深度学习机器翻译等任务中，训练时最后一层往往会使用 Softmax 函数并计算相应的梯度，如图 7.2 所示。

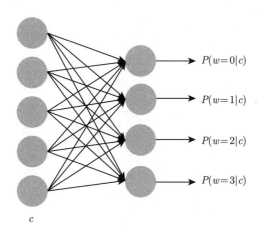

图 7.2 Softmax 算法示意图

Softmax 函数的表达式如下：

$$p(w|c) = \frac{\exp(h^\top \boldsymbol{v}'_w)}{\sum\limits_{w_i \in V} \exp(h^\top \boldsymbol{v}'_{w_i})} = \frac{\exp(h^\top \boldsymbol{v}'_w)}{Z(h)} \tag{7.45}$$

其中，h 是导数层的输出；$\boldsymbol{v}'_{w_i}$ 是 w 对应的输出词向量（Softmax 的权重矩阵）；V 是词典；c 是上下文。在神经网络语言模型中，一般会把 c 压缩为 h。通过抽样 Softmax 可解决 Softmax 分母部分计算量大的问题。

如果损失函数采用交叉熵损失函数，即可

$$H(q, p) = -\sum_x q(x) \log p(x) \tag{7.46}$$

这里 q 是期望分布，如 $q = [0, \cdots 1, \cdots, 0]$。$p$ 是模型输出分布，对应上面的 Softmax 公式。对于一个样本，可得交叉熵损失函数 (这里把模型的参数统称为 θ)，即

$$\begin{aligned} J_\theta &= -\log \frac{\exp(h^\top v'_w)}{\sum\limits_{w_i \in V} \exp(h^\top v'_{w_i})} \\ &= -h^\top v'_w + \log \sum_{w_i \in V} \exp(h^\top v'_{w_i}) \end{aligned} \tag{7.47}$$

令 $\mathcal{E}(w) = -h^\top v'_w$，在模型训练时实际是对 Softmax 的结果进行求导，即对 θ 求梯度得

$$\nabla_\theta J_\theta = \nabla_\theta \mathcal{E}(w) + \nabla_\theta \log \sum_{w_i \in V} \exp[-\mathcal{E}(w_i)] \tag{7.48}$$

由 $\nabla_x \log x = \dfrac{1}{x}$ 知

$$
\begin{aligned}
\nabla_\theta J_\theta =\ & \nabla_\theta \mathcal{E}(w) + \frac{1}{\displaystyle\sum_{w_i \in V} \exp[-\mathcal{E}(w_i)]} \nabla_\theta \sum_{w_i \in V} \exp[-\mathcal{E}(w_i)] \\
=\ & \nabla_\theta \mathcal{E}(w) + \frac{1}{\displaystyle\sum_{w_i \in V} \exp[-\mathcal{E}(w_i)]} \sum_{w_i \in V} \nabla_\theta \exp[-\mathcal{E}(w_i)]
\end{aligned}
\tag{7.49}
$$

根据 $\nabla_x \exp(x) = \exp(x)$，由求导链式法则可得

$$
\begin{aligned}
\nabla_\theta J_\theta =\ & \nabla_\theta \mathcal{E}(w) + \frac{1}{\displaystyle\sum_{w_i \in V} \exp[-\mathcal{E}(w_i)]} \sum_{w_i \in V} \exp[-\mathcal{E}(w_i) \nabla_\theta (-\mathcal{E}(w_i)] \\
=\ & \nabla_\theta \mathcal{E}(w) + \sum_{w_i \in V} \frac{\exp[-\mathcal{E}(w_i)]}{\displaystyle\sum_{w_i \in V} \exp[-\mathcal{E}(w_i)]} \nabla_\theta [-\mathcal{E}(w_i)]
\end{aligned}
\tag{7.50}
$$

从上式可知 $\dfrac{\exp[-\mathcal{E}(w_i)]}{\displaystyle\sum_{w_i \in V} \exp[-\mathcal{E}(w_i)]}$ 就是 Softmax 的输出，即 w_i 的概率 $P(w_i)$。

由此可知，

$$
\begin{aligned}
\nabla_\theta J_\theta =\ & \nabla_\theta \mathcal{E}(w) + \sum_{w_i \in V} P(w_i) \nabla_\theta [-\mathcal{E}(w_i)] \\
=\ & \nabla_\theta \mathcal{E}(w) - \sum_{w_i \in V} P(w_i) \nabla_\theta \mathcal{E}(w_i)
\end{aligned}
\tag{7.51}
$$

对于梯度公式即式 (7.51) 的第二部分，由期望的定义可知，$\nabla_\theta \mathcal{E}(w_i)$ 关于 Softmax 输出分布 $P(w_i)$ 的期望，即

$$
\sum_{w_i \in V} P(w_i) \nabla_\theta \mathcal{E}(w_i) = \mathbb{E}_{w_i \sim P}[\nabla_\theta \mathcal{E}(w_i)]
\tag{7.52}
$$

易知，式 (7.52) 的近似计算可采用经典的蒙特卡罗方法，实际上直接从 $P(w_i)$ 中抽样是不可取的，由于计算 $P(w_i)$ 是非常耗时（因为需要计算 Z）的，因此可采用重要抽样近似计算 Z 以减少计算量。

由重要性采样知

$$
\mathbb{E}_{w_i \sim P}[\nabla_\theta \mathcal{E}(w_i)] \approx \frac{1}{N} \sum_{w_i \sim Q(w)} \frac{P(w_i)}{Q(w_i)} \nabla_\theta \mathcal{E}(w_i)
\tag{7.53}
$$

其中，N 是从建议分布 Q(自行定义的一个容易采样的分布) 中采样的样本数，但这种方法仍然需要计算 $P(w_i)$，而 $P(w_i)$ 的计算又需要 Softmax 做归一化，这又将加大计算量，所以要使用一种有偏估计的方法。

由 Softmax 函数分母 $\dfrac{\exp[-\mathcal{E}(w_i)]}{\sum_{w_i \in V} \exp[-\mathcal{E}(w_i)]}$，可知

$$Z(h) = \sum_{w_i \in V} \exp[-\mathcal{E}(w_i)] = M \sum_{w_i \in V} \left(\frac{1}{M}\right) \cdot \exp[-\mathcal{E}(w_i)] \tag{7.54}$$

可以把 $\sum_{w_i \in V} \left(\dfrac{1}{M}\right) \cdot \exp[-\mathcal{E}(w_i)]$ 看成一种期望形式，通过采样方式进行估计，可得

$$Z(h) = \hat{Z}(h) = \frac{M}{N} \sum_{w_i \sim Q(w)} \frac{\hat{R}(w_i)\exp[-\mathcal{E}(w_i)]}{Q(w_i)} = \frac{M}{N} \sum_{w_i \sim Q(w)} \frac{\exp[-\mathcal{E}(w_i)]}{M \cdot Q(w_i)} \tag{7.55}$$

上式中的 $\hat{R}(w_i)$ 代表概率 $1/M$，约去 M 可得

$$\hat{Z}(h) = \frac{1}{N} \sum_{w_i \sim Q(w)} \frac{\exp[-\mathcal{E}(w_i)]}{Q(w_i)} \tag{7.56}$$

由此可得 $Z(h)$ 的估计量 $\hat{Z}(h)$。

对于式 (7.53)，有

$$\mathbb{E}_{w_i \sim P}[\nabla_\theta \mathcal{E}(w_i)] \approx \frac{1}{N} \sum_{w_i \sim Q(w)} \frac{P(w_i)}{Q(w_i)} \nabla_\theta \mathcal{E}(w_i) = \frac{1}{N} \sum_{w_i \sim Q(w)} \frac{\hat{P}(w_i)}{Q(w_i)} \nabla_\theta \mathcal{E}(w_i) \tag{7.57}$$

其中，$\hat{P}(w_i)$ 代表采样方式获得的概率

$$\hat{P}(w_i) = \frac{\exp[-\mathcal{E}(w_i)]}{\hat{Z}(h)} \tag{7.58}$$

可得

$$\mathbb{E}_{w_i \sim P}[\nabla_\theta \mathcal{E}(w_i)] \approx \frac{1}{N} \sum_{w_i \sim Q(w)} \frac{\exp[-\mathcal{E}(w_i)]}{Q(w_i)\hat{Z}(h)} \nabla_\theta \mathcal{E}(w_i) \tag{7.59}$$

根据建议分布 $Q(w)$ 采样 N 个样本，组成集合 J，最终得到

$$\mathbb{E}_{w_i \sim P}[\nabla_\theta \mathcal{E}(w_i)] \approx \frac{\sum_{w_j \in J} \exp[-\mathcal{E}(w_j)]\nabla_\theta \mathcal{E}(w_j)/Q(w_j)}{\sum_{w_j \in J} \exp[-\mathcal{E}(w_j)]/Q(w_j)} \tag{7.60}$$

则整体梯度为

$$\nabla_\theta J_\theta = \nabla_\theta \mathcal{E}(w) - \frac{\sum_{w_j \in J} \exp[-\mathcal{E}(w_j)]\nabla_\theta \mathcal{E}(w_j)/Q(w_j)}{\sum_{w_j \in J} \exp[-\mathcal{E}(w_j)]/Q(w_j)} \tag{7.61}$$

具体算法步骤如算法 7.3 所示。

算法 7.3 基于 Softmax 梯度 IS 近似计算算法

（1）　添加正面贡献：$\dfrac{\partial \varepsilon(w_t, h_t)}{\partial \theta}$。

（2）　初始化向量 $\boldsymbol{a} = 0, \boldsymbol{b} = 0$。

（3）　重复以下步骤 N 次：

　　　① 采样 $w' \sim Q(\cdot|h_t)$；

　　　② 令 $r = \dfrac{\mathrm{e}^{-\varepsilon(w', h_t)}}{Q(w', h_t)}$；

　　　③ 令 $a = a + r\dfrac{\partial \varepsilon(w_t', h_t)}{\partial \theta}$；

　　　④ $b = b + r$。

（4）　添加负面贡献：$-\dfrac{a}{b}$。

7.4　习　　题

1. 计算 $\displaystyle\int_0^{\pi/3} \sin t\, \mathrm{d}t$ 的蒙特卡罗估计并比较你的估计值和积分的精确值。

2. 设随机变量 X 的密度函数是 $f(x)$，其矩母函数记为 $M(t) = E_f(\mathrm{e}^{tX})$，则称密度函数 $f_t(x) = \dfrac{\mathrm{e}^{tx} f(x)}{M(t)} = \displaystyle\int \mathrm{e}^{tx} f(x)\mathrm{d}x$ 为 X 的倾斜密度函数。若 $f(x)$ 为参数为 λ 的指数分布，证明：f_t 是参数为 $\lambda - t$ 的指数分布。

3. 假设 $f(x)$ 是参数为 μ 和 σ^2 的正态分布，证明倾斜密度函数 f_t 是参数为 $\mu + \sigma^2 t$ 和 σ^2 的正态分布。

4. 若 $X \sim N(0, 1)$，请给出利用重要抽样技术估计概率 $\theta = P(X \geqslant 20)$ 的步骤。

5. 请分别以

$$f_1(x) = 1 \qquad 0 < x < 1,$$

$$f_2(x) = \frac{\mathrm{e}^{-x}}{1 - \mathrm{e}^{-1}} \qquad 0 < x < 1,$$

$$f(x) = \frac{4}{\pi(1 + x^2)} \qquad 0 < x < 1,$$

作为重要函数，运用重要抽样方法估计积分

$$\theta = \int_0^1 \frac{\mathrm{e}^{-x}}{1 - \mathrm{e}^{-1}} \mathrm{d}x$$

并分析比较相应的方差大小。

6. 设二元函数 $f(x, y)$ 定义如下：

$$f(x, y) = \exp[-45(x + 0.4)^2 - 60(y - 0.5)^2] + 0.5\exp[-90(x - 0.5)^2 - 45(y + 0.1)^2],$$

试利用重要抽样法计算如下二重定积分

$$I = \int_{-1}^{1} \int_{-1}^{1} f(x, y) \mathrm{d}x \mathrm{d}y$$

7. 标准化的重要抽样方法在贝叶斯统计推断中具有重要作用。例如，设独立的观测样本 Y_j 服从如下的贝塔–二项分布：

$$f(y_j | K, \eta) = P(Y_j = y_j) = \binom{n_j}{y_j} \frac{\mathrm{B}[K\eta + y_j, K(1-\eta) + n_j - y_j]}{\mathrm{B}(K\eta, K(1-\eta))}$$
$$y_j = 0, 1, 2, \cdots, n_j$$

其中，$\mathrm{B}(\cdot, \cdot)$ 为贝塔函数；n_j 为已知的正整数；$K > 0, 0 < \eta < 1$ 为未知参数。假设参数 (K, η) 具有先验分布

$$\pi(K, \eta) \propto \frac{1}{(1+K)^2} \frac{1}{\eta(1-\eta)}$$

记后验概率为 $\hat{p}(K, \eta | Y)$，试利用重要抽样法计算：$E(\ln K | Y) = \int_{0}^{\infty} \ln K \hat{p}(K, \eta | Y) \mathrm{d}K$ 的值。

8. 设 $X \sim N(0,1)$ $h(x) = \exp\left[-\frac{1}{2}(x-3)^2\right] + \exp\left[-\frac{1}{2}(x-6)^2\right]$，令 $I = Eh(X)$。

(1) 推导 I 的精确表达式并计算结果；

(2) 用 $N = 1000$ 次函数计算的平均值法估计 I 并估计误差大小；

(3) 设计适当的重要抽样方法取 $N = 1000$ 估计 I 并估计误差大小。

9. 设 $X \sim N(0,1)$，则 $\theta = P(X > 4.5) = 3.398 \times 10^{-6}$。

(1) 如果直接生成 N 个 X 的随机数，用 $X_i > 4.5$ 的比例估计 $P(X > 4.5)$，平均多少个样本点中才能有一个样本点满足 $X_i > 4.5$？

(2) 取 V 为指数分布 $\exp(1)$，令 $W = V + 4.5$，用 W 的样本进行重要抽样估计 θ，取样本点个数 $N = 1000$，求估计值并估计误差大小。

10. 令 $\hat{\theta}_f^{IS}$ 是 $\theta = \int g(x) \mathrm{d}x$ 的重要抽样估计量，其中重要函数 f 是一个概率密度。证明如果 $g(x)/f(x)$ 有界，那么重要抽样估计量 $\hat{\theta}_f^{IS}$ 的方差是有限的。

11. 找到两个支撑在 $(0, +\infty)$ 上且接近

$$g(x) = \frac{x^2}{\sqrt{2\pi}} \mathrm{e}^{-x^2/2}, x > 1$$

的重要函数 f_1 和 f_2。在使用重要抽样法估计

$$\int_{1}^{+\infty} \frac{x^2}{\sqrt{2\pi}} \mathrm{e}^{-x^2/2} \mathrm{d}x$$

时哪一个重要函数产生的方差更小，说明你的结论。

12. 使用重要抽样法得到

$$\int_{1}^{+\infty} \frac{x^2}{\sqrt{2\pi}} \mathrm{e}^{-x^2/2} \mathrm{d}x$$

的蒙特卡罗估计。

13. 利用 Python 编程语言实现例 7.1 中的重要抽样估计，并比较选择不同重要函数时的方差。

14. 利用 Python 编程语言实现例 7.3 中的分层重要抽样估计，并和例 7.1 的结果进行比较。

15. 重要抽样技术在深度学习中的应用有哪些？

第 8 章 序贯重要抽样

序贯重要抽样（Sequential Importance Sampling, SIS）算法，是用一系列随机取样点及其权重来表达后验概率密度函数，通过寻找一组在状态空间中传播的随机样本对概率密度函数 $p(X_k|Z_k)$ 进行近似，以样本均值代替积分运算，从而获得状态最小方差估计，利用这些随机取样点的值与其权重的乘积计算得到状态估计值。粒子滤波是一种典型的序贯重要抽样方法。

粒子滤波（Particle Filter，PF）的思想基于蒙特卡罗方法（Monte Carlo Methods），其利用粒子集来表示概率，通过寻找一组在状态空间传播的随机样本对概率密度函数进行近似，以样本均值代替积分运算，从而获得状态最小方差分布的过程。

在滤波过程中，需要用到概率 $p(x)$ 的地方，均对变量 X 采样，以大量采样样本的经验分布来近似表示 $p(x)$。当样本数量 $N \to \infty$ 时，可以逼近任何形式的概率密度分布，并且可以用于任何形式的状态空间模型：

$$\begin{cases} x(t) = f[x(t-1), u(t), w(t)] \\ y(t) = h[x(t), e(t)] \end{cases} \tag{8.1}$$

其中，$x(t)$ 为 t 时刻状态；$u(t)$ 为控制量；$w(t)$ 和 $e(t)$ 分别为模型噪声和观测噪声。前一个是状态转移方程，后一个是观测方程。

那么粒子滤波怎么从观测 $y(t)$ 和 $x(t-1)$、$u(t)$ 预测出真实状态 $x(t)$ 呢？其基本原理如下：

首先，根据 $t-1$ 时刻的状态 $x(t-1)$ 及其概率分布采样生成大量的样本，这些样本称为粒子。这些样本在状态空间中的分布实际上就是 $x(t-1)$ 的概率分布。

其次，依据状态转移方程加上控制量 $u(t)$ 对每一粒子都得到一个预测粒子。

再次，对每个预测粒子进行评价，其原理是当预测粒子越接近于真实状态的粒子，利用观测方程获得其观测值 y 的可能性越大。这里以条件概率 $P(y|x_i)$ 表示假设真实状态 $x(t)$ 取第 i 个粒子 x_i 时获得观测 y 的概率，将这个概率作为第 i 个粒子的权重，由此对所有粒子进行评价，获得相应的权重。易知，越有可能获得观测 y 的粒子，获得的权重越高。

最后，采用重采样算法，去除低权值的粒子，复制高权值的粒子，所得就是需要的最接近真实状态 $x(t)$ 的粒子，这些重采样后的粒子概率分布代表的是真实状态的概率分布。

进一步，将重采样后得到的粒子集输入状态转移方程，重复粒子滤波过程，直到获得足够接近真实状态的预测粒子。

粒子滤波核心是使用一个具有相应权值的随机样本集合 (粒子) 来表示需要的后验概率密度。尽管算法中的概率分布只是真实分布的一种近似，但由于非参数化的特点，它摆脱了解决非线性滤波问题时随机量必须满足高斯分布的制约，能表达比高斯模型更广泛的分布，也对变量参数的非线性特性有更强的建模能力。

8.1 贝叶斯重要抽样方法

蒙特卡罗方法利用所求状态空间中大量的样本点的经验分布来近似逼近待估计随机变量的后验概率分布, 如图 8.1 所示, 从而将积分问题转换为有限样本点的求和问题。

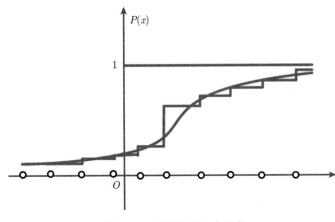

图 8.1 经验概率分布函数

粒子滤波算法的核心思想便是利用一系列随机样本的加权和表示后验概率密度, 通过求和来近似积分操作。假设从后验概率密度 $p(x_k|Y_k)$ 中抽取 N 个独立同分布的随机样本 $x_k^{(i)}, i = 1, 2, \cdots, N$, 则有

$$p(x_k|Y_k) \approx \frac{1}{N} \sum_{i=1}^{N} \delta[x_k - x_k^{(i)}] \tag{8.2}$$

这里 x_k 为连续变量, $\delta(x - x_k)$ 为单位冲激函数 (狄拉克函数), 即

$$\delta(x - x_k) = \begin{cases} 1 & x = x_k \\ 0 & x \neq x_k \end{cases} \tag{8.3}$$

且 $\int \delta(x)\mathrm{d}x = 1$。

当 x 为离散随机变量时, 后验概率分布 $p(x_k|Y_k)$ 可近似逼近为

$$p(x_k|Y_k) \approx \frac{1}{N} \sum_{i=1}^{N} \delta[x_k - x_k^{(i)}]$$

设 $x_k^{(i)}$ 为从后验概率密度函数 $p(x_k|Y_k)$ 中获取的采样粒子, 由大数定律知, 随机变量函数 $f(x_k)$ 的期望估计可以用求和方式逼近, 即

$$E[f(x_k)|Y_k] = \int f(x_k)p(x_k|Y_k)\mathrm{d}x_k \approx \frac{1}{N} \sum_{i=1}^{N} f[x_k^{(i)}] \tag{8.4}$$

蒙特卡罗方法一般有如下步骤:

(1) 构造概率模型。对于本身具有随机性质的问题，主要工作是正确地描述和模拟这个概率过程。对于确定性问题，如计算定积分、求解线性方程组、偏微分方程等问题，采用蒙特卡罗方法求解需要事先构造一个人为的概率过程，将它的某些参量视为问题的解。

(2) 从指定概率分布中采样。产生服从已知概率分布的随机变量是实现蒙特卡罗方法模拟的关键。

(3) 建立各种估计量的估计。一般说来，构造出概率模型并能从中抽样后，便可进行模拟。随后，就要确定一个随机变量，将其作为待求解问题的解进行估计。

在实际计算中，通常无法直接从后验概率分布中采样，如何得到服从后验概率分布的随机样本是蒙特卡罗方法中基本的问题之一。重要抽样法引入一个已知的、容易采样的重要性概率密度函数 $q(x_k|Y_k)$，从中生成采样粒子，利用这些随机样本的加权和来逼近后验滤波概率密度 $p(x_k|Y_k)$，同时使得估计的方差最小。

令 $\{x_k^{(i)}, w_k^{(i)}, i = 1, 2, \cdots, N\}$ 表示一支撑点集，其中 $x_k^{(i)}$ 为 k 时刻第 i 个粒子的状态，其相应的权值为 $w_k^{(i)}$，则后验滤波概率密度可以表示为

$$p(x_k|Y_k) = \sum_{i=1}^{N} w_k^{(i)} \delta[x_k - x_k^{(i)}] \tag{8.5}$$

其中，

$$w_k^{(i)} \propto \frac{p(x_k^{(i)}|Y_k)}{q(x_k^{(i)}|Y_k)} \tag{8.6}$$

当采样粒子的数目很大时，式 (8.5) 便可近似逼近真实的后验概率密度函数。任意函数 $f(x_k)$ 的期望估计为

$$E[f(x_k)|Y_k] = \frac{1}{N} \sum_{i=1}^{N} f(x_k^{(i)}) \frac{p(x_k^{(i)}|Y_k)}{q(x_k^{(i)}|Y_k)} = \frac{1}{N} \sum_{i=1}^{N} f[x_k^{(i)}] w_k^{(i)} \tag{8.7}$$

8.2 序贯重要抽样算法

在基于重要抽样的蒙特卡罗方法中，估计后验滤波概率需要利用所有的观测数据，每次新的观测数据出现都需要重新计算整个状态序列的重要性权值。序贯重要性采样作为粒子滤波的基础，它将统计学中的序贯分析方法应用到蒙特卡罗方法中，从而实现后验滤波概率密度的递推估计。

为了描述方便，用 $X_k = x_{0:k} = \{x_0, x_1, \cdots, x_k\}$ 与 $Y_k = y_{1:k} = \{y_1, y_2, \cdots, y_k\}$ 分别表示 0 到 k 时刻所有的状态与观测值。假设重要性概率密度函数 $q(x_{0:k}|y_{1:k})$ 可以分解为

$$q(x_{0:k}|y_{1:k}) = q(x_{0:k-1}|y_{1:k-1})q(x_k|x_{0:k-1}, y_{1:k}) \tag{8.8}$$

设系统状态是一个马尔可夫过程，且给定系统状态下各次观测独立，则有

$$p(x_{0:k}) = p(x_0) \prod_{i=1}^{k} p(x_i|x_{i-1}) \tag{8.9}$$

$$p(y_{1:k}|x_{1:k}) = \prod_{i=1}^{k} p(y_i|x_i) \tag{8.10}$$

后验概率密度函数的递归形式可以表示为

$$
\begin{aligned}
p(x_{0:k}|Y_k) &= \frac{p(y_k|x_{0:k}, Y_{k-1})p(x_{0:k}|Y_{k-1})}{p(y_k|Y_{k-1})} \\
&= \frac{p(y_k|x_{0:k}, Y_{k-1})p(x_k|x_{0:k-1}, Y_{k-1})p(x_{0:k-1}|Y_{k-1})}{p(y_k|Y_{k-1})} \\
&= \frac{p(y_k|x_{0:k}, Y_{k-1})p(x_k|x_{k-1})p(x_{0:k-1}|Y_{k-1})}{p(y_k|Y_{k-1})}
\end{aligned}
\tag{8.11}
$$

粒子权值 $w_k^{(i)}$ 的递归形式可以表示为

$$
\begin{aligned}
w_k^{(i)} &\propto \frac{p(x_{0:k}^{(i)}|Y_k)}{q(x_{0:k}^{(i)}|Y_k)} \\
&= \frac{p(y_k|x_k^{(i)})p(x_k^{(i)}|x_{k-1}^{(i)})p(x_{0:k-1}^{(i)}|Y_{k-1})}{q(x_k^{(i)}|x_{0:k-1}^{(i)}, Y_k)q(x_{0:k-1}^{(i)}|Y_{k-1})} \\
&= w_{k-1}^{(i)} \frac{p(y_k|x_k^{(i)})p(x_k^{(i)}|x_k^{(i)})}{q(x_k^{(i)}|x_{0:k-1}^{(i)}, Y_k)}
\end{aligned}
\tag{8.12}
$$

通常，需要对粒子权值进行归一化处理，即

$$\widetilde{w}_k^{(i)} = \frac{w_k^{(i)}}{\sum_{i=1}^{N} w_k^{(i)}} \tag{8.13}$$

序贯重要抽样算法从重要性概率密度函数中生成采样粒子，并随着测量值的依次到来递推求得相应的权值，最终以粒子加权和的形式来描述后验滤波概率密度，进而得到状态估计。序贯重要抽样算法的流程可以用如下伪代码描述：

- $[\{x_k^{(i)}, w_k^{(i)}\}] = \mathrm{SIS}(\{x_{k-1}^{(i)}, w_{k-1}^{(i)}\}_{i=1}^{N}, Y_k)$
- For $i = 1:N$
  ① 时间更新，根据重要性参考函数 $q(x_k^{(i)}|x_{0:k-1}^{(i)}, Y_k)$ 生成采样粒子 $x_k^{(i)}$；
  ② 量测更新，根据最新观测值计算粒子权值 $w_k^{(i)}$。
- End For
- 粒子权值归一化，并计算系统状态。

为得到正确的状态估计，通常希望粒子权值的方差尽可能趋近于零，然而，序贯蒙特卡罗方法一般都存在权值退化问题。在实际计算中，经过数次迭代，只有少数粒子的权值较大，其余粒子的权值可忽略不计。粒子权值的方差随着时间增大，状态空间中的有效粒子数减少。随着无效采样粒子数目的增加，大量的计算浪费在对估计后验滤波概率分布几乎不起作用的粒子更新上，使得估计性能下降。通常用有效粒子数 N_{eff} 来衡量粒子权值的

退化程度，即

$$N_{\text{eff}} = N/[1 + \text{Var}(w_k^{*(i)})] \tag{8.14}$$

$$w_k^{*(i)} = \frac{p[x_k^{(i)}|y_{1:k}]}{q[x_k^{(i)}|x_{k-1}^{(i)}, y_{1:k}]} \tag{8.15}$$

有效粒子数越小，表明权值退化越严重。在实际计算中，有效粒子数 N_{eff} 可以近似为

$$\hat{N}_{\text{eff}} \approx \frac{1}{\sum_{i=1}^{N}[w_k^{(i)}]^2} \tag{8.16}$$

在进行序贯重要抽样时，若 $\hat{N}_{\text{eff}}$ 小于事先设定的某一阈值，则应当采取一些措施进行控制。克服序贯重要抽样算法权值退化现象最直接的方法是增加粒子数，而这会造成相应计算量的增加，影响计算的实时性。因此，一般采用以下两种途径：

① 选择合适的重要性概率密度函数；

② 在序贯重要抽样之后，采用重采样方法。

图 8.2 给出了序贯重要采样和重采样的直观解释。

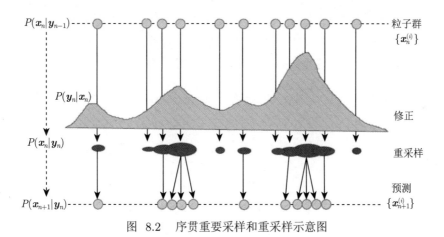

图 8.2　序贯重要采样和重采样示意图

8.3　重要函数的选择

重要性概率密度函数（重要函数）的选择对粒子滤波的性能有很大影响，在设计与实现粒子滤波器的过程中十分重要。在工程应用中，通常选取状态变量的转移概率密度函数 $p(x_k|x_{k-1})$ 作为重要性概率密度函数。此时，粒子的权值为

$$w_k^{(i)} = w_{k-1}^{(i)} p[y_k|x_i^{(i)}] \tag{8.17}$$

转移概率的形式简单且易于实现，在观测精度不高的场合，将其作为重要性概率密度函数可以取得较好的滤波效果。然而，采用转移概率密度函数作为重要性概率密度函数没有考虑最新观测数据所提供的信息，从中抽取的样本与真实后验分布产生的样本存在一定

的偏差，特别是当观测模型具有较高的精度或预测先验与似然函数之间重叠部分较少时，这种偏差尤为明显。

选择重要性概率密度函数的一个标准是使得粒子权值 $\{w_k^{(i)}\}_{i=1}^N$ 的方差最小。Doucet 等给出的最优重要性概率密度函数为

$$
\begin{aligned}
q[x_k^{(i)}|x_{k-1}^{(i)}, y_k] &= p[x_k^{(i)}|x_{k-1}^{(i)}, y_k] \\
&= \frac{p[y_k|x_k^{(i)}, x_{k-1}^{(i)}]p[x_k^{(i)}|x_{k-1}^{(i)}]}{p[y_k|x_{k-1}^{(i)}]} \\
&= \frac{p[y_k|x_k^{(i)}]p[x_k^{(i)}|x_{k-1}^{(i)}]}{p[y_k|x_{k-1}^{(i)}]}
\end{aligned}
\tag{8.18}
$$

此时，粒子的权值为

$$
w_k^{(i)} = w_{k-1}^{(i)} p[y_k|x_{k-1}^{(i)}]
\tag{8.19}
$$

以 $p[x_k^{(i)}|x_{k-1}^{(i)}, y_k]$ 作为重要性概率密度函数需要对其直接采样。此外，只有在 x_k 为有限离散状态或 $p[x_k^{(i)}|x_{k-1}^{(i)}, y_k]$ 为高斯函数时，$p[y_k|x_{k-1}^{(i)}]$ 才存在解析解。在实际情况中，构造最优重要性概率密度函数的困难程度与直接从后验概率分布中抽取样本的困难程度等同。从最优重要性概率密度函数的表达形式来看，产生下一个预测粒子依赖于已有的粒子和最新的观测数据，这对于设计重要性概率密度函数具有重要的指导作用，即应该有效利用最新的观测信息，在易于采样实现的基础上，将更多的粒子移动到高似然的区域，如图 8.3 所示。

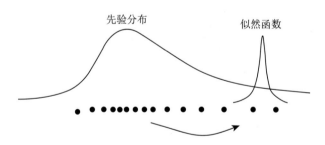

图 8.3　移动粒子至高似然区域

辅助粒子滤波算法利用 k 时刻的信息，将 $k-1$ 时刻最有前途（预测似然度大）的粒子扩展到 k 时刻，从而生成采样粒子。与 SIR 滤波器相比，当粒子的似然函数位于先验分布的尾部或似然函数形状比较狭窄时，辅助粒子滤波能够得到更精确的估计结果。辅助粒子滤波引入辅助变量 m 来表示 $k-1$ 时刻的粒子列表，应用贝叶斯定理，联合概率密度函数 $p(x_k|y_{1:k})$ 可以描述为

$$
\begin{aligned}
p(x_k, m|y_{1:k}) &\propto p(y_k|x_k)p(x_k, m|y_{1:k-1}) \\
&= p(y_k|x_k)p(x_k|m, y_{1:k-1})p(m|y_{1:k-1}) \\
&= p(y_k|x_k^m)p(x_k|x_{k-1}^m)w_{k-1}^m
\end{aligned}
\tag{8.20}
$$

生成 $\{x_k^{(i)}, m^{(i)}\}_{i=1}^N$ 的重要性概率密度函数 $q(x_k, m|x_{0:k-1}, y_{1:k})$ 为

$$q(x_k, m|x_{0:k-1}, y_{1:k}) \propto p(y_k|\mu_k^m)p(x_k|x_{k-1}^m)w_{k-1}^m \tag{8.21}$$

其中，μ_k^m 为由 $\{x_{k-1}^{(i)}\}_{i=1}^N$ 预测出的与 x_k 相关的特征，可以是采样值 $\mu_k^m \sim p(x_k|x_{k-1}^m)$ 或预测均值 $\mu_k^m = E[x_k|x_{k-1}^m]$。

定义 $q(x_k|m, y_{1:k}) = p(x_k|x_{k-1}^m)$，由于

$$q(x_k, m|y_{1:k}) = q(x_k|m, y_{1:k})q(m|y_{1:k}) \tag{8.22}$$

则有

$$q(m|y_{1:k}) = p(y_k|\mu_k^m)w_{k-1}^m \tag{8.23}$$

此时，粒子权值 $w_k^{(i)}$ 为

$$w_k^{(i)} \propto w_k^{m^{(i)}} \frac{p(y_k|x_k^{(i)})p(x_k^i|x_k^{m^{(i)}})}{q(x_k, m|x_{0:k-1}^m, y_k)} = \frac{p(y_k|x_k^{(i)})}{p(y_k|\mu_k^{m^{(i)}})} \tag{8.24}$$

采用局部线性化的方法来逼近 $p(x_k|x_{k-1}, y_k)$ 是另一种提高粒子采样效率的有效方法。在扩展 Kalman 粒子滤波与 Uncented 粒子滤波算法中，基于最新观测值，采用 Unscented Kalman 滤波器（UKF）或扩展 Kalman 滤波器（EKF）对各个粒子进行更新，得到随机变量经非线性变换后的均值和方差，并将它作为重要性概率密度函数。另外，利用似然函数的梯度信息，采用牛顿迭代或均值漂移等方法移动粒子至高似然区域，也是一种可行的方案。如图 8.4 所示为结合均值漂移的粒子滤波算法。

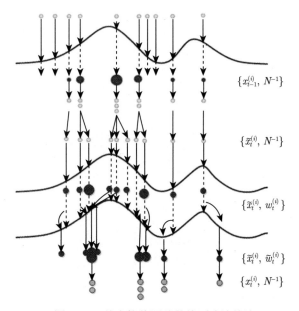

图 8.4 结合均值漂移的粒子滤波算法

　　以上这些方法的共同特点是将最新的观测数据融入系统状态的转移过程中，引导粒子到高似然区域，由此产生的预测粒子可较好地服从状态的后验概率分布，从而有效地减少描述后验概率密度函数所需的粒子数。

8.4　重采样方法

　　针对序贯重要抽样算法存在的权值退化现象，Gordon 等提出了一种名为 Bootstrap 的粒子滤波算法。该算法在每步迭代过程中根据粒子权值对离散粒子进行重采样，此法在一定程度上解决了这个问题。重采样方法舍弃权值较小的粒子，代之以权值较大的粒子。重采样过程在满足 $p(\tilde{x}_k^{(i)} = x_k^{(i)}) = \tilde{w}_k^{(i)}$ 的条件下，将粒子集合 $\{\tilde{x}_k^{(i)}, \tilde{w}_k^{(i)}\}_{i=1}^N$ 更新为 $\{x_k^{(i)}, 1/N\}_{i=1}^M$。重采样策略包括固定时间间隔重采样与根据粒子权值进行动态重采样。动态重采样通常根据当前的有效粒子数或最大与最小权值比来判断是否需要进行重采样。常用的重采样方法包括多项式重采样（Multinomial Resampling）、残差重采样（Residual Resampling）、分层重采样（Stratified Resampling）与系统重采样（Systematic Resampling）等。残余重采样法具有效率高、实现方便的特点。设 $N^i = \lfloor N\tilde{w}_k^{(i)} \rfloor$，其中 $\lfloor \cdot \rfloor$ 为取整操作。残余重采样用新的权值 $\tilde{w}_k^{*(i)} = \bar{N}_k^{-1}(N\tilde{w}_k^{(i)} - N^i)$ 选择余下的 $\bar{N}_k = N - \sum\limits_{i=1}^N N^i$ 个粒子，如图 8.5 所示。

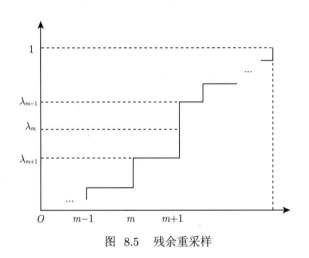

图　8.5　残余重采样

　　以下是残余重采样的主要过程。

　　（1）计算剩余粒子的权值累计量 $\lambda_j, j = 1, 2, \cdots, \bar{N}_k$。

　　（2）生成 $\bar{N}_k$ 个在 $[0,1]$ 内均匀分布的随机数 $\{\mu^l\}_{l=1}^{\hat{N}_k}$。

　　（3）对于每个 μ^i，寻找归一化权值累计量大于或等于 μ^i 的最小标号 m，即 $\lambda_{m-1} < \mu^l < \lambda_m$。当 μ^i 落在 $[\lambda_{m-1}, \lambda_m]$ 区间时，x_k^m 被复制一次，如图 8.5 所示。

　　这样，每个粒子 $x_k^{(i)}$ 经重采样后的个数为步骤 (3) 中被选择的若干粒子数目与 N^i 之和。

　　重采样并没有从根本上解决权值退化问题。重采样后的粒子之间不再是统计独立关系，给估计结果带来额外的方差。重采样破坏了序贯重要抽样算法的并行性，不利于 VLSI 硬件实现。另外，频繁的重采样会降低对测量数据中异常值的鲁棒性。由于重采样后的粒子集中包含了多个重复的粒子，重采样过程可能导致粒子多样性的丧失，此类问题在噪声较小的环境下更加严重。因此，一个好的重采样算法应该在增加粒子多样性和减少权值较小的粒子数目之间进行有效折中。

图 8.6 为 SIR（粒子滤波）算法的示意图，该图描述了粒子滤波算法包含的时间更新、观测更新和重采样三个步骤。$k-1$ 时刻的先验概率由 N 个权值为 $1/N$ 的粒子 $x_{k-1}^{(i)}$ 近似表示。在时间更新过程中，通过系统状态转移方程预测每个粒子在 k 时刻的状态 $\tilde{x}_k^{(i)}$。经过观测值后，更新粒子权值 $\tilde{w}_k^{(i)}$。重采样过程舍弃权值较小的粒子，代之以权值较大的粒子，粒子的权值被重新设置为 $1/N$。

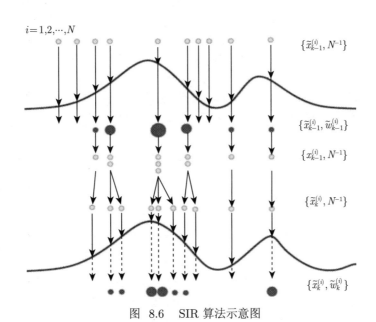

图 8.6　SIR 算法示意图

标准的粒子滤波算法流程为：

① 粒子集初始化，$k=0$：
- 对于 $i=1,2,\cdots,N$，由先验概率分布 $p(x_0)$ 生成采样粒子 $\{x_0^{(i)}\}_{i=1}^N$。

② 对于 $k=1,2,\cdots$，循环执行以下步骤：
- 重要抽样：对于 $i=1,2,\cdots,N$，从重要性概率密度中生成采样粒子 $\{\tilde{x}_k^{(i)}\}_{i=1}^N$，计算粒子权值 $\tilde{w}_k^{(i)}$，并进行归一化；
- 重采样：对粒子集 $\{\tilde{x}_k^{(i)}, \tilde{w}_k^{(i)}\}$ 进行重采样，重采样后的粒子集为 $\{x_k^{(i)}, 1/N\}$；
- 输出：计算时刻的状态估计值，即 $\hat{x}_k = \sum_{i=1}^N \tilde{x}_k^{(i)} \tilde{w}_k^{(i)}$。

粒子滤波中的权值退化问题是不可避免的。虽然重采样方法可以在一定程度上缓解权值退化现象，但重采样方法也会带来一些其他问题。重采样需要综合所有的粒子才能实现，这限制了粒子滤波的并行计算。另外，根据重采样的原则，粒子权值较大的粒子必然会更多地被选中复制，经过若干步迭代后，必然导致相同的粒子越来越多，粒子将缺乏多样性，可能出现粒子退化现象，从而使状态估计产生较大偏差。

　　针对粒子退化问题，一个有效的解决方法是增加马尔可夫链蒙特卡罗（Markov Chain Monte Carlo，MCMC）移动步骤。马尔可夫链蒙特卡罗方法（如 Gibbs 采样、Metropolis-Hastings 采样等）利用不可约马尔可夫过程可逆平稳分布的性质，将马尔可夫过程的平稳分布视为目标分布，通过构造马尔可夫链产生来自目标分布的粒子。粒子退化问题是由于重采样使得粒子过分集中在某些状态上而导致的，对重采样后的粒子进行马尔可夫跳转可以提高粒子群的多样性，同时保证跳转后的粒子同样能够准确地描述既定的后验分布。设粒子分布服从后验概率 $p(\widetilde{x}_{0:k}|y_{1:k})$，实施核为 $k(x_{0:k}|\widetilde{x}_{0:k})$ 的马尔可夫链变换之后，若满足

$$\int k(x_{0:k}|\widetilde{x}_{0:k})p(\widetilde{x}_{0:k}|y_{1:k})\mathrm{d}\widetilde{x}_{0:k} = p(x_{0:k}|y_{1:k}) \tag{8.25}$$

便可以得到一组满足既定后验概率分布的粒子集合，且这组新的粒子可能移动到状态空间中更为有利的位置。采用 Metropolis-Hastings 算法，从概率密度 $q(x)$ 中生成粒子的具体步骤为：

　　① 从 $[0,1]$ 的均匀分布中生成随机数 $r \sim U[0,1]$；

　　② 从重要性概率密度函数中生成采样粒子 $x_k^* \sim p(x_k^*|x_k^{(i)})$；

　　③ 如果 $r \leqslant \min\left\{1, \dfrac{q(x_k^*)p(x_k^{(i)}|x_k^*)}{q(x_k^{(i)})p(x_k^*|x_k^{(i)})}\right\}$，接受 x_k^*；否则，拒绝 x_k^*。

　　另一种解决粒子退化问题的方法是正则化粒子滤波。传统的重采样方法是在离散分布中采样实现的，即

$$\{x_k^{(i)}, w_k^{(i)}\} \sim p(x_{0:k}|y_{1:k}) = \frac{1}{N}\sum_{i=1}^{N} w_k^{(i)}\delta(x_k - x_k^{(i)}) \tag{8.26}$$

在过程噪声比较小的情况下，传统的粒子滤波方法（如 SIR 方法）的粒子退化现象比较严重；正则化粒子滤波首先采用密度估计理论计算后验密度的连续分布，然后从连续分布中采样来生成采样粒子，以提高粒子集的多样性，即

$$\{x_k^{(i)}, w_k^{(i)}\} \sim p(x_k|y_{1:k}) = \frac{1}{N}\sum_{i=1}^{N} w_k^{(i)}K_h(x_k - x_k^{(i)}) \tag{8.27}$$

其中，$K_h = \dfrac{1}{h_x^n}K(\frac{1}{h})$，$h$ 为带宽，$K(\cdot)$ 为核函数。在实际计算中，为减少计算量，通常采用高斯核函数。

　　例如，已知状态方程如下：

$$x_k = \frac{x_{k-1}}{2} + \frac{25x_{k-1}}{1+x_{k-1}^2} + 8\cos[1.2(k-1)] + v_k \tag{8.28}$$

$$y_k = \frac{x_k^2}{20} + n_k \tag{8.29}$$

其中，$v_k \sim N(0,1), n_k \sim N(0,1)$，试用粒子滤波方法估计出系统的状态输出。

　　其算法的 Python 实现如下。

```
1   import numpy as np
2   import matplotlib.pyplot as plt
3
4   def estimate(particles, weights):
5       """returns mean and variance of the weighted particles"""
6       mean = np.average(particles, weights=weights)
7       var = np.average((particles - mean) ** 2, weights=weights)
8       return mean, var
9
10  def simple_resample(particles, weights):
11      N = len(particles)
12      cumulative_sum = np.cumsum(weights)
13      cumulative_sum[-1] = 1.  # avoid round-off error
14      rn = np.random.rand(N)
15      indexes = np.searchsorted(cumulative_sum, rn)
16      # resample according to indexes
17      particles[:] = particles[indexes]
18      weights.fill(1.0 / N)
19      return particles, weights
20
21  x = 0.1  # 初始真实状态
22  x_N = 1  # 系统过程噪声的协方差（由于是一维的，这里就是方差）
23  x_R = 1  # 测量的协方差
24  T = 75  # 共进行75次
25  N = 100  # 粒子数，越大效果越好，计算量也越大
26
27  V = 2  # 初始分布的方差
28  x_P = x + np.random.randn(N) * np.sqrt(V)
29  x_P_out = [x_P]
30
31  z_out = [x ** 2 / 20 + np.random.randn(1) * np.sqrt(x_R)]  # 实际测量值
32  x_out = [x]  # 测量值的输出向量
33  x_est = x  # 估计值
34  x_est_out = [x_est]
35
36  for t in range(1, T):
37      x = 0.5 * x + 25 * x / (1 + x ** 2) + 8 * np.cos(1.2 * (t - 1)) + np.random.randn() *
            np.sqrt(x_N)
38      z = x ** 2 / 20 + np.random.randn() * np.sqrt(x_R)
39      # 更新粒子
40      # 从先验p(x(k) | x(k - 1))中采样
41      x_P_update = 0.5 * x_P + 25 * x_P / (1 + x_P ** 2) + 8 * np.cos(1.2 * (t - 1)) + np.
            random.randn(N) * np.sqrt(x_N)
42      z_update = x_P_update ** 2 / 20
43      # 计算权重
44      P_w = (1 / np.sqrt(2 * np.pi * x_R)) * np.exp(-(z - z_update) ** 2 / (2 * x_R))
45      P_w /= np.sum(P_w)
46      # 估计
47      x_est, var = estimate(x_P_update, P_w)
48      # 重采样
49      x_P, P_w = simple_resample(x_P_update, P_w)
50      # 保存数据
```

```
51        x_out.append(x)
52        z_out.append(z)
53        x_est_out.append(x_est)
54        x_P_out.append(x_P)
55
56    # 显示粒子轨迹、真实值、估计值
57    t = np.arange(0, T)
58    x_P_out = np.asarray(x_P_out)
59    for i in range(0, N):
60        plt.plot(t, x_P_out[:, i], color='gray')
61    plt.plot(t, x_out, color='lime', linewidth=2, label='true value')
62    plt.plot(t, x_est_out, color='red', linewidth=2, label='estimate value')
63    plt.legend()
64    plt.show()
```

系统真实值、估计值和粒子轨迹程序运行结果如图 8.7 所示。

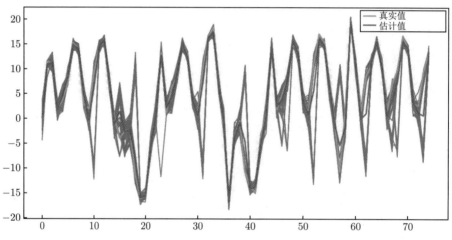

图 8.7　系统真实值、估计值和粒子轨迹程序运行结果

注：见书后彩图。

8.5　习　　题

1. 试述如何选择重要性概率密度函数。

2. 在调相通信中，考虑如下的状态空间模型：

$$X_t = \phi_1 X_{t-1} + \eta_t, \eta_t \sim N(0, \sigma_\eta^2) \qquad t = 1, 2, \cdots, n$$

$$y_t = A\cos(ft + X_t) + \varepsilon_t, \varepsilon_t \sim N(0, \sigma_{\varepsilon_t}^2) \qquad t = 1, 2, \cdots, n$$

其中，$\phi_1 = 0.6, \sigma_\eta^2 = 1/6, A = 320, f = 1.072 \times 10^7, \sigma_\varepsilon^2 = 1, \{y_1, y_2, \cdots, y_n\}$ 为观测值，$X_1, X_2, \cdots, X_n$ 为不可观测的随机变量。

（1）设 $X_0 = 0, n = 128$, 模拟生成 $(X_t, y_t), t = 1, 2, \cdots, n$;

（2）设计序贯重要抽样（SIS）算法产生关于已知 $y_1, y_2, \cdots, y_n$ 条件下 $X_1, X_2, \cdots, X_n$ 的条件分布的适当加权样本，共生成 $N = 10000$ 组;

（3）考虑以上得到的权重 $\{W_i\}$ 的分布情况；

（4）在 SIS 抽样的每一步进行剩余再抽样；

（5）根据后验均值利用上述改进抽样估计 $(X_1, X_2, \cdots, X_n)$；

（6）对每一个 X_t，计算上述后验估计的标准误差；

（7）独立重复 $M = 400$ 次估计过程，从 M 次不同的后验估计计算新的估计标准误差，与（6）得到结果进行比较。

第 9 章　非参数概率密度估计

常见的参数化估计主要包括矩估计、最大似然估计、最小二乘法和贝叶斯估计等。一方面，这些参数化估计方法一般假设概率密度形式已知，而在实际应用分析中，概率密度形式往往未知。另一方面，参数化方法估计的概率密度一般为单模态分布，即只有一个局部极大值，而实际应用分析中的概率密度函数往往是多模态的，即有多个局部极大值。同时，实际中样本维数较高，且关于高维密度函数可以表示成一些低维密度函数乘积的假设通常也不成立。

非参数估计也称为无参密度估计，是一种对先验知识要求最少，完全依靠训练数据进行估计，而且可以用于任意形状密度估计的方法。本章主要介绍非参数密度估计方法：能处理任意的概率分布，而不必假设密度函数的形式已知。其基本思想为：每个样本对总体概率密度的分布都有贡献（如矩形 a），N 个样本的贡献叠加起来，得到概率密度估计，如图 9.1 中虚线所示。也可以认为每个样本 x_i 在自己位置上的贡献最大，离 x_i 远贡献小（如正态分布），同样叠加得到概率密度估计。

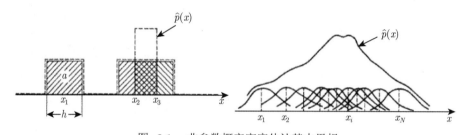

图 9.1　非参数概率密度估计基本思想

9.1　直　方　图　法

直方图密度估计是应用最早也是应用最为广泛的密度估计方法，它是用一组样本构造概率密度的经典方法。在一维情况下，实轴分成一些大小相等的单元格，每个单元格上估计的图像为一个阶梯形，若从每一个端点向底边作垂线以构成矩形，则得到一些由直立的矩形排在一起而构成的直方图，如图 9.2 所示。

直方图方法估计一维概率密度函数近似值，具体如下：

（1）将 x 轴划分为长度为 h 的区间，样本 x 落在某个区间的概率就是这个区间的估计值。样本总数记为 N，落在某个区间的点数为 k_N，相应的概率近似于频率

$$p \approx k_N/N$$

（2）概率密度在同一个区间内为常数，近似等于 $\hat{p}(x) = \dfrac{1}{h} \cdot \dfrac{k_N}{N}, |x - x_0| \leqslant \dfrac{h}{2}$，$x_0$ 为区间中点。

（3）估计值收敛于真实值的条件为

$$h_N \to 0; k_N \to \infty; k_N/N \to 0$$

这三个条件表示对 N 的依赖性。

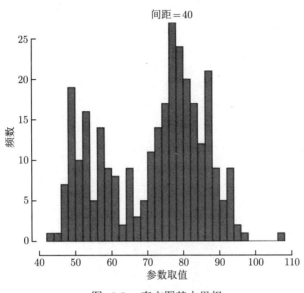

图 9.2 直方图基本思想

设样本 x 落入区域 R 的概率为 $P = \int_R p(x)\mathrm{d}x$，$p(x)$ 为 x 的总体概率密度函数，从 $p(x)$ 中独立抽取的 N 个样本 $x_1, x_2, \cdots, x_N$，则 N 个中有 k 个样本落入区域 R 的概率 P_k 服从离散二项分布

$$P_k = C_N^k P^k (1-P)^{N-k}$$

其中，P 为落入 R 的概率，$C_N^k = \dfrac{N!}{k!(N-k)!}$。

根据二项分布的性质可知，使得 P_k 取最大值的 k 称为众数 $m, m = [(N+1)P]$，即

$$P_m = \max P_k$$

根据众数定义，N 个样本中 $k = m$ 个落入 R 的概率最大

$$k = m = (N+1)\hat{P} \approx N\hat{P}$$

由此可得 $\hat{P} \approx k/N$，这是总体密度 $p(x)$ 在 R 上一个很好的估计。为了估计 $\hat{p}(x)$，设 $p(x)$ 连续，并且区域 R 足够小，使 $p(x)$ 在 R 中近似不变，得到

$$P = \int_R p(x)\mathrm{d}x = p(x)V \tag{9.1}$$

式中，V 是区域 R 的体积；x 是 R 中的点，则

$$\frac{k}{N} \approx \hat{P} = \int_R \hat{p}(x)\mathrm{d}x = \hat{p}(x)V \tag{9.2}$$

因此，$\hat{p}(x) = \dfrac{k/N}{V}$。式 (9.2) 就是 x 点概率密度 $p(x)$ 的估计值。其与样本数 N、包含 x 的区域体积 V 及落入其中的样本数 k 有关。

理论上讲，要使 $\hat{p}_N(x)$ 收敛于 $p(x)$，就必须使体积 V 趋于零，同时 N 和 k 趋于无穷大。若体积 V 固定，样本取得越来越多，则 k/N 收敛，只能得到 $p(x)$ 的空间平均估计

$$\frac{\hat{P}}{V} = \frac{\displaystyle\int_R \hat{p}(x)\mathrm{d}x}{\displaystyle\int_R \mathrm{d}x} \tag{9.3}$$

若样本数 N 固定，使 R 不断缩小，V 趋于零，会出现两种无意义的情况：一是区域内不包含任何样本，$p(x) = 0$；二是碰巧有一个样本，$p(x) = \infty$。实际上样本是有限的，V 也不能任意缩小。若用这种方法估计，频率 k/N 和估计的 $p(x)$ 将存在随机性，都有一定的方差。

假设有无限多的样本可利用，在特征空间构造包含 x 点的区域序列 $R_1, R_2, \cdots, R_N, \cdots$，对 R_1 用一个样本进行估计，对 R_2 用两个样本进行估计。设落在 R_N 的 x 点数为 k_N，则第 N 次估计的概率密度函数为

$$\hat{P}_N(x) = \frac{k_N/N}{V_N} \tag{9.4}$$

要使 $\hat{p}_N(x)$ 收敛于 $p(x)$ 的三个条件如下：

① $\lim\limits_{N \to \infty} V_N = 0$，即区域平滑缩小，可使空间平均 P/V 收敛于 $P(x)$；

② $\lim\limits_{N \to \infty} k_N = \infty$，对 $p(x) \neq 0$ 的点，可使频率 k_N/N 收敛于 P；

③ $\lim\limits_{N \to \infty} \dfrac{k_N}{N} = 0$，尽管 R_N 内落入大量样本 k_N，但与 N 比仍可忽略不计，要使 $\hat{p}_N(x)$ 收敛，这是必要条件。

有两种经常采用的获得这种区域序列的途径，如图 9.3 所示。第一种"Parzen 窗估计法"是根据某一个确定的体积函数（如 $V_n = 1/\sqrt{n}$）来逐渐收缩到一个给定的初始值。这就要求随机变量 k_n 和 k_n/n 能够保证 $p_n(x)$ 收敛到 $p(x)$。第二种"K-近邻法"则是先确定 k_n 为 n 的某个函数，如 $k_n = \sqrt{n}$。这样，体积需要逐渐变大，直到最后能包含进 x 的 k_n 个相邻点。

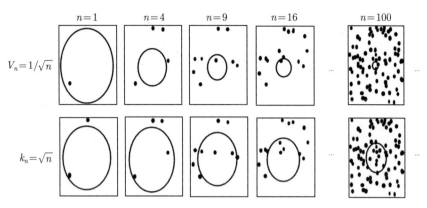

图 9.3 Parzen 窗估计法与 $K-$ 近邻法概率密度估计的基本思想

9.2 Parzen 窗估计法

已知测试样本数据 $x_1, x_2, \cdots, x_n$，在不利用有关数据分布的先验知识，对数据分布不附加任何假定的前提下，假设 R 是以 x 为中心的超立方体，h 为这个超立方体的边长。对于二维情况，方形中有面积 $V = h^2$，在三维情况中立方体体积 $V = h^3$，如图 9.4 所示。

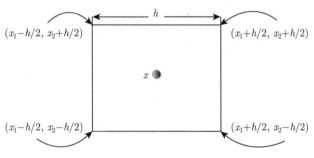

图 9.4 Parzen 窗估计法示意图

考查训练样本 x_i 是否落入这个超立方体内，检查 $x - x_i$ 的每一个分量值。若小于 $h_N/2$，则在 R_N 内，其中 x 为数轴（特征空间坐标轴）上的点。为了用函数描述落入 V_N 中训练样本的数目 k_N，定义窗函数

$$\varphi(u) = \begin{cases} 1 & |u_j| \leqslant 1/2, j = 1, 2, \cdots, d \\ 0 & \text{其他} \end{cases} \tag{9.5}$$

对 u 的特征空间来说，$\varphi(u)$ 是围绕原点的一个单位超立方体。若 $u = \dfrac{x - x_j}{h_N}$，则窗函数为

$$\varphi\left(\frac{x - x_i}{h}\right) = \begin{cases} 1 & \left|\dfrac{x_{ik} - x_k}{h}\right| < \dfrac{1}{2}, \quad k = 1, 2, \cdots \\ 0 & \text{其他} \end{cases} \tag{9.6}$$

当某个样本 x_j 落入以 x 为中心、体积为 V_N 的超立方体内时记为 1，否则为 0，则落入 V_N 内的样本数（在以 x 为中心的超立方体内的样相加）为

$$k_N = \sum_{i=1}^{N} \varphi \left(\frac{x - x_j}{h_N} \right) \tag{9.7}$$

则 x 点处的概率密度估计为

$$\hat{p}_N(x) = \frac{k_N/N}{V_N} \tag{9.8}$$

则它的 Parzen 窗概率密度估计为

$$p(x) = \frac{1}{nh} \sum_{i=1}^{N} \varphi \left(\frac{x - x_i}{h} \right) \tag{9.9}$$

其中，n 为样本数量；h 为选择的窗的长度；$\varphi(\cdot)$ 为窗函数。为了使 Parzen 窗估计 $\hat{p}_N(x)$ 是一个合理的概率密度函数，必须满足对概率密度函数的基本要求：非负性和规范性，即

- $\varphi(u) \geqslant 0$，非负性；

- $\int \varphi(u)\mathrm{d}u = 1$，规范性。

由此可知窗函数本身具有概率密度函数的形式，常见的窗函数如下。

（1）方窗函数

$$\varphi(u) = \begin{cases} 1 & |u| \leqslant 1/2 \\ 0 & \text{其他} \end{cases} \tag{9.10}$$

（2）正态窗函数

$$\varphi(u) = \frac{1}{\sqrt{2\pi}} \exp \left(-\frac{u^2}{2} \right) \tag{9.11}$$

（3）指数窗函数

$$\varphi(u) = \frac{1}{2} \exp(-|u|) \tag{9.12}$$

用方窗直观地解释一维概率密度函数的估计：假定样本集有 5 个样本 x_1, x_2, x_3, x_4, x_5，每个样本 x_i 在以 $x = x_i$ 为中心、宽为 h 的范围内对概率密度函数的贡献为 1，数轴 x 上任一点的概率密度函数是样本集中全部样本对概率密度函数之和。对所有的点求和，得到 $p(x)$ 的分布，即虚线之和，如图 9.5 所示。

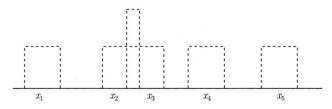

图 9.5　Parzen 窗概率估计直观解释

例如，给定 5 个点 $x_1 = 2$，$x_2 = 2.5$，$x_3 = 3$，$x_4 = 1$，$x_5 = 6$，计算各点 x_i 对位置 $x = 3$ 的概率密度函数贡献值 $\varphi_{x_i}(x)$，这里采用 $\sigma = 1$ 的高斯函数作为窗函数。

$$\varphi_2(3) = \frac{1}{\sqrt{2\pi}} \exp\left[-\frac{(x_1 - x)^2}{2}\right] = \frac{1}{\sqrt{2\pi}} \exp\left[-\frac{(2-3)^2}{2}\right] = 0.2420$$

同理可得 $\varphi_{2.5}(3) = 0.3521$，$\varphi_3(3) = 0.3989$，$\varphi_1(3) = 0.0540$，$\varphi_6(3) = 0.0044$，则可计算出这 5 个点对 $x = 3$ 的概率密度函数值，即

$$p(3) = (0.2420 + 0.3521 + 0.3989 + 0.0540 + 0.0044)/5 = 1.0514/5 = 0.2102$$

Parzen 窗函数法如算法 9.1所示。

算法 9.1 Parzen 窗函数法

（1）产生训练集样本，有两种方法：在问题域中搜集样本；根据题意按已知的概率密度产生随机样本。

（2）设 x 为 d 维的数轴，以体积 $V_N = h_N^d$ 在数轴上向前推进，即 $N = 1, 2, \cdots$，这样就可统计落入各体积的样本数 k_N。

（3）选择窗函数 $\varphi(u)$，利用概率密度函数公式进行统计，即

$$\hat{p}(x) = \frac{1}{N} \sum_{i=1}^{N} \frac{1}{V_N} \varphi\left(\frac{x - x_i}{h_N}\right)$$

计算数轴上各点的密度。

（4）对所有的点求和，用图形表示概率密度曲面（一维为曲线）。

注：如果自行按某种概率密度产生随机数，则可将计算得到的曲面（线）与其进行比较，以验证 Parzen 窗函数法的正确性。

容易证明，在满足如下约束的条件下：

- $p(x)$ 在点 x 处连续；
- 窗函数满足非负性和规范性，并且 $\sup\limits_{u} \varphi(u) < \infty$，$\lim\limits_{\|u\| \to \infty} \varphi(u) \prod\limits_{i=1}^{d} u_i = 0$；
- 窗宽满足 $\lim\limits_{N \to \infty} V_N = 0$，且 $\lim\limits_{N \to \infty} N V_N = \infty$，即 V_N 缩减的速率要低于 $1/N$。

则估计量 $\hat{p}_N(x)$ 是渐进无偏估计，且满足平方误差一致性。

Parzen 窗存在问题：$V_N = V_1/\sqrt{N}$，V_1 的选择很敏感，V_1 太小会造成大部分 bin 是空的，噪声大；V_1 值过大会导致估计值平坦，不能反映总体分布的变化。

9.3 K-近邻法

K-近邻法是对最小距离法和最近邻法的扩展而得到的一种较为简单的一种分类器。设需要对 N 类样本进行分类，分别为 $w_1, w_2, \cdots, w_N$，每类标准样本设为 $P_1, P_2, \cdots, P_N$。基于最小距离分类的方法是将待判断的样本 X 与所得到的标准样本进行计算，根

据所得的距离进行判别，如果样本与标准样本 P_i 之间的距离最小，就把样本 X 判为 P_i。最小距离分类的原理可以表示为：

对任何 $i \neq j$，如果 $D(X, P_i) \leqslant D(X, P_j), i, j = 1, 2, \cdots, N$，则将样本 X 归为 P_i，即 $X \in P_i$。这里的距离函数可以是欧氏距离、马尔可夫距离或其他距离函数，对于给定的两个样本 x 和 y，各距离函数的定义如下。

1. 欧氏距离（Euclidean Distance）

$$D(x,y) = ||x - y|| = [(x - y)^{\mathrm{T}}(x - y)]^{\frac{1}{2}} = \sqrt{\sum_{i=1}^{d} (x_i - y_i)^2} \tag{9.13}$$

其中，d 为样本 x, y 的维数；x_i, y_i 分别为样本 x 和 y 的第 i 个分量。

2. 马尔可夫距离（Mahalanobis Distance）

$$D(x,y) = \left(\sum_{i=1}^{d} (x_i - y_i)^m \right)^{\frac{1}{m}} \tag{9.14}$$

其中，m 为正整数。

基于最小距离的分类方法其实已经假设了一个理想的条件，即每个标准样本都能准确地表达每类样本的模式。但在实际情况下，每类样本都有可能受到噪声等其他干扰因素的影响，导致同一类别的样本分散在一个较大的空间上，这时最近距离分类器就无法准确地完成分类的目标了。为使样本在较大空间上分布时仍然能保持一个良好的分类效果，最近提出了邻分类方法。该方法是在所有训练样本集合中寻找到与待分类的样本最邻近的那个样本类别。该方法首先要计算出各类别集合与待测样本的最小距离，即

$$D_{\min}(X, w_i) = \min_{j=1,2,\cdots,D_i} D(X, P_{i,j}) \qquad i = 1, 2, \cdots, N \tag{9.15}$$

其中，D_i 为第 i 类的样本数。最近邻法的分类准则如下：

当 $i \neq j$ 时，$D_{\min}(X, w_i) < D_{\min}(X, w_j)$，其中 $i, j = 1, 2, \cdots, N$，则将样本 X 判别为类 w_i。

最近邻法虽然简单且比较实用，但其计算量大、存储代价较高，此外受样本噪声污染、畸变点影响较大，从而造成误判的情况发生。鉴于上述问题，一种折中的方法是 K-近邻法，它是最近邻法的一种拓展方法。该方法首先计算出待测样本 X 到所有库中每一个训练样本的距离，并按照距离的大小将其进行排序。然后从中选取 K 个与测试样本 X 最近的训练样本，并对它们进行类别数统计，K 个训练样本中同一类别得票数最多的为测试样本的类别。假设有 N 类，所得到的 K 个样本中第 i 类有 k_i，判别规则可以表示为

$$k_i > k_j \ \Rightarrow X \in w_i \qquad \text{对于任何} i \neq j \text{ 且 } i, j = 1, 2, \cdots, N \tag{9.16}$$

其中，$\sum_{i=1}^{N} k_j = K$。

不难看出，相对于最近邻法，K-近邻法利用了更多的样本信息来判断样本类别。通常 K 要选取得大一些，这样可以避免噪声造成的误判。图 9.6 为 K-近邻法分类示意

图。从图中可以看出，待识别样本被一个 w_1 类的畸变点干扰，如果采用最近邻法就会产生误分的情况。采用 K–近邻法，选择 $K = 3$，这使 w 类得到 2 票，而 w_1 仅得到 1 票，这时待测样本归类为 w_2。这样可以避免噪声样本的干扰，使得能够正确分类。

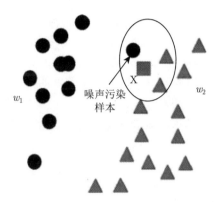

图 9.6 K–近邻法分类示意图

K–近邻法的基本思想：根据总样本确定一个参数 K_N，即当样本数为 N 时要求每个以 x 为中心的区域内拥有样本的个数为 K_N。在求 x 处的密度估计 $\hat{p}(x)$ 时，调整包含 x 的区域的大小（长度、面积、体积等），直到区域内恰好落入 K_N 个样本，并用下式来估计 $\hat{p}(x)$，即

$$\hat{p}(x) = \frac{K_N/N}{V} \tag{9.17}$$

这样，在样本密度比较高的区域的容积会比较小，而在密度低的区域的容积则会自动增大，这样就能够较好地兼顾在高密度区域估计的分辨率和在低密度区域估计的连续性。为取得较好的估计效果，需要选择合适的 K_N 和 N，可选择 $K_N = a \times \sqrt{N}$，其中 a 为参数。

9.4 核密度估计法

一般说来，对于观测数据 $x_1, x_2, \cdots, x_n$，选择两个适当的常数 x_0 和 $h > 0$，把 $(-\infty, +\infty)$ 分成 k 个小区间 $D_i = [x_0 + (i-1)h, x_0 + ih]$，其中 $i = 0, \pm 1, \pm 2, \cdots$，并以 n_i 记为 $x_1, x_2, \cdots, x_n$ 落在 D_i 的个数。以 D_i 为底，以 n_i/nh 为高作一矩形。对于所有的 i 得到的许多矩形就是一个直方图。直方图的形状依赖于区间的选择。根据这样的定义，由于直方图中所有的矩形面积和为 1，因此它是一个密度函数。形式上，$f(x)$ 的直方图（密度）估计可写为

$$\hat{f}_D(x) = \frac{1}{nh} \sum_{i=1}^{n} \sum_{j=1}^{k} [I(x_i \in D_j) I(x \in D_j)] \tag{9.18}$$

可见，带宽越大（区间个数越少），则光滑得越好（干扰去掉得多），但可能失去有用信息，而且残差大（拟合不好）；反之，如果带宽太小（区间个数太多），则残差小，但可能光滑得不好，造成过分拟合。显然，因为直方图估计是离散的，很难用它来更好地描述连续的密度函数。

因此引出核概率密度估计法基本原理。在知道某一事物概率分布的情况下，如果某一个数在观察中出现了，可以认为这个数的概率密度很大，和这个数比较近的数的概率密度也会比较大，而那些离这个数远的数的概率密度会比较小。基于这种想法，针对观察中的第一个数，都可用 $f(x - x_i)$ 去拟合想象中那个远小近大的概率密度，$f(x)$ 是我们选择的核函数，其非负、积分为 1、均值为 0，符合概率密度的性质，如高斯分布概率密度函数、均匀分布概率密度函数、三角分布概率密度函数等，也可以用其他对称的函数。针对每个观察中出现的数拟合出多个概率密度分布函数之后，取平均。如果某些数比较重要，某些数反之，则可以取加权平均。

对于给定的样本数据 $x_1, x_2, \cdots, x_n$，核密度估计（Keneral Density Estimation）有如下形式：

$$\hat{f}_h(x) = \frac{1}{n} \sum_{i=1}^{n} K\left(\frac{x - x_i}{h}\right) \tag{9.19}$$

这是一个加权平均，而核函数（Kernal Function）$K(\cdot)$ 是一个权函数。核函数的形状和值域控制着用来估计 $f(x)$ 在点 x 的值时所用数据点的个数和利用的程度。通常考虑的核函数为关于原点对称的且其积分为 1，所以有时也称其为一核密度函数。下面几个核函数是我们最常用的。

- Uniform: $\frac{1}{2}I[|t| \leqslant 1]$
- Epanechnikov: $\frac{3}{4}(1 - t^2)I[|t| \leqslant 1]$
- Quartic: $\frac{15}{16}(1 - t^2)I[|t| \leqslant 1]$
- Gaussian: $\frac{1}{\sqrt{2\pi}}\exp\left(-\frac{1}{2}t^2\right)$

常见的核函数如图 9.7 所示。

下面举例说明核密度估计方法。如利用高斯核对 $X = \{x_1 = -2.1,\ x_2 = -1.3,\ x_3 = -0.4,\ x_4 = 1.9,\ x_5 = 5.1,\ x_6 = 6.2\}$，六个点的"拟合"结果如图 9.8 所示。

图 9.8 左边是直方图，箱体 bin 的大小为 2，右边是核密度估计的结果。

直观来看，核密度估计的好坏依赖于核函数和带宽 h 的选取。如果利用高斯函数，由 $\hat{f}_h(x)$ 的表达式可看出，如果 x_i 离 x 越近，$\frac{x - x_i}{h}$ 越接近于零，这时密度值 $\varphi\left(\frac{x - x_i}{h}\right)$ 越大。因为正态密度的值域为整个实轴，所以所有的数据都用来估计 $\hat{f}_h(x)$ 的值，只不过离 x 点越近的点对估计的影响越大。当 h 小时只有特别接近 x 的点时才起较大作用，h 越大，则远一些的点的作用也增加。如果用均匀核函数

$$K\left(\frac{x - x_i}{h}\right) = \frac{1}{2}I\left[\left|\frac{x - x_i}{h}\right| \leqslant 1\right] \tag{9.20}$$

作密度函数,则只有 $\dfrac{x-x_i}{h}$ 的绝对值小于 1(或者说离 x 的距离小于带宽 h 的点)才用来估计 $f(x)$ 的值,不过所有起作用的数据的权重都相同。不同的是,如果使用形如 Epanechnikov 核函数,不但有截断(离 x 的距离大于带宽 h 的点则不起作用),并且起作用的数据的权重也随着与 x 的距离增大而变小。一般说来,核函数的选取对核估计的好坏的影响远小于带宽 h 的选取,如图 9.9 所示。在文献中使用最多的是高斯核函数和 Epanechnikov 核函数。

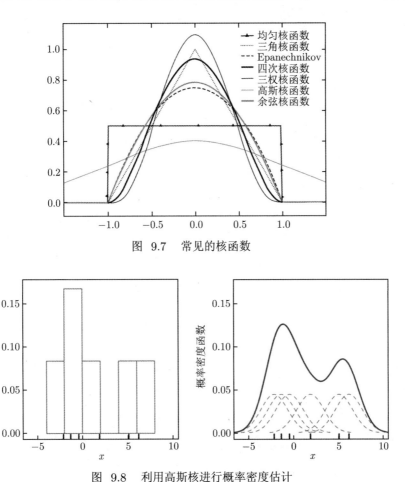

图 9.7 常见的核函数

图 9.8 利用高斯核进行概率密度估计

通过图 9.9 可以很明显地看到估计的概率密度是如何受到带宽影响的。带宽选择得太小,则估计的密度函数受到噪声影响很大,这种结果是不能用的;带宽选择得过大,则估计的概率密度又太过于平滑。总之,无论带宽过大还是过小,其结果都和实际情况相差得很远,因此合理地选择带宽是很重要的。

注意:大小为 n 的一组样本在每个观测样本点都计算核密度估计需要对 K 进行 $O(n^2)$ 次计算,因此,$\hat{f}_h(x)$ 的计算量随 n 的增加而迅速增加。然而对多数实际问题,像密度曲线图,就不必在每个点 x_i 上计算估计。实际的方法是在 x 值的格子点(就是将 x 轴划分为许多个等距小区间)上计算 $\hat{f}_h(x)$,然后在格子点间线性内插。100~200 个格子点通常足够使 $\hat{f}_h(x)$ 的图形看上去比较光滑了。

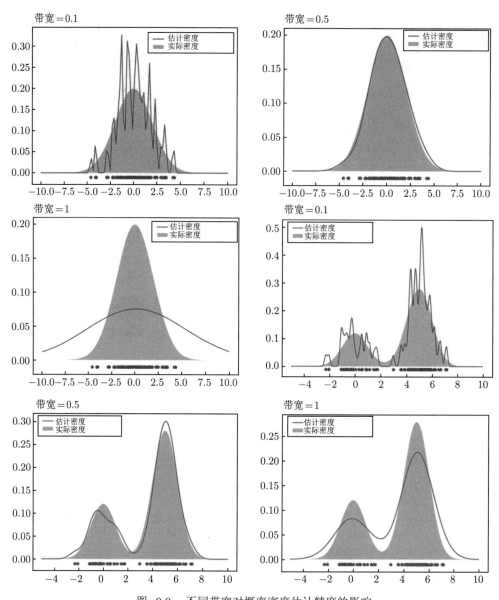

图 9.9 不同带宽对概率密度估计精度的影响

上面的方法对于多维数据同样适用，这时仅需要使用 Multivariate Kernel 函数即可，通常得到如下的估计量：

$$\hat{f}_{\boldsymbol{H}}(\boldsymbol{x}) = \frac{1}{n}\sum_{i=1}^{n}\frac{1}{|\boldsymbol{H}|}K(\boldsymbol{H}^{-1}(\boldsymbol{x}-\boldsymbol{x}_i)) \tag{9.21}$$

一般都会采用简单的带宽阵或 $K(\cdot)$，如 $\boldsymbol{H} = \mathrm{diag}\{h_1, h_2, \cdots, h_d\}$，则有

$$\hat{f}_h(x) = \frac{1}{nh_1h_2\cdots h_d}\sum_{i=1}^{n}\prod_{j=1}^{d}K_j\left(\frac{x_j - x_{ij}}{h_j}\right) \tag{9.22}$$

准确地来讲，式 (9.22) 的估计量称为固定带宽核密度估计，因为 h 是常数。20 世纪 90 年代中期，有学者指出，如果 h 依 i 而变化，即 Variable Bandwidth，则有一些很好的性质，但这里不对这种方法进行详细的讨论。带宽值的选择对估计量 $\hat{f}_h(x)$ 有很大影响。如果 h 太小，密度估计偏向于把概率密度分配得太局限于观测数据附近，致使估计密度函数有很多错误的峰值。如果 h 太大，密度估计就把概率密度贡献散得太开，在很大的邻域里求平均，会光滑掉 $f(x)$ 的一些重要特征。下节将讨论如何选取 h。

要更好地理解如何选择带宽，一定的理论分析是必须的。必须首先考虑如何评价密度估计量的性质。下面讲述均方误差 $\mathrm{MSE}[\hat{f}_h(x)]$ 和积分均方误差（Mean Integrated Square Error）$\mathrm{MISE}(h)$，它们的定义为

$$\mathrm{MISE}(h) = \int \mathrm{MSE}[\hat{f}_h(x)]\mathrm{d}x = \int \mathrm{Var}[\hat{f}_h(x)] + \left\{\mathrm{bias}[\hat{f}_h(x)]\right\}^2 \mathrm{d}x \tag{9.23}$$

其中，$\mathrm{bias}[\hat{f}_h(x)] = E[\hat{f}_h(x)] - f(x)$。

显然，$\mathrm{MSE}[\hat{f}_h(x)]$ 是对于评价估计 $\hat{f}_h(x)$ 好坏的一个逐点准则，而 $\mathrm{MISE}(h)$ 可以看成在每个点 x 处对局部均方误差的累积，即一个全局的评判准则。

另一个概念是积分平方误差（Integrated Square Error，ISE），即

$$\mathrm{ISE}(h) = \int [\hat{f}(x) - f(x)]^2 \mathrm{d}x \tag{9.24}$$

注意：$\mathrm{ISE}(h)$ 是观测数据的函数，因此它在观测样本的条件下总结了 $\hat{f}$ 的表现。在不考虑样本的情况下，如果讨论估计量的一般性质，在所有可能观测的样本上对 $\mathrm{ISE}(h)$ 进行平均是比较合理的，即又得到了 $\mathrm{MISE}(h) = E[\mathrm{ISE}(h)]$（假设期望和积分可交换，则两个 $\mathrm{MISE}(h)$ 就统一在一起了），其中期望是关于分布 f 的。因此 $\mathrm{MISE}(h)$ 又可以看成误差（$\mathrm{ISE}(h)$）关于抽样密度的整体度量的平均值。

进一步地，还需要对核函数和 f 做一定的假设。设 K 是对称连续的核密度函数，均值为零，方差 $0 < \sigma_K^2 < \infty$。这里 f 有二阶有界连续导数且 $\int [f'']^2 \mathrm{d}t < \infty$，也就是对其光滑性做一定的假设。假设当 $n \to \infty$ 时，$nh \to \infty$ 且 $h \to 0$，将进一步分析该表达式。要计算式 (9.24) 中的偏差项，注意到应用变量替换有

$$E\{\hat{f}_h(x)\} = \frac{1}{h} \int K\left(\frac{x-y}{h}\right) f(u)\mathrm{d}u = \int K(t) f(x - ht)\mathrm{d}t \tag{9.25}$$

然后在式 (9.25) 中用泰勒级数展开：

$$f(x - ht) = f(x) - htf'(x) + h^2 t^2 f''(x)/2! + o(h^2) \tag{9.26}$$

替换并注意到 K 关于零点对称可得

$$E[\hat{f}_h(x)] = f(x) + h^2 \sigma_K^2 f''(x)/2 + o(h^2) \tag{9.27}$$

因此

$$\left\{\mathrm{bias}[\hat{f}_h(x)]\right\}^2 = h^4 \sigma_K^4 [f''(x)]^2/4 + o(h^4) \tag{9.28}$$

且该表达式对 x 积分可得

$$\int \left\{ \text{bias}[\hat{f}_h(x)] \right\}^2 \mathrm{d}x = h^4 \sigma_K^4 \int [f''(x)]^2 \mathrm{d}x / 4 + o(h^4) \tag{9.29}$$

计算式 (9.24) 中的方差项可采用类似的方法：

$$\text{Var}[\hat{f}_h(x)] = \frac{1}{n} \text{Var} \left[\frac{1}{h} K \left(\frac{x - x_i}{h} \right) \right] \tag{9.30}$$

$$= \frac{1}{nh} \int K^2(t) f(x - ht) \mathrm{d}t - \frac{1}{n} \left\{ E \left[\frac{1}{h} K \left(\frac{x - x_i}{h} \right) \right] \right\}^2$$

$$= \frac{1}{nh} \int K^2(t) [f(x) + o(1)] \mathrm{d}t - \frac{1}{n} [f(x) + o(1)]^2$$

$$= \frac{1}{nh} f(x) \int K^2(x) \mathrm{d}x + o \left(\frac{1}{nh} \right)$$

将其对 x 积分得

$$\int \text{Var}\{\hat{f}_h(x)\} = \frac{\displaystyle\int K^2(x) \mathrm{d}x}{nh} + o \left(\frac{1}{nh} \right) \tag{9.31}$$

因此，$\text{MISE}(h) = \text{AMISE}(h) + o \left(\dfrac{1}{nh} + h^4 \right)$，其中

$$\text{AMISE}(h) = \frac{\displaystyle\int K^2(x) \mathrm{d}x}{nh} + \frac{h^4 \sigma_k^4 \displaystyle\int [f''(x)]^2 \mathrm{d}x}{4} \tag{9.32}$$

称为渐近均方积分误差。如果当 $n \to \infty$ 时，$nh \to \infty, h \to 0$，则 $\text{MISE}(h) \to 0$。

要求使 $\text{AMISE}(h)$ 达到最小的带宽 h，就必须把 h 设在某个中间值，这样可以避免 $\hat{f}_h(x)$ 有过大的偏差（太过光滑）或过大的方差（过于光滑）。关于 h 最小化 $\text{AMISE}(h)$ 表明最好是精确地平衡 $\text{AMISE}(h)$ 中偏差项和方差项的阶数。显然最优的带宽是

$$h = \left\{ \frac{\displaystyle\int K^2(x) \mathrm{d}x}{n \sigma_K^4 \displaystyle\int [f''(x)]^2 \mathrm{d}x} \right\}^{1/5} \tag{9.33}$$

但该结果用处并不是很大，因为它依赖于未知密度 f。注意最优带宽有 $h = O(n^{-1/5})$，在这种情况下 $\text{MISE} = O(n^{-4/5})$。该结果显示了随着样本量的增加带宽缩小的速度，但对给定的数据集来说，它并未指明带宽具体取多少对密度估计是合适的。下面给出几种带宽选择策略。在实际应用中，它们的表现随着 f 的性质及观测数据的不同也有所不同，通常没有一个绝对最好的方法。

拇指法则：简便起见，定义 $R(g) = \int g^2(z) \mathrm{d}z$，针对最小化 AMISE 得到的最优带宽中含有未知量 $R(f'')$ 问题，Silverman 提出一种初等的方法（拇指法则）：把 f 用方差和估

计方差相匹配的正态密度替换，即用 $R(\phi'')/\hat{\sigma}^5$ 估计 $R(f'')$，其中 ϕ 为标准正态密度函数，若取 K 为高斯密度核函数而 σ 使用样本方差 $\hat{\sigma}$，由拇指法则得到

$$h = \left(\frac{4}{3n}\right)^{1/5} \hat{\sigma} \tag{9.34}$$

但通常推荐考虑半极差（IQR），因为 IQR 是更加稳健的散度度量。Silverman 建议在式 (9.34) 中用 $\hat{\sigma} = \min\{\hat{\sigma}, \text{IQR}/[\varPhi^{-1}(0.75) - \varPhi^{-1}(0.25)]\} \approx \min\{\hat{\sigma}, \text{IQR}/1.35\}$ 替换 $\hat{\sigma}$，其中 $\varPhi$ 是标准正态累积分布函数，作为产生近似带宽的一种方法，Silverman 的拇指法则是很有效的，这种带宽通常作为更加复杂的 Plug-in 方法中非参数估计的带宽。

Plug-in 方法：该方法即代入法，其考虑在最优带宽 [式 (9.33)] 中使用某适当的估计 $\hat{R}(f'')$ 来代替 $R(f'')$，在众多的方法中，最简单且最常用的是 $\hat{R}(f'') = R(\hat{f}'')$。$\hat{f}''$ 的基于核的估计量为

$$\hat{f}''(x) = \frac{\partial^2}{\partial x^2} \left[\frac{1}{nh_0} \sum_{i=1}^{n} L\left(\frac{x-x_i}{h_0}\right) \right] \tag{9.35}$$

$$= \frac{1}{nh_0^3} \sum_{i=1}^{n} L''\left(\frac{x-x_i}{h_0}\right)$$

其中，h_0 为带宽；L 为用来估计 f'' 的核函数（不一定与 K 相同）。再对其平方并对 x 积分后即可得到 $R(\hat{f}'')$。

估计 f 的最优带宽和估计 f'' 或 $R(f'')$ 的最优带宽是不同的。根据理论上及经验上的考虑，Sheather 和 Jones 建议用简单的拇指法则计算带宽 h_0，该带宽用来估计 $R(f'')$，这是最优带宽表达式 (9.33) 中唯一未知的，然后通过表达式 (9.33) 计算带宽 h 并产生最后的核密度估计。

交叉核实（Cross-validation）：该方法是一种基于数据驱动的方法，其基本思想是考虑最小化积分平方误差 ISE(h)。把积分平方误差重新写成

$$\text{ISE}(h) = \int \hat{f}^2(x)\mathrm{d}x - 2E[\hat{f}(X)] + \int f^2(x)\mathrm{d}x \tag{9.36}$$

$$= R(\hat{f}) - 2E[\hat{f}(X)] + R(f)$$

该表达式的最后一项 $R(f)$ 不依赖于 $\hat{f}$，因此其对选择 h 没有影响，中间项可以用 $\frac{2}{n}\sum_{i=1}^{n}\hat{f}_{-i}(x_i)$ 来估计，其中

$$\hat{f}_{-i}(x_i) = \frac{1}{h(n-1)} \sum_{j \neq i} K\left(\frac{x_i - x_j}{h}\right) \tag{9.37}$$

表示在 x_i 点处核密度估计量用除 x_i 外所有数据估计的密度。

因此，通过关于 h 最小化

$$\text{CV}(h) = R(\hat{f}) - \frac{2}{n}\sum_{i=1}^{n}\hat{f}_{-i}(X_i) \tag{9.38}$$

通常可得到较好的带宽。事实上，可以证明，这样选出来的 h 记为 $[\hat{h}_{\mathrm{CV}} = \arg\min \mathrm{CV}(h)]$，按下面的意义是渐进最优的：当 $n \to \infty$ 时

$$\frac{\mathrm{ISE}(\hat{h}_{\mathrm{CV}})}{\inf_{h>0} \mathrm{ISE}(h)} \to 1(w.p.1) \tag{9.39}$$

例如，随机生成 20 个混合正态分布 $0.3 * N(0,1) + 0.7N(5,1)$ 的样本点，利用核密度估计算法 (Tophat KDE 和 Gaussian KDE) 估计其密度。其 Python 编程语言实现如下。

```
1  #coding:utf-8
2  import numpy as np
3  import matplotlib.pyplot as plt
4  from sklearn.neighbors import KernelDensity
5  np.random.seed(1)
6  N = 20
7  X = np.concatenate((np.random.normal(0, 1,int(N*0.3)),np.random.normal(5, 1, int(N*0.7)))
       )[:, np.newaxis]
8  X_plot = np.linspace(-5, 10, 1000)[:, np.newaxis]
9  bins = np.linspace(-5, 10, 10)
10 fig, ax = plt.subplots(2, 2, sharex=True, sharey=True)
11 fig.subplots_adjust(hspace=0.05, wspace=0.05)
12
13 # 直方图 1 'Histogram'
14 ax[0, 0].hist(X[:, 0], bins=bins, fc='#AAAAFF', density=True)
15 ax[0, 0].text(-3.5, 0.31, 'Histogram')
16
17 # 直方图 2 'Histogram, bins shifted'
18 ax[0, 1].hist(X[:, 0], bins=bins + 0.75, fc='#AAAAFF', density=True)
19 ax[0, 1].text(-3.5, 0.31, 'Histogram, bins shifted')
20
21 # 核密度估计 1 'Tophat KDE'
22 kde = KernelDensity(kernel='Tophat', bandwidth=0.75).fit(X)
23 log_dens = kde.score_samples(X_plot)
24 ax[1, 0].fill(X_plot[:, 0], np.exp(log_dens), fc='#AAAAFF')
25 ax[1, 0].text(-3.5, 0.31, 'Tophat Kernel Density')
26
27 # 核密度估计 2 'Gaussian KDE'
28 kde = KernelDensity(kernel='Gaussian', bandwidth=0.75).fit(X)
29 log_dens = kde.score_samples(X_plot)
30 ax[1, 1].fill(X_plot[:, 0], np.exp(log_dens), fc='#AAAAFF')
31 ax[1, 1].text(-3.5, 0.31, 'Gaussian Kernel Density')
32 for axi in ax.ravel():
33     axi.plot(X[:, 0], np.zeros(X.shape[0]))
34     axi.set_xlim(-4, 9)
35     axi.set_ylim(-0.02, 0.34)
36 for axi in ax[:, 0]:
37     axi.set_ylabel('Normalized Density')
38 for axi in ax[1, :]:
39     axi.set_xlabel('x')
40 plt.show()
```

核密度估计算法程序运行结果如图 9.10 所示。

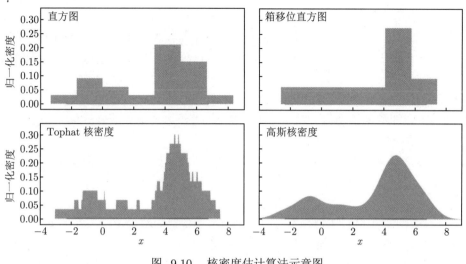

图 9.10 核密度估计算法示意图

9.5 B 样条密度估计

非参数的密度估计方法是直接根据样本数据估计总体的密度，然后用估计得到的密度分布来描述数据总体。目前非参数密度估计方法多种多样，主要有频率直方图估计、核密度估计（Kernel Density Estimates）、正交序列估计（Orthogonal Series Estimate）、最近邻估计（Nearest Neighbor Estimate）、样条函数密度估计等，主要应用于社会科学、物理科学、生物科学以及各种工程技术等领域，这里首先介绍 B 样条曲线，然后介绍非参数 B 样条密度估计方法。

在数值分析中，B 样条是样条曲线一种特殊的表示形式，采用逼近原理构造曲线、曲面，保留了 Bezier 方法中的优点，是 B 样条基曲线的线性组合，也是目前广泛应用的一种拟合方法。为保留 Bezier 方法的优点，B 样条曲线的方程定义为

$$P(t) = \sum_{i=0}^{n} P_i B_{i,k}(t) \tag{9.40}$$

其中，P_i（$i = 0, 1, \cdots, n$）是控制多边形的顶点；$B_{i,k}(t)$（$i = 0, 1, \cdots, n$）称为 k 阶 $(k-1)$ 次 B 样条基函数，其中每一个称为 B 样条，它是一个由称为节点矢量的非递增参数 t 的序列 $T: t_0 \leqslant t_1 \leqslant \cdots \leqslant t_{n+k}$ 所决定的 k 阶分段多项式，即为 k 阶 $(k-1)$ 次 B 多项式样条。

下面是基函数的递推公式，也称为 de Boor-Cox 公式。

$$B_{i,1}(t) = \begin{cases} 1 & t_i \leqslant t \leqslant t_{i+1} \\ 0 & t < t_i \text{ 或 } t \geqslant t_{i+k} \end{cases} \tag{9.41}$$

$$B_{i,k}(t) = \frac{t - t_i}{t_{i+k-1} - t_i} B_{i,k-1}(t) + \frac{t_{i+k-t}}{t_{i+k} - t_{i+1}} B_{i+1,k-1}(t) \qquad k \geqslant 2 \tag{9.42}$$

并约定 $\dfrac{0}{0} = 0$。

递推公式表明：欲确定第 i 个 k 阶 B 样条 $B_{i,k}(t)$，需要用到 $t_i, t_{i+1}, \cdots, t_{i+k}$ 共 $k+1$ 个节点，称区间 $[t_i, t_{i+k}]$ 为 $N_{i,k}(t)$ 的支撑区间。在曲线方程中，$n+1$ 个控制节点 P_i 要用到 $n+1$ 个 k 阶 B 样条基 $B_{i,k}(t)$。它们的支撑区间的并集定义了这一组 B 样条基的节点矢量 $\boldsymbol{T} = [t_0, t_1, \cdots, t_{n+k}]$。

B 样条曲线具有如下性质：

① 局部性，即移动该曲线的第 i 个控制顶点 P_i 至多影响定义在区间 (t_i, t_{i+k}) 部分曲线的形状，对曲线的其余部分不产生影响。

② 连续性，即 $P(t)$ 在 r 重节点 $t_i(k \leqslant i \leqslant n)$ 处的连续阶不低于 $k-1-r$；整条曲线 $P(t)$ 的连续阶不低于 $k-1-r_{\max}$，其中 $r_{\max}$ 表示位于区间 (t_{k-1}, t_{n+1}) 内节点的最大重数。

③ 凸包性，即 $P(t)$ 在区间 (t_i, t_{i+1})，$k-1 \leqslant i \leqslant n$ 上的部分位于 k 个点 $P_{i-k+1}, \cdots, P_i$ 的凸包 C_i 内，整条曲线则位于各凸包 C_i 的并集 $\bigcup_{i=k-1}^n C_i$ 内。

为构造 B 样条曲线，先将 t 固定在区间 $[t_j, t_{j+1}](k-1 \leqslant j \leqslant n)$ 上，由 de Boor-Cox 公式有

$$
\begin{aligned}
P(t) &= \sum_{i=0}^n P_i B_{i,k}(t) = \sum_{i=j-k+1}^j P_i B_i(t) \\
&= \sum_{i=j-k+1}^j P_i \left[\left(\frac{t-t_i}{t_{i+k-1}-t_i} \right) B_{i,k-1}(t) + \left(\frac{t_{i+k}-t}{t_{i+k}-t_{i+1}} \right) B_{i+1,k-1}(t) \right] \\
&= \sum_{i=j-k+1}^j \left[\left(\frac{t-t_i}{t_{i+k-1}-t_i} \right) P_i + \left(\frac{t_{i+k-1}-t}{t_{i+k-1}-t_{i+1}} \right) P_{i-1} \right] B_{i,k-1}(t)
\end{aligned}
\tag{9.43}
$$

现令

$$
P_i^{(r)}(t) = \begin{cases} (1-\tau_i^j) P_{i-1}^{(r-1)}(t) + \tau_i^j P_i^{(r-1)}(t) & r=1,2,\cdots,k-1 \\ P_i & r=0 \end{cases}
\tag{9.44}
$$

其中

$$
\tau_i^r = \frac{t-t_i}{t_{i+k-r}-t_i}
\tag{9.45}
$$

最终得到

$$
P(t) = P_j^{(k-1)}(t)
\tag{9.46}
$$

基于此，利用 Python 实现均匀 B 样条曲线程序如下。

```
# -*- coding: utf-8 -*-
import numpy as np
from matplotlib import pyplot as plt

class BSpline:
    def __init__(self, line):
```

```
 7          self.line = line
 8          self.index_02 = None  # 保存拖动的这个点的索引
 9          self.press = None  # 状态标识，1为按下，None为没按下
10          self.pick = None  # 状态标识，1为选中点并按下,None为没选中
11          self.motion = None  # 状态标识，1为进入拖动,None为不拖动
12          self.xs = list()  # 保存点的x坐标
13          self.ys = list()  # 保存点的y坐标
14          self.cidpress = line.figure.canvas.mpl_connect('button_press_event', self.
               on_press)  # 鼠标按下事件
15          self.cidrelease = line.figure.canvas.mpl_connect('button_release_event', self.
               on_release)  # 鼠标放开事件
16          self.cidmotion = line.figure.canvas.mpl_connect('motion_notify_event', self.
               on_motion)  # 鼠标拖动事件
17          self.cidpick = line.figure.canvas.mpl_connect('pick_event', self.on_picker)  # 鼠
               标选中事件
18
19      def on_press(self, event):  # 鼠标按下调用
20          if event.inaxes != self.line.axes: return
21          self.press = 1
22
23      def on_motion(self, event):  # 鼠标拖动调用
24          if event.inaxes != self.line.axes: return
25          if self.press is None: return
26          if self.pick is None: return
27          if self.motion is None:  # 整个if获取鼠标选中的点是哪个点
28              self.motion = 1
29              x = self.xs
30              xdata = event.xdata
31              ydata = event.ydata
32              index_01 = 0
33              for i in x:
34                  if abs(i - xdata) < 0.02:  # 0.02 为点的半径
35                      if abs(self.ys[index_01] - ydata) < 0.02: break
36                  index_01 = index_01 + 1
37              self.index_02 = index_01
38          if self.index_02 is None: return
39          self.xs[self.index_02] = event.xdata  # 鼠标的坐标覆盖选中的点的坐标
40          self.ys[self.index_02] = event.ydata
41          self.draw_01()
42
43      def on_release(self, event):  # 鼠标放开调用
44          if event.inaxes != self.line.axes: return
45          if self.pick == None:  # 如果不是选中点，就添加点
46              self.xs.append(event.xdata)
47              self.ys.append(event.ydata)
48          if self.pick == 1 and self.motion != 1:  # 如果是选中点，但不是拖动点，就降阶
49              x = self.xs
50              xdata = event.xdata
51              ydata = event.ydata
52              index_01 = 0
53              for i in x:
54                  if abs(i - xdata) < 0.02:
55                      if abs(self.ys[index_01] - ydata) < 0.02: break
```

```
56                    index_01 = index_01 + 1
57                self.xs.pop(index_01)
58                self.ys.pop(index_01)
59            self.draw_01()
60            self.pick = None  # 所有状态恢复，鼠标按下到释放为一个周期
61            self.motion = None
62            self.press = None
63            self.index_02 = None
64
65        def on_picker(self, event):  # 选中调用
66            self.pick = 1
67
68        def draw_01(self):  # 绘图
69            self.line.clear()  # 不清除的话会保留原有的图
70            self.line.axis([0, 1, 0, 1])  # x和y范围：0到1
71            self.b(self.xs, self.ys)  # B样条曲线
72            self.line.scatter(self.xs, self.ys, color='b', s=200, marker="o", picker=5)# 画点
73            self.line.plot(self.xs, self.ys, color='r')  # 画线
74            self.line.figure.canvas.draw()  # 重构子图
75
76        def b(self, *args):  # Bezier曲线公式转换，获取x和y
77            k = 3  # 阶数
78            n = len(args[0]) - 1  # 顶点的个数-1
79            T = np.linspace(1, 10, n + k + 1)  # T 范围1到10，均匀B样条曲线
80            # if n >= k-1:
81            # T = [1]*k+(np.linspace(2,9,n-k+1)).tolist()+[10]*k   准均匀样条
82            x, y = [], []
83
84            # 递推公式
85            def de_Boor_x(r, t, i):
86                if r == 0:
87                    return args[0][i]
88                else:
89                    if T[i + k - r] - T[i] == 0 and T[i + k - r] - T[i] != 0:
90                        return ((T[i + k - r] - t)/(T[i + k - r] - T[i])) * de_Boor_x(r - 1,
                                 t, i - 1)
91                    elif T[i + k - r] - T[i] != 0 and T[i + k - r] - T[i] == 0:
92                        return ((t - T[i]) / (T[i + k - r] - T[i])) * de_Boor_x(r - 1, t, i)
93                    elif T[i + k - r] - T[i] == 0 and T[i + k - r] - T[i] == 0:
94                        return 0
95                    return ((t - T[i]) / (T[i + k - r] - T[i])) * de_Boor_x(r - 1, t, i) + (
96                        (T[i + k - r] - t)/(T[i + k - r] - T[i])) * de_Boor_x(r - 1,
                            t, i - 1)
97
98            def de_Boor_y(r, t, i):
99                if r == 0:
100                   return args[1][i]
101               else:
102                   if T[i + k - r] - T[i] == 0 and T[i + k - r] - T[i] != 0:
103                       return ((T[i + k - r] - t)/(T[i + k - r] - T[i])) * de_Boor_y(r - 1,
                                t, i - 1)
104                   elif T[i + k - r] - T[i] != 0 and T[i + k - r] - T[i] == 0:
105                       return ((t - T[i]) / (T[i + k - r] - T[i])) * de_Boor_y(r - 1, t, i)
```

```
106            elif T[i + k - r] - T[i] == 0 and T[i + k - r] - T[i] == 0:
107                return 0
108            return ((t - T[i]) / (T[i + k - r] - T[i])) * de_Boor_y(r - 1, t, i) + (
109                        (T[i + k - r] - t)/(T[i + k - r] - T[i])) * de_Boor_y(r - 1,
                           t, i - 1)
110
111        def plot(x, y):
112            for j in range(k - 1, n + 1):
113                for t in np.linspace(T[j], T[j + 1]):
114                    x.append(de_Boor_x(k - 1, t, j))
115                    y.append(de_Boor_y(k - 1, t, j))
116                # print(x,y)
117            self.line.plot(x, y)
118
119        if n >= k - 1:
120            plot(x, y)
121
122
123 fig = plt.figure(2, figsize=(12, 6))  # 创建第2个绘图对象,1200*600像素
124 ax = fig.add_subplot(111)  # 一行一列第一个子图
125 ax.set_title('B-Spline Interpolation')
126
127 myBezier = BSpline(ax)
128 plt.xlabel('X')
129 plt.ylabel('Y')
130 plt.show()
```

B 样条曲线算法运行结果如图 9.11 所示。

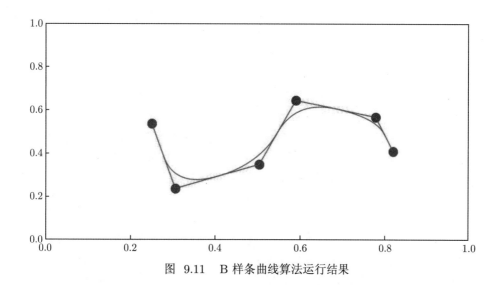

图 9.11　B 样条曲线算法运行结果

基于 B 样条曲线构造方法可进行 B 样条密度函数的模型构造：Curry 和 SchCoenberg 提出 d（$d = 1, 2, \cdots$）次，k（$k = 1, 2, \cdots$）个节点的每个 B 样条曲线段表示为

$$f(x) = \sum_{i=1}^{d+k} b_i B_{i,d}(x) \qquad a < x < b \tag{9.47}$$

其中，b_i（$i = 1, 2, \cdots, d+k$）是需要被估计的未知参数，$x \in R$，基函数 $B_{i,d}(x), d = 2$ 定义为

$$B_{i,2}(x) = \begin{cases} \dfrac{(x - x_m)^2}{(x_{m+1} - x_m)(x_{m+2} - x_m)} & x \in [x_m, x_{m+1}] \\[3mm] \dfrac{1}{(x_{m+1} - x_{m+1})}\left[\dfrac{(x - x_m)(x_{m+2} - x)}{(x_{m+2} - x_m)} + \dfrac{(x - x_{m+1})(x_{m+3} - x)}{(x_{m+3} - x_{m+1})}\right] & x \in (x_{m+1}, x_{m+2}) \\[3mm] \dfrac{(x_{m+3} - x)^2}{(x_{m+3} - x_{m+1})(x_{m+3} - x_{m+2})} & x \in (x_{m+2}, x_{m+3}) \\[3mm] 0 & 其他 \end{cases}$$

其中，$0 \leqslant B_{i,2}(x) \leqslant 1$，$\sum\limits_{m=-\infty}^{\infty} B_{i,2}(x) = 1$。

设 $x_1, x_2, \cdots, x_n$ 是 n 个独立同分布 f 的随机样本，线性组合 f 是多个 B 样条的混合，则 B 样条密度函数估计为

$$f(x) = \sum_{m \geqslant 0} b_m B_{i,2}(x) \tag{9.48}$$

其中，$x \in R$；$b_m \geqslant 0$，$\sum\limits_{m=0}^{\infty} b_m = 1$。为估计 f，需要估计未知向量 $\boldsymbol{b} = (b_0, b_2, \cdots, b_m, \cdots)$，如果 $N = \inf\{k \geqslant 0; B_{i,2}(x_j) = 0, \forall j = 1, 2, \cdots, n\}$，则 $\boldsymbol{b} = (b_1, b_2, \cdots, b_{N-1})$，B 样条密度函数估计可定义为

$$f_N(x) = \sum_{m=0}^{N-1} b_m B_{m,2}(x) \tag{9.49}$$

其中，$b_m = \dfrac{1}{n}\sum\limits_{j=1}^{n} B_{m,2}(x_j)$。

9.6 习   题

1. 对标准对数正态数据的一个样本构建一个直方图密度估计，样本大小为 $n = 100$，并估计其积分均方误差 (IMSE)。

2. 假设生成一列双峰的高斯分布样本 [可以使用概率密度函数为 $0.5 * N(1, 2) + 0.5 * N(5, 1)$ 的方式模拟]，试求解：

(1) 生成 1000 个样本数据；

(2) 分别画出当样条宽度在 0.05、0.1、0.2、0.3 时的概率直方图；

(3) 将画出的直方图的数据拟合为曲线；

(4) 和已知概率密度函数画图比较。

3. 对于一个二类（w_1, w_2）识别问题，随机抽取 w_1 类的 6 个样本 $X = (x_1, x_2, \cdots, x_6)$，$w_1 = (x_1, x_2, \cdots, x_6) = (x_1 = 3.2, x_2 = 3.6, x_3 = 3, x_4 = 6, x_5 = 2.5, x_6 = 1.1)$，估计 $P(x|w_1)$。

4. 下面的数据集包含了纽约州布法罗市从 1910 年到 1973 年每年的降雪量的 64 个观测值：

126.4 82.4 78.1 51.1 90.9 76.2 104.5 87.4 110.5 25.0 69.3 53.5 39.8 63.6 46.7 72.9
79.6 83.6 80.7 60.3 79.0 74.4 49.6 54.7 71.8 49.1 103.9 51.6 82.4 83.6 77.8 79.3
89.6 85.5 58.0 120.7 110.5 65.4 39.9 40.1 88.7 71.4 83.0 55.9 89.9 84.8 105.2
113.7 124.7 114.5 115.6 102.4 101.4 89.8 71.5 70.9 98.3 55.5 66.1 78.4 120.5 97.0
110.0   89.8

使用高斯核和双权核构建数据的核密度估计，对不同的带宽选择比较估计。核的类型和带宽，哪个对估计的影响大？

5. 从正态混合分布 $\frac{1}{2}N(0,1) + \frac{1}{2}N(3,1)$ 模拟数据并构建一个核密度估计。比较不同带宽对密度估计的影响。在密度估计上绘制真实的混合密度以进行比较，光滑参数的哪一个选择看起来最好？

6. 试述核方法和 K-近邻法估计的缺点。

7. 举例说明，K-近邻法估计的密度函数不是严格的概率密度函数，其在整个空间上的积分不等于 1。

8. 对于一个 C 类的分类问题，使用 K-近邻法估计每个类 $c(1 \leqslant c \leqslant C)$ 的密度函数 $p(x|c)$，并使用贝叶斯公式计算每个类的后验概率 $p(c|x)$。

9. 对于给定的样本如表 9.1 所示。

表 9.1　样本数据

样本	w_1			w_2			w_3		
	x_1	x_2	x_3	x_1	x_2	x_3	x_1	x_2	x_3
1	0.28	1.31	−6.2	0.011	1.03	−0.21	1.36	2.17	0.14
2	0.07	0.58	−0.78	1.27	1.28	0.08	1.41	1.45	−0.38
3	1.54	2.01	−1.63	0.13	3.12	0.16	1.22	0.99	0.69
4	−0.44	1.18	−4.32	−0.21	1.23	−0.11	2.46	2.19	1.31
5	−0.81	0.21	5.73	−2.18	1.39	−0.19	0.68	0.79	0.87
6	1.52	3.16	2.77	0.34	1.96	−0.16	2.51	3.22	1.35
7	2.20	2.42	−0.19	−1.38	0.94	0.45	0.60	2.44	0.92
8	0.91	1.94	6.21	−0.12	0.82	0.17	0.64	0.13	0.97
9	0.65	1.93	4.38	−1.44	2.31	0.14	0.85	0.58	0.99
10	−0.26	0.82	−0.96	0.26	1.94	0.08	0.66	0.51	0.88

对表格中的数据，进行 Parzen 窗估计和设计分类器，若采用的窗函数为一个球形的高斯函数，如下：

$$\varphi\left(\frac{x - x_i}{h}\right) \propto \exp(-(x - x_i)^{\mathrm{T}}(x - x_i)/2h^2)$$

对表格中三个类别的三维特征，使用 K-近邻法对下列点处的概率密度进行估计：
$(-0.41,\ 0.82,\ 0.88)$ $(0.14,\ 0.72,\ 0.41)$ $(-0.81,\ 0.61,\ 0.38)$。

10. 在核密度估计中，核独立就代表特征独立吗？朴素贝叶斯分类的基本假设是什么？

第 10 章　非参数回归分析

观测一组关于 X 和 Y 的数据 $\{(x_i, y_i)\}_{i=1}^n$，假设两个变量有如下的函数关系：

$$y_i = m(x_i) + \varepsilon_i \tag{10.1}$$

其中，ε_i 可看作随机扰动。我们的目的是估计 $m(x)$，一般来说有两种方法，一种是常见的参数方法，也就是假定该函数的形式是已知的，并且可写成带参数的形式 $m(x, \theta)$，这里 θ 为仅有的未知量，因此，只要估计出 θ，即得到了 m。线性或非线性回归就属于这种方法。这种参数方法有很多优点，特别是表达清晰简单，分析容易。但缺点也很明显，由于需要假定参数模型本身的形式，因此对假设本身的准确性有较高的要求，如果函数模型本身假设得不适当，通常无法得到较准确或较有用的函数估计。

另一种是非参数方法，这种方法并不假定也不固定 $m(x)$ 的形式，也不设置参数，一般仅假设 $m(x)$ 满足一定的光滑特性，函数在每一点的值都由数据决定。通常可看到由于随机扰动的影响，原始数据的散点图有很大的波动，极不光滑。因此要去除干扰使图形光滑，最简单直接的方法就是取多点平均，即每一点 $m(x)$ 的值都取离 x 最近的多个数据点相应的 Y 值的平均值。

用来平均的点越多，所得的曲线越光滑。当然，如果用 n 个数据点来平均，则 $m(x)$ 为常数，这时它最光滑，但失去了大量的信息，拟合的残差也很大。所以说，这就存在一个平衡的问题，即要决定每个数据点在估计 $m(x)$ 的值时起到的作用。直观上，和 x 点越近的数据对决定 $m(x)$ 的值应起越大的作用，这就需要加权平均。因此，如何加权（或如何选择权函数）来光滑及光滑到何种程度就是我们关心的核心问题。本章所考虑的方法也称为光滑法（Smoothing Method）。

10.1　非参数回归概念

参数回归的最大优点是回归结果可以外延，但其缺点也不可忽视，就是回归形式一旦固定，就比较呆板，往往拟合效果较差。而非参数回归，则与参数回归正好相反。它的回归函数形式是不确定的，其结果外延困难，但拟合效果却比较好。设 Y 是一维观测随机向量，X 是 m 维随机自变量。这里引入条件期望作回归函数，即

$$g(X) = E[Y|X] \tag{10.2}$$

为 Y 对 X 的回归函数。可以证明这样的回归函数可使误差平方和最小，即

$$E[Y - E(Y|E)]^2 = \min_L E[Y - L(X)]^2 \tag{10.3}$$

其中，L 是关于 X 的一切函数类。当然，如果限定 L 是线性函数类，$g(X)$ 就是线性回归函数。

既然对拟合函数类 $L(X)$ 没有任何限制，就可以使误差平方和等于 0。实际上，只要作一条折线（曲面）通过所有观测点 (Y_i, X_i) 就可以，对拟合函数类不作任何限制是完全没有意义的。

无论是核函数法、最近邻法、样条法，还是小波法，实际都有参数选择问题（如窗宽选择、平滑参数选择）。

所以参数回归与非参数回归的区分是相对的。用一个多项式去拟合 (Y_i, X_i)，属于参数回归；用多个低次多项式去分段拟合 (Y_i, X_i)，称为样条回归，属于非参数回归。

10.2 权函数方法

非参数回归的基本方法有核函数法、最近邻函数法、样条函数法和小波函数法。尽管这些方法起源不一样，数学形式相距甚远，但都可以视为关于 Y_i 的线性组合的某种权函数。也就是说，回归函数 $g(X)$ 的估计 $g_n(X)$ 总可以表示为

$$g_n(X) = \sum_{i=1}^{n} W_i(X) Y_i \tag{10.4}$$

式中，$W_i(X)$ 为权函数。

这个表达式表明，$g_n(X)$ 总是 Y_i 的线性组合，一个 Y_i 对应个 W_i。不过 W_i 与 X_i 没有对应关系，W_i 如何生成，不仅与 X_i 有关，还可能与全体 $\{X_i\}$ 或部分 $\{X_i\}$ 有关，要视具体函数而定，所以 $W_i(X)$ 写得更具体一点应该是 $W_i(X; X_1, \cdots, X_n)$。这个权函数的形式实际也包括了线性回归。如果 $Y_i = X_i'\beta + \varepsilon_i$，则 $X_i'\hat{\beta} = X_i'(X'X)^{-1}X'Y$，也是 Y_i 的线性组合。

在一般实际问题中，权函数都满足下述条件：

$$W_i(X; X_1, \cdots, X_n) \geqslant 0; \quad \sum_{i=1}^{n} W_i(X; X_1, \cdots, X_n) = 1 \tag{10.5}$$

下面结合具体回归函数看权函数的具体形式。

10.2.1 核权函数法

核权函数是最重要的一种权函数，为了说明核函数估计，这里以二维概率密度估计为例来说明。

$$m(x) = E(Y|X=x) = \int y f(y|x) \mathrm{d}y = \int y \frac{f(x,y)}{f_X(x)} \mathrm{d}y \tag{10.6}$$

由二维核函数密度估计法知

$$f(x,y) = \frac{1}{nh_n^2} \sum_{i=1}^{n} K\left(\frac{X_i - x}{h_n}, \frac{Y_i - y}{h_n}\right) \tag{10.7}$$

$$f(x,y) = \frac{1}{n} \sum_{i=1}^{n} \frac{1}{h_n} K\left(\frac{X_i - x}{h_n}\right) \frac{1}{h_n} K\left(\frac{Y_i - y}{h_n}\right) \tag{10.8}$$

在这个密度函数估计中，核函数相等，光滑参数 h_n 不等时，有

$$f(x,y) = \frac{1}{n}\sum_{i=1}^{n}\frac{1}{h_x}K\left(\frac{X_i-x}{h_x}\right)\frac{1}{h_y}K\left(\frac{Y_i-y}{h_y}\right) \tag{10.9}$$

将式 (10.8) 代入式 (10.6) 的分子，有

$$\int yf(x,y)\mathrm{d}y = \frac{1}{n}\sum_{i=1}^{n}\frac{1}{h_x}K\left(\frac{X_i-x}{h_x}\right)\int\frac{y}{h_y}K\left(\frac{Y_i-y}{h_y}\right)\mathrm{d}y \tag{10.10}$$

令 $s = \dfrac{-Y+y}{h_y}$，则 $\mathrm{d}s = \dfrac{1}{h_y}\mathrm{d}y$，由此，有

$$\int yf(x,y)\mathrm{d}y = \frac{1}{n}\sum_{i=1}^{n}\frac{1}{h_x}K\left(\frac{X_i-x}{h_x}\right)\int(sh_y+Y_i)K(s)\mathrm{d}s \tag{10.11}$$

又由于 $K(s)$ 对称，因此 $\int sK(s)\mathrm{d}s = 0$，$\int K(s)\mathrm{d}s = 1$，则式 (10.6) 的分子为
$\dfrac{1}{nh_x}\sum\limits_{i=1}^{n}K\left(\dfrac{X_i-x}{h_x}\right)Y_i$，分母为 $\dfrac{1}{nh_x}\sum\limits_{i=1}^{n}K\left(\dfrac{X_i-x}{h_x}\right)$，由此可得

$$m_n(x) = \frac{\dfrac{1}{nh_x}\sum\limits_{i=1}^{n}K\left(\dfrac{X_i-x}{h_x}\right)Y_i}{\dfrac{1}{nh_x}\sum\limits_{i=1}^{n}K\left(\dfrac{X_i-x}{h_x}\right)} = \sum_{i=1}^{n}\frac{K\left(\dfrac{X_i-x}{h_x}\right)Y_i}{\sum\limits_{i=1}^{n}K\left(\dfrac{X_i-x}{h_x}\right)} \tag{10.12}$$

可以看出对 $m(x) = E(Y|X=x)$ 的估计，是非参数概率密度估计算法的一种推广，是一种权函数估计 $\hat{m}_n(x) = \sum\limits_{i=1}^{n}W_{ni}(x)Y_i$，其权为

$$W_{ni} = \frac{K\left(\dfrac{X_i-x}{h_x}\right)}{\sum\limits_{i=1}^{n}K\left(\dfrac{X_i-x}{h_x}\right)} \tag{10.13}$$

可以看出权函数完全由 $W_{ni}(x)$ 确定，其取值与 X 的分布有关，称为 N-W 估计。

实际上核权函数的确定可以通过求解下面的优化问题来求解，即

$$\min\sum_{i=1}^{n}W_{ni}(x)(Y_i-\theta)^2 = \sum_{i=1}^{n}W_{ni}(x)[Y_i-\hat{m}_n(x)]^2 \tag{10.14}$$

对上式关于 θ 求导，并令其等于 0，可得

$$\frac{\partial\sum\limits_{i=1}^{n}W_{ni}(x)[Y_i-\hat{m}_n(x)]^2}{\partial\theta} = 0 \tag{10.15}$$

$$-2\sum_{i=1}^{n}W_{ni}(x)[Y_i-\hat{m}_n(x)] = 0 \tag{10.16}$$

由此可得

$$\hat{m}_n(x) = \sum_{i=1}^{n} W_{ni}(x)Y_i \tag{10.17}$$

由此可见，核权函数回归估计等价于局部加权最小二乘法估计。

核权函数回归估计中，窗宽的选择是估计好坏的关键。令 $\frac{1}{h_x}K\left(\frac{X_i-x}{h_x}\right) = K_h(X_i - x)$，根据 N-W 非参数估计形式可知

$$\hat{m}_n(x) = \sum_{i=1}^{n} \frac{K\left(\dfrac{X_i-x}{h}\right)Y_i}{\sum\limits_{i=1}^{n} K\left(\dfrac{X_i-x}{h}\right)} \tag{10.18}$$

当 $h \to 0$ 时，$\sum\limits_{i=1}^{n} K\left(\dfrac{X_i-x}{h}\right)Y_i / \sum\limits_{i=1}^{n} K\left(\dfrac{X_i-x}{h}\right)$ 的分子和分母中除 $X = x_i$ 的项不为零外，其他各项均趋于 0，故

$$\hat{m}_n(X_i) \to K(0)Y_i/K(0) = Y_i \tag{10.19}$$

这说明，当窗宽趋于 0 时，在点 $X_i = x$ 的估计值趋于该点的实际观测值。

另一方面，当 $h \to \infty$ 时，$\sum\limits_{i=1}^{n} K\left(\dfrac{X_i-x}{h}\right)Y_i / \sum\limits_{i=1}^{n} K\left(\dfrac{X_i-x}{h}\right)$ 的分子和分母中的每一项 $K_h(X_i - x) \to K(0)$，则有

$$\hat{m}_n(x) \to \frac{\dfrac{1}{n}\sum\limits_{i=1}^{n} K(0)Y_i}{\dfrac{1}{n}\sum\limits_{i=1}^{n} K(0)} = \frac{1}{n}\sum_{i=1}^{n} Y_i \tag{10.20}$$

这说明当窗宽趋于无穷时，每一点的估计值均为 Y 的实际观测值的平均值。可见，窗宽 h_n 是控制核权函数法估计精度的重要参数，窗宽 h_n 太小会导致估计线欠平滑，窗宽 h_n 太大会导致估计线过于平滑。

理论上，采用核密度估计中最佳窗宽的选择方法，通过计算估计的均方误差，在均方误差最小的条件下可得到核权函数回归方法中的最佳窗宽。

记 $\mu_2(K) = \int u^2 K(u)\mathrm{d}u$，$R(K) = \int K(u)^2 \mathrm{d}u$，当解释变量为随机的情形时，利用 N-W 估计 $Y_i = m(X_i) + u_i (i = 1, 2, \cdots, n)$ 的渐进偏差和渐进方差分别为

$$\mathrm{bias}[\hat{m}_n(x)] \approx \frac{h_n^2}{2}\left(m''(x) + \frac{2m'(x)f'(x)}{f(x)}\right)\mu_2(K) \tag{10.21}$$

$$\mathrm{Var}[\hat{m}_n(x)] \approx \frac{\sigma^2(x)}{nh_nf(x)}R(K) \tag{10.22}$$

其中，$f(x)$ 为解释变量的概率密度函数；$\sigma^2(x) = E(u_i^2|X = x_i)$。

回归函数 $m(x)$ 估计的渐进方差随着窗宽减小而增大，渐进偏差随着窗宽减小而减小。所以非参数估计就是在估计的偏差和方差中寻求平衡，使均方误差达到最小，即

$$
\begin{aligned}
E[\hat{m}_n(x) - m(x)]^2 &= E\{\hat{m}_n(x) - E[\hat{m}_n(x)] + E[\hat{m}_n(x)] - m(x)\}^2 \\
&= E\{\hat{m}_n(x) - E[\hat{m}_n(x)]\}^2 + \{E[\hat{m}_n(x)] - m(x)\}^2 \qquad (10.23) \\
&= \{\text{bias}[\hat{m}_n(x)]\}^2 + \text{Var}[\hat{m}_n(x)] \\
&\approx \left\{\frac{h_n^2}{2}[m''(x) + \frac{2m'(x)f'(x)}{f(x)}]\mu_2(K)\right\}^2 + \frac{\sigma^2(x)}{nh_nf(x)}R(K)
\end{aligned}
$$

由式 (9.33) 可知理论的最佳窗宽 $h_n = cn^{-1/5}$，其中 c 为常数。

类似于非参数核密度估计方法，核权函数回归分析中也可对样本的窗宽进行交叉验证，确定最佳窗宽。实际上，在样本窗宽的交叉验证中，哪一个窗宽是比较恰当的，必须通过样本的资料考查，但这里的样本仅有一个。在某个局部观测点 $X_i = x$，首先，在样本中剔除该观测值点 (X_i, Y_i)，用剩余的 $n-1$ 个点在 $X_i = x$ 处进行核估计

$$
m_{n,-i}(x) = \sum_{j\neq i}^{\hat{n}} W_{nj}(X_i)Y_j \qquad (10.24)
$$

最后比较平方拟合误差 $\text{CV}(h_n) = n^{-1}\sum_{i=1}^{n}(Y_i - \hat{m}_{n,-i}(X_i))^2 W_{nj}(X_i)$，使 $\text{CV}(h_n)$ 最小的窗宽，则为最佳窗宽。

在权核函数回归分析中，当 $K(\cdot)$ 为 $[-1,1]$ 上对称、单峰的概率密度时，$\hat{m}_n(x) = \sum_{j=1}^{n} W_{nj}(X_i)Y_j$ 是集中在 x 附近的加权平均。由于 x 是对称的，以 h_n 为窗宽，当 h_n 太大时，参加的平均点多，会提高精度，同时也会增大偏差。反之，若 h_n 变小，则相反。所以在实际应用中，窗宽的经验选择方法应该根据散点图来选择窗宽。

10.2.2 局部多项式回归

局部多项式回归是另一种非参数回归的曲线拟合方法。它在每一自变量值处拟合一个局部多项式，可以是零阶、一阶、二阶，零阶时与核估计相同。

为研究某随机变量 Y 的变化规律，一个常用的方法就是找出影响 Y 的相关变量 X，回归表达式 $Y = m(x)$ 未知，Y 为被解释变量，x 为解释变量。$Y = m(x) + \varepsilon$，其中 ε 为随机误差项。假设有样本 $(X_1, Y_1), (X_2, Y_2), \cdots, (X_n, Y_n)$，$Y = m(x)$ 在 $X = x_0$ 处相应的导数存在 $[x_0$ 可取 $X_i(i=1,2,\cdots,n)]$，我们要估计 $f(x_0)$。

如果假定 $m(x)$ 在 $X = x_0$ 处 p 阶导数存在，则将 $m(x)$ 在 $X = x_0$ 的某邻域按泰勒级数展开，即

$$
m(x) = m(x_0) + m'(x_0)(x - x_0) + \cdots + \frac{m^{(p)}(x_0)}{p!}(x - x_0)^p + \cdots \qquad (10.25)
$$

记 $m^{(k)} = k!\beta_k \ (k = 1, 2, \cdots, p)$，$\beta_0 = m(x_0)$，则原模型可改写为

$$
y_i = m(x_0) + m'(x_0)(x - x_0) + \cdots + \frac{m^{(p)}(x_0)}{p!}(x - x_0)^p + \varepsilon_i \qquad (10.26)
$$

$$= m(x_0) + \beta_1(x - x_0) + \cdots + \beta_p(x - x_0)^p + \varepsilon_i$$

式 (10.26) 为一个多项式回归模型，且对 $m(x)$ 的估计依赖于其局部的点，从模型中可以看出，$m(X_i)$ 是 $m(x)$ 在 $x = X_i$ 处的观测值；$m'(X_i)$ 是 $m(x)$ 在 $x = X_i$ 处的斜率。

根据加权最小二乘法，可以估计核权局部回归

$$\sum_{i=1}^{n}\left(Y_i - \sum_{j=1}^{p}\beta_j(X_i - x_0)^j\right)^2 K_h(X_i - x_0) = \min \tag{10.27}$$

记

$$\boldsymbol{Y} = \begin{bmatrix} Y_1 \\ Y_2 \\ \vdots \\ Y_n \end{bmatrix}; \quad \boldsymbol{X} = \begin{bmatrix} 1 & X_1 - x_0 & \cdots & (X_1 - x_0)^p \\ 1 & X_2 - x_0 & \cdots & (X_2 - x_0)^p \\ \vdots & \vdots & \ddots & \vdots \\ 1 & X_n - x_0 & \cdots & (X_n - x_0)^p \end{bmatrix} \tag{10.28}$$

$$\boldsymbol{\beta} = \begin{bmatrix} \beta_1 \\ \beta_2 \\ \vdots \\ \beta_n \end{bmatrix}; \quad \boldsymbol{\varepsilon} = \begin{bmatrix} \varepsilon_1 \\ \varepsilon_2 \\ \vdots \\ \varepsilon_n \end{bmatrix} \tag{10.29}$$

$$\boldsymbol{W} = \operatorname{diag}(K_h(X_1 - x), K_h(X_2 - x), \cdots, K_h(X_n - x)) \tag{10.30}$$

则式 (10.27) 的矩阵形式可表示为

$$\boldsymbol{Y} = \boldsymbol{X}\boldsymbol{\beta} + \boldsymbol{\varepsilon} \tag{10.31}$$

核权局部回归模型式 (10.27) 的矩阵形式可表示为

$$(\boldsymbol{Y} - \boldsymbol{X}\boldsymbol{\beta})^{\mathrm{T}}\boldsymbol{W}(\boldsymbol{Y} - \boldsymbol{X}\boldsymbol{\beta}) = \min \tag{10.32}$$

由式 (10.31) 左乘 $\boldsymbol{W}$，则有

$$\boldsymbol{W}\boldsymbol{Y} = \boldsymbol{W}\boldsymbol{X}\boldsymbol{\beta} + \boldsymbol{W}\boldsymbol{\varepsilon} \tag{10.33}$$

对上式左乘 $\boldsymbol{X}^{\mathrm{T}}$，有

$$\boldsymbol{X}^{\mathrm{T}}\boldsymbol{W}\boldsymbol{Y} = \boldsymbol{X}^{\mathrm{T}}\boldsymbol{W}\boldsymbol{X}\boldsymbol{\beta} + \boldsymbol{X}^{\mathrm{T}}\boldsymbol{W}\boldsymbol{\varepsilon} \tag{10.34}$$

将上式代入式 (10.32)，得参数（向量）$\boldsymbol{\beta}$ 的最小二乘估计为

$$\hat{\boldsymbol{\beta}} = (\boldsymbol{X}^{\mathrm{T}}\boldsymbol{W}\boldsymbol{X})^{-1}\boldsymbol{X}^{\mathrm{T}}\boldsymbol{W}\boldsymbol{Y} \tag{10.35}$$

在核权局部回归分析中，窗宽参数 h 在局部回归中起到了相当重要的作用。太大的窗宽 h 将使与 $X - x_0$ 距离较远的观测点也参与局部回归分析，这样会造成局部回归的偏差较大；太小的窗宽 h 将使与 $X - x_0$ 较近的点没能参与到局部回归分析，从而造成估计的随机偏差大。因而寻求一个合适的窗宽 h 是局部回归分析的重要任务之一。窗宽 h 选择的常用方法是交叉核实，使

$$\mathrm{RMSE} = \sqrt{\frac{1}{n}\sum_{i=1}^{n}(Y_i - \hat{\beta}_{0,-i})^2} \tag{10.36}$$

为最小的窗宽。其中 $\hat{\beta}_{0,-i}$ 是剔除了第 i 个观测点后估计 Y_i 的值。

局部多项式拟合从理论到实践都具有较显著的优势。一方面，传统回归分析方法将随机变量局部上的变异掩盖了，因此无法反映随机现象的结构变化，而局部回归的结果能够动态地反映随机现象的结构变化。另一方面，局部回归分析方法假定变量间的关系也未知，更符合实际应用。

10.2.3 局部多项式加权散点图平滑估计

局部多项式加权散点图平滑估计 (Locally Weighted Scatter Plot Smoothing, Lowess) 是一种先用局部线性估计进行拟合，然后定义稳健的权数并进行平滑的一种非参数回归模型，其是为了降低异常点对线性回归模型估计结果的影响，其具体过程如下。

（1）对模型进行局部线性或多项式回归估计，得到 $\{\beta_j\}_{j=0}^p$ 的估计，使得

$$\frac{1}{n}\sum_{i=1}^{n}W_{ni}[Y_i - \sum_{j=0}^{k}\beta_j(X_i - x)^j]^2 \tag{10.37}$$

达到最小，其中 $\{W_{ni}(x)\}$ 是 k 近邻权，最佳窗宽 h 由交叉验证法确定。

（2）计算残差 $\hat{\varepsilon} = Y_i - \hat{\beta}_0$，其中 $\hat{\beta}_0$ 是在 x 邻域进行局部多项式回归的常数项 $\beta_0 = m(x)$ 的估计量。计算 $\hat{\sigma} = \text{med}\{|\hat{\varepsilon}_i|\}$，并定义稳健权数 $\delta_i = K(\hat{\varepsilon}_i/(6\hat{\sigma}))$，其中 $K(u) = \frac{15}{16}(1-u^2)^2 I$ $(|u| \leqslant 1)$。

（3）重复步骤（1）和（2），进行局部多项式拟合，但权数用 $\{\delta_i W_{ni}(x)\}$，重复 M 次后，可得稳健估计。

由于稳健估计的权数 $\delta_i = K(\hat{\varepsilon}_i/(6\hat{\sigma}))$ 可以将异常值排除在外，并且初始残差大（小）的观测值在下一次局部多项式中的权数就小（大），因而重复几次后就可将异常值不断地排除在外，并最终得到稳健性的估计。

Lowess 算法的 Python 实现如下。

```
1   """
2   lowess: Locally linear regression
3   """
4   import numpy as np
5   import numpy.linalg as la
6
7   # Kernel functions:
8   def epanechnikov(xx, **kwargs):
9       l = kwargs.get('l', 1.0)
10      ans = np.zeros(xx.shape)
11      xx_norm = xx / l
12      idx = np.where(xx_norm <= 1)
13      ans[idx] = 0.75 * (1 - xx_norm[idx]  ** 2)
14      return ans
15
16  def tri_cube(xx, **kwargs):
17      ans = np.zeros(xx.shape)
18      idx = np.where(xx <= 1)
19      ans[idx] = (1 - np.abs(xx[idx]) ** 3) ** 3
20      return ans
```

```
21
22   def bi_square(xx, **kwargs):
23       ans = np.zeros(xx.shape)
24       idx = np.where(xx < 1)
25       ans[idx] = (1 - xx[idx] ** 2) ** 2
26       return ans
27
28   def do_kernel(x0, x, l=1.0, kernel=epanechnikov):
29       xx = np.sum(np.sqrt(np.power(x - x0[:, np.newaxis], 2)), 0)
30       return kernel(xx, l=l)
31
32   def lowess(x, y, x0, deg=1, kernel=epanechnikov, l=1, robust=False,):
33       if robust:
34           y_est = lowess(x, y, x, kernel=epanechnikov, l=1, robust=False)
35           resid = y_est - y
36           median_resid = np.nanmedian(np.abs(resid))
37           # Calculate the bi-cube function on the residuals for robustness weights:
38           robustness_weights = bi_square(resid / (6 * median_resid))
39
40       # For the case where x0 is provided as a scalar:
41       if not np.iterable(x0):
42           x0 = np.asarray([x0])
43       ans = np.zeros(x0.shape[-1])
44       # We only need one design matrix for fitting:
45       B = [np.ones(x.shape[-1])]
46       for d in range(1, deg+1):
47           B.append(x ** deg)
48
49       B = np.vstack(B).T
50       for idx, this_x0 in enumerate(x0.T):
51           # This is necessary in the 1d case (?):
52           if not np.iterable(this_x0):
53               this_x0 = np.asarray([this_x0])
54           # Different weighting kernel for each x0:
55           W = np.diag(do_kernel(this_x0, x, l=1, kernel=kernel))
56           if robust:
57               # We apply the robustness weights to the weighted least-squares
58               # procedure:
59               robustness_weights[np.isnan(robustness_weights)] = 0
60               W = np.dot(W, np.diag(robustness_weights))
61
62           BtWB = np.dot(np.dot(B.T, W), B)
63           BtW = np.dot(B.T, W)
64           # Get the params:
65           beta = np.dot(np.dot(la.pinv(BtWB), BtW), y.T)
66           # We create a design matrix for this coordinat for back-predicting:
67           B0 = [1]
68           for d in range(1, deg+1):
69               B0 = np.hstack([B0, this_x0 ** deg])
70           B0 = np.vstack(B0).T
71           # Estimate the answer based on the parameters:
72           ans[idx] += np.dot(B0, beta)
73       return ans.T
```

```
74
75  x = np.random.randn(100)
76  f = np.cos(x) + 0.2 * np.random.randn(100)
77  x0 = np.linspace(-1,1,10)
78  f_hat = lowess(x, f, x0)
79  import matplotlib.pyplot as plt
80  fig,ax = plt.subplots(1)
81  ax.scatter(x,f)
82  ax.plot(x0,f_hat,'ro')
83  plt.show()
84
85  x = np.random.randn(2, 100)
86  f = -1 * np.sin(x[0]) + 0.5 * np.cos(x[1]) + 0.2 * np.random.randn(100)
87  x0 = np.mgrid[-1:1:.1, -1:1:.1]
88  x0 = np.vstack([x0[0].ravel(), x0[1].ravel()])
89  f_hat = lowess(x, f, x0, kernel=tri_cube)
90  from mpl_toolkits.mplot3d import Axes3D
91  fig = plt.figure()
92  ax = fig.add_subplot(111, projection='3d')
93  ax.scatter(x[0], x[1], f)
94  ax.scatter(x0[0], x0[1], f_hat, color='r')
95  plt.show()
```

Lowess 回归分析运行结果如图 10.1 所示。

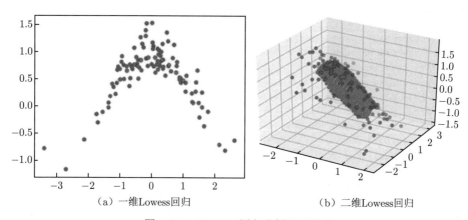

（a）一维Lowess回归　　　　　　　（b）二维Lowess回归

图　10.1　Lowess 回归分析运行结果

10.3　最近邻函数法

首先引进距离函数，用来衡量 R^m 空间中两点 $u = (u_1, u_2, \cdots, u_m)$ 和 $v = (v_1, v_2, \cdots, v_m)$ 的距离 $||u - v||^2$，如欧氏距离 $||u - v||^2 = \sum\limits_{i=1}^{n}(u_i - v_i)^2$ 或 $||u - v||^2 = \max\limits_{1 \leqslant i \leqslant n}|u_i - v_i|$ 等。

为反映各分量的重要程度，可以引进权因子 $C_1, \cdots, C_n$，使 $\{C_i\}$ 也满足配方条件。然后将距离函数修改为

$$||u - v||^2 = \sum_{i=1}^{n} C_i (u_i - v_i)^2 \qquad (10.38)$$

$$||u - v||^2 = \max_{1 \leqslant i \leqslant n} C_i |u_i - v_i| \qquad (10.39)$$

现在假设有了样本 (Y_i, X_i)，其中 $i = 1, \cdots, n$，并指定空间中任一点 X，来估计回归函数在该点的值 $g(X)$。将 $X_1, \cdots, X_n$ 按在所选距离 $||\cdot||$ 意义下与 X 接近的程度排序

$$||X_{k_1} - X|| < ||X_{k_2} - X|| < \cdots < ||X_{k_n} - X|| \qquad (10.40)$$

这表示点 X_{k_1} 与 X 距离最近，就赋予权函数 K_1；与 X 距离次近的 X_{k_2} 就赋予权函数 K_2；依此类推。这里的 n 个权函数 $K_1, \cdots, K_n$ 也满足配方条件，并且按从大到小排序，即

$$K_1 \geqslant K_2 \geqslant \cdots \geqslant K_n > 0 \qquad \sum_{i=1}^{n} K_i = 1 \qquad (10.41)$$

即

$$W_{k_i}(X; X_1, X_2, \cdots, X_n) = K_i \qquad i = 1, 2, \cdots, n \qquad (10.42)$$

若在 $\{||X_i - X||, i = 1, \cdots, n\}$ 中有相等的，可将这 n 个相等的应该赋予的权取平均。若前两名相等，$||X_1 - X|| = ||X_2 - X||$，则令

$$W_1 = W_2 = \frac{1}{2}(K_1 + K_2) \qquad (10.43)$$

这样最近邻回归函数就是

$$Y = g(X) = \sum_{i=1}^{n} W_i(X; X_1, X_2, \cdots, X_n) Y_i = \sum_{i=1}^{n} K_i Y_i = \sum_{i=1}^{n} K_i(X) Y_i \qquad (10.44)$$

K_i 尽管是 n 个常数，事先已选好，但到底排列次序如何与 X 有关，故可记为 $K_i(X)$。

一种最常见的近邻权是：给定一个 k，位次在 k 和 k 之前的权数为 $1/k, k+1$ 以后的权数为零，我们称这类近邻权估计为均匀核权估计。

记 $J_x = \{i : X_i$ 是离 x 最近的 k 个观测值之一$\}$，定义距离 $d(x) = (xx^\tau)^{1/2}, R(x)$ 为 x 的第 k 个近邻 x 的距离，即 $R(x) = \max\{d(x - z) : z \in J_x\}$，记 $u_i = d(x - X_i)/R(x)$，定义 $W_{ni} = K(u_i(x))/\sum_{i=1}^{n} K(u_i(x))$ 为 K-近邻估计的核权函数，则回归函数 $m(x)$ 的 K-近邻估计为

$$\hat{m}_n(x) = \sum_{i=1}^{n} W_{ni}(x) Y_i \qquad (10.45)$$

由核密度估计易知，回归函数 $m(x)$ 的 K-近邻估计的渐进偏差和渐进方差分别为

$$\text{bias}[\hat{m}_n(x)] \approx \frac{\mu(K)}{8 f^3(x)} [(m''f + 2m'f')(x)](K/n)^2 \qquad (10.46)$$

$$\mathrm{Var}[\hat{m}_n(x)] \quad \approx \quad 2\frac{\sigma^2(x)}{K}R(K) \tag{10.47}$$

K-近邻回归分析的 Python 实现如下：

```
import matplotlib.pyplot as plt
import numpy as np

# 生成训练样本
n_dots = 40
X = 5 * np.random.rand(n_dots, 1)
y = np.cos(X).ravel()

# 添加一些噪声
y += 0.2 * np.random.rand(n_dots) - 0.1

# 训练模型
from sklearn.neighbors import KNeighborsRegressor
k = 5
knn = KNeighborsRegressor(k)
knn.fit(X, y)
knn.score(X, y)

#生成足够密集的点并进行预测
T = np.linspace(0, 5, 500)[:, np.newaxis]
y_pred = knn.predict(T)

# 画出拟合曲线
plt.figure(figsize=(16, 10), dpi=144)
plt.scatter(X, y, c='g', label='data', s=100)          # 画出训练样本
plt.plot(T, y_pred, c='k', label='prediction', lw=1)   # 画出拟合曲线
plt.axis('tight')
plt.title("KNN Regressor (k = %i)" % k)
plt.show()
```

K-近邻回归分析运行结果如图 10.2 所示。

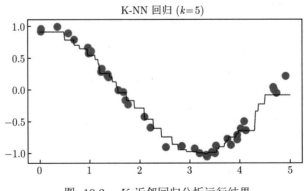

图 10.2　K-近邻回归分析运行结果

10.4　习　　题

1. 试述参数估计与非参数估计的联系与区别。

2. 设二维随机变量，其密度函数为

$$f(x,y) = \begin{cases} x+y & 0 \leqslant x \leqslant 1, \ 0 \leqslant y \leqslant 1 \\ 0 & \text{其他} \end{cases}$$

求 $E(Y|X=x)$。

3. 利用数据生成方法生成函数 $f(x)=x+5*\exp(-4x^2)$ 的样本容量为 1000 的样本点。

（1）利用局部多项式回归模型对生成的样本点拟合，求出相应的平均绝对误差 MAE 和均方误差 MSE，并在图像上与真实函数进行对比分析。

（2）利用非参数 N-W 估计方法对生成的样本点拟合，求出相应的平均绝对误差 MAE 和均方误差 MSE，并在图像上与真实函数进行对比分析。

4. 利用数据生成方法生成 Doppler 函数 $m(x) = \sqrt{x(1-x)}\sin\left(\dfrac{2.1\pi}{x+0.05}\right)$ 样本点容量为 1000 的样本点，其中 $0 \leqslant x \leqslant 1$。

（1）利用 K-NN 回归算法对生成的样本点拟合，求出相应的平均绝对误差 MAE 和均方误差 MSE，并在图像上与真实函数进行对比分析。

（2）利用 Lowess 回归算法对生成的样本点拟合，求出相应的平均绝对误差 MAE 和均方误差 MSE，并在图像上与真实函数进行对比分析。

5. 表 10.1 给出了 2007—2019 年某地区域生产总值、工业生产总值、固定资产投资总额和进出口总额数据。

表 10.1　某地区主要经济指标

年份	区域生产总值 (y)	工业生产总值 (x_1)	固定资产投资总额 (x_2)	进出口总额 (x_3)
2007	234.02	567.23	120.04	212.52
2008	245.12	612.56	138.11	272.01
2009	293.78	702.13	152.09	291.72
2010	319.85	731.78	196.03	301.83
2011	321.32	752.45	219.08	328.51
2012	346.80	772.68	238.55	356.32
2013	355.97	790.21	246.62	378.35
2014	367.02	807.23	256.24	412.90
2015	405.12	832.56	285.15	432.35
2016	463.78	857.33	315.85	491.72
2017	495.85	874.58	327.23	523.85
2018	521.32	890.45	369.55	558.44
2019	546.80	912.68	408.70	616.75

（1）构建区域生产总值的最小二乘方程；

（2）利用核权函数法构建区域生产总值分析模型，求出相应的平均绝对误差 MAE 和均方误差 MSE；

（3）利用 Lowess 回归算法对生成的样本点拟合，求出相应的平均绝对误差 MAE 和均方误差 MSE。

6. 模拟数据集中的 100 个数据的生成模型为

$$Y_i = m(X_i) + \varepsilon_i, \varepsilon_i \sim N(0,1), X_i \sim U(0,1)$$

其中 $m(x) = 1 - x + \mathrm{e}^{-200(x-1/2)^2}$。

（1）试分别用样条光滑算法和 K-NN 回归分析方法对生成的数据进行拟合；

（2）画出两个模型的残差图。

第 11 章　树模型理论

在统计学中，基于树的学习算法模型的精确率高，容易解释。与线性模型不同，树形模型更加接近人的思维方式，可以产生可视化的分类规则，产生的模型具有可解释性（可以抽取规则），基于树的模型能够很好地表达非线性关系。树形模型是一个一个特征进行处理，其拟合出来的函数其实是分区间的阶梯函数。线性模型是所有特征给予权重相加得到一个新的值。决策树与逻辑回归的分类区别：逻辑回归是将所有特征变换为概率后，通过大于某一概率阈值的划分为一类，小于某一概率阈值的为另一类；而决策树是对每一个特征做一个划分。逻辑回归只能找到线性分割（输入特征 x 与 logit 之间是线性的，除非对 x 进行多维映射），而决策树可以找到非线性分割。

常见树模型主要包括决策树和梯度提升树两大类，其中决策树模型包括 ID3、C4.5 和 CART 模型，梯度提升树模型主要包括提升树、xgboost 模型和 LightGBM 模型等。

11.1　决策树模型

11.1.1　决策树分类算法

决策树（Decision Tree），又称判断树，是一种基本的分类与回归方法。当决策树用于分类时称为分类树，用于回归时称为回归树。决策树由节点和有向边组成。节点有两种类型：内部节点和叶节点，其中内部节点表示一个特征或属性，叶节点表示一个类。通常，一棵决策树包含一个根节点、若干个内部节点和若干个叶节点。叶节点对应于决策结果，其他每个节点则对应于一个属性测试。每个节点包含的样本集合根据属性测试的结果被划分到子节点中，根节点包含样本全集，从根节点到每个叶节点的路径对应了一个判定测试序列。在图 11.1 中，圆和方框分别表示内部节点和叶节点。决策树学习是为了产生一棵泛化能力强（处理未见示例能力强）的决策树。

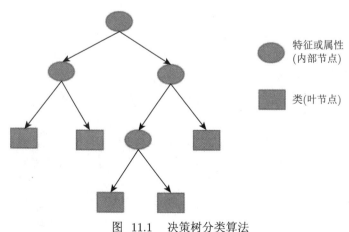

图　11.1　决策树分类算法

　　决策树是一种以树形数据结构来展示决策规则和分类结果的模型，作为一种归纳学习算法，其重点是将看似无序、杂乱的已知实例，通过某种技术手段转化成可以预测未知实例的树状模型，每一条从根节点（对最终分类结果贡献最大的属性）到叶子节点（最终分类结果）的路径都代表一条决策的规则。决策树算法的优势在于，它不仅简单、易于理解，而且高效实用，构建一次就可以多次使用，或者只对树模型进行简单的维护就可以保持其分类的准确性。

　　分类树是一种描述对实例进行分类的树形结构。在使用分类树进行分类时，从根节点开始，对实例的某一特征进行测试。根据测试结果，将实例分配到其子节点。这时，每一个子节点都对应着该特征的一个取值。如此递归地对实例进行测试并分配，直至达到叶节点。最后将实例分到叶节点的类中。

　　假设给定训练数据集 $D = \{(x_1, y_1), (x_2, y_2), \cdots, (x_N, y_N)\}$，其中 $\boldsymbol{x}_i = (x_i^{(1)}, x_i^{(2)}, \cdots, x_i^{(n)})^{\mathrm{T}}$ 为输入实例，即特征向量，n 为特征个数，$i = 1, 2, \cdots, N$，N 为样本容量，$y_i \in \{1, 2, \cdots, K\}$ 为类别标签。分类树学习的目标是根据给定的训练数据集构建一个决策树模型，使它能够对实例进行正确的分类。

　　决策树学习本质上是从训练数据集中归纳出一组分类规则。与训练数据集不矛盾的决策树（能对训练数据进行正确分类的决策树）可能有多个，也可能一个也没有。我们需要的是一个与训练数据矛盾较小的决策树，同时具有很好的泛化能力。从另一个角度看，决策树学习是由训练数据集估计条件概率模型。基于特征空间划分的类的条件概率模型有无穷多个，我们选择的条件概率模型不仅应该对训练数据有很好的拟合，而且对未知数据也有很好的预测。

　　决策树学习用损失函数表示这一目标，其损失函数通常是正则化的极大似然函数，决策树学习的策略是以损失函数为目标函数的最小化。当损失函数确定以后，学习问题就变为在损失函数意义下选择最优决策树的问题。因为从所有可能的决策树中选取最优决策树是 NP 完全问题，所以现实中决策树学习算法通常采用启发式方法，近似求解这一最优化问题。这样得到的决策树是次最优的。具体决策树分类算法见算法 11.1。

算法 11.1 决策树分类算法

输入：
　　训练集：$D = \{(x_1, y_1), (x_2, y_2), \cdots, (x_N, y_N)\}$。
　　属性集：$A = \{a_1, a_2, \cdots, a_n\}$。

输出：　　以 node 为根节点的决策树。

- 构建根节点：将所有训练数据放在根节点 node。
- 选择一个最优特征，根据这个特征将训练数据分割成子集，使各个子集有一个在当前条件下最好的分类。
- 若这些子集已能够被基本正确分类，则将该子集构成叶节点。
- 若某个子集不能够被基本正确分类，则对该子集选择新的最优的特征，继续对该子集进行分割，构建相应的节点。
- 如此递归下去，直至所有训练数据子集都被基本正确分类，或者没有合适的特征为止。

决策树学习的算法通常是一个递归地选择最优特征，并根据该特征对训练数据进行分割，使对各个子数据集有一个最好的分类的过程。这一过程对应着对特征空间的划分，也对应着决策树的构建。一开始构建根节点，将所有训练数据都放在根节点。选择一个最优特征，按照这一特征将训练数据集分割成子集，使得各个子集有一个在当前条件下最好的分类。如果这些子集已经能够被基本正确分类，则构建叶节点，并将这些子集分到所对应的叶节点中，如果还有子集不能被基本正确分类，就对这些子集选择新的最优特征，继续对其进行分割，构建相应的节点。如此递归地进行下去，直至所有训练数据子集被基本正确分类，或者没有合适的特征为止。最后每个子集都被分到叶节点上，即都有了明确的类。这就生成了一棵决策树。

从上述过程中就可以看出，决策树的生成是一个递归过程。在决策树基本算法中，有三种情形会导致递归返回：

- 当前节点包含的样本全属于同一类别，无法划分；
- 当前属性集为空，或是所有样本在所有属性上取值相同，无法划分；
- 当前节点包含的样本集合为空，不能划分。

在第二种情形下，我们把当前节点标记为叶节点，并将其类别设定为该节点所含样本最多的类别。在第三种情形下，同样把当前节点标记为叶节点，但将其类别设定为其父节点所含样本最多的类别。这两种情形的处理实质不同：第二种情况是在利用当前节点的后验分布，而第三种情况则是把父节点的样本分布作为当前节点的先验分布。

以上方法生成的决策树可能对训练数据有很好的分类能力，但对未知的测试数据却未必有很好的分类能力，即可能发生过拟合现象。我们需要对已生成的树自下而上进行剪枝，将树变得更简单，从而使它具有更好的泛化能力。具体地，就是去掉过于细分的叶节点，使其回退到父节点，甚至更高的节点，然后将父节点或更高的节点改为新的叶节点。如果特征数量很多，也可以在决策树学习开始的时候，对特征进行选择，只留下对训练数据有足够分类能力的特征。

可以看出，决策树学习算法包含特征选择、决策树的生成与决策树的剪枝过程。由于决策树表示一个条件概率分布，所以深浅不同的决策树对应着不同复杂度的概率模型。决策树的生成对应于模型的局部选择，决策树的剪枝对应于模型的全局选择。决策树的生成只考虑局部最优，相对地，决策树的剪枝则考虑全局最优。

11.1.2 特征选择

特征选择在于选取对训练数据具有分类能力的特征。这样可以提高决策树学习的效率。如果利用一个特征进行分类的结果与随机分类的结果没有很大差别，则称这个特征是没有分类能力的。经验上扔掉这样的特征对决策树学习的精度影响不大。特征选择的关键是选取对训练数据有较强分类能力的特征。若一个特征的分类结果与随机分类的结果没有什么差别，则称这个特征是没有分类能力的。通常特征选择的指标是信息增益、信息增益比率和基尼指数。

1. 信息增益

为了便于说明基于信息增益的特征选择基本原理，这里先给出熵与条件熵的定义，然后引入信息增益。在信息论与概率统计中，熵（Entropy）是表示随机变量不确定性的度量。设 X 是一个取有限个值的离散随机变量，其概率分布为

$$P(X = x_i) = p_i \qquad i = 1, 2, \cdots, n \tag{11.1}$$

则随机变量 X 的熵定义为

$$H(X) = -\sum_{i=1}^{n} p_i \log p_i \tag{11.2}$$

其中，若 $p_i = 0$，则定义 $p_i \log p_i = 0$。通常，式 (11.2) 中的对数以 2 为底或以 e 为底（自然对数），这时熵的单位分别称作比特（bit）或纳特（nat）。由定义可知，熵只依赖于 X 的分布，而与 X 的取值无关，所以也可将 X 的熵记作 $H(p)$。

由此可见，熵越大，随机变量的不确定性就越大。从熵的定义可验证

$$0 \leqslant H(p) \leqslant \log n \tag{11.3}$$

当 X 为两点分布时，即 $P(X = 0) = p$，$P(X = 1) = 1 - p$，其熵为 $H(p) = -p \log p - (1 - p) \log(1 - p)$。熵 $H(p)$ 随概率 p 的取值变化如图 11.2 所示。

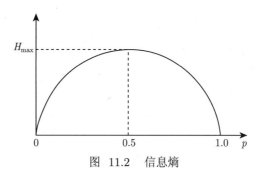

图　11.2　信息熵

当 $p = 0$ 或 $p = 1$ 时，$H(p) = 0$，随机变量完全确定；当 $p = 0.5$ 时，$H(p) = 1$，熵取值最大，随机变量不确定性最大。

设有随机变量 (X, Y)，其联合概率分布为

$$P(X = x_i, Y = y_i) = p_{ij} \qquad i = 1, 2, \cdots, n; j = 1, 2, \cdots, m \tag{11.4}$$

条件熵 $H(Y|X)$ 表示在已知随机变量 X 的条件下随机变量 Y 的不确定性。随机变量 X 给定的条件下随机变量 Y 的条件熵（Conditional Entropy）$H(Y|X)$ 定义为：X 给定条件下 Y 的条件概率分布的熵对 X 的数学期望，即

$$H(Y|X) = \sum_{i=1}^{n} p_i H(Y \Delta X = x_i) \tag{11.5}$$

其中，$p_i = P(X = x_i)$, $i = 1, 2, \cdots, n$。

信息增益（Information Gain）表示在获得特征 X 的信息后使得类 Y 的信息的不确定性减少的程度。特征 a_* 对训练数据集 D 的信息增益 $g(D, a_*)$，定义为集合 D 的经验熵 $H(D)$ 与特征 a_* 给定条件下 D 的经验条件熵 $H(D|a_*)$ 之差，即

$$g(D, a_*) = H(D) - H(D|a_*) \tag{11.6}$$

通常，熵 $H(Y)$ 与条件熵 $H(Y|X)$ 之差称为互信息（Mutual Information）。决策树学习中的信息增益等价于训练数据集中类与特征的互信息。

决策树学习应用信息增益准则选择特征。给定训练数据集 D 和特征 a_*，经验熵 $H(D)$ 表示对数据集 D 进行分类的不确定性，而经验条件熵 $H(D|a_*)$ 表示在特征 a_* 给定的条件下对数据集 D 进行分类的不确定性。它们的差即信息增益，就表示由于特征 a_* 而使得对数据集 D 的分类的不确定性减少的程度。显然，对数据集 D 而言，信息增益依赖于特征，不同的特征往往具有不同的信息增益，信息增益大的特征具有更强的分类能力。

根据信息增益准则的特征选择方法：对训练数据集（或子集）D，计算其每个特征的信息增益，并比较它们的大小，选择信息增益最大的特征。

设训练数据集为 $|D|$ 表示其样本容量，即样本个数。设有 K 个类 $C_k, k = 1, 2, \cdots, K$，$|C_k|$ 为属于类 C_k 的样本个数，$\sum_{k=1}^{K} |C_k| = |D|$。设特征 a_* 有 V 个不同的取值 $\{a_*^1, a_*^2, \cdots, a_*^V\}$，根据特征 a_* 的取值将 D 划分为 V 个子集 $D_1, D_2, \cdots, D_V$。$|D_i|$ 的样本个数为 $\sum_{i=1}^{n} |D_i| = |D|$。记子集 D_i 中属于类 C_k 的样本的集合为 D_{ik}，即 $D_{ik} = D_i \cap C_k, |D_{ik}|$ 为 D_{ik} 的样本个数。信息增益的计算过程，如算法 11.2 所示。

算法 11.2 信息增益的计算过程

输入：　训练数据集 D 和特征 a_*。

输出：　特征 a_* 对训练数据集 D 的信息增益 $g(D, a_*)$。

　步骤：

（1）计算数据集 D 的经验熵 $H(D)$。

$$H(D) = -\sum_{k=1}^{K} \frac{C_k}{D} \log \frac{C_k}{D} \tag{11.7}$$

（2）计算特征 A 对数据集 D 的经验条件熵 $H(D|A)$。

$$H(D|A) = \sum_{i=1}^{n} \frac{|D_i|}{D} H(D_i) = -\sum_{i=1}^{n} \frac{|D_i|}{D} \sum_{k=1}^{K} \frac{D_{ik}}{D_i} \log \frac{D_{ik}}{D_i} \tag{11.8}$$

（3）计算信息增益：$g(D, a_*) = H(D) - H(D|a_*)$。

一般而言，信息增益越大，则意味着使用特征 a_* 来进行划分所获得的"纯度提升"越大。因此，可用信息增益来进行决策树的划分属性选择，即在决策树分类算法（算法 11.3）中使用

$$a_* = \arg \max_{a \in A} g(D, a) \tag{11.9}$$

选择最优划分属性。

算法 11.3 决策树分类算法

输入：

训练集：$D = \{(x_1, y_1), (x_2, y_2), \cdots, (x_N, y_N)\}$。

属性集：$A = \{a_1, a_2, \cdots, a_n\}$。

输出：　　以 node 为根节点的决策树。

步骤：

（1）生成节点根 node

（2）if D 中样本全属于同一类别 C_k

（3）将 node 标记为 C_k 类叶节点

（4）　　return

（5）end if

（6）if $A = \varnothing$ OR D 中样本在 A 上取值相同 then

（7）　　将 node 标记为叶节点，其类别标记为 D 中样本数最多的类

（8）　　return

（9）end if

（10）从 A 中选择最优划分属性 a_*

（11）for a_* 的每一个值 a_*^v do

（12）　　为 node 生成一个分支：令 D_v 表示 D 中在 a_* 上取值为 a_*^v 的样本子集

（13）　　if D_v 为空 then

（14）　　　将分支节点标记为叶节点，其类别标记为 D 中样本最多的类

（15）　　　return

（16）　　else

（17）　　　以 TreeGenerate($D_v, A - \{a_*\}$) 为分支节点

（18）　　end if

（19）end for

2. 信息增益比率

信息增益值的大小是相对于训练数据集而言的，并没有绝对意义。在训练数据集的经验熵大的时候，信息增益值会偏大；反之，信息增益值会偏小。使用信息增益率（Information Gain Ratio）可以对这一问题进行校正。这是特征选择的另一准则。特征 a_* 对训练数据集 D 的信息增益率 $g_g(D, a_*)$ 定义为其信息增益 $g(D, a_*)$ 与训练数据集 D 的经验熵 $H(D)$ 之比，即

$$g_g(D, a_*) = \frac{g(D, a_*)}{H(D)} \tag{11.10}$$

如前文所说，信息增益准则对可取值数目较多的属性有所偏好，为减少这种偏好可能带来的不利影响，著名的 C4.5 决策树算法不直接使用信息增益来选择划分属性，而是使用信息增益率来选择最优划分属性。

3. 基尼（Gini）指数

基尼指数是一种不等性度量，通常用来度量收入不平衡，可以用来度量任何不均匀分布，是介于 $0 \sim 1$ 的数，0 表示完全相等，1 表示完全不相等。分类度量时，总体内包含的类别越杂乱，基尼指数就越大。

基尼值 $\text{Gini}(D)$ 表示集合 D 的不确定性，基尼指数 $\text{Gini\_index}(D, A)$ 表示经 $A=a$ 分割后集合 D 的不确定性。基尼指数值越大，样本集合的不确定性也就越大，这一点与熵相似。

数据集 D 的纯度还可用基尼值来度量

$$\text{Gini}(D) = \sum_{k=1}^{K} p_k(1-p_k) = 1 - \sum_{k=1}^{K} p_k^2 \tag{11.11}$$

其中，K 为类别数；p_k 为样本点属于第 k 类的概率。对于二分类问题，若样本点属于第 1 个类的概率是 p，则概率分布的基尼指数为

$$\text{Gini}(D) = 2p(1-p) \tag{11.12}$$

直观来说，$\text{Gini}(D)$ 反映了从数据集 D 中随机抽取两个样本且其类别标记不一致的概率。因此，$\text{Gini}(D)$ 越小，则数据集 D 越小，数据集 D 的纯度越高，属性的纯度越高。属性 a 的基尼指数定义为

$$\text{Gini\_index}(D, a) = \sum_{v=1}^{V} \frac{D_v}{D} \text{Gini}(D_v) \tag{11.13}$$

在 CART 算法中，在候选属性集合 A 中，选择使划分后基尼指数最小的属性作为最优划分属性，即

$$a_* = \arg \min_{a \in A} \text{Gini\_index}(D, a) \tag{11.14}$$

对于二分类问题，基尼指数为

$$\text{Gini\_index}(D, a) = \frac{D_1}{D} \text{Gini}(D_1) + \frac{D_2}{D} \text{Gini}(D_2) \tag{11.15}$$

基尼指数 $\text{Gini}(D)$ 与分类误差率和熵的一半 $\left[\dfrac{1}{2}H(p)\right]$ 的关系，如图 11.3 所示。

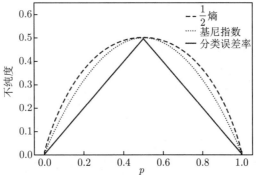

图 11.3　基尼指数 $\text{Gini}(D)$、$\dfrac{1}{2}$ 熵和分类误差率之间的关系

其中，横坐标表示概率 p，纵坐标表示损不纯度。可以看出基尼指数和熵的一半的曲线很接近，都可以近似地代表分类误差率。

11.1.3　决策树的生成

经典决策树生成算法有 ID3 算法和 C4.5 算法。

1. ID3 算法

J. R. Quinlan 在 20 世纪 80 年代提出了 ID3（Iterative Dichotomiser 3）算法，该算法奠定了决策树算法发展的基础。这种算法的提出得益于香农（Shannon C. E.）在信息论中提出的信息熵的概念，其表示离散随机事件出现的概率。ID3 算法最核心的思想就是以信息增益作为分裂属性选取的依据，信息增益表示某个属性能够为分类系统带来多少"信息"。信息越多，则通过该属性对数据集的分类越准确。ID3 算法适用于大多数据集的分类问题，分类速度和测试速度都比较快。但该算法在设计之初未考虑如何处理连续属性、属性缺失及噪声等问题。

ID3 算法的核心是在决策树各个节点上应用信息增益准则选择特征，递归地构建决策树。具体方法是：从根节点开始，对节点计算所有可能的特征的信息增益，选择信息增益最大的特征作为节点的特征，由该特征的不同取值建立子节点。之后，再对子节点递归地调用以上方法，构建决策树，直到所有特征的信息增益均很小或没有特征可以选择为止，最终得到一个决策树。ID3 相当于用极大似然法进行概率模型的选择，是以信息增益为准则来选择划分属性，其算法流程见算法 11.4。

算法 11.4 ID3 算法

输入：　训练数据集 D，特征集 A，阈值 ε。

输出：　决策树 T。

（1）若 D 中所有实例属于同一类 C_k，则 T 为单节点树，并将类 C_k 作为该节点的类标记，返回决策树 T。

（2）若 $A = \varnothing$，则 T 为单节点树，并将 D 中实例数最大的类 C_k，作为该节点的类标记，返回决策树 T；否则，计算 A 中各特征对 D 的信息增益，选择信息增益最大的特征 a_*。

（3）如果 a_* 的信息增益小于阈值 ε，则置 T 为单节点树，并将 D 中实例数最大的类 C_k 作为该节点的类标记，返回决策树 T；否则，对 a_* 的每一可能值 a_*^v，由 $a_* = a_*^v$ 将 D 分割为若干非空子集 D_v，将 D_v 中实例数最大的类作为标记，构建子节点，由节点及其子节点构成决策树 T，返回决策树 T。

（4）对第 v 个子节点，以 D_v 为训练集，以 $A - \{a_*\}$ 为特征集，递归地调用第 (1) 步 ～ 第 (3) 步，得到子树 T_v，并返回子树 T_v。

---

2. C4.5 算法

随后 J. R. Quinlan 针对 ID3 算法的不足设计了 C4.5 算法，引入信息增益率的概念。它克服了 ID3 算法无法处理属性缺失和连续属性的问题，并且引入了优化决策树的剪枝方法，使算法更高效，适用性更强。

C4.5 决策树算法流程如算法 11.5 所示。

算法 11.5 C4.5 决策树算法

输入: 训练数据集 D,特征集 A,信息增益率阈值 ε,信息增益阈值 α。

输出: 决策树 T。

(1)若 D 中所有实例属于同一类 C_k,则 T 为单节点树,并将类 C_k 作为该节点的类标记,返回决策树 T。

(2)若 $A = \varnothing$,则 T 为单节点树,并将 D 中实例数最大的类 C_k 作为该节点的类标记,返回决策树 T;否则,计算 A 中各特征对 D 的信息增益和信息增益率,在信息增益大于 α 的特征中选择信息增益率最大的特征 a_*。

(3)如果 a_* 的信息增益率小于阈值 ε,则置 T 为单节点树,并将 D 中实例数最大的类 C_k 作为该节点的类标记,返回决策树 T;否则,对 a_* 的每一可能值 a_*^v,由 $a_* = a_*^v$ 将 D 分割为若干非空子集 D_v,将 D_v 中实例数最大的类作为标记,构建子节点,由节点及其子节点构成决策树 T,返回决策树 T。

(4)对第 v 个子节点,以 D_v 为训练集,以 $A - \{a_*\}$ 为特征集,递归地调用第 (1) 步 ~ 第 (3) 步,得到子树 T_v,并返回子树 T_v。

特征 a_* 的可能取值数目越多(即 V 越大),则 $g_g(D, a_*)$ 的值就越大。信息增益比本质是:在信息增益的基础之上乘上一个惩罚参数。特征个数较多时,惩罚参数较小;特征个数较少时,惩罚参数较大。

不过 C4.5 决策算法有一个缺点:信息增益比偏向取值较少的特征。因此,C4.5 算法并不是直接选择增益率最大的候选划分属性,而是使用了一个启发式的方法选择最优划分属性:先从候选划分属性中找出信息增益高于平均水平的特征,再从中选择增益率最高的特征。

11.1.4 剪枝过程

在构造决策树时,由于训练数据中存在噪声或孤立点,许多分枝反映的是训练数据中的异常,使用这样的判定树对类别未知的数据进行分类,分类的准确性不高。因此试图检测和减去这样的分支,检测和减去这些分支的过程称为树剪枝。树剪枝方法用于处理过分适应数据问题。通常,这种方法使用统计度量,减去最不可靠的分支,这将导致较快的分类,提高树独立于训练数据正确分类的能力。决策树常用的剪枝方法有两种:预剪枝(Pre-Pruning)和后剪枝(Post-Pruning)。预剪枝是根据一些原则及早停止树增长,如树的深度达到用户所要的深度、节点中样本个数少于用户指定个数、不纯度指标下降的最大幅度小于用户指定的幅度等;后剪枝则是通过在完全生长的树上剪去分枝实现的,通过删除节点的分支来剪去树节点,可以使用的后剪枝方法有多种,如代价复杂性剪枝、最小误差剪枝、悲观误差剪枝等。

1. 预剪枝

预剪枝是指在决策树生成过程中,对每个节点在划分前先进行估计。若当前节点的划分不能带来决策树泛化性能提升,则停止划分并将当前节点标记为叶节点。停止决策树生长常用方法，具体如下：

- 定义一个高度，当决策树达到该高度时就停止决策树的生长；
- 达到某个节点的实例具有相同的特征向量，即使这些实例不属于同一类，也可以停止决策树的生长，这个方法对于处理数据的数据冲突问题比较有效；
- 定义一个阈值，当达到某个节点的实例个数小于阈值时就可以停止决策树的生长；
- 定义一个阈值，通过计算每次扩张对系统性能的增益，并比较增益值与该阈值大小来决定是否停止决策树的生长。

2. 后剪枝

后剪枝则是先从训练集生成一棵完整的决策树，然后自底向上对非叶节点进行考查。若将该节点对应的子树替换为叶节点能带来决策树泛化性能的提升，则将该子树替换为叶节点。相比于预剪枝，后剪枝更常用，因为在预剪枝中精确地估计树何时停止增长很困难。

1）错误率降低剪枝

错误率降低剪枝（Reduced-Error Pruning, REP）方法是一种比较简单的后剪枝方法。在该方法中，将可用的数据分成两个样例集合。首先是训练集，它被用来形成学习到的决策树，另一个是与训练集分离的验证集，它被用来评估这个决策树在后续数据上的精度，确切地说是用来评估修剪这个决策树的影响。学习器可能会被训练集中的随机错误和巧合规律所误导，但验证集不大可能表现出同样的随机波动，所以验证集可以用来对过度拟合训练集中的虚假特征提供防护检验。错误率降低剪枝方法将树上的每个节点作为修剪的候选对象，再决定是否对该节点进行剪枝：

- 删除以此节点为根的子树；
- 使其成为叶子节点；
- 当修剪后的树对于验证集合的性能不比修剪前的树的性能差时，则确认删除该节点，否则，恢复该节点。

因为训练集合的过拟合，使得验证集合数据能够对其进行修正，反复进行上面的操作，从底向上地处理节点，删除那些能够提高验证集合精度的节点，直到进一步修剪会降低验证集合的精度为止。

错误率降低剪枝方法是最简单的后剪枝方法之一，不过由于使用独立的测试集，与原始决策树相比，修改后的决策树可能偏向于过度修剪。这是因为一些不会再次在测试集中出现的很稀少的训练集实例所对应的分枝在剪枝过程中往往会被剪掉。尽管错误率降低剪枝方法有这个缺点，但其仍然作为一种基准来评价其他剪枝算法的性能。它对于两阶段决策树学习方法的优点和缺点提供了一个很好的学习思路。由于验证集合没有参与决策树的构建，所以，用错误率降低剪枝方法剪枝后的决策树对于测试样例的偏差要好很多，能够解决一定程度上的过拟合问题。

2）悲观错误剪枝

悲观错误剪枝（Pesimistic-Error Pruning, PEP）方法是根据剪枝前后的错误率来判定子树的修剪。它不像错误率降低修剪方法那样，需要使用部分样本作为测试数据，而是完全使用训练数据来生成决策树，并进行剪枝，即决策树生成和剪枝都使用训练集。该方法引入了统计学中连续修正的概念以弥补错误率降低剪枝方法中的缺陷，在评价子树的训练错误公式中添加了一个常数，即假定每个叶子节点都自动对实例的某个部分进行错误的分类。

把一棵具有多个叶子节点的子树的分类用一个叶子节点来替代，在训练集上的误判率肯定是上升的，但在新数据上不一定上升。于是我们把子树的误判计算加上一个经验性的惩罚因子来用作是否剪枝的考量指标。对于一个叶子节点，它覆盖了 N 个样本，其中有 E 个错误，那么该叶子节点的错误率为 $\dfrac{E+0.5}{N}$。这个 0.5 就是惩罚因子，一棵子树有 L 个叶子节点，则该子树的误判率估计为

$$\frac{\sum E_i + 0.5 \times L}{\sum N_i} \tag{11.16}$$

这样的话，可以看到一棵子树虽然具有多个子节点，但由于加上了惩罚因子，所以子树的误判率计算未必有优势。剪枝后内部节点变成了叶子节点，其误判个数 E 也需要加上一个惩罚因子，变成 $E+0.5$，子树是否可以被剪枝取决于剪枝后的错误 $E+0.5$ 是否在标准误差内。对于样本的误差率 e，可以根据经验把它估计成各种各样的分布模型，如二项式分布、正态分布等。如果 $E+0.5 < E_i + \mathrm{SE}(E_i)$ 则对 i 进行剪枝。

3）代价复杂度剪枝

代价复杂度剪枝（Cost-Complexity Pruning, CCP），也称最弱联系剪枝（Weakest Link Pruning），它为子树 T_t 定义了代价和复杂度，以及一个可由用户设置的衡量代价与复杂度之间关系的参数 α。其中，代价指在剪枝过程中因子树 T_t 被叶节点替代而增加的错分样本，复杂度表示剪枝后子树 T_t 减少的叶节点数，α 则表示剪枝后树的复杂度降低程度与代价间的关系，其定义为

$$\alpha = \frac{R(t) - R(T_t)}{|N_1| - 1} \tag{11.17}$$

其中，$|N_1|$ 是子树 T_t 中的叶节点数；$R(t) = r(t) * p(t)$ 为节点 t 的错误代价，$r(t)$ 为节点 t 的错分样本率，$p(t)$ 为落入节点 t 的样本占所有样本的比例；$R(T_t) = \sum R(i)$ 是子树 T_t 的错误代价，i 为子树 T_t 的叶节点。

- 对于完全决策树 T 的每个非叶节点计算 α 值，循环剪掉具有最小 α 值的子树，直到剩下根节点，得到一系列的剪枝树 $\{T_0, T_1, T_2, \cdots, T_m\}$，其中 T_0 为原有的完全决策树，T_m 为根节点，T_{i+1} 为进行剪枝的结果；
- 从子树序列中，根据真实的误差估计选择最佳决策树。

三种常见的后剪枝技术的主要差异对比见表 11.1。

表 11.1　三种常见的后剪枝技术的主要差异对比

技术	REP	PEP	CCP
剪枝方式	自底向上	自顶向下	自底向上
计算复杂度	$O(n)$	$O(n)$	$O(n^2)$
误差估计	测试集上的误差估计	使用连续纠正	标准误差

11.2　分类回归树模型

分类回归树（Classification And Regression Tree, CART）模型由 Breiman 等在 1984 年提出，是应用广泛的决策树学习方法。CART 同样由特征选择、树的生成及剪枝组成，既

可以用于分类也可以用于回归。

回归决策树总体流程类似于分类决策树，分枝时穷举每一个特征的每一个阈值，来寻找最优切分特征 j 和最优切分点 s，衡量的方法是平方误差最小化。分枝达到预设的终止条件（如叶子个数上限）就停止。建立回归决策树的过程可以分为两步：

- 将预测变量空间 $(X_1, X_2, X_3, \cdots, X_p)$ 的可能取值构成的集合分割成 J 个互不重叠的区域 $\{R_1, R_2, R_3, \cdots, R_J\}$。
- 对落入区域 R_j 的每个观测值进行同样的预测，预测值等于 R_j 上训练集的各个样本取值的算术平均数。

如在第一步中得到两个区域 R_1 和 R_2，R_1 中，训练集的各个样本取值的算术平均数为 10，R_2 中训练集的各个样本取值的算术平均数为 20，则对给定的观测值 $X = x$。若 $x \in R_1$，则给出的预测值为 10；若 $x \in R_2$，则预测值为 20。

类似于上述决策树分类算法，回归决策树的关键在于如何构建区域划分 $\{R_1, R_2, R_3, \cdots, R_J\}$。事实上，区域的形状是可以是任意的，但出于模型简化和增强可解释性的考虑，这里将预测变量空间划分成高维矩形，我们称这些区域为盒子。划分区域的目标是找到使模型的残差平方和 RSS 最小的矩形区域 $\{R_1, R_2, R_3, \cdots, R_J\}$。RSS 的定义为

$$\text{RSS} = \sum_{j=1}^{J} \sum_{i \in R_j} (y_i - \hat{y}_{R_j})^2 \tag{11.18}$$

其中，$\hat{y}_{R_j}$ 是第 j 个矩形区域中训练集中各个样本取值的算术平均数。但要想考虑将特征空间划分为 J 个矩形区域的所有可能性，在计算上是不可行的，因此一般采用一种自上而下的贪婪法——递归二叉分裂。

"自上而下"指的是它从树顶端开始依次分裂预测变量空间，每个分裂点都产生两个新的分支。"贪婪"意指在建立树的每一步中，最优分裂确定仅限于某一步进程，而不是针对全局去选择那些能够在未来进程中构建出更好的树的分裂点。递归二叉分裂过程如图 11.4 所示。

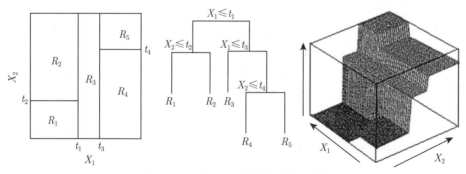

图 11.4　递归二叉分裂过程示意图

在执行递归二叉分裂时，先选择预测变量 X_j 和分割点 s，将预测变量空间分为两个区域 $\{X|X_j < s\}$ 和 $\{X|X_j \geqslant s\}$，使 RSS 尽可能地减小。也就是说，考虑所有预测变量 $X_1, X_2, X_3, \cdots, X_p$ 和与每个预测变量对应的 s 的取值，然后选择预测变量和分割点，使构造出的树具有最小的 RSS。更详细地，对 j 和 s 定义一对半平面：

$$R_1(j,s) = \{X|X_j < s\} \quad \text{和} \quad R_2(j,s) = \{X|X_j \geqslant s\} \tag{11.19}$$

寻找 j 和 s，使得下式最小，即

$$\min_{j,s} \left[\min_{c_1} \sum_{x_i \in R_1(j,s)} (y_i - \hat{y}_{R_1})^2 + \min_{c_2} \sum_{x_i \in R_2(j,s)} (y_i - \hat{y}_{R_2})^2 \right] \tag{11.20}$$

该节点根据切分特征 j 和切分阈值 s 将样本集划分为两个子样本集，式 (11.20) 的具体目的是使这两个子样本集的方差尽可能小。式 (11.20) 中 $\hat{y}_{R_1}$ 和 $\hat{y}_{R_2}$ 的取值为各样本的均值，j 和 s 的选择则是通过遍历来确定。注意，切分阈值 s 是连续变量，但可以根据样本的实际分布来选择合适的具体值，而不必连续性遍历。

然后，决定回归树的输出值。针对每个子区域 R_m（树的叶子节点），其对应的输出值 $\hat{y}_{R_m}$ 可以直接选取类别均值，即

$$\hat{y}_{R_m} = \arg\min_c \sum_{x_i \in R_m} (y_i - c)^2 = \text{aver}(y_i|x_i \in R_m) \tag{11.21}$$

其中，aver 表示取均值。区域 $\{R_1, R_2, R_3, \cdots, R_J\}$ 产生后，就可以确定某一给定的测试数据所属的区域，并用这一区域训练集的各个样本取值的算术平均数作为测试集进行预测。具体的分类回归树算法如算法 11.6 所示。

算法 11.6 分类回归树算法

输入： 训练数据集 $D = \{(x_1, y_1), (x_2, y_2), \cdots, (x_N, y_N)\}$。

输出： 决策树 $T(x)$。

（1）选择最优的切分特征 j 与切分阈值 s，求解

$$\min_{j,s} \left[\min_{c_1} \sum_{x_i \in R_1(j,s)} (y_i - c_i)^2 + \min_{c_2} \sum_{x_i \in R_2(j,s)} (y_i - c_2)^2 \right] \tag{11.22}$$

遍历所有的特征 j，对固定的切分特征 j 扫描选取切分阈值 s，选择使上式达到最小值的 (j,s)。

（2）用选定的 (j,s) 划分区域并决定相应的输出值：

$$R_1(j,s) = \{X|X_j < s\} \quad \text{和} \quad R_2(j,s) = \{X|X_j \geqslant s\} \tag{11.23}$$

$$c_m = \frac{1}{N_m} \sum_{x_i \in R_m} y_i \qquad m = 1,2 \tag{11.24}$$

其中，N_m 表示属于 R_m 的样本个数。

（3）继续对两个子区域调用步骤（1）和（2），直至区域类样本一致或树的层数达到要求。

（4）将输入空间划分为 J 个区域 $R_1, R_2, \cdots, R_J$，生成决策树

$$T(x) = \sum_{m=1}^{J} c_m I(x \in R_m) \tag{11.25}$$

其中，$I(x \in R_m)$ 为示性函数，当回归树判定 x 属于 R_m 时，其值为 1，否则为 0。

下面以 Iris 数据集中的 6 个数据为例来介绍 CART 树的构建过程，见表 11.2。

表 11.2　Iris 数据集

样本编号	花萼长度 (cm)	花萼宽度 (cm)	花瓣长度 (cm)	花瓣宽度 (cm)	花的种类
1	5.1	3.5	1.4	0.2	山鸢尾
2	4.9	3.0	1.4	0.2	山鸢尾
3	7.0	3.2	4.7	1.4	杂色鸢尾
4	6.4	3.2	4.5	1.5	杂色鸢尾
5	6.3	3.3	6.0	2.5	维吉尼亚鸢尾
6	5.8	2.7	5.1	1.9	维吉尼亚鸢尾

这是一个有 6 个样本的三分类问题，我们需要根据花萼长度、花萼宽度、花瓣长度、花瓣宽度来判断这个花属于山鸢尾、杂色鸢尾，还是维吉尼亚鸢尾。这里采用一个 3 维向量来标志样本的 label，$[1,0,0]$ 表示样本属于山鸢尾，$[0,1,0]$ 表示样本属于杂色鸢尾，$[0,0,1]$ 表示属于维吉尼亚鸢尾。

下面将针对山鸢尾类别训练一个 CART Tree1，杂色鸢尾训练一个 CART Tree2，维吉尼亚鸢尾训练一个 CART Tree3，这三个树相互独立。

以样本 1 为例，CART Tree1 的训练样本是 $[5.1, 3.5, 1.4, 0.2]$，标签 label 是 1，最终输入模型当中的数据为 $[5.1, 3.5, 1.4, 0.2, 1]$。CART Tree2 和 CART Tree3 的训练样本均为 $[5.1, 3.5, 1.4, 0.2]$，标签 label 也都为 0，最终输入模型的为 $[5.1, 3.5, 1.4, 0.2, 0]$。

实际上，CART 树的生成过程是从这四个特征中找一个特征作为 CART Tree1 的节点，如以花萼长度为节点。6 个样本当中花萼长度大于 5.1 cm 的就是 A 类，小于或等于 5.1 cm 的是 B 类。生成的过程其实非常简单，问题是哪个特征最合适。是以这个特征的什么特征值作为切分点？即使已经确定了花萼长度作为节点，花萼长度本身也有很多值。在这里采用的方式是遍历所有的可能性，找到一个最好的特征和它对应的最优特征值可以让当前式的值最小。

以第一个特征的第一个特征值为例，R_1 为所有样本中花萼长度小于 5.1 cm 的样本集合，R_2 为所有样本当中花萼长度大于或等于 5.1cm 的样本集合，所以 $R_1 = \{2\}$，$R_2 = \{1,3,4,5,6\}$，如图 11.5（a）所示。其中 y_1 为 R_1 所有样本的 label 的均值 $1/1 = 1$。y_2 为 R_2 所有样本的 label 的均值 $(1+0+0+0+0)/5 = 0.2$。

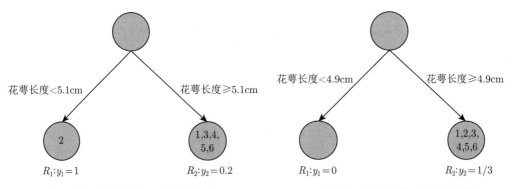

（a）按第1个特征的第1个特征值裂开　　　　　（b）按第1个特征的第2个特征值裂开

图 11.5　节点分裂示意图

下面便开始针对所有的样本计算式 (11.22) 的值。样本 1 属于 R_2 计算的值为 $(1-0.2)^2$，样本 2 属于 R_1 计算的值为 $(1-1)^2$，样本 3、4、5、6 同理都是属于 R_2 的，所以值是 $(0-0.2)^2$。把这 6 个值加起来，便是山鸢尾类型在特征 1 的第一个特征值的损失值。这里算出来 $(1-0.2)^2 + (1-1)^2 + (0-0.2)^2 + (0-0.2)^2 + (0-0.2)^2 = 0.76$。

接着，计算第一个特征的第二个特征值，如图 11.5(b) 所示，计算方式同上，R_1 为所有样本中花萼长度小于 4.9 cm 的样本集合，R_2 为所有样本当中花萼长度大于或等于 4.9 cm 的样本集合，所以 $R_1 = \{\}$，$R_2 = \{1,2,3,4,5,6\}$。y_1 为 R_1 所有样本的 label 的均值为 0。y_2 为 R_2 所有样本的 label 的均值 $(1+1+0+0+0+0)/6 = 1/3$。

需要针对所有的样本，样本 1 属于 R_2，计算的值为 $(1-1/3)^2$，样本 2 属于 R_2，计算的值为 $(1-1/3)^2$，样本 3、4、5、6 同理都是属于 R_2 的，所以值是 $(0-1/3)^2$。把这 6 个值加起来山鸢尾类型在特征 1 的第二个特征值的损失值。这里算出来 $(1-1/3)^2 + (1-1/3)^2 + (0-1/3)^2 + (0-1/3)^2 + (0-1/3)^2 = 1.1333$。这里的损失值大于特征一的第一个特征值的损失值，所以不取这个特征的特征值。

这样可以遍历所有特征的所有特征值，找到让式 (11.22) 最小的特征及其对应的特征值，一共有 24 种情况，4 个特征 × 每个特征的 6 个特征值。计算出让式 (11.22) 最小的特征花萼长度特征值为 5.1 cm。这时损失函数最小为 0.76。

于是预测函数可以得到

$$f(x) = \sum_{x \in R_1} y_1 \times I(x \in R_1) + \sum_{x \in R_2} y_2 \times I(x \in R_2) \tag{11.26}$$

此处 $R_1 = \{2\}$，$R_2 = \{1,3,4,5,6\}$，$y_1 = 1, y_2 = 0.2$。训练完以后的最终式为

$$f_1(x) = \sum_{x \in R_1} 1 \times I(x \in R_1) + \sum_{x \in R_2} 0.2 \times I(x \in R_2) \tag{11.27}$$

由此可得，对样本属于类别 1 的预测值 $f_1(x) = 1 + 0.2 \times 5 = 2$。同理可得对样本属于类别 2 和 3 的预测值 $f_2(x)$ 和 $f_3(x)$。样本属于类别 1 的概率，即

$$p_1 = \frac{\exp[f_1(x)]}{\sum\limits_{i=1}^{3} \exp[f_k(x)]} \tag{11.28}$$

上述方法生成的回归树会在训练集中取得良好的预测效果，却很有可能造成模型过拟合，导致在测试集上效果不佳。原因在于这种方法产生的树可能过于复杂。一棵分裂点更少、规模更小（区域 $\{R_1, R_2, R_3, \cdots, R_J\}$ 的个数更少）的树会有更小的方差和更好的可解释性（以增加微小偏差为代价）。

针对上述问题，一种可能的解决办法是：仅当分裂使残差平方和 RSS 的减小量超过某阈值时，才分裂树节点。这种策略能生成较小的树，但可能产生过于短视的问题，一些起初看来不值得的分裂却可能在之后产生非常好的分裂。也就是说在下一步中，RSS 会大幅减小。因此，更好的策略是生成一棵很大的树 T_0，然后通过后剪枝得到子树。

直观上看，剪枝的目的是选出使测试集预测误差最小的子树。子树的测试误差可以通过交叉验证或验证集来估计。但由于可能的子树数量极其庞大，对每一棵子树都用交叉验

证来估计误差太过复杂。因此需要从所有可能的子树中选出一小部分再进行考虑。在回归树中，一般使用代价复杂度剪枝。这种方法不是考虑每一棵可能的子树，而是考虑以非负调整参数 α 标记的一系列子树。每一个 α 的取值对应一棵子树 $T \in T_0$，当 α 一定时，其对应的子树使下式最小，即

$$\sum_{m=1}^{|T|} \sum_{x_i \in R_m} (y_i - \hat{y}_{R_m})^2 + \alpha|T| \tag{11.29}$$

这里的 $|T|$ 表示树 T 的节点数，R_m 是第 m 个终端节点对应的矩形（预测向量空间的一个子集），$\hat{y}_{R_m}$ 是与 R_m 对应的预测值，也就是 R_m 中训练集的平均值。调整系数 α 在子树的复杂性和与训练数据的契合度之间控制权衡。当 $\alpha = 0$ 时，子树 T 等于原树 T_0，因为此时上式只衡量了训练误差。而当 α 增大时，终端节点数多的树将为它的复杂付出代价，所以使上式取到最小值的子树会变得更小。当 α 从 0 开始逐渐增加时，树枝以一种嵌套的、可预测的模式被修剪，因此获得与 α 对应的所有子树序列是很容易的。可以用交叉验证或验证集确定 α，然后在整个数据集中找到与之对应的子树，具体过程如算法 11.7 所示。

算法 11.7 回归决策树算法

输入：　训练数据集 D，特征集 A。

输出：　回归决策树 T。

（1）利用递归二叉分裂在训练集中生成一棵大树，只有当终端节点包含的观测值个数低于某个最小值时才停止。

（2）对大树进行代价复杂性剪枝，得到一系列最优子树，子树是 α 的函数。

（3）利用 K 折交叉验证选择 α。具体做法是将训练集分为 K 折。对所有 $k = 1, 2, 3, \cdots, K$。对训练集上所有不属于第 k 折的数据，重复第（1）步 ~ 第（2）步得到与 α 对应的子树，并求出上述子树在第 k 折上的均方预测误差。

（4）每个 α 会有相应的 K 个均方预测误差，对这 K 个值求平均，选出使平均误差最小的 α。

（5）找出选定的 α 在第（2）步中对应的子树。

决策树回归算法的 Python 实现如下：

```
1   import numpy as np
2   import matplotlib.pyplot as plt
3   from sklearn.tree import DecisionTreeRegressor
4   from sklearn import linear_model
5
6   # Data set
7   x = np.array(list(range(1, 11))).reshape(-1, 1)
8   y = np.array([5.56, 5.70, 5.91, 6.40, 6.80, 7.05, 8.90, 8.70, 9.00, 9.05]).ravel()
9
10  # Fit regression model
11  model1 = DecisionTreeRegressor(max_depth=1)
12  model2 = DecisionTreeRegressor(max_depth=3)
```

```
13   model3 = linear_model.LinearRegression()
14   model1.fit(x, y)
15   model2.fit(x, y)
16   model3.fit(x, y)
17
18   # Predict
19   X_test = np.arange(0.0, 10.0, 0.01)[:, np.newaxis]
20   y_1 = model1.predict(X_test)
21   y_2 = model2.predict(X_test)
22   y_3 = model3.predict(X_test)
23
24   # Plot the results
25   plt.figure()
26   plt.scatter(x, y, s=20, edgecolor="black",
27               c="darkorange", label="Real Data")
28   plt.plot(X_test, y_1, color="cornflowerblue",
29          label="max_depth=1", linewidth=2)
30   plt.plot(X_test, y_2, color="yellowgreen", label="max_depth=3", linewidth=2)
31   plt.plot(X_test, y_3, color='red', label='liner regression', linewidth=2)
32   plt.xlabel("X")
33   plt.ylabel("Y")
34   plt.title("Decision Tree Regression")
35   plt.legend()
36   plt.show()
```

回归决策树算法运行结果如图 11.6 所示。

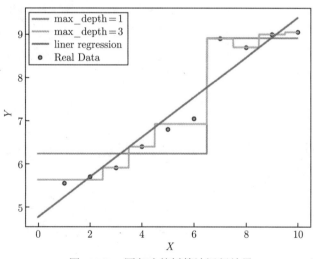

图 11.6　回归决策树算法运行结果

注：见书后彩图。

　　处理具体问题时，单一的回归树肯定是不够用的。可以利用集成学习中的 Boosting 框架，对回归树进行改良升级，得到的新模型就是提升树（Boosting Decision Tree），再进一步，可以得到梯度提升树（Gradient Boosting Decision Tree，GBDT），进而可以升级到 XGBoost。

11.3 提升树模型

11.3.1 GBDT 模型

1. GBDT 算法的基本原理

原始的 Boost 算法是在算法开始时，为每个样本赋一个权重值，最开始，每个样本都是同等重要。在每一步训练中得到的模型会给出每个数据点估计的对错。根据估计的对错，在每一步训练之后，会增加分错样本的权重，减少分类正确的样本的权重。在后续的每一步训练中，如果样本继续被分错，就会被严重关注，也就是获得了一个比较高的权重。经过 N 次迭代之后，将会得到 N 个简单的分类器，然后将它们组装起来（可以进行加权或进行投票），得到一个最终的模型。

提升树模型实际是将多个决策树简单的叠加起来，用数学模型可表示为

$$f_M(x) = \sum_{m=1}^{M} T(x; \Theta_m) \tag{11.30}$$

其中，$T(x; \Theta_m)$ 表示决策树；Θ_m 表示决策树的参数；M 为树的个数。

针对样本 $D = \{(x_1, y_1), (x_2, y_2), \cdots, (x_N, y_N)\}$，提升树模型的训练就是，选择决策树的参数 $\Theta = \{\Theta_1, \Theta_2, \cdots, \Theta_M\}$，以最小化损失函数 $\sum L[y_i, f_M(x_i)]$，即

$$
\begin{aligned}
\hat{\Theta}_m &= \arg\min_{\Theta_m} \sum_{i=1}^{N} L[y_i, f_M(x_i)] \\
&= \arg\min_{\Theta_m} \sum_{i=1}^{N} L\left[y_i, \sum_{m=1}^{M} T(x; \Theta_m)\right] \\
&= \arg\min_{\Theta_m} \sum_{i=1}^{N} L[y_i, f_{m-1}(x_i) + T(x_i; \Theta_m)]
\end{aligned}
\tag{11.31}
$$

这里，损失函数用来反映"样本标签 y_i"与提升树的输出 $f_M(x_i)$ 之间的差别，这里可以选择平方误差损失函数

$$
\begin{aligned}
L(y, f(x)) &= L[y, f_{m-1}(x) + T(x; \Theta_m)] \\
&= [y - f_{m-1}(x) - T(x; \Theta_m)]^2 \\
&= [r - T(x; \Theta_m)]^2
\end{aligned}
\tag{11.32}
$$

其中，r 为残差，也就是说对回归问题的提升树算法来说，只需简单地拟合当前模型的残差。

回归问题的提升树算法如算法 11.8 所示。

当损失函数是平方损失函数时，每一步优化是很简单的，只需简单地拟合当前模型的残差；但对一般损失函数而言，往往每一步优化并不那么容易。Gradient Boosting 是一种 Boosting 的方法，其主要的思想是，每一次建立模型是在之前建立模型损失函数的梯度下

降方向。损失函数是评价模型性能（一般为拟合程度 + 正则项），损失函数越小，性能越好。让损失函数持续下降，就能使得模型不断改性提升性能，其最好的方法就是使损失函数沿着梯度方向下降。针对这一问题，提出了梯度提升决策树算法（Gradient Boosting Decision Tree，GBDT）。

算法 11.8 提升树算法

输入： 训练数据集 $T = \{(x_1,y_1),(x_2,y_2),\cdots,(x_N,y_N)\}, x_i \in R^n, y_i \in R$。

输出： 提升树 $f_M(x)$。

（1）初始化 $f_0(x) = 0$。

（2）对于 $m = 1,2,\cdots,M$

　　① 计算残差 $r_{mi} = y_i - f_{m-1}(x_i), i = 1,2,\cdots,N$；

　　② 拟合残差 r_{mi} 学习一个回归树，得到 $T(x;\Theta_m)$；

　　③ 更新 $f_m(x) = f_{m-1}(x) + T(x;\Theta_m)$。

（3）得到回归问题提升树

$$f_M(x) = \sum_{m=1}^{M} T(x;\Theta_m) \tag{11.33}$$

GBDT 模型是一种典型的提升决策树，它使用的都是回归树，GBDT 用来做回归预测，调整后也可以用于分类，设定阈值，大于阈值为正例，反之为负例，可以发现多种有区分性的特征及特征组合。GBDT 是把所有树的结论累加起来作为最终结论，GBDT 的核心就在于，每一棵树学的是之前所有树结论和的残差，这个残差就是一个加预测值后能得到真实值的累加量。

GBDT 模型通过经验风险极小化来确定下一个弱分类器的参数。具体到损失函数本身的选择也就是 L 的选择，有平方损失函数、0-1 损失函数、对数损失函数等。如果我们选择平方损失函数，这个差值就是平常所说的残差。GBDT 模型的核心思想是用损失函数的负梯度在当前模型的值作为回归问题提升树算法中残差 [见式 (11.32)] 的近似值，拟合一个回归树：

$$r_{mi} = -\left\{\frac{\partial L[y,f(x_i)]}{\partial f(x_i)}\right\}_{f(x)=f_{m-1}(x)} \tag{11.34}$$

算法 11.9 为 GBDT 算法的基本流程。

通常在算法 11.9 中，步骤（2）的④中，用 $f_m(x) = f_{m-1}(x) + l_r \times \sum_{j=1}^{J} c_{mj}I(x \in R_{mj})$ 来替换 $f_m(x) = f_{m-1}(x) + \sum_{j=1}^{J} c_{mj}I(x \in R_{mj})$，其中 l_r 称为步长或学习率。增加 l_r 因子是为了避免模型过拟合。

下面通过一个实例来说明如何利用算法 11.9 来构建 GBDT 树。

表 11.3 给出的是一组作为预测身高的数据，共有 5 条，其特征为年龄、体重、身高为标签值，前四条为训练样本，最后一条为要预测的样本。

算法 11.9 GBDT 算法

输入： 训练数据集 $T = \{(x_1, y_1), (x_2, y_2), \cdots, (x_N, y_N)\}$，$x_i \in R^n, y_i \in R$，损失函数 $L(y, f(x))$。

输出： 回归树 $f_M(x)$。

（1）初始化：$f_0(x) = \arg\min\limits_c \sum\limits_{i=1}^{N} L(y_i, c)$。

（2）对于 $m = 1, 2, \cdots, M$

　　① 对于 $i = 1, 2, \cdots, N$，计算 $r_{mi} = -\left\{ \dfrac{\partial L(y, f(x_i))}{\partial f(x_i)} \right\}_{f(x) = f_{m-1}(x)}$;

　　② 基于残差 r_{mi} 通过贪心策略生成新的决策树，得到第 m 棵树的叶子节点区域 $R_{mj}, j = 1, 2, \cdots, J$；

　　③ 对于 $j = 1, 2, \cdots, J$，计算 $c_{mj} = \arg\min\limits_c \sum\limits_{x_i \in R_{mj}} L[y_i, f_{m-1}(x_j) + c]$；

　　④ 更新 $f_m(x) = f_{m-1}(x) + \sum\limits_{j=1}^{J} c_{mj} I(x \in R_{mj})$。

（3）得到回归树：$f_M(x) = \sum\limits_{m=1}^{M} \sum\limits_{j=1}^{J} c_{mj} I(x \in R_{mj})$。

表 11.3　身高预测分析数据

编号	年龄 (岁)	体重 (kg)	身高 (m)(标签)
0	5	20	1.1
1	7	30	1.3
2	21	70	1.7
3	30	60	1.8
4	25	65	待预测

训练阶段：

（1）初始化弱学习器:

$$f_0(x) = \arg\min_c \sum_{i=1}^{N} L(y_i, c) \tag{11.35}$$

在 GBDT 模型中，损失函数 $L(y_i, c)$ 为平方损失函数 $\dfrac{1}{2}(y_i - c)^2$，为凸函数，求导，并令导数等于零，由此可得 c，具体有

$$\sum_{i=1}^{N} \frac{\partial L(y_i, c)}{\partial c} = \sum_{i=1}^{N} \frac{\partial \left[\dfrac{1}{2}(y_i - c)^2 \right]}{\partial c} \\ = \sum_{i=1}^{N}(y_i - c) \tag{11.36}$$

令其等于 0，可得 $c = \dfrac{1}{N} \sum\limits_{i=1}^{N} y_i$。由此可知，在初始化时，$c$ 为所有训练样本标签值的均值，即 $c = (1.1 + 1.3 + 1.7 + 1.8)/4 = 1.475$，这样，初始学习器 $f_0(x) = c = 1.475$。

（2）对迭代轮数 $m = 1, 2, \cdots, M$，做如下处理：设置每一轮的迭代次数为 n_trees $= 5$，并假定 $M = 5$，树的深度 max_depth $= 3$。

计算负梯度，根据上文，损失函数为平方损失时，负梯度就是残差，即 y 与上一轮得到的学习器 f_{m-1} 的差值，由式 (11.34) 可得残差数据见表 11.4。

表 11.4 第一轮学习中的残差值

编号	真实值	$f_0(x)$	残差 r_{i1}
0	1.1	1.475	-0.375
1	1.3	1.475	-0.175
2	1.7	1.475	0.225
3	1.8	1.475	0.325

将残差作为样本的真实值来训练弱学习器 $f_1(x)$，即表 11.5 中的数据用作 $f_1(x)$ 的训练数据集。

表 11.5 弱学习器 $f_1(x)$ 训练数据

编号	年龄（岁）	体重（kg）	残差 (r_{i1})(标签)
0	5	20	-0.375
1	7	30	-0.175
2	21	70	0.225
3	30	60	0.325

为寻找回归树的最佳划分节点，需遍历每个特征的每个可能取值。从年龄特征的 5 开始，到体重特征的 70 结束，分别计算分裂后两组数据的平方损失（Square Error），SE_l 为左节点平方损失和，SE_r 为右节点平方损失和，找到使平方损失和 $\mathrm{SE}_{\mathrm{sum}} = \mathrm{SE}_l + \mathrm{SE}_r$ 最小的那个划分节点，即为最佳划分节点。

例如，以年龄 7 为划分节点，将小于 7 的样本划分为到左节点，大于或等于 7 的样本划分为右节点。左节点包括 x_0，右节点包括样本 x_1、x_2、x_3，$\mathrm{SE}_l = 0$、$\mathrm{SE}_r = 0.140$、$\mathrm{SE}_{\mathrm{sum}} = 0.140$，所有可能的划分情况见表 11.6。

表 11.6 弱学习器 $f_1(x)$ 节点划分

划分点	小于划分点的样本	大于或等于划分点的样本	SE_l	SE_r	$\mathrm{SE}_{\mathrm{sum}}$
年龄 5	—	0, 1, 2, 3	0	0.327	0.327
年龄 7	0	1, 2, 3	0	0.140	0.140
年龄 21	0, 1	2, 3	0.020	0.005	0.025
年龄 30	0, 1, 2	3	0.187	0	0.187
体重 20	—	0, 1, 2, 3	0	0.327	0.327
体重 30	0	1, 2, 3	0	0.140	0.140
体重 60	0, 1	2, 3	0.020	0.005	0.025
体重 70	0, 1, 3	2	0.260	0	0.260

以上划分点使得总平方损失最小为 0.025 的两个划分点：年龄 21 和体重 60，所以随机选一个作为划分点，这里选年龄 21，由此构建出的第一棵树如图 11.7（a）所示。

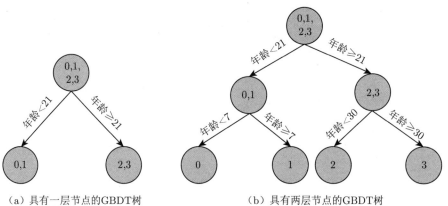

(a) 具有一层节点的GBDT树   (b) 具有两层节点的GBDT树

图 11.7   构建的第一棵树

将参数中树的深度 max_depth 设置为 3,现在树的深度只有 2,需要再进行一次划分,这次划分要对左右两个节点分别进行划分:对于左节点,只含有 0 和 1 两个样本,根据表 11.7,可选择年龄 7 划分。

表 11.7   左节点划分

划分点	小于划分点的样本	大于或等于划分点的样本	SE_l	SE_r	SE_{sum}
年龄 5	—	0, 1	0	0.020	0.020
年龄 7	0	1	0	0	0
体重 20	—	0, 1	0	0.020	0.020
体重 30	0	1	0	0	0

对于右节点,只含有 2 和 3 两个样本,根据表 11.8,可选择年龄 30 划分(也可以选体重 70)。

表 11.8   右节点划分

划分点	小于划分点的样本	大于或等于划分点的样本	SE_l	SE_r	SE_{sum}
年龄 21	—	2, 3	0	0.005	0.005
年龄 30	2	3	0	0	0
体重 60	—	2, 3	0	0.005	0.005
体重 70	3	2	0	0	0

由此构建的第一棵树为图 11.7(b)所示。

此时树深度满足了设置,对于每个叶子节点,分别利用 $c_{mj} = \arg\min\limits_{c} \sum\limits_{x_i \in R_{mj}} L[y_i, f_{m-1}(x_j) + c]$ 计算参数 c_{mj},来拟合残差,根据上述划分结果。为方便表示,规定从左到右依次为第 1,2,3,4 个叶子节点,由此可计算得

$$c_{11} = -0.375, x_0 \in R_{11} \tag{11.37}$$

$$c_{21} = -0.175, x_1 \in R_{21} \tag{11.38}$$

$$c_{31} = 0.225, x_2 \in R_{31} \tag{11.39}$$

$$c_{41} = 0.325, x_3 \in R_{41} \tag{11.40}$$

此时可更新强学习器，需要用到参数学习率：learning_rate $= 0.1$，用 lr 表示。

$$f_1(x) = f_0(x) + \text{lr} \times \sum_{j=1}^{4} c_{j1} I(x \in R_{j1}) \tag{11.41}$$

重复此步骤，直到 $m > 5$ 结束，最后生成 5 棵树。

利用生成的 5 棵树，分别对样本 4 的数据进行预测，可得相应的预测值，如在 $f_1(x)$ 中，样本 4 的年龄为 25，大于划分节点 21，又小于 30，故被预测为 0.2250。同理可得在 $f_2(x), \cdots, f_5(x)$ 中的预测值分别为 0.2025，0.1823，0.1640 和 0.1476。

最后可得到强学习器：

$$f(x) = f_5(x) = f_0(x) + \text{lr} \times \sum_{m=1}^{5} \sum_{j=1}^{4} c_{jm} I(x \in R_{jm}) \tag{11.42}$$

代入样本 4 的数据可得到最终预测值为 $f(x) = 1.475 + 0.1 \times (0.225 + 0.2025 + 0.1823 + 0.164 + 0.1476) = 1.56714$。

2. GBDT 的特征构建

特征决定模型性能上界，例如，深度学习方法也是将数据如何更好地表达作为特征。如果能够将数据表达成为线性可分的数据，那么使用简单的线性模型就可以取得很好的效果。传统的统计分析方法都是通过人工的先验知识或实验来获得有效的组合特征，但很多时候，使用人工经验知识来组合特征过于耗费人力，造成了统计分析当中一个很奇特的现象：有多少人工就有多少智能。关键是这样通过人工去组合特征并不一定能够提升模型的效果。工业者或学术界一直都有一个趋势便是通过算法自动、高效寻找到有效的特征组合。Facebook 在 2014 年发表的一篇论文便是这种尝试下的产物，利用 GBDT 去产生有效的特征组合，以便用于逻辑回归的训练，提升模型最终的效果。

利用 GBDT 去产生有效的特征是利用已有特征来训练 GBDT 模型，然后利用 GBDT 模型学习到的树构造新特征，最后把这些新特征加入原有特征一起训练模型。构造的新特征向量取值是 0/1，向量的每个元素对应 GBDT 模型中树的叶子节点。当一个样本点通过某棵树最终落在这棵树的一个叶子节点上时，在新特征向量中这个叶子节点对应的元素值为 1，而这棵树的其他叶子节点对应的元素值为 0。新特征向量的长度等于 GBDT 模型里所有树包含的叶子节点数之和。GBDT 的特征构建过程如图 11.8 所示。

如图 11.8 所示，假设 GBDT 使用了 2 个决策树作为弱学习器。两棵树一共有 5 个叶子节点，其中第一棵树有 3 个叶子节点 x_1^1, x_1^2, x_1^3，第二棵树有 2 个叶子节点 x_2^1, x_2^2，将样本 x 输入两棵树中，样本 x 落在了第一棵树的第二个叶子节点，第二棵树的第一个叶子节点，于是便可以依次构建一个 5 维的特征向量，每一个维度代表了一个叶子节点，样本落在这个叶子节点上的话，值为 1，没有落在该叶子节点的，值为 0。若样本在第一棵树中属于叶子 1，即在第二棵树中属于叶子 2，则该样本在新特征中的值为 $[1, 0, 0, 0, 1]$，即在第 1 个维度和第 5 个维度上有值，其他维度没有值。

对于该样本，可以得到一个向量 $[1, 0, 0, 0, 1]$，并将其作为该样本的组合特征，因为每种特征组合其意义有多大是不知道的，所以需要重新将特征组合作为新特征和原来的特征一起输入逻辑回归当中进行训练，训练出每种特征组合的意义权重，进而对样本包含的多重有效组合进行计算。实验证明这样会显著地提升效果。

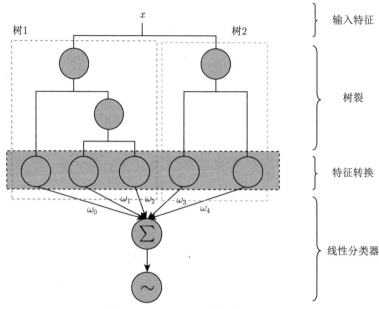

图 11.8　GBDT 的特征构建过程

以表 11.9 所示的基于 GBDT 的特征构建为例来讲述，如现在知道一批有意义的特征组合，其中 x_i^j 表示第 j 个特征取第 i 个该特征的可取值。

表 11.9　基于 GBDT 的特征构建

特征取值组合	组合有效性
x_1^1, x_2^1, x_3^1	ω_1
x_1^1, x_2^3	ω_2
x_1^2, x_3^3	ω_3
x_1^4, x_2^6	ω_4

GBDT 的叶子节点代表有效的特征组合，需要求的是 $\omega_1, \omega_2, \omega_3, \omega_4$。这个可以用 LR 求解。

基于 GBDT 算法的特征生成算法的 Python 实现如下。

```
1   import numpy as np
2   import pandas as pd
3   from sklearn import linear_model
4   from sklearn.preprocessing import OneHotEncoder
5   from sklearn.ensemble import GradientBoostingRegressor
6   gbr=GradientBoostingRegressor()#x[i0]为训练样本输入，y[i0]为训练样本输出
7   gbr.fit(x[i0], y[i0])#训练GBDT模型
8   enc = OneHotEncoder()
9   enc.fit(gbr.apply(x[i0]))#将位置码转化为01码
10  new_feature_train=enc.transform(gbr.apply(x[i0]))
```

```
11   new_feature_train=new_feature_train.toarray()#将转化后的新特征转化为np数组形式
12   new_train=np.concatenate([x[i0],new_feature_train],axis=1)#与原特征拼接
13   #x[i1]和y[i1]为测试的输入和输出
14   new_feature_test=enc.transform(gbr.apply(x[i1]))#产生测试集对应的新特征
15   new_feature_test=new_feature_test.toarray()
16   new_test=np.concatenate([x[i1],new_feature_test],axis=1)
17
18   lr = linear_model.Ridge(alpha=1.5)
19   lr.fit(new_train, y[i0])#训练线性模型
20   print (abs(lr.predict(new_train) - y[i0])/y[i0]).mean()#计算mae
21   print (abs(lr.predict(new_test) - y[i1])/y[i1]).mean()
```

GBDT 算法还有一个很好的特性，就是模型训练结束后可以输出模型所使用特征的相对重要度，便于我们选择特征，理解哪些因素是对预测有关键影响的，这在某些领域（如生物信息学、神经系统科学等）特别重要。Friedman 在 GBM 的论文中提出的特征重要度计算方法如下。

特征 j 的全局重要度通过特征 j 在单棵树中的重要度的平均值来衡量，即

$$\hat{J}_j^2 = \frac{1}{M} \sum_{m=1}^{M} \hat{J}_j^2(T_m) \tag{11.43}$$

其中，M 是树的数量。特征 j 在单棵树中的重要度为

$$\hat{J}_j^2(T) = \sum_{t=1}^{L-1} \hat{i}_t^2 1(v_t = j) \tag{11.44}$$

其中，L 为树的叶子节点数，$L-1$ 为树的非叶子节点数（构建的树都是具有左右孩子的二叉树）；v_t 是和节点 t 相关联的特征；$\hat{i}_t^2$ 是节点 t 分裂之后平方损失的减少值。

为更好地理解特征重要度的计算方法，下面给出 scikit-learn 工具包中的实现，代码移除了一些不相关的部分。

下面的代码来自 GradientBoostingClassifier 对象的 feature_importances 属性的计算方法与单棵树的特征重要度计算方法。

```
1    def feature_importances_(self):
2        total_sum = np.zeros((self.n_features, ), dtype=np.float64)
3        for tree in self.estimators_:
4            total_sum += tree.feature_importances_
5        importances = total_sum / len(self.estimators_)
6        return importances
7
8    #self.estimators_是算法构建出的决策树的数组，tree.feature_importances 是单棵树的特征重要
         度向量；
9
10   def compute_feature_importances(self, normalize=True):
11       """Computes the importance of each feature (aka variable)."""
12
13       while node != end_node:
14           if node.left_child != _TREE_LEAF:
```

```
15              # ... and node.right_child != _TREE_LEAF:
16              left = &nodes[node.left_child]
17              right = &nodes[node.right_child]
18
19              importance_data[node.feature] += (
20                  node.weighted_n_node_samples * node.impurity -
21                  left.weighted_n_node_samples * left.impurity -
22                  right.weighted_n_node_samples * right.impurity)
23          node += 1
24
25      importances /= nodes[0].weighted_n_node_samples
26
27      return importances
```

3. 二分类 GBDT 算法

GBDT 的分类算法在思想上和 GBDT 的回归算法没有区别，但由于样本输出不是连续的值，而是离散的类别，导致无法直接从输出类别去拟合类别输出的误差。

解决这个问题主要有两种方法，一种方法是用指数损失函数，此时 GBDT 退化为 AdaBoost 算法。另一种方法是用类似于逻辑回归的对数似然损失函数，即用类别的预测概率值和真实概率值的差来拟合损失。

对于二分类 GBDT 算法，如果用类似于逻辑回归的对数似然损失函数，则损失函数为

$$L(y, f(x)) = \log(1 + \exp(-yf(x))) \tag{11.45}$$

其中，$y \in \{-1, +1\}$。此时的负梯度误差为

$$r_{ti} = -\left\{ \frac{\partial L[y, f(x_i)]}{\partial f(x_i)} \right\}_{f(x) = f_{t-1}(x)} = \frac{y_i}{1 + \exp(y_i f(x_i))} \tag{11.46}$$

对于生成的决策树，各个叶子节点的最佳残差拟合值为

$$c_{tj} = \arg\min_c \sum_{x_i \in R_{tj}} \log \left(1 + \exp \left\{ -y_i \left[f_{t-1}(x_i) + c \right] \right\} \right) \tag{11.47}$$

由于上式比较难优化，一般使用近似值代替

$$c_{tj} = \frac{\sum_{x_i \in R_{tj}} r_{ti}}{\sum_{x_i \in R_{tj}} |r_{ti}|(1 - |r_{ti}|)} \tag{11.48}$$

除了负梯度计算和叶子节点的最佳残差拟合的线性搜索，二元 GBDT 分类和 GBDT 回归算法过程相同。

4. 多分类 GBDT 算法

首先明确一点，GBDT 算法无论用于分类还是回归一直都是使用 CART 回归树。不会因为所选择的任务是分类任务就选用分类树，因为 GBDT 每轮的训练都是在上一轮训

练的残差基础之上进行的。这里的残差就是当前模型的负梯度值,所以要求在每轮迭代时,弱分类器的输出结果相减是有意义的。

如果选用的弱分类器是分类树,类别相减是没有意义的。上一轮输出的样本 x 属于 A 类,本一轮训练输出样本 x 属于 B 类。A 和 B 很多时候甚至都没有比较的意义,A 类 − B 类是没有意义的。

多元 GBDT 要比二元 GBDT 复杂一些,对应的是多元逻辑回归和二元逻辑回归的复杂度差别。具体到分类这个任务上面来,假设样本 X 总共有 K 类。取一个样本 x,需要使用 GBDT 来判断 x 属于样本的哪一类,则此时对数似然损失函数为

$$L(y, f(x)) = -\sum_{k=1}^{K} y_k \log p_k(x) \tag{11.49}$$

其中,如果样本输出类别为 k,则 $y_k = 1$,第 k 类的概率 $p_k(x)$ 的表达式为

$$p_k(x) = \frac{\exp[f_k(x)]}{\sum_{l=1}^{K} \exp(f_l(x))} \tag{11.50}$$

通过式 (11.50) 可以看出,将类别进行 one-hot 编码,每个输出都要建一棵决策树,一个样本通过 K 个决策树,得到 K 个输出,再通过 Softmax 函数,获得 K 个概率。

结合式 (11.49) 和式 (11.50),可以计算出第 t 轮第 i 个样本对应类别 l 的负梯度误差为

$$r_{til} = -\left\{ \frac{\partial L[y_i, f(x_i)]}{\partial f(x_i)} \right\}_{f_k(x)=f_{l,t-1}(x)} = y_{il} - p_{l,t-1}(x_i) \tag{11.51}$$

观察上式可以看出,其实这里的误差就是样本 i 对应类别 l 的真实概率和 $t-1$ 轮预测概率的差值。

对于生成的决策树,各个叶子节点的最佳残差拟合值为

$$c_{tjl} = \arg\min_{c_{jl}} \sum_{i=0}^{m} \sum_{k=1}^{K} L\left(y_k, f_{t-1,l}(x) + \sum_{j=0}^{J} c_{jl} I[x_i \in R_{tj}] \right) \tag{11.52}$$

由于上式比较难优化,一般使用近似值代替

$$c_{tjl} = \frac{K-1}{K} \frac{\sum_{x_i \in R_{tjl}} r_{til}}{\sum_{x_i \in R_{til}} |r_{til}|(1 - |r_{til}|)} \tag{11.53}$$

除了负梯度计算和叶子节点的最佳残差拟合的线性搜索,多元 GBDT 分类和二元 GBDT 分类及 GBDT 回归算法过程相同。具体过程如算法 11.10 所示。

第一步在训练的时候,是针对样本 x 每个可能的类都训练一个分类回归树。例如,目前样本有三类,也就是 $K=3$。如果样本 x 属于第二类,那么针对该样本 x 的分类结果,可以用一个三维向量 $[0,1,0]$ 来表示。0 表示样本不属于该类,1 表示样本属于该类。由于样本已经属于第二类了,所以第二类对应的向量维度为 1,其他位置为 0。

算法 11.10 基于 GBDT 的多分类算法

（1）初始化：$f_0(x) = 0$。

（2）对于 $m = 1, 2, \cdots, M$

 ① 计算 $p_k(x) = \exp[f_k(x)]/\sum\limits_{l=1}^{K}\exp(f_l(x)), k = 1, 2, \cdots, K$。

 ② 对于 $k = 1, 2, \cdots, K$，计算 $r_{til} = y_{il} - p_{l,t-1}(x_i), i = 1, 2, \cdots, N$。

  a. 由 $\{r_{til}, x_i\}_{i=1}^{N}$ 构造 $L-$ 终端节点树 $\{R_{tjl}\}_{l=1}^{L}$；

  b. 计算 $c_{tjl} = \dfrac{K-1}{K}\dfrac{\sum_{x_i \in R_{tjl}} r_{til}}{\sum_{x_i \in R_{til}} |r_{til}|(1-|r_{til}|)}, l = 1, 2, \cdots, L$；

  c. 计算 $f_{km}(x) = f_{k,m-1}(x) + c_{tjl}I(x \in R_{tjl})$。

（3）得到回归树：$f_{KM}(x)$。

  针对样本有三类的情况，实质上是在每轮训练时同时训练三棵树。第一棵树针对样本 x 的第一类，输入为 $(x,0)$。第二棵树输入针对样本 x 的第二类，输入为 $(x,1)$。第三棵树针对样本 x 的第三类，输入为 $(x,0)$。

  在这里每棵树的训练过程其实就是 CATR 树的生成过程，就可以解出三棵树及三棵树对 x 类别的预测值 $f_1(x), f_2(x), f_3(x)$。在此类训练中，仿照多分类的逻辑回归，使用 Softmax 来产生分类概率，则属于第一类的概率为

$$p_1 = \exp(f_1(x))/\sum_{k=1}^{3}\exp(f_k(x)) \tag{11.54}$$

  针对第一类，可以求出残差 $f_{11} = 0 - f_1(x)$，第二类求出残差 $f_{22}(x) = 1 - f_2(x)$，第三类求出残差 $f_{33}(x) = 0 - f_3(x)$。然后开始第二轮训练针对第一类，输入为 $[x, f_{11}(x)]$，针对第二类，输入为 $[x, f_{22}(x)]$，针对第三类，输入为 $[x, f_{33}(x)]$，继续训练出 3 棵树。一直迭代 M 轮。每轮构建出 3 棵树。所以当 $K = 3$ 时，实际有

$$f_{1M} = \sum_{m=1}^{M}C_{1m}I(x \in R_{1m}) \tag{11.55}$$

$$f_{2M} = \sum_{m=1}^{M}C_{2m}I(x \in R_{2m}) \tag{11.56}$$

$$f_{3M} = \sum_{m=1}^{M}C_{3m}I(x \in R_{3m}) \tag{11.57}$$

  当训练完毕后，新来一个样本 x_1，需要预测该样本类别时，便可以由式 (11.55)~ 式 (11.57) 产生三个值：$f_1(x), f_2(x), f_3(x)$。样本属于某个类别 c 的概率为

$$p_c = \frac{\exp[f_c(x)]}{\sum\limits_{k=1}^{3}\exp[f_k(x)]} \tag{11.58}$$

  如图 11.8 所示，基于 GBDT 的特征构建过程，一般需要将数据分为三个（训练集、测试集和验证集，也可只为训练集和测试集）。

```
1   import numpy as np # 快速操作结构数组的工具
2   import matplotlib.pyplot as plt  # 可视化绘制
3   from sklearn.linear_model import LinearRegression  # 线性回归
4   from sklearn.datasets import make_classification
5   from sklearn.model_selection import train_test_split
6   from sklearn.ensemble import GradientBoostingClassifier,RandomForestClassifier
7   from sklearn.linear_model import LogisticRegression
8   from sklearn.metrics import roc_auc_score,roc_curve,auc
9   from sklearn.preprocessing import OneHotEncoder
10
11  # 弱分类器的数目
12  n_estimator = 10
13  # 随机生成分类数据
14  X, y = make_classification(n_samples=80000,n_features=20,n_classes=2)
15
16  # 切分为测试集和训练集，比例0.5
17  X_train, X_test, y_train, y_test = train_test_split(X, y, test_size=0.5)
18  # 将训练集切分为两部分，一部分用于训练GBDT模型，另一部分输入训练好的GBDT模型生成GBDT特
        征，然后作为LR的特征。这样分成两部分是为了防止过拟合
19  X_train_gbdt, X_train_lr, y_train_gbdt, y_train_lr = train_test_split(X_train, y_train,
        test_size=0.5)
20  # 调用GBDT分类模型
21  gbdt = GradientBoostingClassifier(n_estimators=n_estimator)
22  # 调用one-hot编码
23  one_hot = OneHotEncoder()
24  # 调用LR分类模型
25  lr = LogisticRegression()
26
27
28  '''使用X_train训练GBDT模型，后面用此模型构造特征'''
29  gbdt.fit(X_train_gbdt, y_train_gbdt)
30
31  X_leaf_index = gbdt.apply(X_train_gbdt)[:, :, 0]  # apply返回每个样本在每科树中所属的叶子
        节点索引。行数为样本数，列数为树数目。值为在每个数的叶子索引
32  X_lr_leaf_index = gbdt.apply(X_train_lr)[:, :, 0] # apply返回每个样本在每科树中所属的叶子
        节点索引。行数为样本数，列数为树数目。值为在每个数的叶子索引
33  print('每个样本在每个树中所属的叶子索引\n',X_leaf_index)
34  # fit one-hot编码器
35  one_hot.fit(X_leaf_index)  # 训练one-hot编码，就是识别每列有多少可取值
36  X_lr_one_hot = one_hot.transform(X_lr_leaf_index)  # 将训练数据，通过gbdt树，形成的叶子节
        点（每个叶子代表了原始特征的一种组合）索引，编码成one-hot特征
37  # 编码后的每个特征代表原来的一批特征的组合
38
39  '''
40  使用训练好的GBDT模型构建特征，然后将特征经过one-hot编码作为新的特征输入LR模型训练
41  '''
42
43  # 使用lr训练gbdt的特征组合
44  print('使用逻辑回归训练GBDT组合特征的结果')
45  lr.fit(X_lr_one_hot, y_train_lr)
46  # 用训练好的LR模型多X_test做预测
47  y_pred_grd_lm = lr.predict_proba(one_hot.transform(gbdt.apply(X_test)[:, :, 0]))[:, 1]   #
```

```
           获取测试集正样本的概率
48  # 根据预测结果输出
49  fpr, tpr, thresholds = roc_curve(y_test, y_pred_grd_lm)   # 获取真正率和假正率及门限
50  roc_auc = auc(fpr, tpr)
51  print('auc值为 \n',roc_auc)
52  #画图，只需要plt.plot(fpr,tpr),变量roc\_auc只是记录auc的值，通过auc()函数能计算出来
53  plt.plot(fpr, tpr, lw=1, label='area = %0.2f' %  roc_auc)
54  plt.show()
55
56  # 使用lr直接训练原始数据
57  print('使用逻辑回归训练原始数据集的结果')
58  lr.fit(X_train_lr, y_train_lr)
59  # 用训练好的LR模型多 X_test做预测
60  y_pred_grd_lm = lr.predict_proba(X_test)[:, 1]   # 获取测试集正样本的概率
61  # 根据预测结果输出
62  fpr, tpr, thresholds = roc_curve(y_test, y_pred_grd_lm)   # 获取真正率和假正率及门限
63  roc_auc = auc(fpr, tpr)
64  print('auc值为 \n',roc_auc)
65  #画图，只需要plt.plot(fpr,tpr),变量roc_auc只是记录auc的值，通过auc()函数能计算出来
66  plt.plot(fpr, tpr, lw=1, label='area = %0.2f' %  roc_auc)
67  plt.show()
```

11.3.2 XGBoost 模型

GBDT 是一种基于集成思想的 Boosting 学习器，并采用梯度提升的方法进行每一轮的迭代，最终组建出强学习器，这种算法的运行往往要生成一定数量的树才能达到令人满意的准确率。当数据集大且较为复杂时，运行一次极有可能需要几千次的迭代运算，这将对我们使用算法造成巨大的计算困难。

XGBoost 通过适当改进 Gradient Boosting 模型，自动利用多线程，通过增加剪枝过程，控制模型的复杂程度。传统的 GBDT 算法以 CART 作为基分类器，XGBoost 还可以支持线性分类器，相当于带 L_1 和 L_2 的 Logistic 回归或线性回归。传统的 GBDT 在优化时，使用的是一阶导数信息，XGBoost 则对代价函数进行了二阶泰勒展开，同时用到了一阶导数和二阶导数。同时，XGBoost 工具支持自定义代价函数，只要函数可一阶和二阶求导。

XGBoost 模型是 GBDT 模型的改进，可以看成由 K 棵树组成的加法模型：

$$\hat{y}_i = \sum_{k=1}^{K} f_k(x_i), f_k \in F \tag{11.59}$$

其中，F 为所有树组成的函数空间，以回归任务为例，回归树可以看作一个把特征向量映射为某个 score 的函数。该模型的参数为 $\Theta = \{f_1, f_2, \cdots, f_K\}$。与一般机器学习算法不同的是，加法模型不是学习 d 维空间中的权重，而是直接学习函数（决策树）集合。

上述加法模型的目标函数定义为 $\text{Obj} = \sum_{i=1}^{n} l(y_i, \hat{y}_i) + \sum_{k=1}^{K} \Omega(f_k)$，其中 Ω 表示决策树的复杂度，决策树的复杂度一般可以考虑树的节点数量、树的深度或叶子节点所对应的分数的 L_2 范数等。

解这一优化问题，可以用前向分步算法（Forward Stagewise Algorithm）。因为学习的是加法模型，如果能够从前往后，每一步只学习一个基函数及其系数（结构），逐步逼近优化目标函数，就可以简化复杂度。这一学习过程称为 Boosting。具体地，从一个常量预测开始，每次学习一个新的函数，过程如下：

$$\hat{y}_i^0 = 0 \tag{11.60}$$

$$\hat{y}_i^1 = f_1(x_i) = \hat{y}_i^0 + f_1(x_i) \tag{11.61}$$

$$\hat{y}_i^2 = f_1(x_i) + f_2(x_i) = \hat{y}_i^1 + f_2(x_i) \tag{11.62}$$

$$\vdots \tag{11.63}$$

$$\hat{y}_i^t = \sum_{k=1}^{t} f_k(x_i) = \hat{y}_i^{t-1} + f_t(x_i) \tag{11.64}$$

在第 t 步，模型对 x_i 的预测为 $\hat{y}_i^t = \hat{y}_i^{t-1} + f_t(x_i)$，其中 $f_t(x_i)$ 为这一轮要学习的函数（决策树）。这个时候目标函数可以写为

$$
\begin{aligned}
\mathrm{Obj}^{(t)} &= \sum_{i=1}^{n} l(y_i, \hat{y}_i^t) + \sum_{i=i}^{t} \Omega(f_i) \\
&= \sum_{i=1}^{n} l\left(y_i, \hat{y}_i^{t-1} + f_t(x_i)\right) + \Omega(f_t) + \mathrm{constant}
\end{aligned}
\tag{11.65}
$$

如果我们考虑使用平方误差作为损失函数（Square Loss），则目标函数为

$$
\begin{aligned}
\mathrm{Obj}^{(t)} &= \sum_{i=1}^{n} \left\{ y_i - [\hat{y}_i^{t-1} + f_t(x_i)] \right\}^2 + \Omega(f_t) + \mathrm{constant} \\
&= \sum_{i=1}^{n} \left[2(\hat{y}_i^{t-1} - y_i) f_t(x_i) + f_t(x_i)^2 \right] + \Omega(f_t) + \mathrm{constant}
\end{aligned}
\tag{11.66}
$$

其中，$(\hat{y}_i^{t-1} - y_i)$ 称为残差（Residual）。因此，使用平方损失函数时，GBDT 算法的每一步在生成决策树时只需要拟合前面的模型的残差。

由泰勒公式把函数 $f(x + \Delta x)$ 在点 x 处二阶展开，可得

$$f(x + \Delta x) \approx f(x) + f'(x)\Delta x + \frac{1}{2}f''(x)\Delta x^2 \tag{11.67}$$

由式 (11.65) 可知，目标函数是关于变量 $\hat{y}_i^{t-1} + f_t(x_i)$ 的函数，若把变量 $\hat{y}_i^{t-1}$ 看成式 (11.67) 中的 x，把变量 $f_t(x_i)$ 看成等式 (11.67) 中的 Δx，则式 (11.65) 可转化为

$$\mathrm{Obj}^{(t)} = \sum_{i=1}^{n} \left[l(y_i, \hat{y}_i^{t-1}) + g_i f_t(x_i) + \frac{1}{2} h_i f_t^2(x_i) \right] + \Omega(f_t) + \mathrm{constant} \tag{11.68}$$

其中，g_i 定义为损失函数的一阶导数，即 $g_i = \partial_{\hat{y}^{t-1}} l(y_i, \hat{y}^{t-1})$；$h_i$ 定义为损失函数的二阶导数，即 $h_i = \partial_{\hat{y}^{t-1}}^2 l(y_i, \hat{y}^{t-1})$。

假设损失函数为平方损失函数，则 $g_i = \partial_{\hat{y}^{t-1}}(\hat{y}^{t-1} - y_i)^2 = 2(\hat{y}^{t-1} - y_i)$，把 g_i 和 h_i 代入等式 (11.68) 即得等式 (11.66)。

由于函数中的常量在函数最小化的过程中不起作用，因此可以从等式 (11.68) 中移除常量项，得

$$\text{Obj}^{(t)} \approx \sum_{i=1}^{n}\left[g_i f_t(x_i) + \frac{1}{2}h_i f_t^2(x_i)\right] + \Omega(f_t) \tag{11.69}$$

由于要学习的函数仅仅依赖于目标函数，从等式 (11.69) 可以看出，只需为学习任务定义好损失函数，并为每个训练样本计算出损失函数的一阶导数和二阶导数，通过在训练样本集上最小化等式 (11.69) 即可求得每步要学习的函数 $f(x)$，从而根据加法模型等式 (11.59) 可得最终的学习模型。

一棵生成好的决策树，假设其叶子节点个数为 T，该决策树是由所有叶子节点对应的值组成的向量 $\boldsymbol{w} \in R^T$，以及一个把特征向量映射到叶子节点索引（Index）的函数 $q : R^d \to \{1, 2, \cdots, T\}$，因此，决策树可以定义为 $f_t(x) = \boldsymbol{w}_{q(x)}$。

决策树的复杂度可以由正则项 $\Omega(f_t) = \gamma T + \frac{1}{2}\lambda\sum_{j=1}^{T}\boldsymbol{w}_j^2$ 来定义，即决策树模型的复杂度由生成树的叶子节点数量 T 和叶子节点 j 对应的值向量 $\boldsymbol{w}_j$ 的 L_2 范数决定。

定义集合 $I_j = \{i|q(x_i) = j\}$ 为所有被划分到叶子节点 j 的训练样本的集合。等式 (11.69) 可以根据树的叶子节点，重新组织为 T 个独立的二次函数的和：

$$\begin{aligned}
\text{Obj}^{(t)} &\approx \sum_{i=1}^{n}\left[g_i f_t(x_i) + \frac{1}{2}h_i f_t^2(x_i)\right] + \Omega(f_t) \\
&= \sum_{i=1}^{n}\left[g_i \boldsymbol{w}_{q(x_i)} + \frac{1}{2}h_i \boldsymbol{w}_{q(x_i)}^2\right] + \gamma T + \frac{1}{2}\lambda\sum_{j=1}^{T}\boldsymbol{w}_j^2 \\
&= \sum_{j=1}^{T}\left[\left(\sum_{i\in I_j}g_i\right)\boldsymbol{w}_j + \frac{1}{2}\left(\sum_{i\in I_j}h_i + \lambda\right)\boldsymbol{w}_j^2\right] + \gamma T
\end{aligned} \tag{11.70}$$

定义 $G_j = \sum_{i\in I_j}g_i$，$H_j = \sum_{i\in I_j}h_i$，则等式 (11.70) 可写为

$$\text{Obj}^{(t)} = \sum_{j=1}^{T}\left[G_i\boldsymbol{w}_j + \frac{1}{2}(H_i + \lambda)\boldsymbol{w}_j^2\right] + \gamma T \tag{11.71}$$

假设树的结构是固定的，即函数 $q(x)$ 确定，令函数 $\text{Obj}^{(t)}$ 的一阶导数等于 0，即可求得叶子节点 j 对应的值为

$$\boldsymbol{w}_j^* = -\frac{G_j}{H_j + \lambda} \tag{11.72}$$

此时，目标函数的值为

$$\text{Obj} = -\frac{1}{2}\sum_{j=1}^{T}\frac{G_j^2}{H_j + \lambda} + \gamma T \tag{11.73}$$

然而，树结构可能的数量是无穷的，所以实际上不可能枚举所有可能的树结构。在通常情况下，采用贪心策略来生成决策树的每个节点。

（1）从深度为 0 的树开始，对每个叶节点枚举所有的可用特征；

（2）针对每个特征，把属于该节点的训练样本根据该特征值升序排列，通过线性扫描的方式来决定该特征的最佳分裂点，并记录该特征的最大收益（采用最佳分裂点时的收益）；

（3）选择收益最大的特征作为分裂特征，用该特征的最佳分裂点作为分裂位置，把该节点生长出左右两个新的叶节点，并为每个新节点关联对应的样本集；

（4）回到第（1）步，递归执行到满足特定条件为止。

在上述算法的第（2）步，样本排序的时间复杂度为 $O(n \log n)$，假设共有 K 个特征，生成一棵深度为 K 的树的时间复杂度为 $O(dKn \log n)$。具体实现可以进一步优化计算复杂度，如可以缓存每个特征的排序结果等。

如何计算每次分裂的收益呢？假设当前节点记为 C，分裂之后左孩子节点记为 L，右孩子节点记为 R，则该分裂获得的收益定义为当前节点的目标函数值减去左右两个孩子节点的目标函数值之和：$\text{Gain} = \text{Obj}_C - \text{Obj}_L - \text{Obj}_R$，具体地，根据等式 (11.73) 可得

$$\text{Gain} = \frac{1}{2} \left[\frac{G_L^2}{H_L + \lambda} + \frac{G_R^2}{H_R + \lambda} - \frac{(G_L + G_R)^2}{H_L + H_R + \lambda} \right] - \gamma \tag{11.74}$$

其中，$-\gamma$ 项表示因为增加了树的复杂性（该分裂增加了一个叶子节点）带来的惩罚；$\frac{G_L^2}{H_L + \lambda}$ 和 $\frac{G_R^2}{H_R + \lambda}$ 分别表示增加节点后左右孩子节点的得分；$\frac{(G_L + G_R)^2}{H_L + H_R + \lambda}$ 为不进行树节点裂开时的得分；γ 为增加新的叶子节点后的复杂度开销。

式 (11.74) 在形式上与 ID3 算法和 CART 算法是一致的，左右节点目标函数值，得到某种增益。为了限制树的生长，可以加入阈值，当增益大于阈值时才让节点分裂，上式中的 γ 即阈值，它是正则项里叶子节点数 T 的系数，所以 XGBoost 在优化目标函数的同时相当于也做了预剪枝。系数 λ 是正则项 leaf score 的 L_2 模平方的系数，对 leaf score 做了平滑，也起到了防止过拟合的作用，这是传统 GBDT 里不具备的特性。

XGBoost 算法的 Python 实现如下。

```python
import xgboost
from numpy import loadtxt
from xgboost import XGBClassifier
from sklearn.model_selection import train_test_split
from sklearn.metrics import accuracy_score

# 载入数据集
dataset = loadtxt('pima-indians-diabetes.csv', delimiter=",")
# split data into X and y
X = dataset[:,0:8]
Y = dataset[:,8]

# 把数据集拆分成训练集和测试集
seed = 7
```

```
15  test_size = 0.33
16  X_train, X_test, y_train, y_test = train_test_split(X, Y, test_size=test_size,
        random_state=seed)
17
18  # 拟合XGBoost模型
19  model = XGBClassifier()
20  model.fit(X_train, y_train)
21
22  # 对测试集做预测
23  y_pred = model.predict(X_test)
24  predictions = [round(value) for value in y_pred]
25
26  # 评估预测结果
27  accuracy = accuracy_score(y_test, predictions)
28  print("Accuracy: %.2f%%" % (accuracy * 100.0))
```

程序运行结果如下。

```
1  Accuracy: 77.95\%
```

XGBoost 算法与 GBDT 算法的区别如下：

XGBoost 里的基学习器除了用 tree(gbtree) 也可用线性分类器 (gblinear)，而 GBDT 则特指梯度提升决策树算法。

XGBoost 相对于普通 GBDT 的实现，具有以下的一些优势：显式地将树模型的复杂度作为正则项加在优化目标；公式推导里用到了二阶导数信息，而普通的 GBDT 只用到一阶；允许使用 column(feature) sampling 来防止过拟合，借鉴了随机森林的思想，实现了一种分裂节点寻找的近似算法，用于加速和减小内存消耗。节点分裂算法能自动利用特征的稀疏性。数据事先排好序并以块（block）的形式存储，利于并行计算惩罚函数 Ω 主要对树的叶子数和叶子分数做惩罚，这点确保了树的简单性。

11.3.3 LightGBM 模型

传统的 Boosting 算法（如 GBDT 和 XGBoost）已经有相当高的效率，但在当前的大样本和高维度的环境下，传统的 Boosting 似乎在效率和可扩展性上不能满足需求了，主要的原因就是传统的 Boosting 算法对每一个特征都要扫描所有的样本点来选择最好的切分点，这非常耗时。为解决这种在大样本、高维度数据环境下耗时的问题，LightGBM 使用了如下两种解决办法：一是 GOSS（Gradient-based One-Side Sampling，基于梯度的单边采样），不是使用所用的样本点来计算梯度，而是对样本进行采样来计算梯度；二是 EFB（Exclusive Feature Bundling，互斥特征捆绑），这里不是使用所有的特征来进行扫描获得最佳的切分点，而是将某些特征捆绑在一起来降低特征的维度，使寻找最佳切分点的消耗减少。这样大大降低处理样本的时间复杂度，在精度上，通过大量的实验证明，在某些数据集上使用 LightGBM 并不损失精度，甚至有时还会提升精度。

1. 基于梯度的单边采样技术

基于梯度的单边采样（Gradient-based One-Side Sampling, GOSS）算法的主要思想就是，梯度大的样本点在信息增益的计算上扮演着主要的角色，也就是说这些梯度大的样本点会贡献更多的信息增益,因此为了保持信息增益评估的精度,当对样本进行下采样时保留这些梯度大的样本点,而对于梯度小的样本点按比例进行随机采样即可。

在 AdaBoost 算法中,在每次迭代时更加注重上一次错分的样本点,也就是上一次错分的样本点的权重增大,而在 GBDT 中并没有本地的权重来实现这样的过程,所以在 AdaBoost 中提出的采样模型不能应用在 GBDT 中。但是,每个样本的梯度对采样提供了非常有用的信息。也就是说,如果一个样本点的梯度小,则该样本点的训练误差就小并且已经经过了很好的训练。一个直接的办法就是直接抛弃梯度小的样本点,但这样做会改变数据的分布和损失学习的模型精度。GOSS 算法的提出就是为了避免这两个问题的发生。

GOSS 算法如算法 11.11 所示。

算法 11.11 GOSS 算法

输入: 训练数据,迭代步数 d,大梯度数据的采样率 a,小梯度数据的采样率 b,损失函数和弱学习器的类型(一般为决策树)。

输出: 训练好的强学习器。

(1)根据样本点的梯度的绝对值对它们进行降序排序;

(2)对排序后的结果选取前 $a \times 100\%$ 的样本生成一个大梯度样本点的子集;

(3)对剩下的样本集合 $(1-a) \times 100\%$ 的样本,随机的选取 $b * (1-a) \times 100\%$ 个样本点,生成一个小梯度样本点的集合;

(4)将大梯度样本和采样的小梯度样本合并;

(5)将小梯度样本乘上一个权重系数 $\dfrac{1-a}{b}$;

(6)使用上述的采样的样本,学习一个新的弱学习器;

(7)不断地重复步骤(1)~ 步骤(6)直到达到规定的迭代次数或收敛为止。

通过上面的算法可以在不改变数据分布的前提下,不损失学习器精度的同时大大降低模型学习的速率。

从上面的描述可知,当 $a = 0$ 时,GOSS 算法退化为随机采样算法;当 $a = 1$ 时,GOSS 算法变为采取整个样本的算法。在许多情况下,GOSS 算法训练出的模型精确度要高于随机采样算法。另外,采样也将会增加弱学习器的多样性,从而潜在地提升了训练出的模型泛化能力。

2. 互斥特征捆绑技术

LightGBM 在实现中不仅进行了数据采样,也进行了特征抽样,使得模型的训练速度进一步降低。但该特征抽样又与一般的特征抽样有所不同,是将互斥特征绑定在一起,从而减少特征维度。其主要思想就是,通常在实际应用中,高维度的数据往往都是稀疏数据(如 One-hot 编码),这使我们有可能设计一种几乎无损的方法来减少有效特征的数量。尤其,在稀疏特征空间中许多特征都是互斥的(如很少同时出现非 0 值)。这就使我们可以安全地将互斥特征绑定在一起形成一个特征,从而减少特征维度。LightGBM 算法使用的是基于直方图(Histogram)的方法。

由于将特征划分为更小的互斥绑定数量是一个 NP-hard 问题,即在多项式时间内不可能找到准确的解决办法。所以这里使用的是一种近似的解决办法，即特征之间允许存在少数的样本点并不是互斥的（如存在某些对应的样本点之间不同时为非零值），允许小部分的冲突可以得到更小的特征绑定数量，更进一步提高了计算的有效性。在理论上可以证明，通过允许小部分冲突的话，使得模型的精度（Accuracy）被影响 $O[(1-\gamma)n]^{-2/3}$，其中 γ 是每个绑定的最大冲突率。所以，当选择很小 γ 时，可以在精确度和效率上获得很好的权衡，如算法 11.12 所示。

算法 11.12 EFB 算法

输入： 特征 F、最大冲突数 K、图 G。

输出： 特征捆绑集合 bundlings。

（1）构造一个边带有权重的图，其权值对应特征之间的总冲突；

（2）通过特征在图中的度来降序给特征排序；

（3）检查有序列表中的每个特征，并将其分配给具有小冲突的现有 bundling（由 γ 控制），或创建新 bundling。

算法 11.12 的时间复杂度为 $O(\#\text{feature}^2)$，并且在模型训练之前仅仅被处理一次即可。在特征维度不是很大时，这样的复杂度是可以接受的，但当样本维度较高时，这种方法就会特别低效。所以基于此，又提出了另一种更加高效的算法：按非零值计数排序，这类似于按度数排序，因为更多的非零值通常会导致更高的冲突概率。这仅仅改变了上述算法的排序策略，所以只是针对上述算法将按度数排序改为按非零值数量排序，其他不变。

LightGBM 关于互斥特征的合并用到了直方图（Histogram）算法。直方图算法的基本思想是先把连续的特征值离散化成 k 个整数，同时构造一个宽度为 k 的直方图。在遍历数据的时候，根据离散化后的值作为索引在直方图中累积统计量。当遍历一次数据后，直方图累积了需要的统计量，然后根据直方图的离散值，遍历寻找最优的分割点。

由于基于直方图的算法存储的是离散的箱体 bins 而不是连续的特征值，可以通过让互斥特征驻留在不同的箱体中来构造特征束。这可以通过增加特征原始值的偏移量来实现。例如，假设有两个特征，特征 A 的取值范围是 $[0,10)$，而特征 B 的取值范围是 $[0,20)$，可以给特征 B 增加偏移量 10，使得特征 B 的取值范围为 $[10,30)$，最后合并特征 A 和 B，形成新的特征，取值范围为 $[0,30)$ 来取代特征 A 和特征 B。图 11.9 给出了利用直方图方法进行互斥特征合并的示意图。

寻找最佳分裂 bin 值的直方图算法如算法 11.13 所示。

从算法中可以看到：直方图优化算法需要在训练前预先把特征值转化为 bin value，也就是对每个特征的取值做个分段函数，将所有样本在该特征上的取值划分到某一段 bin 中。最终把特征取值从连续值转化成离散值。需要注意的是：feature value 对应的 bin value 在整个训练过程中是不会改变的。

最外面的 for 循环表示对当前模型下所有的叶子节点处理，需要遍历所有的特征，来找到增益最大的特征及其划分值，以此来分裂该叶子节点。

第三个 for 循环遍历所有样本，累积上述的两类统计值到样本所属的 bin 中。即直方图的每个 bin 中包含了一定的样本，在此计算每个 bin 中的样本的梯度之和并对 bin 中的样本记数。

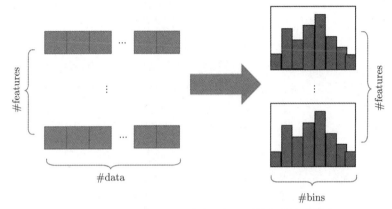

图 11.9   利用直方图方法来进行互斥特征的合并过程

算法 11.13 寻找最佳分裂 bin 值的 Histogram 算法

输入: 训练数据 X，当前模型 $T_{c-1}(X)$，一阶梯度 G，二阶梯度 H

对于模型 $T_{c-1}(X)$ 中的所有叶子节点 p:

遍历 X 特征中的所有 f:

H=new Histogram() # 对每个特征创建直方图

For i in (0, num_of_number) # 遍历所有样本

计算每个 bin 中样本的梯度之和

H[f.bin[i].g+ = g_i;   H[f.bins[i],   n+=1

For i in (0, len(H)):# 遍历所有的 bins

$$S_{\mathrm{L}} = H[i].g; n_{\mathrm{L}} + = H[i].n$$

$$S_{\mathrm{R}} = S_p - S_{\mathrm{L}}; n_{\mathrm{R}} = n_p - n_{\mathrm{L}}$$

$$\Delta\mathrm{loss} = \frac{S_{\mathrm{L}}^2}{n_{\mathrm{L}}} + \frac{S_{\mathrm{R}}^2}{n_{\mathrm{R}}} + \frac{S_p^2}{n_p}$$

If $\Delta\mathrm{loss} > \Delta\mathrm{loss}(p_m, f_m, v_m)$:

$(p_m, f_m, v_m) = (p, f, H[i].\mathrm{value})$

最后一个 for 循环，遍历所有 bin，分别以当前 bin 作为分割点，累加其左边的 bin 至当前 bin 的梯度和 (S_{L}) 及样本数量 (n_{L})，并与父节点上的总梯度和 (S_p) 及总样本数量 (n_p) 相减，得到右边所有 bin 的梯度和 (S_{R}) 及样本数量 (n_{R})，利用算法 11.13 中的公式，计算出增益，在遍历过程中取最大的增益，以此时的特征和 bin 的特征值作为分裂节点的特征和分裂特征取值。

可以看到，这是按照 bin 来索引"直方图"，所以不用按照每个"特征"来排序，也不用一一对比不同"特征"的值，大大减少了运算量。

Histogram 算法有如下的一些优点。

（1）减少了分割增益的计算量：XGBoost 中默认使用的是 Pre-sorted 算法，需要 $O(\#data)$ 次的计算，而 Histogram 算法只需要计算 $O(\#bins)$ 次，并且 $O(\#bins)$ 远小于 $O(\#data)$。

（2）通过直方图相减来进一步加速模型的训练：在二叉树中可以通过利用叶节点的父节点和相邻节点直方图的相减来获得该叶节点的直方图。所以仅仅需要为一个叶节点建立直方图 (其 #data 小于它的相邻节点) 就可以通过直方图的相减来获得相邻节点的直方图，而这花费的代价 $[O(\#bins)]$ 很小，如图 11.10 所示。

图　11.10　相邻节点的直方图计算过程

（3）减少了内存的使用：可以将连续的值替换为离散的 bins。如果 $O(\#bins)$ 较小，可以利用较小的数据类型来存储训练数据并且无须为 Pre-sorting 特征值存储额外的信息。

（4）减少了并行学习的通信代价。当然，Histogram 算法并不是完美的。由于特征被离散化后，找到的并不是很精确的分割点，所以会对结果产生影响。但在不同的数据集上的结果表明，离散化的分割点对最终的精度影响并不是很大，甚至有时候会更好一点。原因是决策树本来就是弱模型，分割点是不是精确并不是太重要；差一点的切分点也有正则化的效果，可以有效地防止过拟合；即使单棵树的训练误差比精确分割的算法稍大，但在 Gradient Boosting 的框架下没有太大的影响。

3. 带深度限制的 Leaf-wise 的叶子生长策略

在 Histogram 算法之上，LightGBM 进行了进一步的优化。首先它抛弃了大多数 GBDT 工具使用的按层生长（Level-wise）的决策树生长策略，而使用了带有深度限制的按叶子生长（Leaf-wise）算法。Level-wise 过一次数据可以同时分裂同一层的叶子，如图 11.11所示，容易进行多线程优化，也好控制模型复杂度，不容易过拟合。但实际上 Level-wise 是一种低效的算法，它不加区分地对待同一层的叶子，这带来了很多额外的开销，因为实际上很多叶子的分裂增益较低，没必要进行搜索和分裂。

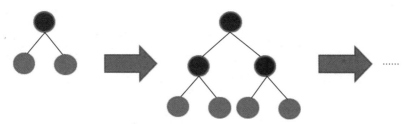

图　11.11　按层生长（Level-wise）算法示意图

在这种情况下，第 j 个特征且值为 d 处进行分裂带来的增益可以定义为

$$V_{j|O} = \frac{1}{n_O}\left[\frac{\left(\sum_{x_i \in O:x_{ij} \leqslant d} g_i\right)^2}{n_{l|O}^j(d)} + \frac{\left(\sum_{x_i \in O:x_{ij} > d} g_i\right)^2}{n_{r|O}^j(d)}\right] \tag{11.75}$$

其中，O 为在决策树待分裂节点的训练集，$n_O = \sum I(x_i \in O), n_{l|O}^j(d) = \sum I\{x_i \in O : x_{ij} \leqslant d\}$ 并且 $n_{r|O}^j(d) = \sum I\{x_i \in O : x_{ij} > d\}$。

Leaf-wise 则是一种更为高效的算法，每次从当前所有叶子中找到分裂增益最大的一个叶子，然后分裂，如此循环，如图 11.12 所示。因此同 Level-wise 相比，在分裂次数相同的情况下，Leaf-wise 可以降低更多的误差，得到更好的精度。Leaf-wise 的缺点是可能会长出比较深的决策树，产生过拟合。因此 LightGBM 在 Leaf-wise 之上增加了一个最大深度的限制，在保证高效率的同时防止过拟合：

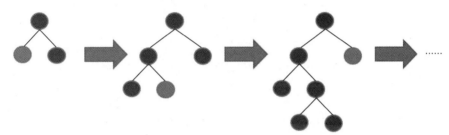

图 11.12 按叶子生长（Leaf-wise）算法示意图

采用 GOSS 算法，按 Leaf-wise 叶子生长策略分裂的增益可表示为

$$V_{j|O} = \frac{1}{n_O}\left[\frac{\left(\sum_{x_i \in A_l} g_i + \dfrac{1-a}{b}\sum_{x_i \in B_l} g_i\right)^2}{n_l^j(d)} + \frac{\left(\sum_{x_i \in A_r} g_i + \dfrac{1-a}{b}\sum_{x_i \in B_r} g_i\right)^2}{n_r^j(d)}\right] \tag{11.76}$$

其中，$A_l = \{x_i \in A : x_{ij} \leqslant d\}$；$A_r = \{x_i \in A : x_{ij} > d\}$；$B_l = \{x_i \in B : x_{ij} \leqslant d\}$；$B_r = \{x_i \in B : x_{ij} > d\}$。

使用 GOSS 算法和 EFB 算法的梯度提升树（GBDT）称为 LightGBM。

本节以 Sklearn 包中自带的鸢尾花数据集为例，用 LightGBM 算法实现鸢尾花种类的分类任务。具体实现代码如下。

```
1  import json
2  import lightgbm as lgb
3  import pandas as pd
4  from sklearn.metrics import mean_squared_error
5  from sklearn.datasets import load_iris
6  from sklearn.model_selection import train_test_split
7  from sklearn.datasets import  make_classification
8
9  iris = load_iris()    # 载入鸢尾花数据集
10 data=iris.data
11 target = iris.target
```

```
12  X_train,X_test,y_train,y_test =train_test_split(data,target,test_size=0.2)
13
14  # 创建成lgb特征的数据集格式
15  lgb_train = lgb.Dataset(X_train, y_train) # 将数据保存到LightGBM二进制文件将使加载更快
16  lgb_eval = lgb.Dataset(X_test, y_test, reference=lgb_train)  # 创建验证数据
17
18  # 将参数写成如下形式
19  params = {
20      'task': 'train',
21      'boosting_type': 'gbdt',  # 设置提升类型
22      'objective': 'regression', # 目标函数
23      'metric': {'l2', 'auc'},  # 评估函数
24      'num_leaves': 31,   # 叶子节点数
25      'learning_rate': 0.05,  # 学习速率
26      'feature_fraction': 0.9, # 建树的特征选择比例
27      'bagging_fraction': 0.8, # 建树的样本采样比例
28      'bagging_freq': 5,  # k 意味着每 k 次迭代执行bagging
29      'verbose': 1 # <0 显示致命的, =0 显示错误（警告）, >0 显示信息
30  }
31
32  print('Start training...')
33  # 训练 cv and train
34  gbm = lgb.train(params,lgb_train,num_boost_round=20,valid_sets=lgb_eval,
        early_stopping_rounds=5)#训练数据需要参数列表和数据集
35
36  print('Save model...')
37
38  gbm.save_model('model.txt')    # 训练后保存模型到文件
39
40  print('Start predicting...')
41  # 预测数据集
42  y_pred = gbm.predict(X_test, num_iteration=gbm.best_iteration)
43  #如果在训练期间启用了早期停止, 可以通过best_iteration方式从最佳迭代中获得预测评估模型
44  print('The rmse of prediction is:', mean_squared_error(y_test, y_pred) ** 0.5) # 计算真实
        值和预测值之间的均方根误差
```

11.4 习 题

1. 试证明对于不含冲突数据（特征向量完全相同但标记不同）的训练集，必存在与训练集一致（即训练误差为 0）的决策树。

2. 试述使用"最小训练误差"作为决策树划分准则的缺陷。

3. 试编程实现基于信息熵进行划分选择的决策树算法。

4. 证明当各个类出现的概率相等时, Gini 不纯度有极大值, 当样本全部属于某一类时, Gini 不纯度有极小值。

5. CART 对分类问题和回归问题分别使用什么作为分裂评价指标？

6. 如果决策树过拟合, 减小深度是否会解决这个问题？

7. 在决策树的训练过程中, 如何通过剪枝减少过拟合? 举例说明。

8. 简述决策树的生成过程。

9. 用 100 万个样本的训练集训练出的决策树（没有限制）大约有多深？

10. 已知如表 11.10 所示的训练数据，试用平方误差损失准则生成一个二叉回归树。

表 11.10　　训练样本数据

x_i	1	2	3	4	5	6	7	8	9	10
y_i	4.50	4.75	4.91	5.45	5.80	6.76	7.84	7.98	8.49	9.54

11. 表 11.11 给出的贷款申请样本数据集：样本特征 $x(i)$ 的类型有年龄、是否有工作、是否有房子和信贷情况，样本类别 $y(i)$ 的取值是两类，即是、否，最终的分类结果就是根据样本的特征来预测是否给予申请人贷款。

表 11.11　　贷款申请训练样本数据集 D

ID	年龄 (x_1)	有无工作 (x_2)	有无自己房子 (x_3)	信贷情况 (x_4)	类别 (y)
1	青年	否	否	一般	否
2	青年	否	否	好	否
3	青年	是	否	好	是
4	青年	是	是	一般	是
5	青年	否	否	一般	否
6	中年	否	否	一般	否
7	中年	否	否	好	是
8	中年	是	是	好	是
9	中年	否	是	非常好	是
10	中年	否	是	非常好	是
11	老年	否	是	非常好	是
12	老年	否	是	好	是
13	老年	是	否	好	是
14	老年	是	否	非常好	是
15	老年	否	否	一般	否

(1) 对上表所给的训练数据集 D，根据信息增益准则选择最优特征；

(2) 对上表所给的训练数据集 D，利用信息增益比（C4.5 算法）生成决策树；

(3) 对上表所给的训练数据集 D，利用 ID3 算法建立决策树；

(4) 对上表所给的训练数据集 D，应用 CART 算法生成决策树。

12. 证明 CART 剪枝算法中，当 a 确定时，存在唯一的最小子树 T_a 使损失函数 $C_a(T)$ 最小。

13. 证明 CART 剪枝算法中求出的子树序列 $\{T_0, T_1, \cdots, T_n\}$ 分别是区间 $a \in [a_i, a_{i+1})$ 的最优子树 T_a，这里 $i = 0, 1, \cdots, n$ $0 = a_0 < a_1 < \cdots < a_n < +\infty$。

14. 以随机森林为例，讨论为什么集成学习能否提高分类的性能。

15. 讨论 GBDT 算法的过程以及应用。

16. 解释 XGBoost 算法的原理。

17. XGBoost 算法为何要泰勒展开到二阶？

18. 比较随机森林与 AdaBoost 算法的异同。

19. 比较 AdaBoost 算法与梯度提升算法的异同。

20. 随机森林为什么能够减小方差？

21. AdaBoost 算法为什么能够降低偏差？

22. 梯度提升算法如何解决二分类问题？

23. 对于多分类问题，梯度提升算法的预测函数是 $F_k(x)$。样本属于每个类的概率为

$$p_k(x) = \frac{\exp[F_k(x)]}{\sum_{l=1}^{K} \exp[F_l(x)]}$$

如果加上限制条件 $\sum_{l=1}^{K} F_l(x) = 0$，证明如下结论成立：

$$F_k(x) = \ln p_k(x) - \frac{1}{k}\sum_{l=1}^{K} \ln p_l(x)$$

第 12 章　概率图模型

概率图模型（Probabilistic Graphical Model）是一类用图来表达变量相关关系的概率模型，常见的概率图模型包括两类：

（1）用有向无环图表示变量间的依赖关系，称为有向图模型或 Bayesian Network；

（2）用无向图表示变量之间的相关关系，称为无向图模型或马尔可夫网（Markov Network）。

12.1　贝叶斯网络

贝叶斯网络（Bayesian Networks）也称信念网络（Belif Networks）或因果网络（Causal Networks），是描述数据变量之间依赖关系的一种图形模式，是一种用来进行推理的模型。贝叶斯网络为人们提供了一种方便的框架结构来表示因果关系，这使不确定性推理在逻辑上变得更为清晰、可理解性强。

12.1.1　贝叶斯方法与贝叶斯定理

1. 贝叶斯方法

在数理统计中存在两大学派，分别是频率学派和贝叶斯学派。频率学派以事件发生的频率为核心，认为概率是大量独立重复实验下事件发生频率的稳定值，离开重复实验，概率就无从谈起。贝叶斯统计方法是一种以贝叶斯公式为核心，以先验信息和后验信息为综合依据，以"辩证"推断为主要特征的统计方法。这两个学派在统计推断领域相爱相杀，不断推动着数理统计的发展。

虽然贝叶斯学派的兴起才短短几十年，但从其出现起两个理论派别间从来没有停止过争论。下面列举几个频率学派与贝叶斯学派之间思想不一样的地方。

- 频率学派认为抽样是无限的。在无限次抽样当中，对于决策的规则可以很精确；而贝叶斯学派则认为世界无时无刻不在改变，未知的变量和事件都有一定的概率。这种概率会随时改变这个世界的状态 (前面提到的后验概率是先验概率的修正)。
- 频率学派认为模型的参数是固定的，一个模型在无数次的抽样过后，所有的参数都应该是一样的；而贝叶斯学派则认为数据应该是固定的。规律从我们对这个世界的观察和认识中得来，看到的即是真实的、正确的。应该从观测的事物来估计参数。
- 频率学派认为任何模型都不存在先验；而先验在贝叶斯学派当中有着重要的作用。
- 频率学派主张的是一种评价范式。它没有先验，更加客观。贝叶斯学派主张的是一种模型方法。通过建立未知参数的模型。在没有观测到样本之前，一切参数都是不确定的。使用观测的样本值来估计参数。得到的参数代入模型使当前模型最佳地拟合观测到的数据。

事实上，频率派把需要推断的参数 θ 看作固定的未知常数，即概率 θ 虽然是未知的，但最起码是一个确定的值，同时，样本 X 是随机的，所以频率派重点研究样本空间，大部分的概率计算都是针对样本 X 的分布；而贝叶斯派的观点则截然相反，他们认为参数 θ 是随机变量，而样本 X 是固定的。由于样本是固定的，参数 θ 的分布是研究的重点，其思考固有模式如下：

$$先验分布\ \pi(\theta)+\ 样本信息\ X\ \Rightarrow\ 后验分布\ \pi(\theta|X)$$

上述思考模式意味着，新观察到的样本信息将修正人们以前对事物的认知。换言之，在得到新的样本信息之前，人们对 θ 的认知是先验分布 $\pi(\theta)$，在得到新的样本信息 X 后，人们对 θ 的认知为 $\pi(\theta|X)$。

2. 贝叶斯定理

贝叶斯定理是贝叶斯学派的核心，是统计学中非常重要的一个定理，以贝叶斯定理为基础的统计学派在统计学世界里占据着重要的地位，和概率学派从事件的随机性出发不同，贝叶斯统计学更多是从观察者的角度出发，事件的随机性不过是观察者掌握信息不完备所造成的，观察者所掌握的信息多寡将影响观察者对于事件的认知。在引入贝叶斯定理之前，先介绍以下几个基本概念。

条件概率描述的是事件 A 在另一个事件 B 已经发生条件下的概率，记作 $P(A|B)$，A 和 B 可能是相互独立的两个事件，也可能不是，则有

$$P(A|B)=\frac{P(A\cap B)}{P(B)} \tag{12.1}$$

其中，$P(A\cap B)$ 表示 A 和 B 事件同时发生的概率，如果 A 和 B 是相互独立的两个事件，那么

$$P(A|B)=\frac{P(A\cap B)}{P(B)}=\frac{P(A)\times P(B)}{P(B)}=P(A) \tag{12.2}$$

上面的推导过程反过来证明了如果 A 和 B 是相互独立的事件，那么事件 A 发生的概率与 B 无关。

由乘法公式可得，$P(A\cap B)=P(A|B)\times P(B)$，考虑到先验条件 B 的多种可能性，这里引入全概率公式。

如果事件组 $B_1,B_2,\cdots,B_n$ 满足：

① $B_1,B_2,\cdots,B_n$ 两两互斥，即 $B_i\cap B_j=\Phi,i\neq j,\quad i,j=1,2,\cdots,n$，且 $P(B_i)>0$，$i=1,2,\cdots,n$；

② $B_1\cup B_2\cup\cdots\cup B_n=\Phi$，事件组 $B_1,B_2,\cdots,B_n$ 是样本空间 Ω，则有

$$P(A)=\sum_{i=1}^{n}P(B_i)P(A|B_i) \tag{12.3}$$

上式即全概率公式（Formula of Total Probability）。

全概率公式的意义在于，当直接计算 $P(A)$ 较为困难，而 $P(B_i)$ 和 $P(A|B_i)(i = 1, 2, \cdots)$ 的计算较为简单时，可以利用全概率公式计算 $P(A)$。思想就是，将事件 A 分解成几个小事件，通过求小事件的概率，然后相加从而求得事件 A 的概率，而将事件 A 进行分割时，不是直接对 A 进行分割，而是先找到样本空间 Ω 的一个个划分的 $B_1, B_2, \cdots, B_n$。这样事件 A 就被事件 $AB_1, AB_2, \cdots, AB_n$ 分解成了 n 部分，即 $A = AB_1 + AB_2 + \cdots + AB_n$，每一次 B_i 发生都可能导致 A 发生，相应的概率是 $P(A|B_i)$，由加法公式得

$$
\begin{aligned}
P(A) &= P(AB_1) + P(AB_2) + \cdots + P(AB_n) \\
&= P(A|B_1)P(B_1) + P(A|B_2)P(B_2) + \cdots + P(A|B_n)P(B_n)
\end{aligned} \tag{12.4}
$$

与全概率公式解决的问题相反，贝叶斯公式是建立在条件概率的基础上寻找事件发生的原因（即大事件 A 已经发生的条件下，分割中的小事件 B_i 的概率）。设 $B_1, B_2, \cdots, B_n$ 是样本空间 Ω 的一个划分，则对任一事件 $A(P(A) > 0)$，有

$$
P(B_i|A) = \frac{P(B_i)P(A|B_i)}{\sum\limits_{j=1}^{n} P(B_j)P(A|B_j)} \tag{12.5}
$$

上式即贝叶斯公式（Bayesian Formula），B_i 常被视为导致试验结果 A 发生的"原因"，$P(B_i)(i = 1, 2, \cdots, n)$ 表示各种原因发生的可能性大小，故称先验概率；$P(B_i|A)(i = 1, 2, \cdots, n)$ 则反映当试验产生了结果 A 之后，再对各种原因概率的新认识，故称后验概率。

3. 后验概率辨析

在生活中，几乎所有人（包括统计学者）都会无意识地将两个事件的后验概率混淆，即

$$
P(A|B) = P(B|A) \tag{12.6}
$$

最经典的一个例子就是疾病检测，假设某种疾病在所有人群中的感染率是 0.1%，医院现有的技术对于该疾病检测准确率为 99%（已知患病情况下，有 99% 的可能性可以检查出阳性；正常人有 99% 的可能性检查为正常），如果从人群中随机抽一个人去检测，医院给出的检测结果为阳性，那么这个人实际得病的概率是多少？

很多人会脱口而出"99%"，但真实概率远低于此，因为他们把两个后验概率搞混了，如果用 A 表示这个人患有该疾病，用 B 表示医院检测的结果是阳性，那么 $P(B|A) = 99\%$ 表示已知一个人得病的情况下医院检测出阳性的概率，而现在问的是对于随机抽取的这个人，已知检测结果为阳性的情况下这个人患病的概率，即 $P(A|B)$。

可以用贝叶斯定理来计算这个人实际得病的概率，即

$$
P(A|B) = \frac{P(B|A) \times P(A)}{P(B|A) \times P(A) + P(B|A^c) \times P(A^c)} \tag{12.7}
$$

其中：

- $P(A) = 0.001$ 为被检测者患病的概率；

- $P(A^c) = 0.999$ 为被检测者未患病的概率；
- $P(B|A) = 0.99$ 为已知患病的情况下检测为阳性的概率；
- $P(B|A^c) = 0.01$ 为已知未患病的情况下检测为阳性的概率。

将上面的概率代入贝叶斯公式中，可得

$$\begin{aligned}
P(A|B) &= \frac{P(B|A) \times P(A)}{P(B|A) \times P(A) + P(B|A^c) \times P(A^c)} \\
&= \frac{0.99 \times 0.001}{0.99 \times 0.001 + 0.01 \times 0.999} \approx 0.09
\end{aligned} \tag{12.8}$$

这个公式在这里的实际意义是什么？我们可用图 12.1 来解释（图中概率已经过四舍五入，考虑到图片的尺寸，面积并没有和概率严格对应起来）：从贝叶斯的角度来看，随意选取的一个被测者，由于信息并不充分，未检测之前有假阳性、真阳性、假阴性和真阴性四种可能，这些可能性由检测技术和该疾病的感染率决定。当检测结果为阳性时，只剩下真阳性和假阳性两种可能，而真阳性的概率仅为假阳性的十分之一，贝叶斯公式在这里的实际意义是

$$P(A|B) = \frac{真阳性}{真阳性 + 假阳性} = \frac{0.001}{0.001 + 0.01} \approx 0.09 \tag{12.9}$$

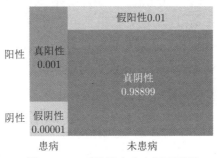

图 12.1　后验概率分布图形解释

即使被医院检测为阳性，实际患病的概率其实还不到 10%，有很大可能是假阳性，往往需要复检来确定其是否真的患病，再来计算初检和复检结果都为阳性时，患病的可能性。假设两次检查的准确率相同，都是 99%，这里令 B 为第一次检测结果为阳性，C 为第二次检测结果为阳性，A 为被检测者患病，则两次检测结果都是阳性患病的概率可以表示为

$$P(A|(B \cap C)) = \frac{P((B \cap C)|A) \times P(A)}{P((B \cap C)|A) \times P(A) + P((B \cap C)|A^c) \times P(A^c)} \tag{12.10}$$

其中：

- $P(A) = 0.001$ 为被检测者患病的概率；
- $P(A^c) = 0.999$ 为被检测者未患病的概率；
- $P((B \cap C)|A) = 0.99 \times 0.99 = 0.9801$ 为已知患病情况下连续两次检测结果为阳性的概率；

- $P((B \cap C)|A^c) = 0.01 \times 0.01 = 0.0001$ 为已知未患病情况下连续两次检测结果为阳性的概率。

代入后可得

$$
\begin{aligned}
P(A|B \cap C) &= \frac{P(B \cap C|A) \times P(A)}{P(B \cap C|A) \times P(A) + P(B \cap C|A^c) \times P(A^c)} \\
&= \frac{0.9801 \times 0.001}{0.9801 \times 0.001 + 0.0001 \times 0.999} \\
&\approx 0.9
\end{aligned}
\tag{12.11}
$$

可见复检结果大大提高了检测的可信度，结合图 12.1，复检的意义在于大幅减少假阳性的可能 $(0.01 \rightarrow 0.0001)$，从而提高了阳性检测的准确性。

12.1.2 贝叶斯网络

贝叶斯网络由一个有向无环图（Directed Acyclic Graph，DAG）和条件概率表（Conditional Probability Table，CPT）组成。贝叶斯网络通过一个有向无环图来表示一组随机变量跟它们的条件依赖关系。它通过条件概率分布来参数化。每个节点都通过 $P[X_i|P_a(X_i)]$ 来参数化，$P_a(X_i)$ 表示网络中节点 X_i 的父节点。它是一种模拟人类推理过程中因果关系的不确定性处理模型，其网络拓扑结构是一个有向无环图。

贝叶斯网络可以表示为一个三元组 (N, E, P)，N 是一组节点的集合，$N = \{X_1, X_2, \cdots, X_n\}$，每个节点代表一个变量（属性）。$E$ 是一组有向边的集合，$E = \{<X_i, X_j>|X_i \neq X_j$ 且 $X_i, X_j \in N\}$。每条边 $<X_i, X_j>$ 表示变量 X_i, X_j 之间具有直接的因果依赖关系（原因 X_i 指向结果 X_j）。P 是一组条件概率的集合，$P = \{P[X_i|P_a(X_i)]\}$ 是每个节点的条件概率函数集合。

一个贝叶斯网络的联合概率函数表示为

$$
P(X_1, X_2, \cdots, X_n) = \prod_{i=i}^{n} P[X_i|P_a(X_i)]
\tag{12.12}
$$

图 12.2 是一个用于心脏病患者检测的贝叶斯网络模型，包括网络结构和条件概率表两部分。

对于贝叶斯网络，可以从两方面理解：首先贝叶斯网表达了各个节点间的条件独立关系，可以直观地从贝叶斯网当中得出属性间的条件独立及依赖关系；另外可以认为贝叶斯网络用另一种形式表示出了事件的联合概率分布，根据贝叶斯网的网络结构及条件概率表，可以快速得到每个基本事件（所有属性值的一个组合）的概率。贝叶斯学习理论利用先验知识和样本数据来获得对未知样本的估计，而概率（包括联合概率和条件概率）是先验信息和样本数据信息在贝叶斯学习理论当中的表现形式。

1. 贝叶斯网络结构

贝叶斯网是一个有向无环图，其中每个节点代表一个属性或数据变量，节点间的弧代表属性（数据变量）间的概率依赖关系。一条弧由一个属性（数据变量）A 指向另一个属性（数据变量）B 说明属性 A 的取值可以对属性 B 的取值产生影响，由于是有向无环图，

A、B 间不会出现有向回路。在贝叶斯网络中，直接的原因节点（弧尾）A 叫作其结果节点（弧头）B 的双亲节点（Parents），B 叫作 A 的孩子节点（Children）。如果从一个节点 X 有一条有向通路指向 Y，则称节点 X 为节点 Y 的祖先（Ancestor），同时称节点 Y 为节点 X 的后代（Descendent）。

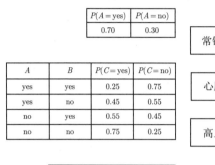
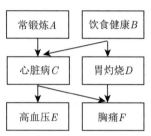

A	B	$P(C=\text{yes})$	$P(C=\text{no})$
yes	yes	0.25	0.75
yes	no	0.45	0.55
no	yes	0.55	0.45
no	no	0.75	0.25

C	$P(E=\text{yes})$	$P(E=\text{no})$
yes	0.85	0.15
no	0.20	0.80

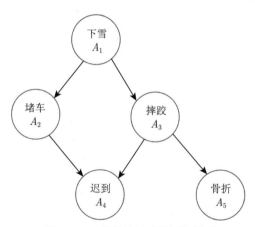

图 12.2　检测心脏病患者的贝叶斯网络模型

用下面的例子来具体说明贝叶斯网的结构，具体的贝叶斯网络模型如图 12.3 所示。

图 12.3　简单的贝叶斯网络模型

图 12.3 中共有 5 个节点和 5 条弧。下雪 A_1 是一个原因节点，它会导致堵车 A_2 和摔跤 A_3。而我们知道堵车 A_2 和摔跤 A_3 都可能最终导致上班迟到 A_4。如果在路上摔跤严重的话还可能导致骨折 A_5。这是一个简单的贝叶斯网络模型的例子。在贝叶斯网络中像 A_1 这样没有输入的节点称作根节点（Root），其他节点统称为非根节点。

贝叶斯网络当中的弧表达了节点间的依赖关系，如果两个节点间有弧连接说明两者之间有因果联系，反之如果两者之间没有直接的弧连接或是间接的有向联通路径，则说明两者之间没有依赖关系，即是相互独立的。节点间的相互独立关系是贝叶斯网络中很重要的一个属性，可以大大减少建网过程中的计算量，同时根据独立关系来学习贝叶斯网络也是一个重要的方法。使用贝叶斯网络结构可以清晰地得出属性节点间的关系，进而也使利用贝叶斯网进行推理和预测变得相对容易实现。

从图 12.3 中可以看出，节点间的有向路径可以不止一条，一个祖先节点可以通过不同的途径来影响它的后代节点。如下雪可能会导致迟到，而导致迟到的直接原因可能是堵车，也可能是在雪天滑倒摔了一跤。每当一个原因节点的出现会导致某个结果的产生时，都是一个概率的表述，而不是必然的，这样就需要为每个节点添加一个条件概率。一个节点在其双亲节点（直接的原因接点）的不同取值组合条件下取不同属性值的概率，就构成了该节点的条件概率表。

2. 条件概率表

贝叶斯网络中的条件概率表是节点条件概率的集合。当使用贝叶斯网络进行推理时，实际上是使用条件概率表中的先验概率和已知的证据节点来计算所查询的目标节点的后验概率的过程。

条件概率的一种方法可以由某方面的专家总结以往的经验给出（但这是非常困难的，只适合某些特殊领域），另一种方法就是通过条件概率公式在大样本数据中统计求得，学习条件概率表的算法将在后文详细介绍。在这里先根据图 12.3 中的贝叶斯网给出其中的一些条件概率表，使大家对条件概率表有一个感性的认识。如果将节点 A_1 下雪当作证据节点，发生 A_2 堵车的概率如何呢？表 12.1 给出了相应的条件概率。

表 12.1　CPT 表

A_1	$P(A_2|A_1)$		A_2	A_3	$P(A_4|A_2, A_3)$	
	True	False			True	False
True	0.80	0.20	True	True	0.90	0.10
False	0.10	0.90	False	False	0.80	0.20

表 12.1 是最简单的情况，如果有不止一个双亲节点，情况会变得更复杂一些。从表 12.1 中可以看出，当堵车 A_2 和摔跤 A_3 取不同属性值时，导致迟到 A_4 的概率是不同的。贝叶斯网条件概率表中每个条件概率都是以当前节点的双亲节点作为条件集的。如果一个节点有 n 个父节点，在最简单的情况下（即每个节点都是二值节点，只有两个可能的属性值：True 或 False），它的条件概率表有 2^n 行；如果每个属性节点有 k 个属性值，则有 k^n 行记录，其中每行有 $k-1$ 项（因为 k 项概率的总和为 1，所以只需知道其中的 $k-1$ 项，最后一项可以用减法求得），这样该条件概率表将共有 $(k-1)k^n$ 项记录。

根据条件概率和贝叶斯网络结构，不仅可以由祖先节点推出后代的节点，还可以通过后代当中的证据节点来向前推出祖先取各种状态的概率。贝叶斯网络可以处理不完整和带有噪声的数据集，因此被日益广泛地应用于各种推理程序当中，同时可以方便地将已有的经验与数据集的潜在知识相结合，因此越来越受到研究者的喜欢。

3. 条件独立性与马尔可夫覆盖

1）条件独立性

在贝叶斯网络的学习过程中，经常会出现有向分离（d-Separation）这个概念，有向分离又称 d-分离，是寻找网络节点之间的条件独立性的一种方法。有向分离是一种用来判断

变量是否条件独立的图形化方法。相比于非图形化方法，有向分离更加直观，且计算简单。对于一个 DAG 图 G，采用有向分离方法可以快速判断出两个节点之间是否是条件独立，从而简化计算，即：假设有三个观测事件 X、Y 和 Z，若 X 与 Y 关于 Z 是有向分离的，则可得出 $P(X,Y|Z) = P(X|Z)P(Y|Z)$。

下面分三种情况来讨论。

情形 1：汇连结构

贝叶斯网络的第一种结构是汇连结构，其描述的是共同作用，其结构形式如图 12.4 所示。由贝叶斯网络的汇连结构易知，$P(a,b,c) = P(a)P(b)P(c|a,b)$，因此

$$\sum_c P(a,b,c) = \sum_c P(a)P(b)P(c|a,b)$$
$$P(a,b) = P(a)P(b)$$

(12.13)

即在 c 未知的条件下，a,b 被阻断（Blocked），是独立的，称为汇连条件独立，这种结构也称为 v-结构（v-Structure）。

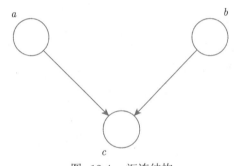

图 12.4　汇连结构

情形 2：分连结构

贝叶斯网络的第二种结构是分连结构，分连结构描述的是共同原因，其结构形式如图 12.5 所示。

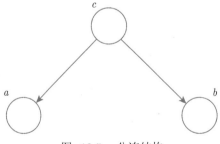

图 12.5　分连结构

考虑 c 未知和 c 已知两种情况：

- 在 c 未知时，有 $P(a,b,c) = P(c) * P(a|c) * P(b|c)$，此时，无法得出 $P(a,b) = P(a)P(b)$，即 c 未知时，a 和 b 不独立。

- 在 c 已知时，有 $P(a,b|c) = P(a,b,c)/P(c)$，然后将 $P(a,b,c) = P(c) * P(a|c) * P(b|c)$ 代入上式中，得到 $P(a,b|c) = P(a,b,c)/P(c) = P(c) * P(a|c) * P(b|c)/P(c) = P(a|c) * P(b|c)$，即 c 已知时，a 和 b 独立。

所以，在 c 给定的条件下，a 和 b 被阻断，是独立的，称为分连条件独立，如图 12.3 中的 "A_4 和 A_5 在 A_3 给定的条件下独立"。

情形 3：串连结构

贝叶斯网络的第三种结构是串连结构，其描述的是间接因果（证据）作用，其结构形式如图 12.6所示。

图 12.6 串连结构

分 c 未知和 c 已知两种情况讨论：

- 在 c 未知时，有 $P(a,b,c) = P(a) * P(c|a) * P(b|c)$，但无法推出 $P(a,b) = P(a)P(b)$，即 c 未知时，a 和 b 不独立。

- 在 c 已知时，有 $P(a,b|c) = P(a,b,c)/P(c)$，且根据 $P(a,c) = P(a) * P(c|a) = P(c) * P(a|c)$，可化简得到

$$p(a,b|c) = P(a,b,c)/P(c) = P(a) \times P(c|a) \times P(b|c)/P(c)$$
$$= P(a,c) \times P(b|c)/P(c) = P(a|c) \times P(b|c)$$

所以，在 c 给定的条件下，a 和 b 被阻断，是独立的，称为串连条件独立。

对于较为复杂的 DAG 图，我们可以给出一个普遍意义上的结论，即有向分离。对于 DAG 图 G，如果 A, B, C 是三个集合（可以是单独的节点或是节点的集合），为了判断 A 和 B 是否为 C 条件独立的，考虑 G 中所有 A 和 B 之间的无向路径。对于其中的一条路径，如果其满足以下两个条件中的任意一条，则称这条路径是阻塞（Block）的：

① 路径中存在某个节点 X 是串连或分连节点，并且 X 是包含在 C 中的；

② 路径中存在某个节点 X 是汇连节点，并且 X 或 X 的儿子都不是包含在 C 中的。

如果 A 和 B 间所有的路径都是阻塞的，A 和 B 就是关于 C 条件独立的；否则，A 和 B 不是关于 C 条件独立的。

2）马尔可夫覆盖

马尔可夫覆盖是满足如下特性的一个最小特征子集：一个特征在其马尔可夫覆盖条件下，与特征域中所有其他特征条件独立，其定义如下。

马尔可夫覆盖：给定的随机变量全集 S，记随机变量 $T \in S$，随机变量集合 $\text{MB} \subset S$，$T \notin \text{MB}$，若有 $T \perp B | \text{MB}$，即

$$P(T|\text{MB}) = P(T|B, \text{MB}) \tag{12.14}$$

则称满足上述条件的最小随机变量集合 MB 是随机变量 T 的马尔可夫覆盖，其中集合 $B = \{S - \text{MB} - \{T\}\}$ 为特征域中的所有非马尔可夫覆盖的节点。

　　直观地，就是把一个随机变量全集 S 分成互斥的三部分，变量 T 及集合 A 和 B，三个子集没有交集，并集即全集 S；在给定集合 A 时，变量 T 与集合 B 没有任何关系，则称集合 A 为变量 T 的马尔可夫覆盖。在式 (12.14) 中，集合 MB 即集合 A，$\{S - \text{MB} - \{T\}\}$ 即集合 B，符号"$\perp$"表示"独立"，符号"|"表示在给定某条件下。

　　根据马尔可夫覆盖的定义，某一特征 T 的马尔可夫覆盖在贝叶斯网络中的表现形式是该特征（即该节点）的父节点、子节点，以及子节点的父节点。

　　在如图 12.7所示的贝叶斯网络中，节点 X_1、X_2 通过一条有向边指向节点 T，X_1、X_2 为节点 T 的父节点。节点 T 通过一条有向边指向节点 X_6、X_7，X_6、X_7 为 T 的子节点。由于 T 与其父节点、子节点通过一条有向边相连，也称 T 与这些节点是邻接的，T 与节点 X_3、X_4、X_5、X_8 之间没有有向边相连，也称 T 与这些节点是不相邻接的。节点 X_8 通过一条有向边指向 T 的子节点 X_7，即 T 与 X_8 有共同的子节点，则称 X_8 为 T 的配偶。节点 T 的马尔可夫覆盖由 T 的父节点 X_1、X_2，子节点 X_6、X_7 和 T 的配偶节点 X_8 构成，记作 $\text{MB}(T) = \{X_1, X_2, X_6, X_7, X_8\}$。

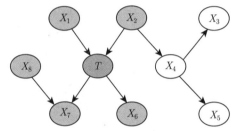

图　12.7　贝叶斯网络实例

　　由马尔可夫覆盖的定义知，在一个随机变量的全集 S 中，由于在目标变量 T 的马尔可夫覆盖 $\text{MB}(T)$ 条件下，T 和其他非马尔可夫覆盖变量条件独立，因此对 T 而言，所有非马尔可夫覆盖变量都是冗余的，关于目标变量 T 的所有信息都包含在 T 的马尔可夫覆盖中。如果需要了解目标变量的分布情况，仅需要了解其马尔可夫覆盖的信息即可，而不需要对整个数据集进行了解。

　　马尔可夫覆盖常用于数据特征冗余性分析，具体地，在一个特征空间中，目标特征的马尔可夫覆盖包含了它的所有信息，目标特征的详细信息可以从其马尔可夫覆盖中获得，非马尔可夫覆盖可以看成目标特征的冗余特征，因此，通过发现目标特征的马尔可夫覆盖，就可以准确地确定目标特征的冗余特征，从而降低特征空间的维数。

　　图 12.7中因为有已经建立依赖的图，可以直接看出马尔可夫覆盖。但实际处理时，依赖图是我们的最终目标。现在假设没有依赖图，但有结点之间的独立性关系，下面介绍一种算法，当给定一个节点 X，可以得到其马尔可夫覆盖 $\text{MB}(X)$。算法共分为两个阶段：增长阶段和缩减阶段。直观地讲，就是定义一个集合存储候选的 $\text{MB}(X)$。在增长阶段尽可能地把潜在节点放入 $\text{MB}(X)$ 中；而在缩减阶段，再对 $\text{MB}(X)$ 中节点进行严格检测，把错误的节点移除。具体如算法 12.1 所示。

　　算法 12.1中，步骤（1）定义一个集合 S 来表示马尔可夫覆盖，并将其初始化为空集 ϕ。

算法 12.1 马尔可夫覆盖生成算法

(1) $S \leftarrow \phi$;

(2) 若存在节点 $Y \in U - \{X\}$ 满足 $Y \not\perp X|S$, 令 $S \leftarrow S \cup \{Y\}$ （增长阶段）;

(3) 若存在节点 $Y \in S$ 满足 $Y \perp X|S - \{Y\}$, 令 $S \leftarrow S - \{Y\}$ （缩减阶段）;

(4) BM $\leftarrow S$。

步骤（2）是增长阶段，定义一个节点集 $R = U - S - \{X\}$，遍历节点集 R 中的节点，假设当前遍历到 Y，进行条件独立性测试（Conditional Independence Test，CI），即在给定 S 的条件下，如果 X 和 Y 不独立，就将 Y 放入 S 中。

重复步骤（2），直到某一次 R 中没有任何一个节点满足被放入 S 的条件。实际上，步骤（2）最多只能进行两次。与 X 有直接连边的节点一定不独立，所以在第一次步骤（2）时就会被放入 S。在第二次步骤（2）时，X 的所有父节点和孩子节点都已经被放入 S 中了，X 的孩子节点的父节点在 S 已知的条件下与 X 不独立，所以也保证一定会被放入 S 中。

在步骤（2）中，可以保证马尔可夫覆盖中的节点一定会被放入 S 中，然而一些不属于马尔可夫覆盖的节点也会被错误地放入 S 中，如图 12.8所示。

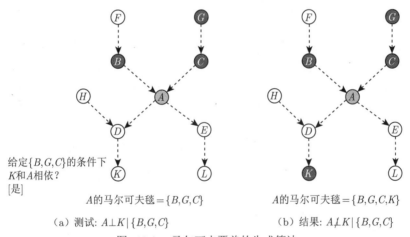

给定 $\{B,G,C\}$ 的条件下 K 和 A 相依？
[是]

A的马尔可夫毯 = $\{B,G,C\}$

A的马尔可夫毯 = $\{B,G,C,K\}$

(a) 测试: $A \perp K | \{B,G,C\}$

(b) 结果: $A \not\perp K | \{B,G,C\}$

图 12.8 马尔可夫覆盖的生成算法

图 12.8 是步骤（2）中的某一刻遍历时的情况，虚线表示 Underlying Net，要求出 A 的马尔可夫覆盖。此时集合 S 包含 B,C,G，要测试的是 K。显然在 S 已知时，K 和 A 是不独立的，所以会被放入 S 中，但 K 明显不属于 A 的马尔可夫覆盖。可以发现这种错误的情况与遍历变量的顺序有关，如果先测试 D，D 就会被放入 S，在后续测试 K 时，K 与 A 将在 S 的条件下独立，就不会被放入 S 中。然而遍历的顺序很难确定，通常都是随机的，所以需引入一个缩减阶段，将错误节点从 S 中除去。

在步骤（3）中，遍历 S 中的所有节点，假设当前遍历到节点 Y，如果满足 $X \perp Y|S-\{Y\}$，那么就将 Y 从 S 中移除。在步骤（2）中，我们保证马尔可夫覆盖中的所有节点都被放入 S 中，根据定义，当马尔可夫覆盖中节点已知时，X 与其他所有节点独立。所以如果遍历

到的 Y 不属于马尔可夫覆盖，那么其一定与 X 独立，因此步骤（3）只需执行一次就可将错误变量从 S 中移除。

12.1.3　贝叶斯网络结构学习算法

　　贝叶斯网络的构造过程就是要确定随机变量间的拓扑关系，形成 DAG，这一步通常需要领域专家完成。想要建立一个好的拓扑结构，通常可以利用变量 X 的马尔可夫覆盖来生成贝叶斯网络，利用马尔可夫覆盖去建立变量间的依赖关系。在无向图中用节点表示变量，用节点间的连边表示依赖关系。直观上说就是利用马尔可夫覆盖建立基本的无向图，然后再利用 v-Structure、无环等性质来确定边的方向。

　　基于约束的贝叶斯网络生成算法具体步骤如下：

算法 12.2 基于约束的贝叶斯网络生成算法

（1）　计算马尔可夫覆盖。

　　　　对所有节点 $X \in U$ 计算其马尔可夫覆盖 $\mathrm{MB}(X)$。

（2）　确定图结构。

　　　　记 T 为两个集合 $B(X) - \{Y\}$ 与 $\mathrm{MB}(Y) - \{X\}$ 中的长度最小的集合，则对所有的 $X \in U$，$Y \in \mathrm{MB}(X)$，$S \subset T$。在给定 S 的条件下，如果 X 和 Y 具有依赖关系，则确定 Y 是 X 的一个有向邻居。

（3）　确定边的方向。

　　　　对所有节点 $X \in U$ 及其邻居节点集 $N(X)$，如果存在一个节点 $Z \in N(X) - N(Y) - \{Y\}$，满足给定 $S \cup \{X\}$ 的条件下，Y 和 Z 相互依赖，则 $Y \to X$，其中，$S \subset T$，T 为两个集合 $\mathrm{MB}(X) - \{Y\}$ 与 $B(Y) - \{X, Z\}$ 中的长度最小的集合。

（4）　消除图中的环。

　　　　当图中存在环时，进行如下操作：

　　　　　– 计算边集 $C = \{X \to Y\}$，满足边 $X \to Y$ 是图中环的一部分；

　　　　　– 计算包含边 $X \to Y$ 的环的个数，找到一条计数最大的边并从图中移除，并存入 R 中。

（5）　逆向添加边。

　　　　把 R 中的边逆向添加回图中，添加的顺序正好与步骤（4）中移除的顺序相反。

（6）　有向传播。

　　　　对所有的 $X \in U$，$Y \in N(X)$，如果既没有 $X \to Y$ 方向的边，也没有 $Y \to X$ 方向的边，则重复执行如下操作。如果存在一条从 X 到 Y 的有向路径，则增加一条 $X \to Y$ 方向的边。

　　步骤（1）：将每个节点的马尔可夫覆盖都求出来。

　　步骤（2）：判断每个节点与其马尔可夫覆盖中节点的连接方式。对某个节点 X，遍历其马尔可夫覆盖。假设遍历到的是 Y，我们想判断 X 和 Y 是否直接相连。马尔可夫覆盖中既有孩子节点，又有孩子节点的父节点，前者相连，在任何情况下都相互依赖；后者不相连，若 Collider（公共孩子节点）未知则是独立的。利用这个特性，对 X 或 Y 的马尔可夫覆盖中节点自由组合，并以组合后的节点集作为条件集，来进行条件独立性测试，当

X 和 Y 不直接相连时，总是可以找到一个条件集使 X 和 Y 不独立，所以只要在任何集合下都依赖，变量 Y 就是与 X 直接相连的。这里取 MB(X) 或 MB(Y) 对最终的结果没有影响，我们选择长度更小的集合有助于减少条件独立性测试的次数。对所有变量执行相同操作后，就获取了整个网络无向连接的方式。

步骤（3）：通过找到 v-Structure 来确定网络中某些边的方向。为了找到潜在的 v-Structure，首先要找到这样的结构：Y 和 X 相连，X 和 Z 相连，Y 和 Z 不相连。即遍历所有节点 X，对每个 X，再遍历其邻居节点集 $N(X)$，如遍历到一个 Y，接下来找 Z，其实 Z 就是与 X 相连但与 Y 不相连的节点，即 $Z \in N(X) - N(Y) - \{Y\}$。现在 X,Y,Z 只能是一个潜在的 v-Structure，因为其方向还未能确定。为此要判断 Y 和 Z 的独立性，要对 Y 或 Z 的马尔可夫覆盖中节点自由组合，并以组合后的节点集与 X 的并集作为条件集，来进行条件独立性测试。对于非 v-Structure，我们总能找到一个节点集使其独立。而对于 Underlying Net 中的 v-Structure，当 Collider（节点 X）已知时，其父亲节点一定相互依赖。所以只要在任何节点集上都依赖。$Y - X - Z$ 组成了 v-Structure 就可以确定边的方向：$Y \leftarrow X$。这里无法保证所有的边都能被确认方向，如在 Underlying Net 中，$N(X)$ 只有 Y，那么无法找到任何一个 Z。或是 v-Structure 的父亲节点存在连边的情况，此时 v-Structure 的父亲节点不会被放入 Z 可能的集合中。

步骤（4）：要除去环结构。对于一条边，计算包含它的环的个数，找到一条计数最大的边并从图中移除。移除后如果仍有环，再次计算计数最大的边并移除。

在步骤（5）中，我们要把步骤（4）中移除的边逆向添加回图中，添加的顺序正好与步骤（4）中移除的顺序相反。在步骤（4）中移除，并在步骤（5）中反向添加，并不会引入新的环。基于约束的 BN 生成算法如图 12.9 所示。

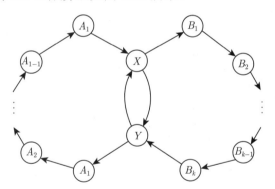

图 12.9 基于约束的 BN 生成算法

如果在步骤（4）中移除的边是 $X \to Y$，那么步骤（5）反向为 $Y \to X$，就引入了新的环，这似乎说明算法第（5）步无法保证不引入新的环。然而无论 X 与 Y 连边的方向如何，总是会存在环，出现这种情况意味着 Underlying Net 本身就是存在环的，这显然与 Underlying Net 的无环性矛盾。

步骤（6）需要给剩余的边确定方向，对于所有的 X 和其邻居 Y，如果它们之间还没有确定方向，我们来找是否有一条路径从 X 通往 Y，如果有则确定边 $X \to Y$。这一步显然是根据无环性来确定方向的，因为引入相反的方向一定会引入环。

12.1.4　贝叶斯网络推理

贝叶斯网络推理是在给定网络结构和已知条件下，计算某一事件发生的概率。贝叶斯网络的推理方法通常分为两种：一种称为精确推理，即精确地计算查询变量的后验概率。另一种称为近似推理，即在不影响推理正确性的前提下，通过适当降低推理精度来提高计算效率。精确推理一般用于结构简单的贝叶斯网络推理。对于节点数量大、结构复杂的贝叶斯网络，精确推理的复杂性会很高，因此常采用近似推理。

在贝叶斯网络推理中，给出的已知变量称为证据变量（Evidence Variables），记为 E，其取值记为 e，要计算后验概率的变量称为查询变量（Query Variables），记为 Q，其取值记为 q，这样要计算的后验概率就表示为 $P(Q = q|E = e)$。

基于仿真方法就是设计一个随机数发生器，根据概率分布随机地生成一组数据样本，然后以统计的方法近似估计要查询的概率值。基于仿真方法有逻辑采样算法、似然加权算法和吉布斯抽样算法三种，其中前两种算法产生的样本之间没有相互联系，彼此独立，属于重要性抽样算法，而吉布斯抽样算法是以前一个样本为基础产生后一个样本，样本之间彼此关联。

1. 逻辑采样算法

逻辑采样（Logic Sampling）算法是贝叶斯网络近似推理中常用的一种随机仿真算法。它按照贝叶斯网络的拓扑顺序对网络的节点逐个进行采样；对采样变量 X，如果它没有父节点，则按先验概率 $P(X)$ 进行采样；如果它有父节点，则根据其父节点的采样结果和该节点的条件概率 $P[X|p_a(X)]$ 进行采样。如果证据节点的采样结果和证据不符，则抛弃该次采样。最后根据样本中对查询变量 $X = x$ 的出现频率计算得到估计概率 $P(Q = q|E = e)$。由大数定律知，当样本足够大并趋于无穷大时，仿真结果将收敛于真实值。

经过采样后得到的 m 个独立样本，其中满足证据变量 $E = e$ 的有 m_e 个，而在这 m_e 个样本中，满足 $Q = q$ 的有 m_{qe} 个，则有

$$P(Q = q|E = e) \approx \frac{m_{qe}}{m_e} \tag{12.15}$$

当采样次数足够大，样本量趋于无穷时，估计概率 $P(Q = q|E = e)$ 将收敛于真实值。

算法描述如算法 12.3 所示。

算法 12.3 逻辑采样算法

（1）　输入证据变量 E 及其取值 e，查询变量 Q 及其取值 q，样本大小 m。

（2）　$m_q \leftarrow 0$;　$m_e \leftarrow 0$。

（3）　如果样本数已经大于或等于 m，则转移到第（7）步；否则按网络拓扑顺序对每个节点依次采样。若无父节点，则按 $P(X)$ 采样；反之按 $P[X|p_a(X)]$ 进行采样。

（4）　如果本次采样样本符合 $E = e$，则 $m_e \leftarrow m_e + 1$；否则返回第（3）步。

（5）　如果本次采样样本符合 $Q = q$，则 $m_{qe} \leftarrow m_{qe} + 1$。

（6）　返回步骤（3）继续。

（7）　输出 $P(Q = q|E = e) = \dfrac{m_{qe}}{m_e}$。

逻辑采样算法在样本生成后，可查询网络内任意节点的后验概率。当然，由于该算法丢弃了不符合证据值的样本，特别当证据取值为小概率事件时，会造成大量样本的浪费。

2. 似然加权算法

似然加权（Likelihood Weighting）算法和逻辑采样算法的区别在于每个样本都和证据值一致，不会造成样本的浪费。它同样根据贝叶斯网络的拓扑顺序对网络中的节点逐个进行采样：当 X 是证据变量时，不采样直接取证据值；当 X 是非证据变量时，采样方法类似于逻辑采样算法。这样产生的样本都是有效的，避免了逻辑采样算法的不足。

似然加权算法给证据事件的发生赋予一个权值，这个权值由每个证据变量在给定其父节点取值下的条件概率的乘积得到

$$w = \prod_{i=1}^{m} P[E = e|p_a(E)] \tag{12.16}$$

把每个样本的权值 w 累加到 w_e 中，而把符合查询变量值 $Q = q$ 的样本的权值 w 累加到 w_{qe} 中，则

$$P(Q = q|E = e) \approx \frac{w_{qe}}{w_e} \tag{12.17}$$

算法描述如下：

算法 12.4 似然加权算法

（1）　输入证据变量 E 及其取值 e，查询变量 Q 及其取值 q，样本大小 m。

（2）　权值 $w \leftarrow 1$。

（3）　按网络的拓扑顺序对每个节点 X 依次采样：如果该节点是证据节点，则直接取证据值 e，且 $w = w \times P[E = e|\text{parents}(E)]$；如果不是证据节点，则根据 $P[X|\text{parents}(X)]$ 进行采样。

（4）　$w_e \leftarrow w_e + w$，如果样本符合 $Q = q$，则 $w_{qe} \leftarrow w_{qe} + w$。

（5）　返回步骤（2）开始下一轮的采样，直至样本数等于 m。

（6）　输出 $P(Q = q|E = e) = \dfrac{w_{qe}}{w_e}$。

似然加权算法产生的样本和证据值一致，这样每个样本都得到了利用，提高了效率。但是当证据节点增加时，会降低算法的收敛速度。

3. 吉布斯抽样算法

吉布斯抽样（Gibbs Sampling）算法和前两种算法的区别是产生的样本之间不是独立的，它们之间存在关联，总是以前一个样本为基础产生后一个样本。其中初始样本除证据变量取查询证据值外，非证据变量可任意赋值，不影响最终的查询结果。

吉布斯抽样算法保持证据变量的值固定不变，对非证据变量 X 的值进行随机采样得到，这取决于 X 的马尔可夫覆盖中的变量当前值。其中一个节点的马尔可夫覆盖由其父节点、子节点及其子节点的其他父节点组成。如图 12.2 所示，C 节点的马尔可夫覆盖包括节

点 A、B、E、F、D，而 D 节点的马尔可夫覆盖包括了节点 B、F、C。给定马尔可夫覆盖后，一个非证据变量的概率值正比于给定父节点的变量概率与给定各自父节点的每个子节点条件概率的乘积

$$P[X_i|\mathrm{MB}(X_i)] = \alpha P[X_i|p_a(X_i)] \times \prod_{Y_j \in \mathrm{Children}(X_i)} P[Y_j|p_a(Y_j)] \tag{12.18}$$

其中，$\mathrm{MB}(X_i)$ 表示 X_i 的马尔可夫覆盖中各变量的取值。

算法描述如下：

算法 12.5 吉布斯抽样算法

（1）　输入证据变量 E 及其取值 e，查询变量 Q 及其取值 q，样本大小 m。
（2）　$m_q \leftarrow 0$。
（3）　任意生成一个符合 $E = e$ 的初始样本。
（4）　如果样本符合 $Q = q$，则 $m_q \leftarrow m_q + 1$。
（5）　按拓扑序依次对非证据变量 X 采样，采样分布为 $P[X|\mathrm{MB}(X)]$，并用采样结果更新 X 的取值，其中 $\mathrm{MB}(X)$ 是指 X 的马尔可夫覆盖中的各变量取值。
（6）　如果样本符合 $Q = q$，则 $m_q \leftarrow m_q + 1$。
（7）　返回步骤（5）继续，直到样本数等于 m。
（8）　输出 $P(Q = q|E = e) = \dfrac{m_q}{m}$。

吉布斯抽样算法需要一定的时间其状态才能稳定下来，并产生满足精度要求的仿真结果。

12.1.5　动态贝叶斯网络

在这里所讲的动态贝叶斯网络（DBN）的动态并不是说网络结构随着时间的变化而发生变化，而是样本数据或观测数据随着时间的变化而变化。其中对网络结构随时间变化的情况主要出现在这样一个问题中：对一个未知对象集进行跟踪，随着时间的变化，无法知道哪些对象产生了，而哪些对象又消失了。在 AI 界，这类问题称为 "First Order"，也称为 "Propositional" 模型。

一般的 DBN 有两个特点：网络的拓扑结构在每个时间片内是相同的，而片与片之间通过类似的弧进行连接。DBN 模型则将这种表述扩展到模型化含时间因素的随机过程。为了用 BN 表述随机过程，需要得到随机变量 $X[1], X[2], \cdots, X[n]$ 上的一个概率分布，但这样的分布是十分复杂的。因此，为了能够对复杂系统进行研究并建立相应的模型，需要进行一些假设和简化条件处理。

假设条件：

① 假设在一个有限时间内，条件概率变化过程对所有 t 是一致平稳的。
② 假设动态概率过程是马尔可夫的，即满足

$$P(X[t+1]|X[1], X[2], \cdots, X[t]) = P(X[t+1]|X[t]) \tag{12.19}$$

也就是说未来时刻的概率只与当前时刻有关，而与过去时刻无关。

③ 假设相邻时间的条件概率过程是平稳的，即 $P(X[t+1]|X[t])$ 与时间 t 无关，可以容易得到不同时间的转移概率 $P(X[t+1]|X[t])$。

基于上述假设，建立在随机过程时间轨迹上的联合概率分布的 DBN 就由两部分组成：一个先验网 B_0，定义在初始状态 $X[1]$ 上的联合概率分布；一个转移网 $B_\to$，定义在变量 $X[1]$ 与 $X[2]$ 上的转移概率 $P(X[t+1]|X[t])$（对所有的 t 都成立），因此，若给定一个 DBN 模型，则在 $X[1]$，$X[2]$，$\cdots$，$X[T]$ 上的联合概率分布为

$$P(X[1], X[2], \cdots, X[T]) = P_{B_0}(X[1]) \prod_{t=i}^{T} P_{B_\to}(X[t+1]|X[t]) \tag{12.20}$$

给出 DBN 定义：一个 DBN 可以定义为 $(B_0, B_\to)$。其中 B_0 表示最开始的 BN，从图 12.10 中可以得到任一节点的先验概率 $P(X_0)$，$B_\to$ 表示由两个以上时间片段的 BN 组成的图形。

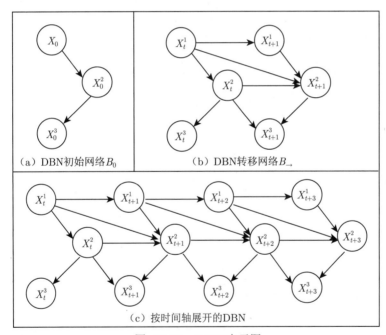

图 12.10 DBN 表示图

12.2 马尔可夫网络

马尔可夫网络又称马尔可夫随机场、无向图模型，是关于一组有马尔可夫性质随机变量 $\{X\}$ 的全联合概率分布模型。马尔可夫网络类似贝叶斯网络用于表示依赖关系。但是，一方面它可以表示贝叶斯网络无法表示的一些依赖关系，如循环依赖；另一方面，它不能表示贝叶斯网络能够表示的某些关系，如推导关系。

12.2.1 马尔可夫网络定义

一个马尔可夫网络在形式上包括：

- 一个无向图 $G = (V, E)$，每个顶点 $v \in V$ 表示一个在集合 X 的随机变量，每条边 $\{u, v\} \in E$ 表示随机变量 u 和 v 之间的一种依赖关系。
- 一个函数集合 f_k（也称为"因子"或"团因子"，有时也称为"特征"），每个 f_k 的定义域是图 G 的团或子团 k。每个 f_k 是从可能的特定联合的指派（到元素 k）到非负实数的映射。

联合分布（吉布斯测度）用马尔可夫网络可以表示为

$$P(X = \boldsymbol{x}) = \frac{1}{Z} \prod_k f_k(x_{\{k\}}) \tag{12.21}$$

其中，$\boldsymbol{x} = \boldsymbol{x}_{\{1\}} \boldsymbol{x}_{\{2\}} \boldsymbol{x}_{\{3\}} \cdots$ 是向量；$x_{\{k\}} = x_{\{k,1\}} x_{\{k,2\}} \cdots x_{\{k,|c_k|\}}$ 是随机变量 $x_{\{k\}}$ 在第 k 个团的状态（$|c_k|$ 是在第 k 个团中包含的节点数），乘积包括图中的所有团。马尔可夫性质在团内的节点存在，在团之间是不存在依赖关系的。这里，Z 是配分函数，有

$$Z = \sum_{x \in \mathcal{X}} \prod_k f_k(x_{\{k\}}) \tag{12.22}$$

实际上，马尔可夫网络经常表示为对数线性模型。通过引入特征函数 ϕ_k，得到

$$f_k = \exp \left[w_k^\top \phi_k(x_{\{k\}}) \right] \tag{12.23}$$

和

$$P(X = \boldsymbol{x}) = \frac{1}{Z} \exp \left[\sum_k w_k^\top \phi_k(x_{\{k\}}) \right] \tag{12.24}$$

以及划分函数

$$Z = \sum_{x \in \mathcal{X}} \exp \left[\sum_k w_k^\top \phi_k(x_{\{k\}}) \right] \tag{12.25}$$

其中，w_k 是权重；ϕ_k 是势函数，映射团 k 到实数。这些函数有时也称吉布斯势。术语"势"源于物理，通常从字面上理解为在临近位置产生的势能。图 12.11 是一个简单的马尔可夫随机场。

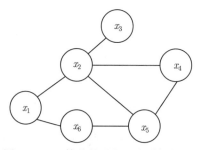

图 12.11   简单的马尔可夫随机场示例

图 12.11 中的边表示节点之间具有相互关系，这种关系是双向的、对称的。如 x_2 和 x_3 之间有边相连，则 x_2 和 x_3 具有相关关系，这种相关关系采用势函数进行度量。例如，可以定义如下势函数：

$$\psi(x_2, x_3) = \begin{cases} 1.5 & x_2 = x_3 \\ 0.1 & \text{其他} \end{cases} \tag{12.26}$$

这说明该模型偏好变量 x_2 和 x_3 有相同的取值，换言之，在该模型中，x_2 和 x_3 的取值正相关。势函数反映了局部变量之间的相关关系，它应该是非负的函数。为了满足非负性，指数函数常用于定义势函数：

$$\psi(x) = \mathrm{e}^{-H(x)} \tag{12.27}$$

$H(x)$ 是一个定义在变量 x 上的实值函数，常见形式为

$$H(x) = \sum_{u,v \in x, u \neq v} \alpha_{uv} x_u x_v + \sum_{v \in x} \beta_v x_v \tag{12.28}$$

其中，α_{uv} 和 β_v 是需要学习的参数，称为参数估计。

对数线性模型是对势能的一种简单的解释方式。一个这样的模型可以简明地表示很多分布，特别是在领域很广时。另外，负的似然函数是凸函数也带来了便利。但即便对数线性的马尔可夫网络似然函数是凸函数，计算似然函数的梯度仍旧需要模型推理，而这样的推理通常是难以计算的。

12.2.2 条件独立性质

马尔可夫网络是生成式模型，生成式模型最关心的是变量的联合概率分布。假设有 n 个取值为二值随机变量 $(x_1, x_2, \cdots, x_n)$，其取值分布将包含 2^n 种可能，因此确定联合概率分布 $p(x_1, x_2, \cdots, x_n)$ 需要 $2^n - 1$ 个参数，这个复杂度通常是不能接受的；而另一种极端情况是，当所有变量都相互独立时，$p(x_1, x_2, \cdots, x_n) = p(x_1)p(x_2)\cdots p(x_n)$ 只需要 n 个参数。因此，我们可能会思考，能不能将联合概率分布分解为一组子集概率分布的乘积？那么应该怎么划分子图？应该遵循怎样的原则？首先定义马尔可夫随机场中随机变量之间的全局马尔可夫性、局部马尔可夫性和成对马尔可夫性。

1）全局马尔可夫性（Global Markov Property）

节点集合 A、B 和 C 所对应的随机变量组分别是 x_A、x_B、x_C，设节点集合 A 和 B 是在无向图 G 中被节点集 C 分开的任意节点集合，如图 12.12所示。全局马尔可夫性是指给定随机变量组 x_C 条件下随机变量组 x_A 和 x_B 是条件独立的，记为 $x_A \perp x_B | x_C$，即有

$$P(x_A, x_B | x_C) = P(x_A | x_C)P(x_B | x_C) \tag{12.29}$$

为便于验证上面的结论，令图 12.12中的 A、B 和 C 分别对应单变量 x_A、x_B 和 x_C，于是图 12.12 简化为图 12.13。

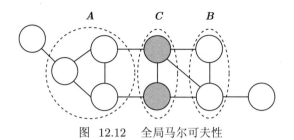

图　12.12　全局马尔可夫性

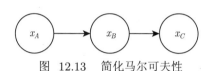

图　12.13　简化马尔可夫性

由图 12.13可得 x_A、x_B 和 x_C 的联合概率为

$$P(x_A, x_B, x_C) = \frac{1}{Z}\psi_{AC}(x_A, x_C)\psi_{BC}(x_B, x_C) \tag{12.30}$$

由条件概率定义可得

$$
\begin{aligned}
P(x_A, x_B|x_C) &= \frac{P(x_A, x_B, x_C)}{P(x_C)} = \frac{P(x_A, x_B, x_C)}{\sum_{x_A'}\sum_{x_B'} P(x_A', x_B', x_C)}\\
&= \frac{\frac{1}{Z}\psi_{AC}(x_A, x_C)\psi_{BC}(x_B, x_C)}{\sum_{x_A'}\sum_{x_B'}\frac{1}{Z}\psi_{AC}(x_A', x_C)\psi_{BC}(x_B', x_C)}\\
&= \frac{\psi_{AC}(x_A, x_C)}{\sum_{x_A'}\psi_{AC}(x_A', x_C)}\cdot\frac{\psi_{BC}(x_B, x_C)}{\sum_{x_B'}\psi_{BC}(x_B', x_C)}
\end{aligned}
\tag{12.31}
$$

$$
\begin{aligned}
P(x_A|x_C) &= \frac{P(x_A, x_C)}{P(x_C)} = \frac{\sum_{x_B'} P(x_A, x_B', x_C)}{\sum_{x_A'}\sum_{x_B'} P(x_A', x_B', x_C)}\\
&= \frac{\sum_{x_B'}\frac{1}{Z}\psi_{AC}(x_A, x_C)\psi_{BC}(x_B', x_C)}{\sum_{x_A'}\sum_{x_B'}\frac{1}{Z}\psi_{AC}(x_A', x_C)\psi_{BC}(x_B', x_C)}\\
&= \frac{\psi_{AC}(x_A, x_C)}{\sum_{x_A'}\psi_{AC}(x_A', x_C)}
\end{aligned}
\tag{12.32}
$$

由上面两式可知

$$P(x_A, x_B|x_C) = P(x_A|x_C)P(x_B|x_C) \tag{12.33}$$

即，x_A 和 x_B 在给定 x_C 时条件独立。

由全局马尔可夫性得到两个很有用的结论：局部马尔可夫性和成对马尔可夫性。

2）局部马尔可夫性（Local Markov Property）

局部马尔可夫性又称马尔可夫覆盖或马尔可夫毯，设 $v \in V$ 是无向图 G 中任意一个节点，w 是与 v 有边连接的所有节点，o 是 v, w 以外的其他所有节点。v 表示随机变量为 x_v，w 表示的随机变量组为 x_w，o 表示的随机变量组为 x_o，如图 12.14 所示。

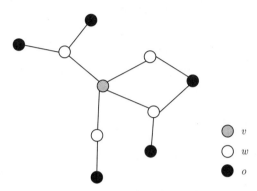

v
w
o

图 12.14 局部马尔可夫性

局部马尔可夫性是指在给定随机变量组 x_w 的条件下随机变量 x_v 与随机变量组 x_o 是独立的，即

$$P(x_v, x_o|x_w) = P(x_v|x_w)P(x_o|x_w) \tag{12.34}$$

3）成对马尔可夫性（Pairwise Markov Property）

给定所有其他变量，两个非邻接变量条件独立。这是因为两个节点没有直接路径，并且所有其他路径上都有确定的观测节点，因此这些路径也将被阻隔。

$$P(x_i, x_j|x_{\backslash\{i,j\}}) = P(x_i|x_{\backslash\{i,j\}})P(x_j|x_{\backslash\{i,j\}}) \tag{12.35}$$

其中，$x_{\backslash\{i,j\}}$ 表示所有变量 x 去除 x_i 和 x_j 的集合。

12.2.3 马尔可夫网络分解

为了求解给定的马尔可夫网络模型，我们希望将整体的联合概率写成若干个子联合概率的乘积形式，也就是将概率进行因子分解，这样便于模型的学习与计算。而事实上，概率无向图模型的最大特点就是便于因子分解。

如果考虑两个节点 x_i 和 x_j，它们不存在链接，那么给定马尔可夫网络图中的所有其他节点，这两个节点一定是条件独立的。

联合概率分布的分解一定要让 x_i 和 x_j 不出现在同一个因子中，从而让属于这个马尔可夫网络图的所有可能的概率分布都满足条件独立性质。

于是，联合概率分布的分解一定要让 x_i 和 x_j 不出现在同一个划分中，从而让属于这个马尔可夫网络图的所有可能概率分布都满足条件独立性质。让非邻接变量不出现在同一个划分中，即每一个划分中节点都是全连接的。这将我们引向了图的一个概念——团（Clique）。它被定义为图中节点的一个子集，并且这个子集中任意两节点间都有边相连。若在一个团中加入其他任何节点都不再形成团，则称该团为极大团。图 12.15 给出了团和极大团的示意图。

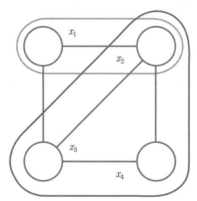

图 12.15　团和极大团的示意图

图 12.15 中有五个具有两个节点的团块，即 $\{x_1, x_2\}, \{x_2, x_3\}, \{x_3, x_4\}, \{x_4, x_2\}$ 和 $\{x_1, x_3\}$，还有两个最大团块 $\{x_1, x_2, x_3\}$ 和 $\{x_2, x_3, x_4\}$。集合 $\{x_1, x_2, x_3, x_4\}$ 不是一个团块，因为在 x_1 和 x_4 处没有链接。

因子：定义为团块中变量的函数。由于其他团块一定是最大团块的子集，不失一般性，可以将因子定义为最大团块变量的函数。因此，如果 $\{x_1, x_2, x_3\}$ 是一个最大团块，并且在这个团块上定义了任意一个函数为因子，则定义在最大团块变量子集上的其他因子都是冗余的。

显然，最简单的团就是两个节点及一条边，而我们最开始就针对两节点之间的相关关系（每条边）定义了势函数。因此，在马尔可夫随机场中，多个变量的联合概率分布能基于团分解为多个势函数的乘积，每一个团对应一个势函数，即

$$P(x) = \frac{1}{Z} \prod_C \psi_C(x_C) \tag{12.36}$$

其中，如果 C 是一个团，ψ_C 为团 C 对应的势函数，$X = \sum_x \psi_C$ 是归一化因子，以确保 $p(x)$ 是正确定义的概率。对图中每条边都定义一个势函数 ψ，将导致模型的势函数过多，带来计算负担。例如，图 12.5 中 x_2、x_4、x_5 分别定义三个势函数，但 x_2、x_4、x_5 两两相关，x_2、x_4 与 x_5 的取值将相互影响，因此可以整体定义一个势函数 $\psi(x_2, x_4, x_5)$ 表示三者取值的偏好。所以可以将联合概率分布分解为其极大团上势函数的乘积

$$P(x) = \frac{1}{Z^*} \prod_{Q \in C^*} \psi_Q(x_Q) \tag{12.37}$$

其中，C^* 是极大团构成的集合，$Z^* = \sum_x \prod_{Q \in C^*} \psi_Q(x_Q)$，例如，图 12.11 中 $x = \{x_1, x_2, \cdots, x_6\}$，联合概率分布 $P(x)$ 定义为

$$P(x) = \frac{1}{Z} \psi_{12}(x_1, x_2) \psi_{16}(x_1, x_6) \psi_{23}(x_2, x_3) \psi_{56}(x_5, x_6) \psi_{245}(x_2, x_4, x_5) \tag{12.38}$$

12.3 因 子 图

因子图（Factor Graph）是概率图的一种，概率图有很多种，最常见的就是 Bayesian Network（贝叶斯网络）和 Markov Random Fields（马尔可夫随机场）。在概率图中，求某个变量的边缘分布是常见的问题。这问题有很多求解方法，其中之一就是可以把 Bayesian Network 和 Markov Random Fields 转换成 Facor Graph，然后用 Sum-Product 算法求解。基于 Factor Graph 可以用 Sum-Product 算法高效地求各个变量的边缘分布。在概率论及其应用中，因子图是一个在贝叶斯推理中得到广泛应用的模型。

12.3.1 因子图定义与描述

因子图就是对函数因子分解的表示图，将一个具有多变量的全局函数通过因式分解，得到几个局部函数的乘积，以此为基础得到一个双向图。因子图内含两种节点：变量节点和函数节点，这些局部函数和对应的变量之间的关系利用这些节点就能体现在因子图中。

典型的因子图是 FFG（Forney-style Factor Graph），通过对一个函数的因子分解，即一个全局函数分解为若干个局部函数，然后将局部函数与变量之间按照一定的规则进行连接，形成因子图。如全局函数 $g(x_1, x_2, \cdots, x_5)$ 是具有 5 个变量的实值函数，将其分解成 5 个局部函数 f_A, f_B, f_C, f_D, f_E 之积，即

$$g(x_1, x_2, \cdots, x_5) = f_A(x_1) f_B(x_2) f_C(x_1, x_2, x_3) f_D(x_3, x_4) f_E(x_3, x_5) \qquad (12.39)$$

式 (12.39) 对应的因子图如图 12.16 所示。

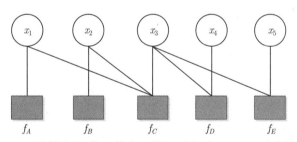

图 12.16 用变量和局部函数表示的因子图 [式 (12.39) 对应的因子图]

在图 12.16中，每个变量对应一个变量节点，每个局部因子对应一个函数节点，这两类节点构成因子图的顶点集。因子图的边线由变量节点和函数节点的连线组成。当且仅当 x_i 是函数 f 的自变量时，x_i 对应的变量节点才与 f 对应的函数节点相连。

一般而言，FFG 由节点（如 f_A）、边缘（与两个以上节点相连接，如变量 x_2）、半边缘（只与一个节点连接，如变量 x_4）组成，其定义规则如下：

① 每个因子对应唯一的节点；

② 每个变量对应唯一的边缘或半边缘；

③ 代表因子 g 的节点与代表变量 x 的边缘（或半边缘）相连，当且仅当 g 是关于 x 的函数。

图 12.16 中的因子图可以等价为图 12.17 的形式。

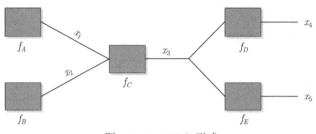

图　12.17　FFG 形式

在图 12.17 中，5 个节点代表 5 个局部函数 $f_A, f_B, f_B, f_C, f_D, f_E$，3 个边缘代表 3 个变量 x_1, x_2, x_3，2 个半边缘代表 2 个变量 x_4, x_5。

为更好地描述因子图中各变量之间的独立性，这里引入割集独立原理（Cut-set Independence Theorem）。

假设一个 FFG 代表关于若干随机变量的联合概率分布（或联合概率密度），进一步假设对应于其中一些随机变量 $X_1, X_2, \cdots, X_n$ 的边缘组成一个割集，即移除这些边缘会将图表分割成不相连的两部分。在这种情况下，以 $X_1 = x_1, X_2 = x_2, \cdots, X_n = x_n$ 为条件，其中一部分图表中的每个随机变量（或这些随机变量组成的任意集合）与另一部分图表中的每个随机变量（或这些随机变量组成的任意集合）都是相互独立的。

如图　12.18 所示的一个马尔可夫链的 FFG，随机变量 X, Y, Z 的联合分布为 $P_{XYZ}(x, y, z) = P_X(x) P_{Y|X}(y|x) P_{Z|Y}(z|y)$，若将边缘 Y 移除，则图表被分割成不相连的两部分，由割集独立原理可知，$P(x, z|y) = P(x|y) p(z|y)$。

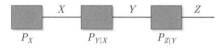

图　12.18　马尔可夫链的 FFG 形式

因子图的另一种描述形式是利用变量下标与分划子集的形式来表示，具体如下。

设 $X_N = \{x_1, x_2, \cdots, x_n\}$ 是有限变量集合，其中 $N = \{1, 2, \cdots, n\}$。如果 $E \subset N$ 且 $E \neq \phi$，则 $X_E \subset X_N$。用 N 表示全局函数 g 的变量集合 X_N，i 对应变量 x_i，对于 $i \in N$ 有 $x_i \in X_N$。

若 $Q \subset \delta(N)$，$\delta(N)$ 是 N 的幂集，$Q \neq \phi$，且全局函数 g 能表示成自变量按 Q 划分的局部函数的乘积，即

$$g(X) = \prod_{E \subset Q} f_E(X_E) \tag{12.40}$$

则式 (12.40) 所表示的因子图就是具有顶点集 $N \cup Q$ 和边线集 $\{\{i, E\} : i \in N, E \in Q,$ $i \in E\}$ 的双向图。对于式 (12.39) 中的因子，有 $N = \{1, 2, \cdots, 5\}, Q = \{\{1\}, \{2\}, \{1, 2, 3\},$ $\{3, 4\}, \{3, 5\}\}$。对应的因子图可以用图 12.19 表示。

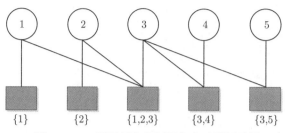

图 12.19 用下标和分划子集表示的因子图

12.3.2 因子图的提取——和积算法

和积算法（Sum-Product Algorithm）作为一种通用的消息传递算法（Message Passing Algorithm），描述了因子图中顶点处的信息计算公式。首先需要理解的是因子图中顶点之间是如何通过边来传递信息的。

例如，若干士兵排成一队列，每个士兵只能与他相邻的士兵交流，如何才能使每个士兵都知道士兵的总数？实际上，只需要让队列中的士兵从两头同时向另一侧依次报数，当士兵收到两侧士兵的报数时，这个士兵就知道了队列中士兵的总数，如图 12.20所示。

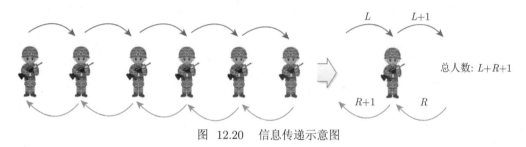

图 12.20 信息传递示意图

对图 12.20 进一步抽象，将图中的每个士兵看作一个节点，则士兵之间的信息传递与计算过程可抽象成如图 12.21 所示的形式。

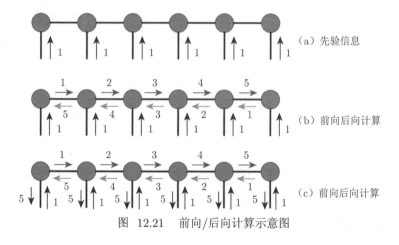

图 12.21 前向/后向计算示意图

对应图 12.21，引入几个概念：先验信息 P、外信息 E 及后验信息 A。在图 12.21 中，先

验信息 P 表示每个士兵自身的数字 1，如图 12.21（a）所示；外信息 E 表示从其他相邻的
士兵获取的信息，如图 12.21（c）所示，即每个士兵的外信息均为 5；后验信息 $A = P + E$，
在这里表示队列的总人数，即 6。从图 12.21可以看出，最后的结果是通过前向计算和后
向计算得到的，每个士兵节点的信息只需在所有其相邻节点上进行一次前向和后向的计算，
每个士兵就可知道总人数。

和积算法是一种用来计算因子图中各边缘函数的方法，其本质是一种信息传递算法，它
可通过全局函数计算出各个不同的边缘函数。

例如，根据因子图 12.16表示的全局函数 $g(x_1, x_2, \cdots, x_5)$ 计算边缘函数 $\widetilde{g}(x_1)$。

设 $\widetilde{g}(x_1) = \sum\limits_{x_2,x_3,x_4,x_5} g(x_1, x_2, \cdots, x_5)$，易知，边缘函数 $\widetilde{g}(x_1)$ 是全局函数 $g(x_1, x_2, \cdots,$
$x_5)$ 在当求和变量为 x_2, x_3, x_4, x_5 时的和函数，即

$$
\begin{aligned}
\widetilde{g}(x_1) &= \sum_{x_2}\sum_{x_3}\sum_{x_4}\sum_{x_5} f_A(x_1)f_B(x_2)f_C(x_1,x_2,x_3)f_D(x_3,x_4)f_E(x_3,x_5) \\
&= f_A(x_1)\sum_{x_2} f_B(x_2)\sum_{x_3} f_C(x_1,x_2,x_3)\sum_{x_4} f_D(x_3,x_4)\sum_{x_5} f_E(x_3,x_5) \qquad (12.41) \\
&= f_A(x_1)\sum_{\sim x_1}\left\{ f_B(x_2)f_C(x_1,x_2,x_3)\left[\sum_{\sim x_3} f_D(x_3,x_4)\right]\left[\sum_{\sim x_3} f_E(x_3,x_5)\right]\right\}
\end{aligned}
$$

其中，$\sum\limits_{\sim x_2} h(x_1,x_2,x_3) \triangleq \sum\limits_{x_1 \in A_1}\sum\limits_{x_3 \in A_3} h(x_1,x_2,x_3)$。

推广到一般情形，有

$$
\widetilde{g}(x_i) = \sum_{\sim x_i} g(x_1, x_2, \cdots, x_N) \qquad (12.42)
$$

其中，$i \in \{1, 2, \cdots, N\}$，求和变量 $\sim x_i$ 表示 $\{1, 2, \cdots, N\}$ 中除去 x_i 外的所有变量。

在上面的一般情形中，其计算有时会因为全局函数形式比较复杂而使得边缘函数计算
相当复杂。因此，在因子图的基础上引入表达式树图的概念来简化计算。

由于因子图中只包含了变量和函数的对应关系，而运算关系并没有得到明确、具体和
可视化，通过在因子图中按照一定的规则添加运算关系，将因子图转换成表达式树图，具
体转换规则如下：

（1）因子图中的每个变量都用乘积运算符 "$\otimes$" 代替；

（2）因子图中的函数节点用 "$\otimes\!-\!\blacksquare f$" 运算符代替；

（3）在函数节点 f 和父变量 x 之间插入和式运算符 "$\sum\limits_{\sim\{x\}}$"。

在上面的转换规则中，如果在表达式树图中，没有操作对象的乘积运算符 "$\otimes$" 可当
作乘以 1 对待，或当它处于表达式树图的末端时，可以忽略；如果和式运算符 "$\sum\limits_{\sim\{x\}}$" 运
用到只有一个自变量的函数中时，可以省略。

上例中的边缘函数 $\widetilde{g}(x_1)$ 的因子图转换成表达式树图的过程如图 12.22 所示。

在信息传递过程中，需要计算不同的和与积，因此称为和积算法，其更新过程如
图 12.23 所示。

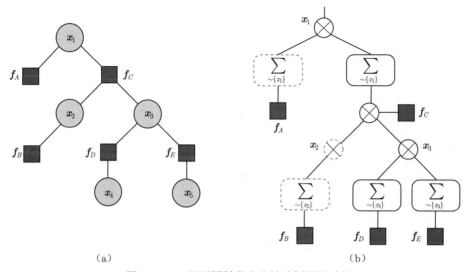

(a)   (b)

图 12.22　因子图转化为表达式树图的过程

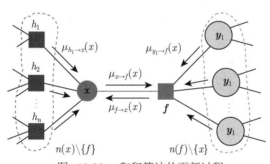

图 12.23　和积算法的更新过程

设 $\mu_{x \to f}(x)$ 表示信息从变量节点 x 到局部函数节点 f 传递，$\mu_{f \to x}(x)$ 表示信息从局部函数节点 f 到变量节点 x 传递，由图 12.23可知：

$$\mu_{x \to f}(x) = \prod_{h \in n(x) \setminus f} \mu_{h \to x}(x) \tag{12.43}$$

$$\mu_{f \to x}(x) = \sum_{\sim x} \left(f(X) \cdot \prod_{y \in n(f) \setminus \{x\}} \mu_{y \to f}(y) \right) \tag{12.44}$$

其中，$n(x)$ 表示因子图中给定变量节点 x 的邻居函数集合；$n(f)$ 表示函数节点 f 的自变量集合。

例如，图 12.16 所示的因子图中，和积算法产生的信息流如图 12.24 所示。

在两个方向同时计算前向/后向信息传递过程中：

第（1）步：

$$\mu_{f_A \to x_1}(x_1) = \sum_{\sim x_1} f_A(x_1) = f_A(x_1), \quad \mu_{x_4 \to f_D}(x_4) = 1 \tag{12.45}$$

$$\mu_{f_B \to x_2}(x_2) = \sum_{\sim x_2} f_B(x_2) = f_B(x_2), \quad \mu_{x_5 \to f_E}(x_5) = 1 \qquad (12.46)$$

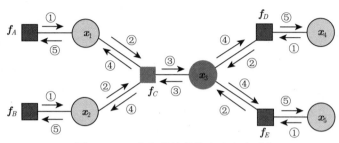

图 12.24 和积算法的信息流产生过程

第（2）步：

$$\mu_{x_1 \to f_C}(x_1) = \mu_{f_A \to x_1}(x_1), \quad \mu_{f_D \to x_3}(x_3) = \sum_{\sim \{x_3\}} [f_D(x_3, x_4)\mu_{x_4 \to f_D}(x_4)] \qquad (12.47)$$

$$\mu_{x_2 \to f_C}(x_2) = \mu_{f_B \to x_1}(x_2), \quad \mu_{f_E \to x_3}(x_3) = \sum_{\sim \{x_3\}} [f_E(x_3, x_5)\mu_{x_5 \to f_E}(x_5)] \qquad (12.48)$$

第（3）步：

$$\mu_{f_C \to x_3}(x_3) = \sum_{\sim \{x_3\}} [f_C(x_1, x_2, x_3)\mu_{x_1 \to f_C}(x_1)\mu_{x_2 \to f_C}(x_2)] \qquad (12.49)$$

$$\mu_{x_3 \to f_C}(x_3) = \mu_{f_D \to x_3}(x_3)\mu_{f_E \to x_3}(x_3) \qquad (12.50)$$

第（4）步：

$$\mu_{f_C \to x_1}(x_1) = \sum_{\sim \{x_1\}} [f_C(x_1, x_2, x_3)\mu_{x_3 \to f_C}(x_3)\mu_{x_2 \to f_C}(x_2)] \qquad (12.51)$$

$$\mu_{f_C \to x_2}(x_2) = \sum_{\sim \{x_2\}} [f_C(x_1, x_2, x_3)\mu_{x_3 \to f_C}(x_3)\mu_{x_1 \to f_C}(x_1)] \qquad (12.52)$$

$$\mu_{x_3 \to f_D}(x_3) = \mu_{f_C \to x_3}(x_3)\mu_{f_E \to x_3}(x_3) \qquad (12.53)$$

$$\mu_{x_3 \to f_E}(x_3) = \mu_{f_C \to x_3}(x_3)\mu_{f_D \to x_3}(x_3) \qquad (12.54)$$

第（5）步：

$$\mu_{x_1 \to f_A}(x_1) = \mu_{f_C \to x_1}(x_1) \qquad (12.55)$$

$$\mu_{x_2 \to f_B}(x_2) = \mu_{f_C \to x_2}(x_2) \qquad (12.56)$$

$$\mu_{f_D \to x_4}(x_4) = \sum_{\sim \{x_4\}} [f_D(x_3, x_4)\mu_{x_3 \to f_D}(x_3)] \qquad (12.57)$$

$$\mu_{f_E \to x_5}(x_5) = \sum_{\sim \{x_5\}} [f_E(x_3, x_5)\mu_{x_3 \to f_D}(x_3)] \qquad (12.58)$$

由此可以计算出任意边缘函数 $\widetilde{g}(x_i)$，就等效为传递给 x_i 所有信息的乘积，因此可以得到每个边缘函数：

$$\widetilde{g}(x_1) = \mu_{f_A \to x_1}(x_1)\mu_{f_C \to x_1}(x_1) \tag{12.59}$$

$$\widetilde{g}(x_2) = \mu_{f_B \to x_2}(x_2)\mu_{f_C \to x_2}(x_2) \tag{12.60}$$

$$\widetilde{g}(x_3) = \mu_{f_C \to x_3}(x_3)\mu_{f_D \to x_3}(x_3)\mu_{f_E \to x_3}(x_3) \tag{12.61}$$

$$\widetilde{g}(x_4) = \mu_{f_D \to x_4}(x_4) \tag{12.62}$$

$$\widetilde{g}(x_5) = \mu_{f_E \to x_5}(x_5) \tag{12.63}$$

12.4　习　　题

1. 试证明图模型中的局部马尔可夫性：给定某变量的邻接变量，则该变量条件独立于其他变量。

2. 试述在马尔可夫随机场中为何仅需对极大团定义势函数。

3. 吉布斯采样可看作 MH 算法的特例，但是吉布斯采样中未使用"拒绝采样"策略，试述这样做的好处。

4. 证明图模型中的正对马尔可夫性：给定其他所有变量，则两个非邻接变量条件独立。

5. 试述生成式模型和判别式模型的区别。

6. 写出图 12.25 中无向图描述的概率图模型的因子分解式。

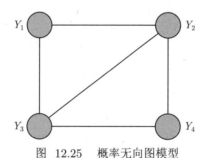

图 12.25　概率无向图模型

第 13 章　模型性能评价技术

模型评估是模型开发过程中不可或缺的一部分。它有助于发现表达数据的最佳模型及评估所选模型的工作性能如何。在数据挖掘中，使用训练集中的数据评估模型性能是不可接受的，因为这易于生成过于乐观和过拟合的模型。在对比不同模型的能力时，使用不同的评价指标可能会导致不同的结果，这就说明：模型的好坏是相对的，好的模型不仅取决于数据和算法，还取决于场景需求。数据挖掘中有两种方法评估模型，验证（Hold-Out）和交叉验证（Cross-Validation）。为了避免过拟合，这两种方法都使用（模型没有遇到过的）测试集来评估模型性能。

对模型的效果进行评估，需要好的评估方法，还需要衡量模型泛化能力的评价标准。评价指标是机器学习任务中非常重要的一环。不同的机器学习任务有着不同的评价指标，同一种机器学习任务也有不同的评价指标，每个指标的着重点不一样，如分类（Classification）、回归（Regression）、排序（Ranking）、聚类（Clustering）、热门主题模型（Topic Modeling）、推荐（Recommendation）等。并且很多指标可以对多种不同的机器学习模型进行评价，如精确率–真阳性（Precision-Recall）可以用在分类、方案推荐、排序等中，像分类、回归、排序都是监督式机器学习的。

13.1　模型评价方法

对于一个具体应用的数学建模，一般可以有多种模型选择。例如，要拟合一组样本点，可以使用线性回归 $Y = \theta^{\mathrm{T}} X$，也可以用多项式回归 $Y = \theta^{\mathrm{T}} \boldsymbol{X}$，其中 $\boldsymbol{X} = (X_1, X_2, \cdots, X_m)$。那么使用哪种模型好（能够在偏差和方差之间达到平衡最优）？还有一类参数选择问题：如果想使用带权值的回归模型，该怎么选择权重 w 公式里的参数？

在进行模型选择时，通常大的数据集会被随机分成三个子集。

（1）训练集：用于构建预测模型。

（2）验证集：用于评估训练阶段所得模型的性能。它为模型参数优化和选择最优模型提供了测试平台。不是所有模型算法都需要验证集。

（3）测试集：测试集或之前未遇到的样本用于评估模型未来可能的性能。如果模型与训练集拟合的性能优于模型在测试集的拟合性能，则有可能是过拟合所致。

模型选择的形式化定义：假设可选的模型集合是 $M = \{M_1, M_2, \cdots, M_d\}$，如分类问题、SVM、Logistic 回归、神经网络、Boosting 等模型都可能包含在 M 中，模型选择的任务就是要从 M 中选择"最好"的模型。

这里的"最好"，一般通过一些度量指标来说明，如经验风险最小、模型复杂度最小等，交叉验证方法就是典型的使用经验风险最小来选择模型的方法。

13.1.1 交叉验证过程

在机器学习中，泛化误差（预测误差）是用于度量算法性能最常用的指标，由于数据的分布未知，泛化误差不能被直接计算，实际中常常通过各种形式的交叉验证方法来估计泛化误差。

模型的选择和评估在统计学习中起着至关重要的作用，因为模型的好坏直接影响预测的准确性。在模型的选择和评估方面，已经有许多方法被提出并应用到实际中，其中交叉验证由于其简洁性和普遍性被认为是一种行之有效的办法，尤其是在可用数据较少的情况下，通过对数据的有效重复利用，交叉验证充分显示了其在模型选择方面的诸多优点。交叉验证的主要思想是将数据分成两部分，一部分用于模型的训练，另一部分用于对训练好的模型进行预测误差的估计，最后选择预测误差最小的模型作为最优模型。另外，由于对数据切分方式和切分次数的不同，交叉验证已经生成了许多种不同的方法，如何针对手中的数据选用合适的交叉验证方法成为人们研究的重点。

交叉验证（Cross Validation）主要用于建模应用中，如 PCR 、PLS 回归建模与机器学习中的分类问题。在给定的建模样本中，拿出大部分样本进行建模型，留小部分样本用刚建立的模型进行预报，并求这小部分样本的预报误差，记录它们的平方加和 [把每个样本的预报误差平方加和，称为 PRESS（Predicted Error Sum of Squares）]，这个过程一直进行，直到所有的样本都被预报了一次而且仅被预报了一次。

交叉验证（Cross Validation，CV）是用来验证分类器性能的一种统计分析方法，基本思想是在某种意义下将原始数据（Dataset）进行分组，一部分作为训练集（Train Set），另一部分作为验证集（Validation Set）。首先用训练集对分类器进行训练，再利用验证集来测试训练得到的模型（Model），以此来作为评价分类器的性能指标。常见的 CV 方法如下：交叉验证一般是在训练集的基础上进行的。因为测试集最后是用来评价模型好坏的，所以不能让模型提前看到测试集。

交叉验证有一个超参数 k，k 代表从训练集 D 中，分层采样的方式得到 k 个互斥的 D_i（折交叉验证）。然后通过 $k-1$ 个子数据集的并集进行训练，用剩下的一个子数据集进行验证，就可以得到 k 个模型，最后返回 k 个模型的平均值。交叉验证过程如图 13.1 所示。

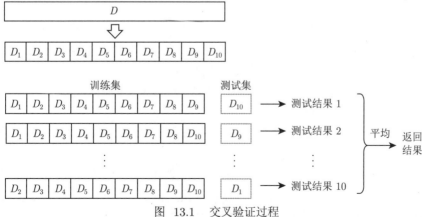

图 13.1 交叉验证过程

当仅有有限数量的数据时，为了对模型性能进行无偏估计，可以使用 k 折交叉验证（k-Fold Cross-Validation）。使用这种方法时，将数据分成 k 份数目相等的子集。构建 k 次模型，每次留一个子集做测试集，其他用作训练集。如果 k 等于样本大小，则称为留一验证（Leave-One-Out）。

13.1.2　简单交叉验证

简单交叉验证方法又称 Hold-Out Method 方法，它将原始数据随机分为两组，一组作为训练集，另一组作为验证集，利用训练集训练分类器，然后利用验证集验证模型，记录最后的分类准确率为此 Hold-Out Method 下分类器的性能指标。Hold-Out Method 方法的具体过程见算法 13.1。

算法 13.1 Hold-Out Method 方法

（1）从全部训练数据 S 中按一定比例，如按 70% 随机选择出样例作为训练集 S_{train}，剩余的 30% 作为测试集 S_{CV}；

（2）在 S_{train} 上训练每一个模型 M_i，得到假设函数 h_i，[如线性模型中得到 θ_i 后，也就得到了假设函数 $h_\theta(x) = \theta^{\text{T}} X$]；

（3）在 S_{CV} 上测试每一个 h_i，得到相应的经验错误 $\hat{\varepsilon}_{S_{\text{CV}}}(h_i)$；

（4）选择具有最小经验错误 $\hat{\varepsilon}_{S_{\text{CV}}}(h_i)$ 的 M_i 作为最佳模型。

由于测试集和训练集是两个世界的，因此可以认为这里的经验错误 $\hat{\varepsilon}_{S_{\text{CV}}}(h_i)$ 接近于泛化错误（Generalization Error）。这里测试集的比例一般占全部数据的 $1/4 \sim 1/3$。30% 是典型值。进一步，可以对模型进行改进，当选出最佳模型 M_i 后，再在全部数据 S 上做一次训练。显然，训练数据越多，模型参数越准确。

简单交叉验证方法的好处是处理简单，只需随机把原始数据分为两组，其实从严格意义上来说 Hold-Out Method 并不能算是 CV，因为这种方法没有用到交叉的思想，由于是随机将原始数据分组，所以最后验证集分类准确率的高低与原始数据的分组有很大的关系，所以这种方法得到的结果其实并不具有说服性。

13.1.3　k-折交叉验证

k-折交叉验证（k-fold Cross Validation，k-CV）是在简单交叉验证的基础上改进而来的。简单交叉验证方法的缺点是得到的最佳模型是在 70% 的训练数据上选出来的，不代表在全部训练数据上是最佳的。还有当训练数据本来就很少时，再分出测试集后，训练数据就更少了。对简单交叉验证方法再做一次改进，可得如下的 k-CV 方法，具体算法见算法 13.2。

将原始数据分成 k 组（一般是均分），将每个子集数据分别做一次验证集，其余的 $k-1$ 组子集数据作为训练集，这样会得到 k 个模型，用这 k 个模型最终的验证集的分类准确率的平均数作为此 k-CV 下分类器的性能指标。k 一般大于或等于 2，实际操作时一般从 3 开始取，只有在原始数据集合数据量少的时候才会尝试取 2。k-CV 可以有效避免过学习及欠学习状态的发生，最后得到的结果也比较具有说服力。

算法 13.2 k-折交叉验证法

(1) 将全部训练集 S 分成 k 个不相交的子集，假设 S 中的训练样例个数为 m，每个子集有 m/k 个训练样例，相应的子集称作 $\{S_1, S_2, \cdots, S_k\}$。

(2) 每次从模型集合 M 中拿出来一个 M_i，然后在训练子集中选择出 $k-1$ 个 $\{S_1, S_2, \cdots, S_{j-1}, S_{j+1}, \cdots, S_k\}$（也就是每次只留下一个 S_j），使用这 $k-1$ 个子集训练 M_i 后，得到假设函数 h_{ij}。最后使用剩下的一份 S_j 进行测试，得到经验错误 $\hat{\varepsilon}_{S_{\mathrm{CV}}}(h_{ij})$。

(3) 由于每次留下一个 S_j（j 从 1 到 k），因此会得到 k 个经验错误 $\hat{\varepsilon}_{S_{\mathrm{CV}}}(h_{ij})$，对于一个 M_i，它的经验错误是这 k 个经验错误的平均 $\dfrac{1}{k}\sum\limits_{j=1}^{k}\hat{\varepsilon}_{S_{\mathrm{CV}}}(h_{ij})$。

(4) 选出平均经验错误率最小的 M_i，然后使用全部的 S 再做一次训练，得到最后的 h_i。

13.1.4 留一交叉验证

留一交叉验证（Leave-One-Out Cross Validation，LOO-CV），是假设原始数据有 m 个样本，LOO-CV 就是 m-CV，即每个样本单独作为验证集，其余的 $m-1$ 个样本作为训练集，所以 LOO-CV 会得到 m 个模型，用这 m 个模型最终的验证集的分类准确率的平均数作为此下 LOO-CV 分类器的性能指标。

相比前面的 k-CV，LOO-CV 有两个明显的优点：

① 每一回合中几乎所有的样本皆用于训练模型，因此最接近原始样本的分布，这样评估所得的结果比较可靠。

② 实验过程中没有随机因素会影响实验数据，确保实验过程是可以被复制的。

LOO-CV 的缺点是计算成本高，因为需要建立的模型数量与原始数据样本数量相同，当原始数据样本数量相当多时，几乎不可能应用在实际操作中，除非每次训练分类器得到模型的速度很快，或是可以用并行化计算减少计算的时间。

13.1.5 Bootstrap 交叉验证

Bootstrap 交叉验证是一种比较特殊的交叉验证方法，通过自助采样法，即在含有 m 个样本的数据集中，进行 m 次有放回的随机抽样，组成的新数据集作为训练集。其抽样验证过程如图 13.2 所示。

采用这种方法，有的样本会被多次采样，也会有一次都没有被选择过的样本，原数据集中大概有 36.8% 的样本不会出现在新组数据集中，这些没有被选择过的数据作为验证集。

易知，Bootstrap 抽样是一种有放回的抽样，m 个样本的数据集中每个样本在每次抽样的概率均相同，即为 $1/m$，则一次抽样中样本未被抽到的概率为 $1-1/m$，样本在两次抽样中未被抽中的概率为 $(1-1/m)^2$，依此类推，样本在 m 次抽样中均未被抽中的概率为 $(1-1/m)^m$。当样本 m 充分大时，有

$$\lim_{m\to\infty}(1-1/m)^m = \lim_{m\to\infty}\left(\frac{m-1}{m}\right)^m$$

$$\begin{aligned}
&= \lim_{m \to \infty} \frac{1}{\left(\dfrac{m}{m-1}\right)^m} = \lim_{m \to \infty} \frac{1}{\left(1 + \dfrac{1}{m-1}\right)^m} \\
&= \lim_{m \to \infty} \frac{1}{\left(1 + \dfrac{1}{m-1}\right)^{m-1}} \cdot \frac{1}{\left(1 + \dfrac{1}{m-1}\right)} \\
&= \frac{1}{\lim\limits_{m \to \infty}\left(1 + \dfrac{1}{m-1}\right)^{m-1}} \cdot \frac{1}{\lim\limits_{m \to \infty}\left(1 + \dfrac{1}{m-1}\right)} \\
&= 1/e \approx 0.368
\end{aligned} \tag{13.1}$$

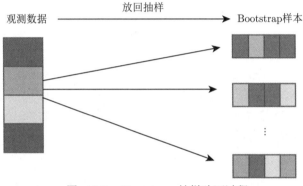

图 13.2　Bootstrap 抽样验证过程

　　Bootstrap 抽样的优点是训练集的样本总数和原数据集一样都是 m，并且仍有约 1/3 的数据不被训练而可以作为测试集，对于样本数少的数据集，不会再由于拆分得更小而影响模型的效果。

　　Bootstrap 抽样的缺点是这样产生的训练集的数据分布和原数据集的分布不一样了，会引入估计偏差。此种方法不是很常用，除非数据量真的很少。

13.2　模型性能评价指标

　　不同的机器学习任务有不同的性能评价指标。例如，在质检分析系统中，该系统本质上是一个二分类问题（区分正品 vs 次品），可以使用准确率（Accuracy）、对数损失函数（Log-Loss）、AUC 等评价方法。在设备健康状态预测中，其实是一个实数序列数据预测问题，可以使用平方根误差（Root Mean Square Error，RMSE）等指标；又如在搜索引擎中进行与查询相关的项目排序中，可以使用精确率–真阳性（Precision-Recall）等。

13.2.1　分类模型评价指标

1. 混淆矩阵

　　混淆矩阵（Confusion Matrix）是一个普遍适用的工具，可以帮助我们更好地了解分类中的错误。混淆矩阵也称误差矩阵，是精度评价的一种标准格式，用 N 行 N 列的矩阵形式来表示,是对有监督学习分类算法准确率进行评估的工具。

对于一个二分类问题,可以将训练集的真实类别与模型预测得到的类别组合,得到以下四种类型:TP(True Positive)、TN(True Negative)、FP(False Positive)、FN(False Negative)。所有的训练集中的样例都可以分为这四种类型,组成一个混淆矩阵。混淆矩阵是一个 $N \times N$ 矩阵,N 为分类的个数。假如我们面对的是一个二分类问题,即 $N = 1$,就得到一个 2×2 矩阵,见表 13.1。

表 13.1　混淆矩阵

混淆矩阵		目标 (标签)			
		正例	负例		
模型 (预测)	正例	TP	FP	准确率	TP/(TP + FP)
	负例	FN	TN	负例预测值	TN/(FN + TN)
		灵敏度	特异度	准确度 $= \dfrac{\text{TP} + \text{TN}}{\text{TP} + \text{FP} + \text{TN} + \text{FN}}$	
		TP/(TP + FN)	TN/(FP + TN)		

在混淆矩阵中,各个内容的含义如下。

- 真正例(True Positive, TP):真实类别为正例,预测类别为正例。
- 假正例(False Positive, FP):真实类别为负例,预测类别为正例。
- 假负例(False Negative, FN):真实类别为正例,预测类别为负例。
- 真负例(True Negative, TN):真实类别为负例,预测类别为负例。

对一个 m 分的标准分类问题来说,也可以定义如表 13.1 所示的 $m \times m$ 的 m 分混淆矩阵和每一个类属的 Recall、Precision、F-measure 和 Accuracy 值。

2. 准确率

准确率是分类任务常见的评价标准,其定义如下:

准确率又称查准率(Precision),为分类任务中分类正确的样本数在总样本数中所占比例,准确率的计算方法为

$$P = \frac{\text{TP}}{\text{TP} + \text{FP}} \tag{13.2}$$

错误率为分类错误的样本数在总样本中所占比例。

简单来说,设备某个时刻状态有正常和故障两类,分类器根据数据特征判断,将该时刻的设备分为正常与故障两类。准确率需要得到的是该分类器判断正确的时刻占总观测次数的比例。显然,可以得到:假设分类器对 100 个时刻设备的健康状态进行判断,而其中 60 次的健康状态判定正确,则该分类器的准确率就是 60%(60/100)。其计算代码为:

```
1  import numpy as np
2  from sklearn.metrics import accuracy_score
3
4  y_pred = [0, 2, 1, 3]
5  y_true = [0, 1, 2, 3]
6  accuracy_score(y_true, y_pred)
```

输出为：0.6。

根据准确率这一评价方法，可以在一些场景中判断一个分类器是否有效，但它并不总是能有效地评价一个分类器的工作。这样的度量错误掩盖了样例被分错的事实。例如，在正负样本不平衡的情况下，准确率这个评价指标有很大的缺陷。如在互联网广告里面，点击的数量是很少的，一般只有千分之几，如果用 Accuracy，即使全部预测成负类 Accuracy 可以达到 99% 以上，这样可以完胜其他很多分类器计算的值，但这个算法显然不是被需求所期待的，那怎么解决呢？这就需要 Precision、Recall 和 F_1-Score 了。

3. 真阳性

真阳性又称查全率（Recall），真阳性是指分类器分类正确的正样本个数占所有的正样本个数的比例。真阳性的计算公式为

$$R = \frac{\text{TP}}{\text{TP} + \text{FN}} \tag{13.3}$$

计算代码为：

```
from sklearn.metrics import recall_score

y_true = [0, 1, 2, 0, 1, 2]
y_pred = [0, 2, 1, 0, 0, 1]
recall_score(y_true, y_pred, average='macro')
```

输出为：0.33。

直观理解，真阳性是指分类器查找所有正样本的能力。例如，真阳性是指检索出的相关文档数和文档库中所有相关文档数的比率，衡量的是检索系统的查全率。

准确率和真阳性往往是一对矛盾的变量。一般来说，当准确度高时，真阳性会偏低；而当真阳性高时，准确度会偏低。如果按照预测为正例的概率大小进行排序，按照顺序依次进行预测，得到准确度和真阳性，可以绘制一条 P-R 曲线。P-R 图可以直观地展示样本整体的准确度和真阳性的情况，如图 13.3 所示。

构造一个高准确率或高真阳性的分类器是很容易的，但很难保证两者同时成立。如果将所有的样例都判为正例，那么真阳性达到 100%，同时准确率很低。构建一个同时使准确率和真阳性最大的分类器是具有挑战性的。作为预测者，当然是希望 Precision 和 Recall 都保持一个较高的水准，但事实上这两者在某些情况下是矛盾的。如是极端情况，只搜索出了一个结果，且是正确的，Precision 就是 100%，但 Recall 就很低；而如果把所有结果都返回，若 Recall 是 100%，Precision 就会很低。因此在不同的场合中需要自己判断希望 Precision 比较高还是 Recall 比较高，此时可以引出另一个评价指标——F_1-Score(F-Measure)。

4. F_1-Score

F_1 分数（F_1-Score）又称平衡 F 分数（Balanced Score），被定义为准确率和真阳性的调和平均数，是统计学中用来衡量二分类模型精确度的一种指标。它同时兼顾了分类模型的准确率和真阳性。F_1 分数可以看作模型准确率和真阳性的一种加权平均，它的最大值是 1，最小值是 0，如图 13.4 所示。

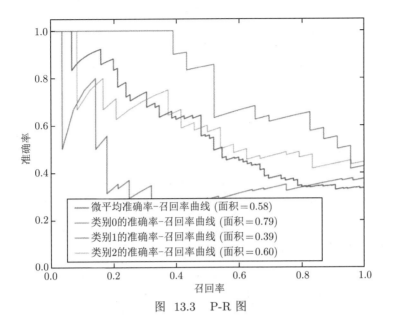

图　13.3　P-R 图

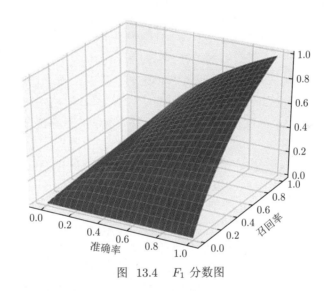

图　13.4　F_1 分数图

F_1-Score 基于准确率和真阳性的调和平均来定义，它的值更接近于 Precision 与 Recall 中较小的值。其计算方法为

$$F_1 = \frac{2P \times R}{P + R} \tag{13.4}$$

其中，P 为准确率；R 为真阳性。在精确率和准确率都高的情况下，F_1 值也会高。P 和 R 指标有时会出现矛盾的情况，这样就需要综合考虑这些指标。

也可以直接利用 sklearn 里的函数计算 F_1-Score：

```
1  from sklearn.metrics import f1_score
2
3  y_true = [0, 1, 2, 0, 1, 2]
4  y_pred = [0, 2, 1, 0, 0, 1]
5  f1_score(y_true, y_pred, average='macro')
```

输出为：0.267。

通常定义 F_α 分数为

$$F_\alpha = \frac{(\alpha^2 + 1)P \times R}{\alpha^2 P + R} \tag{13.5}$$

其中，$\alpha(\alpha > 0)$ 用于衡量查全率对查准率的相对重要性。当 $\alpha = 1$ 时即标准的 F_1（基于 P, R 的调和平均）；当 $\alpha > 1$ 时，查全率具有更大的影响；当 $\alpha < 1$ 时，查准率具有更大影响。其中 $\alpha = 2$ 和 $\alpha = 0.5$ 是除 F_1 之外，两个常用的 F-measure：

① 当 $\alpha = 2$ 时，表示 Recall 的影响要大于 Precision；

② 当 $\alpha = 0.5$ 时，表示 Precision 的影响要大于 Recall。

F_1 值在实际应用中较常用。相比于 P, R 的算术平均和几何平均（G-mean），F_1 值更重视较小值（不平衡数据下的稀有类），这也说明 F_1 对于衡量数据更有利。

5. ROC 曲线

ROC 曲线（ROC Curve）是用于分类模型评价指标的常用工具，ROC 的全称是受试者工作特征（Receiver Operating Characteristic），它最早在第二次世界大战期间由电气工程师构建雷达系统时使用过。ROC 曲线最早运用在军事上，后来逐渐运用到医学领域，随后被引入机器学习领域。

ROC 曲线与 P-R 曲线类似，按照预测结果对样例进行排序，按照顺序依次进行预测，计算真阳性（True Positive Rate，TPR）和假阳性（False Positive Rate，FPR），并分别以它们为横纵坐标作图，得到 ROC 曲线，如图 13.5 所示。

ROC 曲线的典型特征是 Y 轴为真阳性率，X 轴为假阳性率。这意味着图的左上角是"理想"点——假阳性率为 0，真阳性率为 1。这不是很现实，但它确实意味着曲线下更大的区域通常更好。ROC 曲线通常用于机器学习二元分类，用于研究机器学习分类器的输出。为了将 ROC 曲线和 ROC 面积扩展到多类或多标签分类，需要对输出进行二值化。每个标签可以绘制一条 ROC 曲线，也可以通过将标签指标矩阵的每个元素作为二元预测来绘制 ROC 曲线。

在图 13.5 的 ROC 曲线中，有几条虚线和一条实线。图中的横轴是假阳性（FPR），纵轴为真阳性（TPR）。ROC 曲线给出的是阈值变化时假阳性和真阳性的变化情况，左下角的点所对应的是将所有样例判断为反例的情况，而右上角的点对应的则是将所有样例判断为正例的情况。虚线给出的是随机猜测的结果。

TPR 增长得越快，ROC 曲线越往上曲，反映模型的分类性能越好。在理想情况下，最佳的分类器应该尽可能处于左上角，显而易见，最好的分类器便是 FPR = 0%、TPR = 100%。这就意味着分类器在假阳性很低的同时获得了很高的真阳性。如在垃圾邮件的过滤中，这就相当于过滤掉了所有垃圾邮件，且没有将任何正常邮件误分类为垃圾邮件。但一般在实践中一个分类器很难会有这么好的效果，即一般 TPR 不等于 1，FPR 不等于 0。当正负样本不平衡时，这种模型评价方式比起一般的精确度评价方式的优势尤其显著。

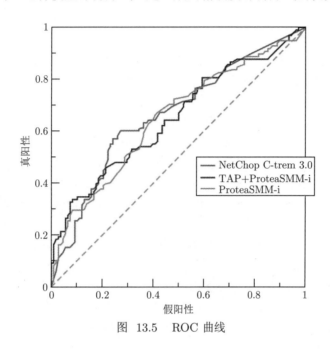

图 13.5 ROC 曲线

如何描绘 ROC 曲线？如在二分类中，需要设定一个阈值，大于阈值为正类，否则为负类。因此，可以根据不同的阈值进行分类，根据分类结果计算得到 ROC 空间中的一些点，连接这些点就形成 ROC 曲线。ROC 曲线会经过 (0,0) 与 (1,1) 这两点，实际上这两点的连线形成的 ROC 代表一个随机分类器，一般情况下分类器的 ROC 曲线会在这条对角连线上方。

实际上，通过有限实例产生的 ROC 曲线是一个阶梯函数，该曲线近似于实例数量接近无限时对应的 ROC 曲线。对模型进行评价时，若某 ROC 曲线可以将另一条 ROC 曲线完全包裹，则说明其效果要好于被包裹的 ROC 曲线。若两条 ROC 曲线存在交叉，则很难评价哪一条曲线效果更优。

ROC 曲线有个很好的特性：当测试集中正负样本的分布变化时，ROC 曲线能够保持不变。在实际的数据集中经常会出现类不平衡（Class Imbalance）现象，即负样本比正样本多很多（或相反），而且测试数据中正负样本的分布也可能随时间变化。与 F_1-Score 的指标相比，ROC 不需要优化每个标签的阈值。

ROC 曲线通过与参照线进行比较来判断模型的好坏，虽然很直观好用，但这只是一种直觉上的定性分析。当使用 ROC 曲线对分类器进行评价时，如果对多个分类器进行比较，直接使用 ROC 曲线很难去比较，只能通过将 ROC 曲线分别画出来，然后进行肉眼区分，这种方法是非常不便的，因此需要一种定量的指标去比较，这个指标便是 AUC 了，即 ROC 曲线下面积，该面积越大，分类器的效果越好，AUC 的值为 0.5~1.0。

6. ROC 曲线下面积 (AUC)

AUC（Area Under Curve）即 ROC 曲线下面积。其含义是随机给定一个正样本和一个负样本，分类器输出该正样本为正的那个概率值比分类器输出该负样本为正的那个概率值要大的可能性。ROC 曲线其实就是从混淆矩阵衍生出来的图形，其横坐标为 1-特异度，纵坐标为敏感度。

假设分类器的输出是样本属于正类的 Socre（置信度），则 AUC 的物理意义为，任取一对（正、负）样本，正样本的 Score 大于负样本的 Score 的概率。为了计算 AUC，通常是对 ROC 曲线中的多个小矩形的面积进行累加。通常，AUC 的值为 0.5~1.0，较大的 AUC 代表了较好的 Performance。一个完美分类器的 AUC 为 1.0。

当 $0.5 < \text{AUC} < 1.0$ 时，优于随机猜测。这个分类器（模型）妥善设定阈值的话，能有预测价值。当 $\text{AUC} = 0.5$ 时，跟随机猜测效果差不多，模型没有预测价值。简单地说，如果不用模型，直接随机把客户分类，得到的曲线就是那条参照线，然而使用了模型进行预测，就应该比随机的要好，所以 ROC 曲线要尽量远离参照线，离参照线越远，模型预测效果就越好。

如图 13.6 中的上面那条曲线就是 ROC 曲线，随着阈值的减小，更多的值归于正类，敏感度和 1-特异度也相应增加，所以 ROC 曲线呈递增趋势。而那条 45° 线是一条参照线，也就是说 ROC 曲线要与这条曲线比较。参考线的面积是 0.5，ROC 曲线与它偏离越大，ROC 曲线就越往左上方靠拢，它的下面积（AUC）也就越大，这里面积是 0.859。可以根据 AUC 的值与 0.5 比较，来评估一个分类模型的预测效果。

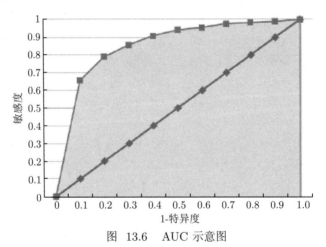

图 13.6　AUC 示意图

计算 AUC 可以直接调用 sklearn，实现如下：

```
import numpy as np
from sklearn import metrics

y = np.array([1,1,2,2])
pred = np.array([0.1,0.4,0.35,0.8])
fpr,tpr,thresholds = metrics.roc_curve(y,pred,pos_label=2)
metrics.auc(fpr,tpr)
```

可得计算结果：0.75。

ROC 曲线和 AUC 的优势为：不受类分布的影响，适合与评估、比较类分布不平衡的数据集。因此 ROC 曲线与 AUC 已被广泛用于医疗决策制定、模式识别和数据挖掘等领域。但 ROC 曲线和 AUC 仅适合于两类问题，对多类问题无法直接应用。

13.2.2　回归模型评价指标

回归是对连续的实数值进行预测，即输出值是连续的实数值，而分类中是离散值。常用的回归模型的评价指标主要有均方误差（MSE）、均方误差根（RMSE）和可决系数 R^2（R-平方）。

1. 均方误差

均方误差（Mean Squared Error，MSE）是预测值与真值偏差的平方和与观测次数的比值：

$$\text{MSE} = \frac{1}{m} \sum_{i=1}^{m} (f_i - y_i)^2 \tag{13.6}$$

这就是线性回归中最常用的损失函数，线性回归过程中尽量让该损失函数最小。模型之间也可以用损失函数来比较。MSE 可以评价数据的变化程度，MSE 的值越小，说明预测模型描述的实验数据具有更好的精确度。

2. 均方根误差

标准差是方差的算术平方根。标准误差是均方误差的算术平方根，标准差用来衡量一组数据自身的离散程度，而均方根误差用来衡量预测值同真值之间的偏差，它们的研究对象和研究目的不同，但计算过程类似。

均方根误差（Root Mean Square Error，RMSE）是预测值与真值的误差平方根的均值。其定义如下：

$$\text{RMSE} = \sqrt{\frac{\sum_{i=1}^{n} (y_i - \hat{y}_i)^2}{n}} \tag{13.7}$$

其中，y_i 是真值；$\hat{y}_i$ 是预测值；n 是样本数量，使用了欧式距离。

它的意义在于开个根号后，误差的结果就与数据是一个量级的，可以更好地描述数据。标准误差对一组测量中的特大或特小误差反应非常敏感，所以，标准误差能够很好地反映出测量的精密度。这正是标准误差在工程测量中广泛被采用的原因。

RMSE 的缺点是：对异常点较敏感，如果回归器对某个点的回归值很不理性，它的误差则较大，从而会对 RMSE 的值有较大影响，即平均值是非 Robust 的。

3. 相对平方误差

相对平方误差 (Relative Squared Error，RSE) 与 RMSE 不同，RSE 可以比较误差是不同单位的模型，其定义为

$$\text{RSE} = \frac{\sum_{i=1}^{n} (p_i - a_i)^2}{\sum_{i=1}^{n} (\bar{a}_i - a_i)^2} \tag{13.8}$$

其中，a_i 为真实值；p_i 为预测值。

4. 平均绝对误差

平均绝对误差（Mean Absolute Error，MAE) 的定义为

$$\text{MAE} = \frac{1}{n}\sum_{i=1}^{n}|p_i - a_i| \tag{13.9}$$

MAE 与原始数据单位相同，它仅能比较误差是相同单位的模型，其量级近似于 RMSE，但误差值相对小一些。

5. 相对绝对误差

相对绝对误差（Relative Absolute Error，RAE）的定义为

$$\text{RAE} = \frac{\sum_{i=1}^{n}|p_i - a_i|}{\sum_{i=1}^{n}|\bar{a}_i - a_i|} \tag{13.10}$$

与 RSE 不同，RAE 可以比较误差是不同单位的模型。

6. 可决系数 R^2

可决系数 R^2 是多元回归中的回归平方和占总平方和的比例，它是度量多元回归方程中拟合程度的一个统计量，反映了自变量对因变量的可解释比例。其定义是

$$R^2 = 1 - \frac{\sum_{i=1}^{n}(y_i - \hat{y}_i)^2}{\sum_{i=1}^{n}(y_i - \bar{y}_i)^2} \tag{13.11}$$

上面的分子是训练出的模型预测的误差和，下面的分母是随机猜测的误差和（通常取观测值的平均值）。其区间通常在 $(0,1)$，0 表示不如均值，1 表示完美预测。R^2 越接近 1 表明回归平方和占总平方和的比例越大，回归线与各观测点越接近，回归拟合效果越好，一般认为超过 0.8 的模型拟合优度比较高。用 x 的变化来解释 y 值变化部分越多，回归的拟合程度就越好。如果结果是 0，就说明模型跟瞎猜差不多。如果结果是 1，说明模型无错误。

化简上面公式的分子分母，同时除以 n，分子就变成均方误差 MSE，下面的分母就变成了方差。

$$R^2 = 1 - \frac{\frac{1}{n}\sum_{i=1}^{n}(\hat{y}_i - y_i)^2}{\frac{1}{n}\sum_{i=1}^{n}(\bar{y}_i - y_i)^2} = 1 - \frac{\text{MSE}(\hat{y}, y)}{\text{Var}(y)}$$

回归分析中常见性能指标的 Python 实现如下：

```
1  import numpy as np
2
3  #MSE
4  def rmse(y_test, y_true):
5      return sp.mean((y_test-y_true) ** 2)
6
7  #RMSE
8  def rmse(y_test, y_true):
```

```
 9      return sp.sqrt(sp.mean((y_test-y_true) ** 2))
10
11   #MAE
12   def mae(y_test, y_true):
13     return np.sum(np.absolute(y_test-y_true))/len(y_test)
14
15   #R2
16   def r2(y_test, y_true):
17       return 1-((y_test - y_true) ** 2).sum() / ((y_true - np.mean(y_true)) ** 2).sum()
18
19   #Import sklearn
20   from sklearn.metrics import mean_squared_error
21   from sklearn.metrics import mean_absolute_error
22   from sklearn.metrics import r2_score
23
24   mean_squared_error(y_test,y_predict)
25   mean_absolute_error(y_test,y_predict)
26   r2_score(y_test,y_predict)
```

13.3　习　　题

1. 试述错误率与 ROC 曲线的关系。

2. 数据集包含 1000 个样本, 其中 500 个正例, 500 个反例, 将其划分为包含 70% 样本的训练集和 30% 样本的测试集用于留出法评估, 试估算共有多少种划分方式。

3. 数据集包含 100 个样本, 其中正、反例各占一半, 假定学习算法所产生的模型是将新样本预测为训练样本数较多的类别 (训练样本数相同时进行随机猜测), 试给出 10 折交叉验证法和留一法分别对错误率进行评估的结果。

4. 试述 TPR、FDR、P、R 之间的关系。

5. 分析为什么平方损失函数不适用于分类问题。

6. 试证明任何一条 ROC 曲线都有一条代价曲线与之对应, 反之亦然。

7. ROC 曲线如何绘制? 它的主要功能是什么?

8. AUC 与 ROC 的关系是什么?

参 考 文 献

[1] 高惠璇. 统计计算 [M]. 北京：北京大学出版社，1995.

[2] 王自强，曹俊英. 统计计算及其程序实现 [M]. 成都：西南交通大学出版社，2015.

[3] 王兆军、刘民千，等. 计算统计 [M]. 北京：人民邮电出版社，2009.

[4] 李东风. 统计计算 [M]. 北京：高等教育出版社，2017.

[5] 肖华勇. 统计计算与软件应用 [M]. 西安：西北工业大学出版社，2018.

[6] 王红军，杨有龙. 统计计算与 R 实现 [M]. 西安：西安电子科技大学出版社,2019.

[7] 周志华. 机器学习 [M]. 北京：清华大学出版社，2016.

[8] 李航. 统计学习方法 [M]. 北京：清华大学出版社，2012.

[9] 雷明. 机器学习：原理、算法与应用 [M]. 北京：清华大学出版社，2019.

[10] [美]Maria L. Rizzo. 统计计算使用 R[M]. 胡锐，李义，译. 北京：机械工业出版社，2019.

[11] Casella G, Fienberg S, Olkin I. An introduction to statistical learning with Applications [M]. New York：Springer, 2013.

[12] Martinez W L, Martinez A R. Computational Statistics Handbook with Matlab[M]. Chapman & hall/crc, 2002.

[13] Gentle J E. Computational Statistics[M]. New York：Springer, 2009.

[14] Gentle J E. Elements of Computational Statistics[M]. New York：Springer , 2002.

[15] Hastie T, Tibshirani R, Friedman J. The Elements of Statistical Learning Data Mining, Inference, and Prediction[M]. New York：Springer New York Heidelberg Dordrecht London, 2008.

[16] Moeini A, Abbasi B, Mahlooji H. Conditional Distribution Inverse Method in Generating Uniform Random Vectors Over a Simplex[J]. Communications in Statistics - Simulation and Computation, 2011, 40(5): 685-693.

[17] Zhang S L, Chen Y X, Liu Y. An improved stochastic EM algorithm for large-scale full-information item factor analysis[J]. British Journal of Mathematical and Statistical Psychology, 2018, 73(1): 44-71.

[18] Gilks W R, Best N G, Tan K K C. Adaptive Rejection Metropolis Sampling Within Gibbs Sampling[J]. Journal of the Royal Statistical Society: Series C (Applied Statistics), 2018, 44(4): 455-472.

[19] Gilks W R, Best N G, Tan K K C. Adaptive Rejection Metropolis Sampling Within Gibbs Sampling[J]. Journal of the Royal Statistical Society: Series C (Applied Statistics), 1995, 44: 455-472.

[20] 陈建华, 彭淑燕, 王伟, 等. 基于 MATLAB 的随机过程仿真 [J]. 信息系统工程, 2011(10):26-28.

[21] 庄光明, 夏建伟, 彭作祥, 等. 基于 MATLAB 的 Poisson 分布随机数的 Monte Carlo 模拟 [J]. 数学的实践与认识, 2012(5): 87-92.

[22] 叶尔骅, 张德平. 概率论与随机过程 [M]. 北京: 科学出版社, 2010.

[23] 翟正利, 梁振明, 周炜, 等. 变分自编码器模型综述 [J]. 计算机工程与应用, 2019(3): 1-9.

[24] Anu J P, Karjigi V. Sentence segmentation for speech processing[C]// National Conference on Communication, Signal Processing and Networking. Palakkad, 2014:1-4.

[25] Mikolov T, Chen K, Corrado G, et al. Efficient estimation of word representations in vector space[C]// Proceedings of Workshop at the 1st International Conference on Learning Representation. Scottsdale,2013:37-48.

[26] Welander P, Karlsson S, Eklund A. Generative adversarial networks for image-to-image translation on multi-contrast MR images—a comparison of CycleGAN and UNIT[J]. arXiv preprint arXiv, 2018(07): 777-1806.

[27] Tulyakov S, Liu M Y, Yang X, et al. Mocogan: decomposing motion and content for video generation[C] // Proceedings of the IEEE Conference on Computer Vision and Pattern Recognition(CVPR), 2018: 1526-1535.

[28] Higgins I, Matthey L, Pal A, et al. Beta-VAE: learning basic visual concepts with a constrained variational framework[C] // Proceedings of the International Conference on Learning Representations (ICLR), 2017, 2(5) :1-13.

[29] Radford A, Metz L, Chintala S. Unsupervised representation learningwith deep convolutional generative adversarial networks[J]. arXiv preprint arXiv, 2015(06): 434-1511.

[30] Maaten L JP, Hinton G E. Visualizing High-Dimensional Data Using t-SNE[J]. Journal of Machine Learning Research, 2008, 9(11): 2579-2605.

[31] Green P J. Reversible Jump Markov Chain Monte Carlo Computation and Bayesian Model Determination[J]. Biometrika, 1995, 82(4): 711-732.

彩　　图

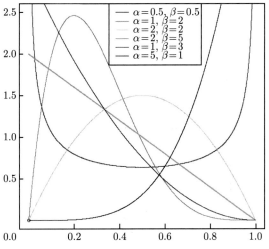

图 1.5　Beta 分布仿真输出结果

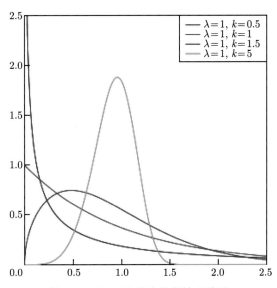

图 1.6　Weibull 分布仿真输出结果

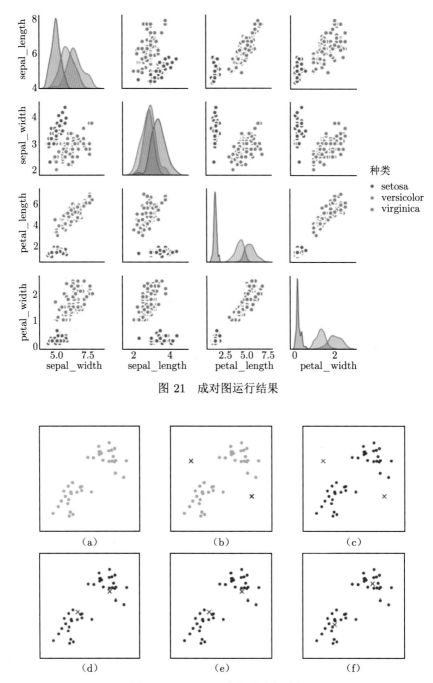

图 21　成对图运行结果

图 4.2　K-Means 启发式迭代过程

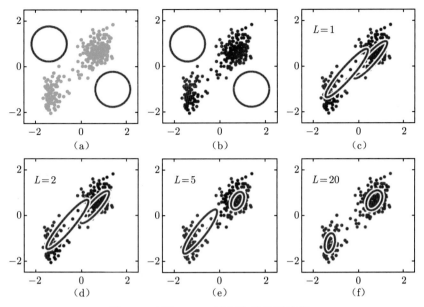

图 4.3 利用 GMM 进行聚类分析过程

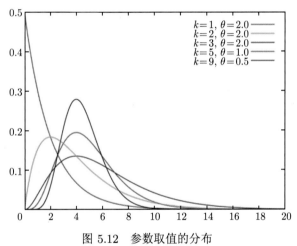

图 5.12 参数取值的分布

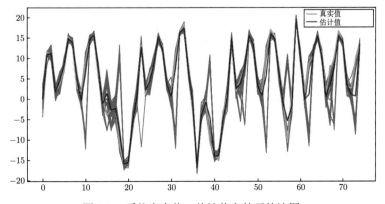

图 8.7 系统真实值、估计值和粒子轨迹图

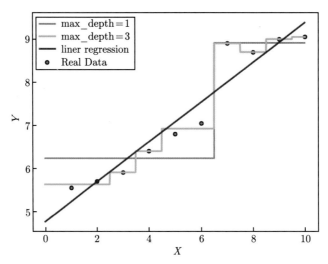

图 11.6　回归决策树算法运行结果